U0254203

普通高等教育“十一五”国家级规划教材
普通高等教育土建学科专业“十二五”规划教材
全国高职高专教育土建类专业教学指导委员会规划推荐教材

建筑施工组织

（第三版）

（土建类专业适用）

本教材编审委员会组织编写
危道军　主编
王爱勋　丁天庭　主审

中国建筑工业出版社

图书在版编目（CIP）数据

建筑施工组织/危道军主编. —3 版. —北京：中国建筑工业出版社，2013.5

普通高等教育“十一五”国家级规划教材. 普通高等教育土建学科专业“十二五”规划教材. 全国高职高专教育土建类专业教学指导委员会规划推荐教材.（土建类专业适用）

ISBN 978-7-112-15481-4

Ⅰ. ①建… Ⅱ. ①危… Ⅲ. ①建筑工程-施工组织-高等职业教育-教材 Ⅳ. ①TU721

中国版本图书馆 CIP 数据核字（2013）第 115102 号

本教材共分九章，内容包括：施工组织基本知识、施工准备工作、流水施工、网络计划技术及其应用、施工组织总设计的编制、单位工程施工组织设计的编制、施工方案的编制、主要施工管理计划的编制和施工项目管理应用软件简介等。本教材中阐述了目前施工组织中的基本原理、方法以及现代科技成果，并且图文并茂、理论与实例结合，内容比较全面，便于读者易学易用。

本教材主要作为高等职业教育土建类专业的教学用书，也可作为岗位培训教材，或供土建工程技术人员学习参考。

为更好地支持本课程的教学，我们向使用本书的教师免费提供教学课件，有需要者请与出版社联系，邮箱：jzsgjskj@163.com.

* * *

责任编辑：朱首明　刘平平
责任设计：陈　旭
责任校对：肖　剑　赵　颖

普通高等教育“十一五”国家级规划教材
普通高等教育土建学科专业“十二五”规划教材
全国高职高专教育土建类专业教学指导委员会规划推荐教材

建筑施工组织（第三版）

（土建类专业适用）

本教材编审委员会组织编写

危道军　主编

王爱勋　丁天庭　主审

*

中国建筑工业出版社出版、发行（北京西郊百万庄）
各地新华书店、建筑书店经销
霸州市顺浩图文科技发展有限公司制版
北京中科印刷有限公司印刷

*

开本：787×1092 毫米　1/16　印张：21¼　插页：2　字数：490 千字
2014 年 1 月第三版　2016 年 12 月第三十五次印刷
定价：**39.00** 元（赠课件）
ISBN 978-7-112-15481-4
（24078）

修订版教材编审委员会名单

本教材编审委员会名单

修订版序言

PREFACE

本套教材第一版是2003年由原土建学科高职教学指导委员会根据“研究、咨询、指导、服务”的工作宗旨，本着为高职土建施工类专业教学提供优质资源、规范办学行为、提高人才培养质量的原则，在对建筑工程技术专业人才培养方案进行深入研究、论证的基础上，组织全国骨干高职高专院校的优秀编者按照系列开发建设的思路编写的，首批编写了《建筑识图与构造》、《建筑材料》、《建筑力学》、《建筑结构》、《地基与基础》、《建筑施工技术》、《高层建筑施工》、《建筑施工组织》、《建筑工程计量与计价》、《建筑工程测量》、《工程项目招投标与合同管理》等11门主干课程教材。本套教材自2004年面世以来，被全国有关高职高专院校广泛选用，得到了普遍赞誉，在专业建设、课程改革和日常教学中发挥了重要的作用，并于2006年全部被评为国家及建设部“十一五”规划教材。在此期间，按照构建理论和实践两个课程体系，根据人才培养需求不断拓展系列教材涵盖面的工作思路，又编写完成了《建筑工程识图实训》、《建筑施工技术管理实训》、《建筑施工组织与造价管理实训》、《建筑工程质量与安全管理实训》、《建筑工程资料管理实训》、《建筑工程技术资料管理》、《建筑法规概论》、《建筑CAD》、《建筑工程英语》、《建筑工程质量与安全管理》、《现代木结构工程施工与管理》、《混凝土与砌体结构》12门课程教材，使本套教材的总量达到23部，进一步完善了教材体系，拓宽了适用领域，突出了适应性和与岗位对接的紧密程度，为各院校根据不同的课程体系选用教材提供了丰厚的教学资源，在2011年2月又全部被评为住房和城乡建设部“十二五”规划教材。

本次修订是在2006年第一次修订之后组织的第二次系统性的完善建设工作，主要目的是为了适应专业建设发展的需要，适应课程改革对教材提出的新要求，及时吸取新标准、新技术、新材料和新的管理模式，更好地为提高学校的人才培养质量服务。为了确保本次修订工作的顺利完成，土建施工类专业分指导委员会会同中国建筑工业出版社于2011年9月在西安市召开了专门的工作会议，就本次教材修订工作进行了深入的研究、论证、协商和部署。本次修订工作是在认真组织前期论证、广泛征集使用院校意见、紧密结合岗位需求、及时跟进专业和课程改革进程的基础上实施的。在整体修订方案的框架内，各位主编均提出了明确和细致的修订方案、切实可行的工作思路和进度计划，为确保修订质量提供了思想和技术方面的保障。

今后，要继续坚持“保持先进、动态发展、强调服务、不断完善”的教材建设思路，不片面追求在教材版次上的整齐划一，根据实际情况及时对具备修订条件的教材进行修订和完善，以保证本套教材的生命和活力，同时还要在行动导向课程教材的开发建设方面积极探索，在专业专门化方向及拓展课程教材编写方面有所作为。使本套教材在适应领域方面不断扩展，在适应课程模式方面不断更新，在课程体系中继续上下延伸，不断为提高高职土建施工类专业人才培养质量做出贡献。

全国高职高专教育土建类专业教学指导委员会

土建施工类专业分指导委员会

2012 年 5 月

序　言 PREFACE

高等学校土建学科教学指导委员会高等职业教育专业委员会(以下简称土建学科高等职业教育专业委员会)是受教育部委托并接受其指导，由建设部聘任和管理的专家机构。其主要工作任务是，研究如何适应建设事业发展的需要设置高等职业教育专业，明确建设类高等职业教育人才的培养标准和规格，构建理论与实践紧密结合的教学内容体系，构筑“校企合作、产学结合”的人才培养模式，为我国建设事业的健康发展提供智力支持。在建设部人事教育司的领导下，2002年，土建学科高等职业教育专业委员会的工作取得了多项成果，编制了土建学科高等职业教育指导性专业目录；在“建筑工程技术”、“工程造价”“建筑装饰技术”、“建筑电气技术”等重点专业的专业定位、人才培养方案、教学内容体系、主干课程内容等方面取得了共识；制定了建设类高等职业教育专业教材编审原则；启动了建设类高等职业教育人才培养模式的研究工作。

近年来，在我国建设类高等职业教育事业迅猛发展的同时，土建学科高等职业教育的教学改革工作亦在不断深化之中，对教育定位、教育规格的认识逐步提高；对高等职业教育与普通本科教育、传统专科教育和中等专业教育在类型、层次上的区别逐步明晰；对必须背靠行业、背靠企业，走校企合作之路，逐步加深了认识。但由于各地区的发展不尽平衡，既有理论又能实践的“双师型”教师队伍尚在建设之中等原因，高等职业教育的教材建设对于保证教育标准与规格，规范教育行为与过程，突出高等职业教育特色等都有着非常重要的现实意义。

“建筑工程技术”专业(原“工业与民用建筑”专业)是建设行业对高等职业教育人才需求量最大的专业，也是目前建设类高职院校中在校生人数最多的专业。改革开放以来，面对建筑市场的逐步建立和规范，面对建筑产品生产过程科技含量的迅速提高，在建设部人事教育司和中国建设教育协会的领导下，对该专业进行了持续多年的改革。改革的重点集中在实现三个转变，变“工程设计型”为“工程施工型”，变“粗坯型”为“成品型”，变“知识型”为“岗位职业能力型”。在反复论证人才培养方案的基础上，中国建设教育协会组织全国各有关院校编写了高等职业教育“建筑施工”专业系列教材，于2000年12月由中国建筑工业出版社出版发行，受到全国同行的普遍好评，其中《建筑构造》、《建筑结构》和《建筑施工技术》被教育部评为普通高等教育“十五”国家级规划教材。土建学科高等职业教育专业委员会成立之后，根据当前建设类高职院校对“建筑工程技术”专业教材的迫切需要；根据新材料、新技术、新规范急需进入教学内容的现实需求，积极组织全国建设类高职院校和建筑施工企业的专家，在对该专业课程内容体系充分研讨论证之后，在原高等职业教育“建筑施工”专业系列教材的基础上，组织编写了《建筑识图与构造》、《建筑力学》、《建筑结构》（第二版）、《地基与基础》、《建筑材料》、《建筑施工技术》（第二版）、《建筑施工组织》、《建筑工程计量与计价》、《建筑工程测量》、《高层建筑施工》、《工程项目招投标与合同管理》11门主干课程教材。

教学改革是一个不断深化的过程，教材建设是一个不断推陈出新的过程，希望这套教材能对进一步开展建设类高等职业教育的教学改革发挥积极的推进作用。

土建学科高等职业教育专业委员会

2003年7月

修订版前言 PREFACE

建筑施工组织是土建类专业和工程管理类专业的一门主干专业课，其主要内容包括：施工准备工作、流水施工、网络计划技术、施工组织设计的编制、施工组织信息管理等内容。通过本课程的学习，使学生掌握施工组织与管理的方法和手段，培养学生综合运用所学的技术与管理方法，具备从事施工组织管理的初步能力。

本书第二版作为普通高等教育“十一五”国家级规划教材，土建学科高等职业教育专业委员会规划推荐教材。无论从教材定位、结构体系、难易程度、适应性、应用性等都能反映出高职教材的特点，自2008年出版以来，受到了广大读者的一致好评，多次重印。2011年本书被评为普通高等教育土建学科专业“十二五”规划教材。这次修订，编者在第二版基础上又作了较大变动，充分吸收《建筑施工组织设计规范》GB/T 50502—2009及其他新规范、新标准的内容，并且加入了近几年示范建设和国家精品课程建设的成果，增加了实践教学的力度，使之更加贴近工程实际。

本版教材编写内容与形式的创新点如下：

(1) 将教材内容进行模块化优化，突出高等职业教育特色。突出以就业为导向的特色，针对职业岗位或岗位群（职业领域）的需要，以综合职业能力培养为中心，强调实践性、职业性和开放性。

(2) 教材内容更新。增加了《建筑与市政工程施工现场专业人员职业标准》中相关内容，修改和增加新的案例，补充或调整部分新内容。

(3) 教材编写体例作较大调整，使其符合《建筑施工组织设计规范》。

(4) 案例较多。以“重实践，重技能，以能力为本位”为宗旨，以提高实际动手能力为目的，提供许多典型实用的例子满足相关实训要求。

本书由湖北城市建设职业技术学院危道军主编并修订全书，山西建筑职业技术学院郭庆阳、湖北城市建设职业技术学院程红艳任副主编，参加本书修订工作的还有：郭庆阳、程红艳、谭文彬、胡永骁、郑艳等。王爱勋、丁天庭主审。本书修订过程中得到了湖北城市建设职业技术学院、山西建筑职业技术学院、武汉建工集团以及中国建筑工业出版社等的大力支持，在此表示衷心的感谢。

由于修订时间仓促，编者水平有限，书中难免存在不足之处，敬请读者批评指正。

PREFACE

前　言

“建筑施工组织”是高等职业教育建筑工程技术专业的一门主要专业课程，它主要研究建筑工程施工组织的一般规律，将流水施工原理、网络计划技术和施工组织设计融为一体的综合性学科。

建筑施工组织具有涉及面广、实践性强、综合性大、影响因素多、技术性强、发展较快的特点，同时结合高等职业教育培养应用型、实用型人才的特点，本书注重理论联系实际，解决实际问题，既保证全书的系统性和完整性，又体现内容的先进性、实用性、可操作性，便于案例教学、实践教学。

本书是根据“建筑施工组织”课程的教学大纲编写的，书中综合了目前建筑施工组织中常用的基本原理、方法、步骤、技术以及现代化科技成果，并采用了最新版《工程网络计划技术规程》及新规范、新标准，具有适用性和超前性，便于学生自学和指导工程实践。

全书共分六章，主要包括：绪论、施工准备工作、流水施工原理、网络计划技术、施工组织总设计、单位工程施工组织设计。

本书由湖北城市建设职业技术学院危道军主编，浙江建筑职业技术学院项建国任副主编。第一章由广东建设职业技术学院李斌编写；第二章及第四章第五节、第六节由山西建筑职业技术学院郭庆阳编写；第三章由青海建筑职业技术学院殷庆红、桂顺军编写；第四章由危道军编写；第五章由黑龙江建筑职业技术学院王洪健编写；第六章由项建国编写。全书由浙江建筑职业技术学院丁天庭主审。本书编写过程中，还得到了湖北城市建设职业技术学院、浙江建筑工程技术学院以及程红艳、朱丽老师等的大力支持，在此表示衷心的感谢。

由于编写时间仓促，水平有限，书中难免有不足之处，恳切希望读者批评指正。

目◉录 CONTENTS

目 录

学习单元1

建筑施工组织基本知识

【知识目标】

了解建设项目的组成、建筑产品及施工特点；掌握建设程序、施工程序及施工组织设计的内容。

【能力目标】

能够理解建筑施工的特点和施工组织设计的内容。

1.1 建筑施工组织研究的对象和任务

随着社会经济的发展和建筑技术的进步，现代建筑产品的施工生产已成为一项多人员、多工种、多专业、多设备、高技术、现代化的综合而复杂的系统工程。要做到提高工程质量、缩短施工工期、降低工程成本、实现安全文明施工，就必须应用科学方法进行施工管理，统筹施工全过程。

建筑施工组织就是针对建筑工程施工的复杂性，研究工程建设的统筹安排与系统管理的客观规律，制定建筑工程施工最合理的组织与管理方法的一门科学。它是推进企业技术进步，加强现代化施工管理的核心。

一个建筑物或构筑物的施工是一项特殊的生产活动，尤其现代化的建筑物和构筑物无论是规模上还是功能上都在不断发展，它们有的高耸入云，有的跨度大，有的深入地下、水下，有的体形庞大，有的管线纵横，这就给施工带来许多更为复杂和困难的问题。解决施工中的各种问题，通常都有若干个可行的施工方案供施工人员选择。但是，不同的方案，其经济效果一般也是各不相同的。如何根据拟建工程的性质和规模、施工季节和环境、工期的长短、工人的素质和数量、机械装备程度、材料供应情况、构件生产方式、运输条件等各种技术经济条件，从经济和技术统一的全局出发，从许多可行的方案中选定最优的方案，这是施工人员在开始施工之前必须解决的问题。

施工组织的任务是：在党和政府有关建筑施工的方针政策指导下，从施工的全局出发，根据具体的条件，以最优的方式解决上述施工组织的问题，对施工的各项活动做出全面的、科学的规划和部署，使人力、物力、财力、技术资源得以充分利用，达到优质、低耗、高速地完成施工任务。

1.2 建设项目的建设程序

1.2.1 建设项目及其组成

1. 项目

项目是指在一定的约束条件(如限定时间、限定费用及限定质量标准等)下，具有特定的明确目标和完整的组织结构的一次性任务或管理对象。根据这一定义，可以归纳出项目所具有的三个主要特征，即项目的一次性(单件性)、目标的明确性和项目的整体性。只有同时具备这三个特征的任务才能称为项目。而那些大批量的、重复进行的、目标不明确的、局部性的任务，不能称作项目。

项目的种类应当按其最终成果或专业特征为标志进行划分。按专业特征划分，项目主要包括：科学研究项目、工程项目、航天项目、维修项目、咨询项目等，还可以根据需要对每一类项目进一步进行分类。对项目进行分类的目的是为了有针对性地进行管理，以提高完成任务的效果、水平。

工程项目是项目中数量最大的一类，既可以按照专业将其分为建筑工程、公路工程、水电工程、港口工程、铁路工程等项目，也可以按管理的差别将其划分为建设项目、设计项目、工程咨询项目和施工项目等。

2. 建设项目

建设项目是固定资产投资项目，是作为建设单位的被管理对象的一次性建设任务，是投资经济科学的一个基本范畴。固定资产投资项目又包括基本建设项目(新建、扩建等扩大生产能力的项目)和技术改造项目(以改进技术、增加产品品种、提高产品质量、治理“三废”、劳动安全、节约资源为主要目的的项目)。

建设项目在一定的约束条件下，以形成固定资产为特定目标。约束条件：一是时间约束，即一个建设项目有合理的建设工期目标；二是资源的约束，即一个建设项目有一定的投资总量目标；三是质量约束，即一个建设项目都有预期的生产能力、技术水平或使用效益目标。

建设项目的管理主体是建设单位，项目是建设单位实现目标的一种手段。在国外，投资主体、业主和建设单位一般是三位一体的，建设单位的目标就是投资者的目标；而在我国，投资主体、业主和建设单位三者有时是分离的，给建设项目的管理带来一定的困难。

3. 施工项目

施工项目是施工企业自施工投标开始到保修期满为止的全过程中完成的项目，是作为施工企业的被管理对象的一次性施工任务。

施工项目的管理主体是施工承包企业。施工项目的范围是由工程承包合同界定的，可能是建设项目的全部施工任务，也可能是建设项目中的一个单项工程或单位工程的施工任务。

4. 建设项目的组成

按照建设项目分解管理的需要，可将建设项目分解为单项工程、单位工程(子单位工程)、分部工程(子分部工程)、分项工程和检验批，如图 1-1 所示。

(1) 单项工程(也称工程项目)

凡是具有独立的设计文件，竣工后可以独立发挥生产能力或效益的一组工程项目，称为一个单项工程。一个建设项目，可由一个单项工程组成，也可由若干个单项工程组成。单项工程体现了建设项目的主要建设内容，其施工条件往往具有相对的独立性。

(2) 单位(子单位)工程

具备独立施工条件(具有单独设计，可以独立施工)，并能形成独立使用功能的建筑

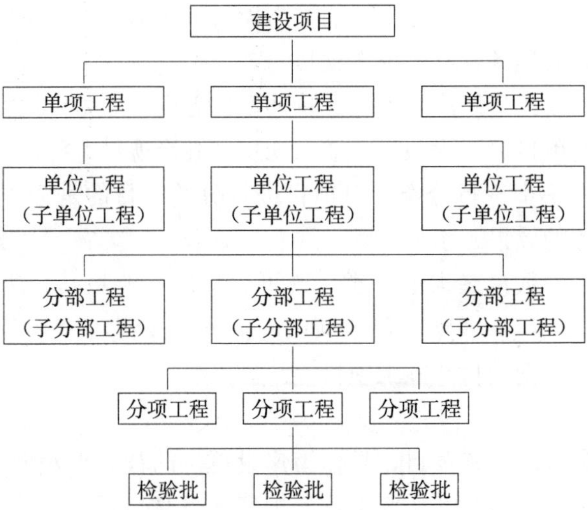

建设项目

单项工程 单项工程 单项工程

单位工程（子单位工程） 单位工程（子单位工程） 单位工程（子单位工程）

分部工程（子分部工程） 分部工程（子分部工程） 分部工程（子分部工程）

分项工程 分项工程 分项工程

检验批 检验批 检验批

图 1-1 建设项目的分解

物及构筑物为一个单位工程。单位工程是单项工程的组成部分，一个单项工程一般都由若干个单位工程所组成。

一般情况下，单位工程是一个单体的建筑物或构筑物；建筑规模较大的单位工程，可将其能形成独立使用功能的部分作为一个子单位工程。

(3) 分部(子分部)工程

组成单位工程的若干个分部称为分部工程。分部工程的划分应按专业性质、建筑部位确定。例如：一幢房屋的建筑工程，可以划分土建工程分部和安装工程分部，而土建工程分部又可划分为地基与基础、主体结构、建筑装饰装修和建筑屋面四个分部工程。

当分部工程较大或较复杂时，可按材料种类、施工特点、施工程序、专业系统及类别等划分为若干子分部工程。如主体结构分部工程可划分为混凝土结构、劲钢(管)混凝土结构、砌体结构、钢结构、木结构及网架和索膜结构等子分部工程。

(4) 分项工程

组成分部工程的若干个施工过程称为分项工程。分项工程应按主要工种、材料、施工工艺、设备类别等进行划分。如主体混凝土结构可以划分为模板、钢筋、混凝土、预应力、现浇结构、装配式结构等分项工程。

(5) 检验批

按现行《建筑工程施工质量验收统一标准》GB 50300—2001 规定，建筑工程质量验收时，可将分项工程进一步划分为检验批。检验批是指按同一的生产条件或按规定的方式汇总起来供检验用的，由一定数量样本组成的检验体。一个分项工程可由一个或若干个检验批组成，检验批可根据施工及质量控制和专业验收需要按楼层、施工段、变形缝等进行划分。

1.2.2　建设程序

把投资转化为固定资产的经济活动，是一种多行业、多部门密切配合的综合性比较强的经济活动，它涉及面广、环节多。因此，建设活动必须有组织、有计划、按顺序地进行，这个顺序就是建设程序。建设程序是建设项目从决策、设计、施工和竣工验收到投产交付使用的全过程中，各个阶段、各个步骤、各个环节的先后顺序，是拟建建设项目在整个建设过程中必须遵循的客观规律。

建设程序是人们进行建设活动中必须遵守的工作制度，是经过大量实践工作所总结出来的工程建设过程的客观规律的反映。一方面，建设程序反映了社会经济规律的制约关系。在国民经济体系中，各个部门之间比例要保持平衡，建设计划与国民经济计划要协调一致，成为国民经济计划的有机组成部分。因此，我国建设程序中的主要阶段和环节，都与国民经济计划密切相连。另一方面，建设程序反映了技术经济规律的要求。例如，在提出生产性建设项目建议书后，必须对建设项目进行可行性研究，从建设的必要性和可能性、技术的可行性与合理性、投产后正常生产条件等方面做出全面的、综合的论证。

建设项目按照建设程序进行建设是社会经济规律的要求，是建设项目技术经济规律的要求，也是建设项目的复杂性决定的。根据几十年建设的实践经验，我国已形成了一套科学的建设程序。我国的建设程序可划分为项目建议书、可行性研究、勘察设计、施工准备(包括招投标)、建设实施、生产准备、竣工验收、后评价八个阶段。这八个阶段基本上反映了建设工作的全过程。这八个阶段还可以进一步概括为项目决策、建设准备、工程实施三大阶段。

1. 项目决策阶段

项目决策阶段以可行性研究为工作中心，还包括调查研究、提出设想、确定建设地点、编制可行性研究报告等内容。

(1) 项目建议书

项目建议书是建设单位向主管部门提出的要求建设某一项目的建议性文件，是对拟建项目的轮廓设想，是从拟建项目的必要性及大方面的可能性加以考虑的。

项目建议书经批准后，才能进行可行性研究，也就是说，项目建议书并不是项目的最终决策，而仅仅是为可行性研究提供依据和基础。

项目建议书的内容一般包括以下五个方面：

1) 建设项目提出的必要性和依据；

2) 拟建工程规模和建设地点的初步设想；

3) 资源情况、建设条件、协作关系等的初步分析；

4) 投资估算和资金筹措的初步设想；

5) 经济效益和社会效益的估计。

项目建议书按要求编制完成后，报送有关部门审批。

(2) 可行性研究

项目建议书经批准后，应紧接着进行可行性研究工作。可行性研究是项目决策的核心，是对建设项目在技术上、工程上和经济上是否可行，进行全面的科学分析论证工作，是技术经济的深入论证阶段，为项目决策提供可靠的技术经济依据。其研究的主要内容是：

1）建设项目提出的背景、必要性、经济意义和依据；

2）拟建项目规模、产品方案、市场预测；

3）技术工艺、主要设备、建设标准；

4）资源、材料、燃料供应和运输及水、电条件；

5）建设地点、场地布置及项目设计方案；

6）环境保护、防洪、防震等要求与相应措施；

7）劳动定员及培训；

8）建设工期和进度建议；

9）投资估算和资金筹措方式；

10）经济效益和社会效益分析。

可行性研究的主要任务是对多种方案进行分析、比较，提出科学的评价意见，推荐最佳方案。在可行性研究的基础上，编制可行性研究报告。

我国对可行性研究报告的审批权限做出明确规定，必须按规定将编制好的可行性研究报告送交有关部门审批。

经批准的可行性研究报告是初步设计的依据，不得随意修改和变更。如果在建设规模、产品方案等主要内容上需要修改或突破投资控制数时，应经原批准单位复审同意。

2. 建设准备阶段

这个阶段主要是根据批准的可行性研究报告，成立项目法人，进行工程地质勘查、初步设计和施工图设计，编制设计概算，安排年度建设计划及投资计划，进行工程发包，准备设备、材料，做好施工准备等工作，这个阶段的工作中心是勘察设计。

（1）勘察设计

设计文件是安排建设项目和进行建筑施工的主要依据。设计文件一般由建设单位通过招投标或直接委托有相应资质的设计单位进行设计。编制设计文件是一项复杂的工作，设计之前和设计之中都要进行大量的调查和勘测工作，在此基础之上，根据批准的可行性研究报告，将建设项目的要求逐步具体化成为指导施工的工程图纸及其说明书。

设计是分阶段进行的。一般项目进行两阶段设计，即初步设计和施工图设计。技术上比较复杂和缺少设计经验的项目采用三阶段设计，即在初步设计阶段后增加技术设计阶段。

1）初步设计：初步设计是对批准的可行性研究报告所提出的内容进行概略的设计，作出初步的实施方案(大型、复杂的项目，还需绘制建筑透视图或制作建筑模型)，进一步论证该建设项目在技术上的可行性和经济上的合理性，解决工程建设中重要的技术和经济问题，并通过对工程项目所作出的基本技术经济规定，编制项目总概算。

初步设计由建设单位组织审批，初步设计经批准后，不得随意改变建设规模、建设地址、主要工艺过程、主要设备和总投资等控制指标。

2）技术设计：技术设计是在初步设计的基础上，根据更详细的调查研究资料，进一步确定建筑、结构、工艺、设备等的技术要求，以使建设项目的设计更具体、更完善，技术经济指标达到最优。

3）施工图设计：施工图设计是在前一阶段的设计基础上进一步形象化、具体化、明确化，完成建筑、结构、水、电、气、工业管道以及场内道路等全部施工图纸、工程说明书、结构计算书以及施工图预算等。在工艺方面，应具体确定各种设备的型号、规格及各种非标准设备的制作、加工和安装图。

（2）施工准备

施工准备工作在可行性研究报告批准后就可着手进行。通过技术、物资和组织等方面的准备，为工程施工创造有利条件，使建设项目能连续、均衡、有节奏地进行。其主要工作内容是：

1）征地、拆迁和场地平整；

2）工程地质勘察；

3）完成施工用水、电、通信及道路等工程；

4）收集设计基础资料，组织设计文件的编审；

5）组织设备和材料订货；

6）组织施工招投标，择优选定施工单位；

7）办理开工报建手续。

施工准备工作基本完成，具备了工程开工条件之后，由建设单位向有关部门交出开工报告。有关部门对工程建设资金的来源、资金是否到位以及施工图出图情况等进行审查，符合要求后批准开工。

做好建设项目的准备工作，对于提高工程质量，降低工程成本，加快施工进度，都有着重要的保证作用。

3. 工程实施阶段

工程实施阶段是项目决策的实施、建成投产发挥投资效益的关键环节。该阶段是在建设程序中时间最长、工作量最大、资源消耗最多的阶段。这个阶段的工作中心是根据设计图纸进行建筑安装施工，还包括做好生产或使用准备、试车运行、进行竣工验收、交付生产或使用等内容。

（1）建设实施

建设实施即建筑施工，是将计划和施工图变为实物的过程，是建设程序中的一个重要环节。要做到计划、设计、施工三个环节互相衔接，投资、工程内容、施工图纸、设备材料、施工力量五个方面的落实，以保证建设计划的全面完成。

施工之前要认真做好图纸会审工作，编制施工图预算和施工组织设计，明确投资、进度、质量的控制要求。施工中要严格按照施工图和图纸会审记录施工，如需变动应取得建设单位和设计单位的同意；要严格执行有关施工标准和规范，确保工程质量；按合同规定的内容全面完成施工任务。

（2）生产准备

生产准备是项目投产前由建设单位进行的一项重要工作。它是衔接建设和生产的桥梁，是建设阶段转入生产经营的必要条件。建设单位应及时组成专门班子或机构做好生产准备工作。

生产准备工作的内容根据工程类型的不同而有所区别，一般应包括下列内容：

1）组建生产经营管理机构，制定管理制度和有关规定；

2）招收并培训生产和管理人员，组织人员参加设备的安装、调试和验收；

3）生产技术的准备和运营方案的确定；

4）原材料、燃料、协作产品、工具、器具、备品和备件等生产物资的准备；

5）其他必需的生产准备。

（3）竣工验收

按批准的设计文件和合同规定的内容建成的工程项目，其中生产性项目经负荷试运转和试生产合格，并能够生产合格产品的；非生产性项目符合设计要求，能够正常使用的，都要及时组织验收，办理移交固定资产手续。竣工验收是全面考核建设成果、检验设计和工程质量的重要步骤，是投资成果转入生产或使用的标志。建筑工程施工质量验收应符合以下要求：

1）参加工程施工质量验收的各方人员应具备规定的资格；

2）单位工程完工后，施工单位应自行组织有关人员进行检查评定，并向建设单位提交工程验收报告；

3）建设单位收到工程验收报告后，应由建设单位(项目)负责人组织施工(含分包单位)、设计、监理等单位(项目)负责人进行单位(子单位)工程验收；

4）单位工程质量验收合格后，建设单位应在规定时间内将工程竣工验收报告和有关文件报建设行政管理部门备案。

（4）后评价

建设项目一般经过1～2年生产运营(或使用)后，要进行一次系统的项目后评价。建设项目后评价是我国建设程序新增加的一项内容，目的是肯定成绩、总结经验、研究问题、吸取教训、提出建议、改进工作，不断提高项目决策水平和投资效果。项目后评价一般分为：项目法人的自我评价、项目行业的评价和计划部门(或主要投资方)的评价三个层次组织实施。建设项目的后评价包括以下主要内容：

1）影响评价：对项目投产后各方面的影响进行评价；

2）经济效益评价：对投资效益、财务效益、技术进步、规模效益、可行性研究深度等进行评价；

3）过程评价：对项目的立项、设计、施工、建设管理、竣工投产、生产运营等全过程进行评价。

1.2.3 施工项目管理程序

施工项目管理是企业运用系统的观点、理论和科学技术的方法对施工项目进行的计划、组织、监督、控制、协调等全过程的管理。施工项目管理应体现管理的规律，企业应利用制度保证项目管理按规定程序运行，以提高建设工程施工项目管理水平，促进施工项目管理的科学化、规范化和法制化，适应市场经济发展的需要，与国际惯例接轨。

施工项目管理程序是拟建工程项目在整个施工阶段中必须遵循的客观规律，它是长期施工实践经验的总结，反映了整个施工阶段必须遵循的先后次序。施工项目管理程序由下列各环节组成。

1. 编制项目管理规划大纲

项目管理规划分为项目管理规划大纲和项目管理实施规划。项目管理规划大纲是由企业管理层在投标之前编制的，作为投标依据、满足招标文件要求及签订合同要求的文件。当承包人以编制施工组织设计代替项目管理规划时，施工组织设计应满足项目管理规划的要求。

项目管理规划大纲(或施工组织设计)的内容应包括：项目概况、项目实施条件、项目投标活动及签订施工合同的策略、项目管理目标、项目组织结构、质量目标和施工方案、工期目标和施工总进度计划、成本目标、项目风险预测和安全目标、项目现场管理和施工平面图、投标和签订施工合同、文明施工及环境保护等。

2. 编制投标书并进行投标，签订施工合同

施工单位承接任务的方式一般有三种：国家或上级主管部门直接下达；受建设单位委托而承接；通过投标而中标承接。招投标方式是最具有竞争机制、较为公平合理的承接施工任务的方式，在我国已得到广泛普及。

施工单位要从多方面掌握大量信息，编制既能使企业盈利，又有竞争力，有望中标的投标书。如果中标，则与招标方进行谈判，依法签订施工合同。签订施工合同之前要认真检查签订施工合同的必要条件是否已经具备，如工程项目是否有正式的批文、是否落实投资等。

3. 选定项目经理，组建项目经理部，签订“项目管理目标责任书”

签订施工合同后，施工单位应选定项目经理，项目经理接受企业法定代表人的委托组建项目经理部、配备管理人员。企业法定代表人根据施工合同和经营管理目标要求与项目经理签订“项目管理目标责任书”，明确规定项目经理部应达到的成本、质量、进度和安全等控制目标。

4. 项目经理部编制“项目管理实施规划”，进行项目开工前的准备

项目管理实施规划(或施工组织设计)是在工程开工之前由项目经理主持编制的，用于指导施工项目实施阶段管理活动的文件。

编制项目管理实施规划的依据是项目管理规划大纲、项目管理目标责任书和施工合同。项目管理实施规划的内容应包括：工程概况、施工部署、施工方案、施工进度计划、资源供应计划、施工准备工作计划、施工平面图、技术组织措施计划、项目风险管理、信息管理和技术经济指标分析等。

项目管理实施规划应经会审后，由项目经理签字并报企业主管领导人审批。

根据项目管理实施规划，对首批施工的各单位工程，应抓紧落实各项施工准备工作，使现场具备开工条件，有利于进行文明施工。具备开工条件后，提出开工申请报

告，经审查批准后，即可正式开工。

5. 施工期间按“项目管理实施规划”进行管理

施工过程是一个自开工至竣工的实施过程，是施工程序中的主要阶段。在这一过程中，项目经理部应从整个施工现场的全局出发，按照项目管理实施规划(或施工组织设计)进行管理，精心组织施工，加强各单位、各部门的配合与协作，协调解决各方面问题，使施工活动顺利开展，保证质量目标、进度目标、安全目标、成本目标的实现。

6. 验收、交工与竣工结算

项目竣工验收是在承包人按施工合同完成了项目全部任务，经检验合格，由发包人组织验收的过程。

项目经理应全面负责工程交付竣工验收前的各项准备工作，建立竣工收尾小组，编制项目竣工收尾计划并限期完成。项目经理部应在完成施工项目竣工收尾计划后，向企业报告，提交有关部门进行验收。承包人在企业内部验收合格并整理好各项交工验收的技术经济资料后，向发包人发出预约竣工验收的通知书，由发包人组织设计、施工、监理等单位进行项目竣工验收。

通过竣工验收程序，办完竣工结算后，承包人应在规定期限内向发包人办理工程移交手续。

7. 项目考核评价

施工项目完成以后，项目经理部应对其进行经济分析，做出项目管理总结报告并送企业管理层有关职能部门。

企业管理层组织项目考核评价委员会，对项目管理工作进行考核评价。项目考核评价的目的是规范项目管理行为，鉴定项目管理水平，确认项目管理成果，对项目管理进行全面考核和评价。项目终结性考核的内容应包括确认阶段性考核的结果，确认项目管理的最终结果，确认该项目经理部是否具备“解体”的条件。经考核评价后，兑现“项目管理目标责任书”中的奖惩承诺，项目经理部解体。

8. 项目回访保修

承包人在施工项目竣工验收后，对工程使用状况和质量问题向用户访问了解，并按照施工合同的约定和“工程质量保修书”的承诺，在保修期内对发生的质量问题进行修理并承担相应经济责任。

1.3 建筑产品及其施工特点

1.3.1 建筑产品的特点

1. 建筑产品的固定性

建筑产品都是在选定的地点上建造和使用的，与选定地点的土地不可分割，从建造开始直至拆除一般均不能移动。所以，建筑产品的建造和使用地点在空间上是固定的。

2. 建筑产品的多样性

建筑产品不但要满足各种使用功能的要求，而且还要体现出各地区的民族风格、物质文明和精神文明，同时也受到各地区的自然条件等诸因素的限制，使建筑产品在建设规模、结构类型、构造型式、基础设计和装饰风格等诸方面变化纷繁，各不相同。即使是同一类型的建筑产品，也会因所在地点、环境条件等的不同而彼此有所区别。

3. 建筑产品体形庞大

无论是复杂的建筑产品，还是简单的建筑产品，为了满足其使用功能的需要，都需要使用大量的物质资源，占据广阔的平面与空间。

4. 建筑产品的综合性

建筑产品是一个完整的实物体系，它不仅综合了土建工程的艺术风格、建筑功能、结构构造、装饰做法等多方面的技术成就，而且也综合了工艺设备、采暖通风、供水供电、通信网络、安全监控、卫生设备等各类设施的当代水平，从而使建筑产品变得更加错综复杂。

1.3.2 建筑施工的特点

1. 建筑产品生产的流动性

建筑产品的固定性决定了建筑产品生产的流动性。一般工业生产的生产地点、生产者和生产设备是固定的，产品是在生产线上流动的。而建筑产品的生产则相反，产品是固定的，参与施工的人员、机具设备等不仅要随着建筑产品的建造地点的变更而流动，而且还要随着建筑产品施工部位的改变而不断地在空间流动。这就要求事先必须有一个周密的项目管理规划(或施工组织设计)，使流动的人员、机具、材料等互相协调配合，使建筑施工能有条不紊、连续、均衡地进行。

2. 建筑产品生产的单件性

建筑产品地点的固定性和类型的多样性，决定了建筑产品生产的单件性。一般的工业生产，是在一定时期里按一定的工艺流程批量生产某一种产品。而建筑产品一般是按照建设单位的要求和规划，根据其使用功能、建设地点进行单独设计和施工。即使是选用标准设计、通用构件或配件，由于建筑产品所在地区的自然、技术、经济条件的不同，也使建筑产品的结构或构造、建筑材料、施工组织和施工方法等要因地制宜加以修改，从而使各建筑产品生产具有单件性。

3. 建筑产品生产周期长

建筑产品体形庞大的特点决定了建筑产品生产周期长。建筑产品在施工过程中要投入大量的人力、物力和财力，还要受到生产技术、工艺流程和活动空间的限制，使其生产周期少则几个月，多则几年、几十年。

4. 建筑产品生产的地区性

建筑产品的固定性决定了同一使用功能的建筑产品，因其建造地点的不同，必然受到建设地区的自然、技术、经济和社会条件的约束，使其结构、构造、艺术形式、室内设施、材料、施工方案等方面均各异。因此建筑产品的生产具有地区性。

5. 建筑产品生产的露天作业多

建筑产品生产地点的固定性和体形庞大的特点，决定了建筑产品生产露天作业多。建筑产品不能像其他工业产品一样在车间内生产，除少量构件生产及部分装饰工程、设备安装工程外，大部分土建施工过程都是在室外完成的，受气候因素影响，工人劳动条件差。

6. 建筑产品生产的高空作业多

建筑产品体形庞大的特点，决定了建筑产品生产高空作业多。特别是随着我国国民经济的不断发展和建筑技术的日益进步，高层和超高层建筑不断涌现，使得建筑产品生产高空作业多的特点越来越明显，同时也增加了作业环境的不安全因素。

7. 建筑产品生产手工作业多、工人劳动强度大

目前，我国建筑施工企业的技术装备机械化程度还比较低，工人手工操作量大，致使工人的劳动强度大、劳动条件差。

8. 建筑产品生产组织协作的综合复杂性

建筑产品生产是一个时间长、工作量大、资源消耗多、涉及面广的过程。它涉及力学、材料、建筑、结构、施工、水电和设备等不同专业；涉及企业内部各部门和人员；涉及企业外部建设、设计、监理单位以及消防、环境保护、材料供应、水电供应、科研试验等社会各部门和领域，需要各部门和单位之间的协作配合，从而使建筑产品生产的组织协作综合复杂。

1.4 施工组织设计概论

按照现行《建设工程项目管理规范》GB/T 50326—2006 规定，在投标之前，由施工企业管理层编制项目管理规划大纲，作为投标依据、满足招标文件要求及签订合同要求的文件。在工程开工之前，由项目经理主持编制项目管理实施规划，作为指导施工项目实施阶段管理的文件。项目管理实施规划是项目管理规划大纲的具体化和深化。

施工组织设计是我国长期工程建设实践中形成的一项惯例制度，目前仍继续贯彻执行。施工组织设计是施工规划，而非施工项目管理规划，故要代替后者时必须根据项目管理的需要，增加相关内容，使之成为项目管理的指导文件。

1.4.1 施工组织设计的概念

施工组织设计是以施工项目为对象编制的，用以指导施工的技术、经济和管理的综合性文件。即根据拟建工程的特点，对人力、材料、机械、资金、施工方法等方面的因

素作全面地分析，进行科学合理地安排，从而形成指导拟建工程施工全过程各项活动的综合性文件，它不仅包含技术方面的内容，同时也涵盖了施工管理和造价控制方面的内容。该文件就称为施工组织设计。

1.4.2 施工组织设计的必要性与作用

1. 施工组织设计的必要性

编制施工组织设计，有利于反映客观实际，符合建筑产品及施工特点要求，也是建筑施工在工程建设中的地位决定的，更是建筑施工企业经营管理程序的需要。因此，编好并贯彻好施工组织设计，就可以保证拟建工程施工的顺利进行，取得好、快、省和安全的施工效果。

2. 施工组织设计的作用

施工组织设计是施工准备工作的重要组成部分，又是做好施工准备工作的主要依据和重要保证。

施工组织设计是对拟建工程施工全过程实行科学管理的重要手段，是编制施工预算和施工计划的主要依据，是建筑企业合理组织施工和加强项目管理的重要措施。

施工组织设计是检查工程施工进度、质量、成本三大目标的依据，是建设单位与施工单位之间履行合同、处理关系的主要依据。

1.4.3 施工组织设计的分类

1. 按设计阶段的不同分类

施工组织设计的编制一般是同勘察设计阶段相配合。

(1) 设计按两个阶段进行时

施工组织设计分为施工组织总设计(扩大初步施工组织设计)和单位工程施工组织设计两种。

(2) 设计按三个阶段进行时

施工组织设计分为施工组织设计大纲(初步施工组织条件设计)、施工组织总设计和单位工程施工组织设计三种。

2. 按编制对象范围的不同分类

(1) 施工组织总设计

施工组织总设计是以单位工程组成的群体工程或特大型项目为主要对象编制的施工组织设计，对整个项目的施工过程起统筹规划、重点控制的作用。

(2) 单位工程施工组织设计

单位工程施工组织设计是以单位（子单位）工程为主要对象编制的施工组织设计，对单位（子单位）工程的施工过程起指导和制约作用。

(3) 施工方案

施工方案是以分部（分项）工程或专项工程为主要对象编制的施工技术与组织方案，用以具体指导其施工过程。

3. 根据编制阶段的不同分类

施工组织设计根据编制阶段的不同可以分为两类：一是投标前编制的施工组织设计（简称标前施工组织设计），另一类是签订工程承包合同后编制的施工组织设计（简称标后施工组织设计）。两类施工组织设计的区别见表 1-1。

标前和标后施工组织设计的区别　　表 1-1

种类	服务范围	编制时间	编制者	主要特性	追求主要目标
标前	投标与签约	投标前	经营管理	规划性	中标和经济效益
标后	施工准备至验收	签约后	项目管理	作业性	施工效率和合理安排与使用的物力

4. 按编制内容的繁简程度分类

(1) 完整的施工组织设计

(2) 简单的施工组织设计

1.4.4 施工组织设计的内容

不同类型施工组织设计的内容各不相同，但一个完整的施工组织设计一般应包括以下基本内容：

1. 工程概况；
2. 施工部署（安排）；
3. 施工进度计划；
4. 施工准备与资源配置计划；
5. 主要施工方案（方法）；
6. 施工平面布置图；
7. 主要施工管理计划；
8. 主要技术经济指标；
9. 结束语。

1.4.5 施工组织设计的编制与执行

1. 施工组织设计的编制

(1) 当拟建工程中标后，施工单位必须编制建设工程施工组织设计。建设工程实行总包和分包的，由总包单位负责编制施工组织设计或者分阶段施工组织设计。分包单位在总包单位的总体部署下，负责编制分包工程的施工组织设计。施工组织设计应根据合同工期及有关的规定进行编制，并且要广泛征求各协作施工单位的意见。

(2) 对结构复杂、施工难度大以及采用新工艺和新技术的工程项目，要进行专业性的研究，必要时组织专门会议，邀请有经验的专业工程技术人员参加，集中群众智慧，为施工组织设计的编制和实施打下坚实的群众基础。

(3) 在施工组织设计编制过程中，要充分发挥各职能部门的作用，吸收他们参加编制和审定；充分利用施工企业的技术素质和管理素质，统筹安排、扬长避短，发挥施工企业的优势，合理地进行工序交叉配合的程序设计。

(4) 当比较完整的施工组织设计方案提出之后，要组织参加编制的人员及单位进行讨论，逐项逐条地研究，修改后确定，最终形成正式文件，送主管部门审批。

2. 施工组织设计的执行

施工组织设计的编制，只是为实施拟建工程项目的生产过程提供了一个可行的方案。这个方案的经济效果如何，必须通过实践去验证。施工组织设计贯彻的实质，就是把一个静态平衡方案，放到不断变化的施工过程中，考核其效果和检查其优劣的过程，以达到预定的目标。所以施工组织设计贯彻的情况如何，其意义是深远的，为了保证施工组织设计的顺利实施，应做好以下几个方面的工作：

(1) 传达施工组织设计的内容和要求，做好施工组织设计的交底工作；

(2) 制定有关贯彻施工组织设计的规章制度；

(3) 推行项目经理责任制和项目成本核算制；

(4) 统筹安排，综合平衡；

(5) 切实做好施工准备工作。

1.4.6 组织项目施工的基本原则

根据我国建筑行业几十年来积累的经验和教训，在编制施工组织设计和组织项目施工时，应遵守以下原则：

(1) 认真贯彻执行党和国家对工程建设的各项方针和政策，严格执行现行的建设程序。

(2) 遵循建筑施工工艺及其技术规律，坚持合理的施工程序和施工顺序，在保证工程质量的前提下，加快建设速度，缩短工程工期。

(3) 采用流水施工方法和网络计划等先进技术，组织有节奏、连续和均衡的施工，科学地安排施工进度计划，保证人力、物力充分发挥作用。

(4) 统筹安排，保证重点，合理地安排冬、雨期施工项目，提高施工的连续性和均衡性。

(5) 认真贯彻建筑工业化方针，不断提高施工机械化水平，贯彻工厂预制和现场预制相结合的方针，扩大预制范围，提高预制装配程度；改善劳动条件，减轻劳动强度，提高劳动生产率。

(6) 采用国内外先进施工技术，科学地确定施工方案，贯彻执行施工技术规范、操作规程，提高工程质量，确保安全施工，缩短施工工期，降低工程成本。

(7) 精心规划施工平面图，节约用地；尽量减少临时设施，合理储存物资，充分利用当地资源，减少物资运输量。

(8) 做好现场文明施工和环境保护工作。

复习思考题

1. 什么叫建设项目？建设项目由哪些工作内容组成？

2. 简述建设程序和项目管理程序？
3. 试述建筑产品及其施工的特点？
4. 施工组织设计可分为哪几类？它包括哪些主要内容？
5. 标前施工组织设计和标后施工组织设计有何区别？
6. 编制施工组织设计应遵守哪些原则？

职业活动训练

选择一个建筑工程施工现场或校内实训基地参观。

1. 目的

认知建筑工程施工组织设计在施工现场的实施情况，初步了解项目施工的基本程序，感受建筑工程施工的特点，掌握施工组织设计的内容及其实体情况。

2. 环境要求

（1）选择一个大中型建筑工程在建工程项目或较为完善的校内实训基地；
（2）施工现场管理规范。

3. 步骤提示

（1）熟悉工程基本情况；
（2）现场技术人员介绍施工组织情况；
（3）参观现场；
（4）分组讨论。

4. 注意事项

（1）注意现场安全。
（2）学生进场前应了解工程情况。

5. 讨论与训练题

讨论 1：本工程有哪些特点？
讨论 2：本项目施工组织设计包括哪些内容？

学习单元 2

建筑工程施工准备工作

【知识目标】

了解施工准备工作的意义、分类及要求；掌握施工准备工作的内容及方法；熟悉施工准备工作计划及开工报告的内容。

【能力目标】

能够进行建筑工程施工准备，能够编制简单工程的施工准备工作计划，会填写开工报告。

施工准备工作是为了保证工程顺利开工和施工活动正常进行而必须事先做好的各项工作。它不仅存在于开工之前，而且贯穿在整个工程建设的全过程。因此，应当自始至终坚持“不打无准备之仗”的原则来做好这项工作，否则就会丧失主动权，处处被动，甚至使施工无法开展。

2.1 施工准备工作的分类及内容

2.1.1 施工准备工作的重要性

(1) 施工准备工作是建筑业企业生产经营管理的重要组成部分。现代企业管理理论认为，企业管理的重点是生产经营，而生产经营的核心是决策。施工准备工作作为生产经营管理的重要组成部分，对拟建工程目标、资源供应和施工方案及其空间布置和时间排列等诸方面进行了选择和施工决策。它有利于企业搞好目标管理，推行技术经济责任制。

(2) 施工准备工作是建筑施工程序的重要阶段。现代工程施工是十分复杂的生产活动，其技术规律和市场经济规律要求工程施工必须严格按照建筑施工程序进行。施工准备工作是保证整个工程施工和安装顺利进行的重要环节，可以为拟建工程的施工建立必要的技术和物质条件，统筹安排施工力量和施工现场。

(3) 做好施工准备工作，降低施工风险。由于建筑产品及其施工生产的特点，其生产过程受外界干扰及自然因素的影响较大，因而施工中可能遇到的风险较多。只有根据周密的分析和多年积累的施工经验，采取有效防范控制措施，充分做好施工准备工作，才能加强应变能力，从而降低风险损失。

(4) 做好施工准备工作，提高企业综合经济效益。认真做好施工准备工作，有利于发挥企业优势，合理供应资源，加快施工进度、提高工程质量、降低工程成本、增加企业经济效益、赢得企业社会信誉，实现企业管理现代化，从而提高企业综合经济效益。

实践证明，只有重视且认真细致地做好施工准备工作，积极为工程项目创造一切施工条件，才能保证施工顺利进行。否则，就会给工程的施工带来麻烦和损失，以致造成施工停顿、质量安全事故等恶果。

2.1.2 施工准备工作的分类及内容

1. 施工准备工作的分类

(1) 按施工准备工作的范围不同进行分类

1) 施工总准备(全场性施工准备)。它是以整个建设项目为对象而进行的各项施工准备。其作用是为整个建设项目的顺利施工创造条件，既为全场性的施工活动服务，也兼顾单位工程施工条件的准备。

2）单项(单位)工程施工条件准备。它是以一个建筑物或构筑物为对象而进行的各项施工准备。其作用是为单项(单位)工程的顺利施工创造条件，即为单项(单位)工程做好一切准备，又要为分部(分项)工程施工进行作业条件的准备。

3）分部(分项)工程作业条件准备。它是以一个分部(分项)工程或冬雨期施工工程为对象而进行的作业条件准备。

（2）按工程所处的施工阶段不同进行分类

1）开工前的施工准备工作。它是在拟建工程正式开工之前所进行的带有全局性和总体性的施工准备。其作用是为工程开工创造必要的施工条件。它既包括全场性的施工准备，又包括单项（单位）工程施工条件准备。

2）各阶段施工前的施工准备。它是在工程开工后，某一单位工程或某个分部(分项)工程或某个施工阶段、某个施工环节施工前所进行的带有局部性或经常性的施工准备。其作用是为每个施工阶段创造必要的施工条件，它一方面是开工前施工准备工作的深化和具体化；另一方面，要根据各施工阶段的实际需要和变化情况，随时做出补充修正与调整。如一般框架结构建筑的施工，可以分为地基基础工程、主体结构工程、屋面工程、装饰装修工程等施工阶段，每个施工阶段的施工内容不同，所需要的技术条件、物资条件、组织措施要求和现场平面布置等方面也就不同，因此，在每个施工阶段开始之前，都必须做好相应的施工准备。

因此，施工准备工作具有整体性与阶段性的统一，且体现出连续性，必须有计划、有步骤、分期、分阶段地进行。

2. 施工准备工作的内容

施工准备工作的内容一般可以归纳为以下几个方面：调查研究与收集资料、技术资料准备、资源准备、施工现场准备、季节施工准备，如图 2-1 所示。

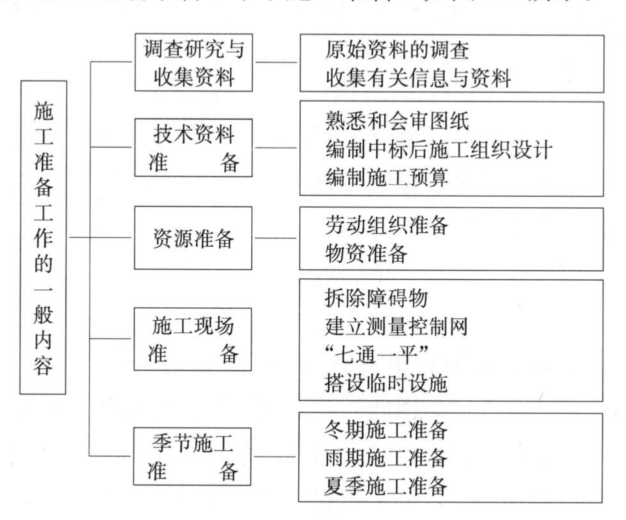

图 2-1　施工准备工作的内容

由于每项工程的设计要求及其具备的条件不同，施工准备工作的内容繁简程度也不同。如只有一个单项工程的施工项目与包含多个单项工程的群体项目；一般小型项目与规模庞大的大中型项目；在未开发地区兴建的项目与在正开发且各种条件都具备的地区兴建的项目；结构简单、传统工艺施工的项目与采用新材料、新结构、新技术、新工艺施工的项目等，因工程的特殊需要和特殊条件而对施工准备工作提出不同的要求，只有按施工项目的规划来确定准备工作的内容，并拟定具体的、分阶段的施工准备工作实施计划，才能充分地为施工创造一切必要的条件。

2.1.3 施工准备工作的要求

1. 施工准备工作应有组织、有计划、分阶段、有步骤地进行

(1) 建立施工准备工作的组织机构，明确相应管理人员；

(2) 编制施工准备工作计划表，保证施工准备工作按计划落实；

(3) 将施工准备工作按工程的具体情况划分为开工前、地基基础工程、主体工程、屋面与装饰装修工程等时间区段，分期、分阶段、有步骤进行。

2. 建立严格的施工准备工作责任制及相应的检查制度

由于施工准备工作项目多、范围广，因此必须建立严格的责任制，按计划将责任落实到有关部门及个人，明确各级技术负责人在施工准备工作中应负的责任，使各级技术负责人认真做好施工准备工作。

在施工准备工作实施过程中，应定期进行检查，可按周、半月、月度进行检查。检查的目的在于督促、发现薄弱环节、不断改进工作。施工准备工作的检查内容是：主要检查施工准备工作计划的执行情况。如果没有完成计划的要求，应进行分析，找出原因，排除障碍，协调施工准备工作进度或调整施工准备工作计划。检查的方法可采用实际与计划对比法；或采用相关单位、人员割分制，检查施工准备工作情况，当场分析产生问题的原因，提出解决问题的方法。后一种方法解决问题及时见效快，现场常采用。

3. 坚持按基本建设程序办事，严格执行开工报告制度

当施工准备工作情况达到开工条件要求时，应向监理工程师报送工程开工报审表及开工报告等有关资料，由总监理工程师签发，并报建设单位后，在规定的时间内开工。

4. 施工准备工作必须贯穿施工全过程

施工准备工作不仅要在开工前集中进行，而且工程开工后，也要及时、全面地做好各施工阶段的准备工作，贯穿在整个施工过程中。

5. 施工准备工作要取得各协作相关单位的友好支持与配合

由于施工准备工作涉及面广，因此，除了施工单位自身努力做好外，还要取得建设单位、监理单位、设计单位、供应单位、银行、行政主管部门、交通运输单位等协作，相关单位的大力支持，步调一致，分工负责，共同做好施工准备工作。以缩短开工施工准备工作的时间，争取早日开工，施工中密切配合，关系融洽，保证整个施工过程顺利进行。

2.2 调查研究与收集资料

对一项工程所涉及的自然条件和技术经济条件等施工资料进行调查研究与收集整理，是施工准备工作的一项重要内容，也是编制施工组织设计的重要依据。尤其是当施工单位进入一个新的城市或地区，对建设地区的技术经济条件、场地特征和社会情况等不太熟悉，此项工作显得尤为重要。调查研究与收集资料的工作应有计划、有目的地进行，事先要拟定详细的调查提纲。其调查的范围、内容要求等应根据拟建工程的规模、性质、复杂程序、工期以及对当地了解程度确定。调查时，除向建设单位、勘察设计单位、当地气象台站及有关部门和单位收集资料及有关规定外，还应到实地勘测，并向当地居民了解。对调查、收集到的资料应注意整理归纳、分析研究，对其中特别重要的资料，必须复查其数据的真实性和可靠性。

2.2.1 原始资料的调查

1. 对建设单位与设计单位的调查

向建设单位与设计单位调查的项目见表2-1。

向建设单位与设计单位调查的项目　　表2-1

序号	调查单位	调　查　内　容	调　查　目　的
1	建设单位	1. 建设项目设计任务书、有关文件 2. 建设项目性质、规模、生产能力 3. 生产工艺流程、主要工艺设备名称及来源、供应时间、分批和全部到货时间 4. 建设期限、开工时间、交工先后顺序、竣工投产时间 5. 总概算投资、年度建设计划 6. 施工准备工作的内容、安排、工作进度表	1. 施工依据 2. 项目建设部署 3. 制定主要工程施工方案 4. 规划施工总进度 5. 安排年度施工计划 6. 规划施工总平面 7. 确定占地范围
2	设计单位	1. 建设项目总平面规划 2. 工程地质勘察资料 3. 水文勘察资料 4. 项目建筑规模，建筑、结构、装修概况，总建筑面积、占地面积 5. 单项(单位)工程个数 6. 设计进度安排 7. 生产工艺设计、特点 8. 地形测量图	1. 规划施工总平面图 2. 规划生产施工区、生活区 3. 安排大型临建工程 4. 概算施工总进度 5. 规划施工总进度 6. 计算平整场地土石方量 7. 确定地基、基础的施工方案

2. 自然条件调查分析

它包括对建设地区的气象资料、工程地形地质、工程水文地质、周围民宅的坚固程度及其居民的健康状况等项调查。为了制定施工方案、此项技术组织措施、冬雨期施工措施，进行施工平面规划布置等提供依据；为编制现场“七通一平”计划提供依据，如地上建筑物的拆除，高压电线路的搬迁，地下构筑物的拆除和各种管线的搬迁等项工作；为了减少施工公害，如打桩工程在打桩前，对居民的危房和居民中的心脏病患者，采取保护性措施。自然条件调查的项目见表 2-2。

自然条件调查的项目　　表 2-2

序号	项　目	调　查　内　容	调　查　目　的
1		气象资料	
(1)	气温	1. 全年各月平均温度 2. 最高温度、月份，最低温度、月份 3. 冬天、夏季室外计算温度 4. 霜、冻、冰雹期 5. 小于−3℃、0℃、5℃的天数，起止日期	1. 防暑降温 2. 全年正常施工天数 3. 冬期施工措施 4. 估计混凝土、砂浆强度增长
(2)	降雨	1. 雨季起止时间 2. 全年降水量、一日最大降水量 3. 全年雷暴天数、时间 4. 全年各月平均降水量	1. 雨期施工措施 2. 现场排水、防洪 3. 防雷 4. 雨天天数估计
(3)	风	1. 主导风向及频率(风玫瑰图) 2. 大于或等于 8 级风的全年天数、时间	1. 布置临时设施 2. 高空作业及吊装措施
2		工程地形、地质	
(1)	地形	1. 区域地形图 2. 工程位置地形图 3. 工程建设地区的城市规划 4. 控制桩、水准点的位置 5. 地形、地质的特征 6. 勘察文件、资料等	1. 选择施工用地 2. 合理布置施工总平面图 3. 计算现场平整土方量 4. 障碍物及数量 5. 拆迁和清理施工现场
(2)	地质	1. 钻孔布置图 2. 地质剖面图(各层土的特征、厚度) 3. 土质稳定性：滑坡、流砂、冲沟 4. 地基土强度的结论，各项物理力学指标：天然含水量、孔隙比、渗透性、压缩性指标、塑性指数、地基承载力 5. 软弱土、膨胀土、湿陷性黄土分布情况；最大冻结深度 6. 防空洞、枯井、土坑、古墓、洞穴，地基土破坏情况 7. 地下沟渠管网、地下构筑物	1. 土方施工方法的选择 2. 地基处理方法 3. 基础、地下结构施工措施 4. 障碍物拆除计划 5. 基坑开挖方案设计
(3)	地震	抗震设防烈度的大小	对地基、结构影响，施工注意事项
3		工程水文地质	
(1)	地下水	1. 最高、最低水位及时间 2. 流向、流速、流量 3. 水质分析 4. 抽水试验、测定水量	1. 土方施工基础施工方案的选择 2. 降低地下水位方法、措施 3. 判定侵蚀性质及施工注意事项 4. 使用、饮用地下水的可能性
(2)	地面水(地面河流)	1. 临近的江河、湖泊及距离 2. 洪水、平水、枯水时期，其水位、流量、流速、航道深度，通航可能性 3. 水质分析	1. 临时给水 2. 航运组织 3. 水工工程
(3)	周围环境及障碍物	1. 施工区域现有建筑物、构筑物、沟渠、水流、树木、土堆、高压输变电线路等 2. 临近建筑坚固程度及其中人员工作、生活、健康状况	1. 及时拆迁、拆除 2. 保护工作 3. 合理布置施工平面 4. 合理安排施工进度

2.2.2 收集相关信息与资料

1. 技术经济条件调查分析

它包括地方建筑生产企业、地方资源交通运输，水、电及其他能源，主要设备、三大材料和特殊材料，以及它们的生产能力等项调查。调查的项目见表 2-3～表 2-9。

地方建筑材料及构件生产企业情况调查内容 **表 2-3**

序号	企业名称	产品名称	规格质量	单位	生产能力	供应能力	生产方式	出厂价格	运距	运输方式	单位运价	备注

注：1. 名称按照构件厂、木工厂、金属结构厂、商品混凝土厂、砂石厂、建筑设备厂、砖、瓦、石灰厂等填列；
2. 资料来源：当地计划、经济、建筑主管部门；
3. 调查明细：落实物资供应。

地方资源情况调查内容 **表 2-4**

序号	材料名称	产地	储存量	质量	开采(生产)量	开采费	出厂价	运距	运费	供应的可能性

注：1. 材料名称栏按照块石、碎石、砾石、砂、工业废料(包括冶金矿渣、炉渣、电站粉煤灰)填列；
2. 调查目的：落实地方物资准备工作。

地区交通运输条件调查内容 **表 2-5**

序号	项目	调 查 内 容	调 查 目 的
1	铁路	1. 邻近铁路专用线、车站至工地的距离及沿途运输条件 2. 站场卸货路线长度，起重能力和储存能力 3. 装载单个货物的最大尺寸、重量的限制 4. 支费、装卸费和装卸力量	1. 选择施工运输方式 2. 拟定施工运输计划
2	公路	1. 主要材料产地至工地的公路等级，路面构造宽度及完好情况，允许最大载重量 2. 途经桥涵等级，允许最大载重量 3. 当地专业机构及附近村镇能提供的装卸、运输能力，汽车、畜力、人力车的数量及运输效率，运费、装卸费 4. 当地有无汽车修配厂、修配能力和至工地距离、路况 5. 沿途架空电线高度	
3	航运	1. 货源、工地至邻近河流、码头渡口的距离，道路情况 2. 洪水、平水、枯水期和封冻期通航的最大船只及吨位，取得船只的可能性 3. 码头装卸能力，最大起重量，增设码头的可能性 4. 渡口的渡船能力，同时可载汽车、马车数，每日次数，能为施工提供的能力 5. 运费、渡口费、装卸费	

供水、供电、供气条件调查内容 表 2-6

序号	项目	调查内容
1	给水排水	1. 与当地现有水源连接的可能性，可供水量，接管地点、管径、管材、埋深、水压、水质、水费，至工地距离，地形地物情况 2. 临时供水源：利用江河、湖水的可能性，水源、水量、水质，取水方式，至工地距离，地形地物情况，临时水井位置、深度、出水量、水质 3. 利用永久排水设施的可能性，施工排水去向、距离、坡度，有无洪水影响，现有防洪设施、排洪能力
2	供电与通信	1. 电源位置，引入的可能，允许供电容量、电压、导线截面、距离、电费、接线地点，至工地距离、地形地物情况 2. 建设单位、施工单位自有发电、变电设备的规格型号、台数、能力、燃料、资料及可能性 3. 利用邻近电信设备的可能性，电话、电报局至工地距离，增设电话设备和计算机等自动化办公设备和线路的可能性
3	供气	1. 蒸汽来源，可供能力、数量，接管地点、管径、埋深，至工地距离，地形地物情况，供气价格，供气的正常性 2. 建设单位、施工单位自有锅炉型号、台数、能力、所需燃料、用水水质、投资费用 3. 当地单位、建设单位提供压缩空气、氧气的能力，至工地的距离

注：1. 资料来源：当地城建、供电局、水厂等单位及建设单位；
2. 调查目的：选择给水排水、供电、供气方式，作出经济比较。

三大材料、特殊材料及主要设备调查内容 表 2-7

序号	项目	调查内容	调查目的
1	三大材料	1. 钢材订货的规格、牌号、强度等级、数量和到货时间 2. 木材料订货的规格、等级、数量和到货时间 3. 水泥订货的品种、强度等级、数量和到货时间	1. 确定临时设施和堆放场地 2. 确定木材加工计划 3. 确定水泥储存方式
2	特殊材料	1. 需要的品种、规格、数量 2. 试制、加工和供应情况 3. 进口材料和新材料	1. 制定供应计划 2. 确定储存方式
3	主要设备	1. 主要工艺设备的名称、规格、数量和供货单位 2. 分批和全部到货时间	1. 确定临时设施和堆放场地 2. 拟定防雨措施

建设地区社会劳动力和生活设施的调查内容 表 2-8

序号	项目	调查内容	调查目的
1	社会劳动力	1. 少数民族地区的风俗习惯 2. 当地能提供的劳动力人数、技术水平、工资费用和来源 3. 上述人员的生活安排	1. 拟定劳动力计划 2. 安排临时设施
2	房屋设施	1. 必须在工地居住的单身人数和户数 2. 能作为施工用的现有的房屋栋数、每栋面积、结构特征、总面积、位置、水、暖、电、卫、设备状况 3. 上述建筑物的适宜用途，用作宿舍、食堂、办公室的可能性	1. 确定现有房屋为施工服务的可能性 2. 安排临时设施

续表

序号	项目	调 查 内 容	调 查 目 的
3	周围环境	1. 主副食品供应，日用品供应，文化教育，消防治安等机构能为施工提供的支援能力 2. 邻近医疗单位至工地的距离，可能就医情况 3. 当地公共汽车、邮电服务情况 4. 周围是否存在有害气体、污染情况，有无地方病	安排职工生活基地，解除后顾之忧

参加施工的各单位能力调查或内容　　表 2-9

序号	项目	调 查 内 容
1	工人	1. 工人数量、分工种人数，能投入本工程施工的人数 2. 专业分工及一专多能的情况、工人队组形式 3. 定额完成情况、工人技术水平、技术等级构成
2	管理人员	1. 管理人员总数，所占比例 2. 其中技术人员数，专业情况，技术职称，其他人员数
3	施工机械	1. 机械名称、型号、能力、数量、新旧程度、完好率，能投入本工程施工的情况 2. 总装备程度(马力/全员) 3. 分配、新购情况
4	施工经验	1. 历年曾施工的主要工程项目、规模、结构、工期 2. 习惯施工方法，采用过的先进施工方法，构件加工、生产能力、质量 3. 工程质量合格情况，科研、革新成果
5	经济指标	1. 劳动生产率，年完成能力 2. 质量、安全、降低成本情况 3. 机械化程度 4. 工业化程度设备、机械的完好率、利用率

注：1. 来源：参加施工的各单位；
2. 目的：明确施工力量、技术素质，规划施工任务分配、安排。

2. 其他相关信息与资料的收集

其他相关信息与资料包括：现行的由国家有关部门制定的技术规范、规程及有关技术规定，如《建筑工程施工质量验收统一标准》(GB 50300—2001)及相关专业工程施工质量验收规范，《建筑施工安全检查标准》(JGJ 59—99)及有关专业工程安全技术规范规程，《建筑工程项目管理规范》(GB/ 50326—2006)，《建筑工程文件归档整理规范》(GB/T 50328—2001)，《建筑工程冬期施工规程》(JGJ 104—97)，各专业工程施工技术规范等；企业现有的施工定额、施工手册、类似工程的技术资料及平时施工实践活动中所积累的资料等。收集这些相关信息与资料，是进行施工准备工作和编制施工组织设计的依据之一，可为其提供有价值的参考。

2.3 技术资料准备

技术资料准备即通常所说的“内业”工作，它是施工准备的核心，指导着现场施工准备工作，对于保证建筑产品质量，实现安全生产，加快工程进度，提高工程经济效益都具有十分重要的意义。任何技术差错和隐患都可能引起人身安全和质量事故，造成生命财产和经济的巨大损失，因此，必须重视做好技术资料准备。其主要内容包括：熟悉和会审图纸，编制中标后施工组织设计，编制施工预算等。

2.3.1 熟悉和会审图纸

施工图全部(或分阶段)出图以后，施工单位应依据建设单位和设计单位提供的初步设计或扩大初步设计(技术设计)、施工图设计、建筑总平面图、土方竖向设计和城市规划等资料文件，调查、收集的原始资料和其他相关信息与资料。组织有关人员对设计图纸进行学习和会审工作，使参与施工的人员掌握施工图的内容、要求和特点，同时发现施工图中的问题，以便在图纸会审时统一提出，解决施工图中存在的问题，确保工程施工顺利进行。

1. 熟悉图纸阶段

(1) 熟悉图纸工作的组织

由施工单位该工程项目经理部组织有关工程技术人员认真熟悉图纸，了解设计意图与建设单位要求以及施工应达到的技术标准，明确工程流程。

(2) 熟悉图纸的要求

1) 先粗后细。就是先看平面图、立面图、剖面图，对整个工程的概貌有一个了解，对总的长、宽尺寸，轴线尺寸、标高、层高、总高有一个大体的印象。然后再看细部做法，核对总尺寸与细部尺寸、位置、标高是否相符，门窗表中的门窗型号、规格、形状、数量是否与结构相符等。

2) 先小后大。就是先看小样图，后看大样图。核对在平面图、立面图、剖面图中标注的细部做法，与大样图的做法是否相符；所采用的标准构件图集编号、类型、型号，与设计图纸有无矛盾，索引符号有无漏标之处，大样图是否齐全等。

3) 先建筑后结构。就是先看建筑图，后看结构图。把建筑图与结构图互相对照，核对其轴线尺寸、标高是否相符，有无矛盾，查对有无遗漏尺寸，有无构造不合理之处。

4) 先一般后特殊。就是先一般的部位和要求，后看特殊的部位和要求。特殊部位一般包括地基处理方法、变形缝的设置、防水处理要求和抗震、防火、保温、隔热、防尘、特殊装修等技术要求。

5）图纸与说明结合。就是要在看图时对照设计总说明和图中的细部说明，核对图纸和说明有无矛盾，规定是否明确，要求是否可行，做法是否合理等。

6）土建与安装结合。就是看土建图时，有针对性地看一些安装图，核对与土建有关的安装图有无矛盾，预埋件、预留洞、槽的位置、尺寸是否一致，了解安装对土建的要求，以便考虑在施工中的协作配合。

7）图纸要求与实际情况结合。就是核对图纸有无不符合施工实际之处，如建筑物相对位置、场地标高、地质情况等是否与设计图纸相符；对一些特殊的施工工艺，施工单位能否做到等。

2. 自审图纸阶段

（1）自审图纸的组织

由施工单位该项目经理部组织各工种人员对本工种的有关图纸进行审查，掌握和了解图纸中的细节；在此基础上，由总承包单位内部的土建与水、暖、电等专业，共同核对图纸，消除差错，协商施工配合事项；最后，总承包单位与外分包单位(如：桩基施工、装饰工程施工、设备安装施工等)在各自审查图纸基础上，共同核对图纸中的差错及协商有关施工配合问题。

（2）自审图纸的要求

1）审查拟建工程的地点，建筑总平面图同国家、城市或地区规划是否一致，以及建筑物或构筑物的设计功能和使用要求是否符合环卫、防火及美化城市方面的要求。

2）审查设计图纸是否完整齐全以及设计图纸和资料是否符合国家有关技术规范要求。

3）审查建筑、结构、设备安装图纸是否相符，有无“错、漏、碰、缺”，内部结构和工艺设备有无矛盾。

4）审查地基处理与基础设计同拟建工程地点的工程地质和水文地质等条件是否一致，以及建筑物或构筑物与原地下构筑物及管线之间有无矛盾。深基础的防水方案是否可靠，材料设备能否解决。

5）明确拟建工程的结构形式和特点，复核主要承重结构的承载力、刚度和稳定性是否满足要求，审查设计图纸中的形体复杂、施工难度大和技术要求高的分部分项工程或新结构、新材料、新工艺，在施工技术和管理水平上能否满足质量和工期要求，选用的材料、构配件、设备等能否解决。

6）明确建设期限，分期分批投产或交付使用的顺序和时间，以及工程所用的主要材料、设备的数量、规格、来源和供货日期。

7）明确建设单位、设计单位和施工单位等之间的协作、配合关系，以及建设单位可以提供的施工条件。

8）审查设计是否考虑了施工的需要，各种结构的承载力、刚度和稳定性是否满足设置内爬、附着、固定式塔式起重机等使用的要求。

3. 图纸会审阶段

（1）图纸会审的组织

一般工程由建设单位组织并主持会议，设计单位交底，施工单位、监理单位参加。重点工程或规模较大及结构、装修较复杂的工程，如有必要可邀请各主管部门、消防、防疫与协作单位参加，会审的程序是：

设计单位做设计交底，施工单位对图纸提出问题，有关单位发表意见，与会者讨论、研究、协商，逐条解决问题达成共识，组织会审的单位汇总成文，各单位会签，形成图纸会审纪要，见表 2-10，会审纪要作为与施工图纸具有同等法律效力的技术文件使用。

图纸会审记录 **表 2-10**

会审日期：　年　月　日　　　　编号：

<table>
<tr><td rowspan="2">工程名称</td><td colspan="3" rowspan="2"></td><td>共　页</td></tr>
<tr><td>第　页</td></tr>
<tr><td>图纸编号</td><td colspan="2">提出问题</td><td colspan="2">会审结果</td></tr>
<tr><td></td><td colspan="2"></td><td colspan="2"></td></tr>
<tr><td>会审单位（公章）</td><td>建设单位</td><td>监理单位</td><td>设计单位</td><td>施工单位</td></tr>
<tr><td>参加会审人　员</td><td></td><td></td><td></td><td></td></tr>
</table>

(2) 图纸会审的要求

审查设计图纸及其他技术资料时，应注意以下问题：

1) 设计是否符合国家有关方针、政策和规定；

2) 设计规模、内容是否符合国家有关的技术规范要求，尤其是强制性标准的要求，是否符合环境保护和消防安全的要求；

3) 建筑设计是否符合国家有关的技术规范要求，尤其是强制性标准的要求，是否符合环境保护和消防安全的要求；

4) 建筑平面布置是否符合核准的按建筑红线划定的详图和现场实际情况；是否提供符合要求的永久水准点或临时水准点位置；

5) 图纸及说明是否齐全、清楚、明确；

6) 结构、建筑、设备等图纸本身及相互之间是否有错误和矛盾，图纸与说明之间有无矛盾；

7) 有无特殊材料(包括新材料)要求，其品种、规格、数量能否满足需要；

8) 设计是否符合施工技术装备条件，如需采取特殊技术措施时，技术上有无困难，能否保证安全施工；

9) 地基处理及基础设计有无问题，建筑物与地下构筑物、管线之间有无矛盾；

10) 建(构)筑物及设备的各部位尺寸、轴线位置、标高、预留孔洞及预埋件、大样图及做法说明有无错误和矛盾。

2.3.2 编制中标后施工组织设计

中标后施工组织设计是施工单位在施工准备阶段编制的指导拟建工程从施工准备到竣工验收乃至保修回访的技术经济、组织的综合性文件，也是编制施工预算、实行项目管理的依据，是施工准备工作的主要文件。它是在投标书施工组织设计的基础上，结合所收集的原始资料和相关信息资料，根据图纸及会审纪要，按照编制施工组织设计的基本原则，综合建设单位、监理单位、设计意图的具体要求进行编制，以保证工程好、快、省、安全、顺利地完成。

施工单位必须在约定的时间内完成中标后施工组织设计的编制与自审工作，并填写施工组织设计报审表，报送项目监理机构。总监理工程师应在约定的时间内，组织专业监理工程师审查，提出审查意见后，由总监理工程师审定批准，需要施工单位修改时，由总监理工程师签发书面意见，退回施工单位修改后再报审，总监理工程师应重新审定，已审定的施工组织设计由项目监理机构报送建设单位。施工单位应按审定的施工组织设计文件组织施工，如需对其内容做较大变更，应在实施前将变更书面内容报送项目监理机构重新审定。对规模大、结构复杂或属新结构、特种结构的工程，专业监理工程师提出审查意见后，由总监理工程师签发审查意见，必要时与建设单位协商，组织有关专家会审。

2.3.3 编制施工预算

施工预算是施工单位根据施工合同价款、施工图纸、施工组织设计或施工方案、施工定额等文件进行编制的企业内部经济文件，它直接受施工合同中合同价款的控制，是施工前的一项重要准备工作。它是施工企业内部控制各项成本支出、考核用工、签发施工任务书、限额领料，基层进行经济核算、进行经济活动分析的依据。在施工过程中，要按施工预算严格控制各项指标，以促进降低工程成本和提高施工管理水平。

2.4 资源准备

2.4.1 劳动力组织准备

工程项目是否按目标完成，很大程度上取决于承担这一工程的施工人员的素质。劳动力组织准备包括施工管理层和作业层两大部分，这些人员的合理选择和配备，将直接影响到工程质量与安全、施工进度及工程成本，因此，劳动组织准备是开工前施工准备的一项重要内容。

1. 项目组织机构建设

对于实行项目管理的工程，建立项目组织机构就是建立项目经理部。高效率的项目组织机构的建立，是为建设单位服务的，是为项目管理目标服务的。这项工作实施地合理与否很大程度上关系到拟建工程能否顺利进行。施工企业建立项目经理部，要针对工程特点和建设单位要求，根据有关规定进行精心组织安排，认真抓实、抓细、抓好。

(1) 项目组织机构的设置应遵循以下原则：

1) 用户满意原则。施工单位要根据单位要求组建项目经理部，让建设单位满意放心。

2) 全能配套原则。项目经理要安全管理、善经营、懂技术。能担任公关，且要具有较强的适应能力与应变能力和开拓进取精神。项目经理部成员要有施工经验、创造精神、工作效率高。项目经理部既合理分工又密切协作，人员配置应满足施工项目管理的需要，如大型项目，项目经理是一级建造师来担任，管理人员中的高级职称人员不应低于10%。

3) 精干高效原则。施工管理机构要尽量压缩管理层次，因事设职，因职选人，做到管理人员精干、一职多能、人尽其才、恪尽职守，以适应市场变化要求。避免松散、重叠、人浮于事。

4) 管理跨度原则。管理跨度过大，鞭长莫及且心有余而力不足；管理跨度过小，人员增多，造成资源浪费。因此，施工管理机构各层面设置是否合理，要看确定的管理跨度是否科学，也就是应使每一个管理层面都保持适当工作幅度，以使其各层面管理人员在职责范围内实施有效的控制。

5) 系统化管理原则。建设项目是由许多子系统组成的有机整体，系统内部存在大量的“结合”部，各层次的管理职能的设计要形成一个相互制约、相互联系的完整体系。

(2) 项目经理部的设立步骤

1) 根据企业批准的“项目管理规划大纲”，确定项目经理部的管理任务和组织形式；

2) 确定项目经理的层次，设立职能部门与工作岗位；

3) 确定人员、职责、权限；

4) 由项目经理根据“项目管理目标责任书”进行目标分解；

5) 组织有关人员制定规章制度和目标责任考核、奖惩制度。

(3) 项目经理部的组织形式应根据施工项目的规模、结构复杂程度、专业特点、人员素质和地域范围确定，并应符合下列规定：

1) 大中型项目宜按矩阵式项目管理组织设置项目经理部；

2) 远离企业管理层的大中型项目宜按事业部式项目管理组织设置项目经理部；

3) 小型项目宜按直线职能式项目管理组织设置项目经理部。

2. 组织精干的施工队伍

(1) 组织施工队伍，要认真考虑专业工程的合理配合，技工和普工的比例要满足合理的劳动组织要求。按组织施工方式的要求，确定建立混合施工队组或是专业施工队组及其数量。组建施工队组，要坚持合理、精干的原则，同时制定出该工程的劳动力需用量计划。

(2) 集结施工力量，组织劳动力进场。项目经理部确定之后，按照开工日期和劳动力需要量计划组织劳动力进场。

3. 优化劳动组合与技术培训

针对工程施工要求，强化各工种的技术培训，优化劳动组合，主要抓好以下几个方面的工作：

(1) 针对工程施工难点，组织工程技术人员和工人队组中的骨干力量，进行类似的工程的考察学习；

(2) 做好专业工程技术培训，提高对新工艺、新材料使用操作的适应能力；

(3) 强化质量意识，抓好质量教育，增强质量观念；

(4) 工人队组实行优化组合、双向选择、动态管理，最大限度地调动职工的积极性；

(5) 认真全面地进行施工组织设计的落实和技术交底工作。施工组织设计、计划和技术交底的目的是把施工项目的设计内容、施工计划和施工技术等要求，详尽地向施工队组和工人讲解交代。这是落实计划和技术责任制的好办法。

施工组织设计、计划和技术交底的时间在单位工程或分部(项)工程开工前及时进行，以保证项目严格地按照设计图纸、施工组织设计、安全操作规程和施工验收规范等要求进行施工。

施工组织设计、计划和技术交底的内容有：项目的施工进度计划、月(旬)作业计划；施工组织设计，尤其是施工工艺、质量标准、安全技术措施、降低成本措施和施工验收规范的要求；新结构、新材料、新技术和新工艺的实施方案和保证措施；图纸会审中所确定的有关部位的设计变更和技术核定等事项。交底工作应该按照管理系统逐级进行，由上而下直到工人队组。交底的方式有书面形式、口头形式和现场示范形式等。

施工队组、工人接受施工组织设计、计划和技术交底后，要组织其成员进行认真的分析研究，弄清关键部位、质量标准、安全措施和操作要领。必要时应该进行示范，并明确任务及做好分工协作，同时建立健全岗位责任制和保证措施。

(6) 切实抓好施工安全、安全防火和文明施工等方面的教育。

4. 建立健全各项管理制度

工地的各项管理制度是否建立、健全，直接影响其各项施工活动的顺利进行。有章不循，其后果是严重的，而无章可循更是危险的。为此必须建立、健全工地的各项管理制度。通常，其内容包括：项目管理人员岗位责任制度；项目技术管理制度；项目质量管理制度；项目安全管理制度；项目计划、统计与进度管理制度；项目成本核算制度；项目材料、机械设备管理制度；项目现场管理制度；项目分配与奖励制度；项目例会及施工日志制度；项目分包及劳务管理制度；项目组织协调制度；项目信息管理制度。项目经理部自行制定的规章制度与企业现行的有关规定不一致时，应报送企业或其授权的职能部门批准。

5. 做好分包安排

对于本企业难以承担的一些专业项目，如深基础开挖和支护、大型结构安装和设备安装等项目，应及早做好分包或劳务安排，与有关单位协调，签订分包合同或劳务合同，以保证按计划施工。

6. 组织好科研攻关

凡工程中采用带有试验性质的一些新材料、新产品、新工艺项目，应在建设单位、主管部门的参加下，组织有关设计、科研、教学单位共同进行科研工作。要明确相互承担的试验项目、工作步骤、时间要求、经费来源和职责分工。所有科研项目，必须经过技术鉴定后，再用于施工。

2.4.2 物资准备

施工物资准备：施工物资准备是指施工中必须有的劳动手段(施工机械、工具)和劳动对象(材料、配件、构件)等的准备，是一项较为复杂而又细致的工作，建筑施工所需的材料、构(配)件、机具和设备品种多且数量大，能否保证按计划供应，对整个施工过程的工期、质量和成本，有着举足轻重的作用。各种施工物资只有运到现场并有必要的储备后，才具备必要的开工条件。因此，要将这项工作作为施工准备工作的一个重要方面来抓。施工管理人员应尽早地计算出各阶段对材料、施工机械、设备、工具等的需用量，并说明供应单位、交货地点、运输方式等，特别是对预制构件，必须尽早地从施工图中摘录出构件的规格、质量、品种和数量，制表造册，向预制加工厂订货并确定分批交货清单、交货地点及时间，对大型施工机械、辅助机械及设备要精确计算工作日，并确定进场时间，做到进场后立即使用，用毕后立即退场，提高机械利用率，节省机械台班费及停留费。

物资准备的具体内容有材料准备、构(配)件及设备加工订货准备、施工机具准备、生产工艺设备准备、运输设备和施工物资价格管理等。

1. 材料准备

(1) 根据施工方案中的施工进度计划和施工预算中的工料分析，编制工程所需材料用量计划，作为备料、供料和确定仓库、堆场面积及组织运输的依据；

(2) 根据材料需用量计划，做好材料的申请、订货和采购工作，使计划得到落实；

(3) 组织材料按计划进场，按施工平面图和相应位置堆放，并做好合理储备、保管工作；

(4) 严格验收、检查、核对材料的数量和规格，做好材料试验和检验工作，保证施工质量。

2. 构配件及设备加工订货准备

(1) 根据施工进度计划及施工预算所提供的各种构配件及设备数量，做好加工翻样工作，并编制相应的需用量计划；

(2) 根据需用计划，向有关厂家提出加工订货计划要求，并签订订货合同；

(3) 组织构配件和设备按计划进场，按施工平面布置图做好存放及保管工作。

3. 施工机具准备

(1) 各种土方机械，混凝土、砂浆搅拌设备，垂直及水平运输机械，钢筋加工设备、木工机械，焊接设备，打夯机、排水设备等应根据施工方案，对施工机具配备的要求、数量以及施工进度安排，编制施工机具需用量计划；

(2) 拟由本企业内部负责解决的施工机具，应根据需用量计划组织落实，确保按期供应；

(3) 对施工企业缺少且需要的施工机具，应与有关方面签订订购和租赁合同，以保证施工需要；

(4) 对于大型施工机械(如塔式起重机、挖土机、桩基设备等)的需求量和时间，应向有关方面(如专业分包单位)联系，提出要求，在落实后签订有关分包合同，并为大型机械按期进场做好现场有关准备工作；

(5) 安装、调试施工机具，按照施工机具需用量计划，组织施工机具进场，根据施工总平面图将施工机具安置在规定的地方或仓库。对施工机具要进行就位、搭棚、接电源、保养、调试工作。对所有施工机具都必须在使用前进行检查和试运转。

4. 生产工艺设备准备

订购生产用的生产工艺设备，要注意交货时间与土建进度密切配合，因为，某些庞大设备的安装往往要与土建施工穿插进行，如果土建全部完成或封顶后，安装会有困难，故各种设备的交货时间要与安装时间密切配合，它将直接影响建设工期。准备时按照施工项目工艺流程及工艺设备的布置图，提出工艺设备的名称、型号、生产能力和需要量，确定分期分批进场时间和保管方式，编制工艺设备需要量计划，为组织运输、确定堆场面积提供依据。

5. 运输准备

(1) 根据上述四项需用量计划，编制运输需用量计划，并组织落实运输工具；

(2) 按照上述四项需用量计划明确的进场日期，联系和调配所需运输工具，确保材料、构(配)件和机具设备按期进场。

6. 强化施工物资价格管理

(1) 建立市场信息制度，定期收集、披露市场物资价格信息，提高透明度；

(2) 在市场价格信息指导下，"货比三家"，选优进货；对大宗物资的采购要采取招标采购方式，在保证物资质量和工程质量的前提下，降低成本、提高效益。

2.5 施工现场准备

施工现场是施工的全体参加者为了夺取优质、高速、低耗的目标，而有节奏、均衡、连续地进行战术决战的活动空间。施工现场的准备工作，主要是为了给施工项目创造有利的施工条件，是保证工程按计划开工和顺利进行的重要环节。

2.5.1 现场准备工作的范围及各方职责

施工现场准备工作由两个方面组成，一是建设单位应完成的施工现场准备工作；二是施工单位应完成的施工现场准备工作。建设单位与施工单位的施工现场准备工作均就绪时，施工现场就具备了施工条件。

1. 建设单位施工现场准备工作

建设单位要按合同条款中约定的内容和时间完成以下工作：

(1) 办理土地征用、拆迁补偿、平整施工场地等工作，使施工场地具备施工条件，在开工后继续负责解决以上事项遗留问题；

(2) 将施工所需水、电、电信线路从施工场地外部接至专用条款约定地点，保证施工期间的需要；

(3) 开通施工场地与城乡公共道路的通道，以及专用条款约定的施工场地内的主要道路，满足施工运输的需要，保证施工期间的畅通；

(4) 向承包人提供施工场地的工程地质和地下管线资料，对资料的真实准确性负责；

(5) 办理施工许可证及其他施工所需证件、批件和临时用地、停水、停电、中断道路交通、爆破作业等的申请批准手续(证明承包人自身资质的证件除外)；

(6) 确定水准点与坐标控制点，以书面形式交给承包人，进行现场交验；

(7) 协调处理施工场地周围的地下管线和邻近建筑物、构筑物(包括文物保护建筑)、古树名木的保护工作，承担有关费用。

上述施工现场准备工作，承发包双方也可在合同专用条款内及交由施工单位完成，其费用由建设单位承担。

2. 施工单位现场准备工作

施工单位现场准备工作即通常所说的室外准备，施工单位应按合同条款中约定的内容和施工组织设计的要求完成以下工作：

(1) 根据工程需要，提供和维修非夜间施工使用的照明、围栏设施，并负责安全保卫；

(2) 按专用条款约定的数量和要求，向发包人提供施工场地办公和生活的房屋及设施，发包人承担由此发生的费用；

(3) 遵守政府有关主管部门对施工场地交通、施工噪声以及环境保护和安全生产等的管理规定，按规定办理有关手续，并以书面形式通知发包人，发包人承担由此发生的费用，因承包人责任造成的罚款除外；

(4) 按专用条款约定做好施工场地地下管线和邻近建筑物、构筑物(包括文物保护建筑)、古树名木的保护工作；

(5) 保证施工场地清洁符合环境卫生管理的有关规定；

(6) 建立测量控制网；

(7) 工程用地范围内的“七通一平”，其中平整场地工作应由其他单位承担，但建设单位也可要求施工单位完成，费用仍由建设单位承担；

(8) 搭设现场生产和生活用的临时设施。

2.5.2 拆除障碍物

施工现场内的一切地上、地下障碍物，都应在开工前拆除。这项工作一般是由建设单位来完成，但也有委托施工单位来完成的。如果由施工单位来完成这项工作，一定要事先摸清现场情况，尤其是在城市的老区中，由于原有建筑物和构筑物情况复杂，而且往往资料不全，在拆除前需要采取相应的措施，防止发生事故。

对于房屋的拆除，一般只要把水源、电源切断后即可进行拆除。若房屋较大、较坚固，若采用爆破的方法时，必须经有关部门批准，需要由专业的爆破作业人员来承担。

架空电线(电力、通信)、地下电缆(包括电力、通信)的拆除，要与电力部门或通信部门联系并办理有关手续后方可进行。

自来水、污水、燃气、热力等管线的拆除，都应与有关部门取得联系，办好手续后由专业公司来完成。

场地内若有树木，需报园林部门批准后方可砍伐。

拆除障碍物留下的渣土等杂物都应清除出场外。运输时，应遵守交通、环保部门的有关规定，运土的车辆要按指定的路线和时间行驶，并采取封闭运输车或在渣土上直接洒水等措施，以免渣土飞扬而污染环境。

2.5.3 建立测量控制网

建筑施工工期长，现场情况变化大，因此，保证控制网点的稳定、正确，是确保建筑施工质量的先决条件，特别是在城区建设，障碍多、通视条件差，给测量工作带来一定的难度，施工时应根据建设单位提供的由规划部门给定的永久性坐标和高程，按建筑总图上的要求，进行现场控制网点的测量，妥善设立现场永久性标桩，为施工全过程的投测创造条件。控制网一般采用方格网，这些网点的位置应视工程范围的大小和控制精度而定。建筑方格网多由 100～200m 的正方形或矩形组成，如果土方工程需要，还应测绘地形图，通常这项工作由专业测量队完成，但施工单位还需根据施工的具体需要做一些加密网点等补充工作。

在测量放线时，应校验和校正经纬仪、水准仪、钢尺等测量仪器；校核结线桩与水准点，制定切实可行的测量方案，包括平面控制、标高控制、沉降观测和竣工测量等工作。

建筑物定位放线，一般通过设计图中平面控制轴线来确定建筑物位置，测定并经自检合格后提交有关部门和建设单位或监理人员验线，以保证定位的准确性。沿红线的建筑物放线后，还要由城市规划部门验线以防止建筑物压红线或超红线，为正常顺利地施工创造条件。

2.5.4 “七通一平”

“七通一平”包括在工程用地范围内，接通施工用水、用电、道路、电信及燃气，施工现场排水及排污畅通和平整场地的工作。

(1) 平整场地。清除障碍物后，即可进行场地平整工作，按照建筑施工总平面、勘测地形图和场地平整施工方案等技术文件的要求，通过测量，计算出填挖土方工程量，设计土方调配方案，确定平整场地的施工方案，组织人力和机械进行平整场地的工作。应尽量做到挖填方量趋于平衡。总运输量最小，便于机械施工和充分利用建筑物挖方填土。并应防止利用地表土、软润土层、草皮、建筑垃圾等做填方。

(2) 路通。施工现场的道路是组织物资进场的动脉，拟建工程开工前，必须按照施工总平面图的要求，修建必要的临时性道路，为节约临时工程费用，缩短施工准备工作时间，尽量利用原有道路设施或拟建永久性道路解决现场道路问题，形成畅通的运输网络，使现场施工用道路的布置确保运输和消防用车等的行驶畅通。临时道路的等级，可根据交通流量和所用车解决。

(3) 给水通。施工用水包括生产、生活与消防用水，应按施工总平面图的规划进行安排，施工给水尽可能与永久性的给水系统结合起来。临时管线的铺设，既要满足施工用水的需用量，又要施工方便，并且尽量缩短管线的长度，以降低工程的成本。

(4) 排水通。施工现场的排水也十分重要，特别在雨期，如场地排水不畅，会影响到施工和运输的顺利进行，高层建筑的基坑深、面积大，施工往往要经过雨期，应做好基坑周围的挡土支护工作，防止坑外雨水向坑内汇流，并做好基坑底部雨水的排放工作。

(5) 排污通。施工现场的污水排放，直接影响到城市的环境卫生，由于环境保护的要求，有些污水不能直接排放，而需进行处理以后方可排放。因此，现场的排污也是一项重要的工作。

(6) 电及电信通。电是施工现场的主要动力来源，施工现场中电包括施工生产用电和生活用电。由于建筑工程施工供电面积大、起动电流大、负荷变化多和手持式用电机具多，施工现场临时用电要考虑安全和节能措施。开工前，要按照施工组织设计的要求，接通电力和电信设施，电源首先应考虑从建设单位给定的电源上获得，如其供电能力不能满足施工用电需要，则应考虑在现场建立自备发电系统，确保施工现场动力设备和通信设备的正常运行。

(7) 蒸汽及燃气通。施工中如需要通蒸汽、燃气，应按施工组织设计的要求进行安排，以保证施工的顺利进行。

2.5.5　搭设临时设施

现场生活和生产用的临时设施，应按照施工平面布置图的要求进行，临时建筑平面图及主要房屋结构图都应报请城市规划、市政、消防、交通、环境保护等有关部门审查批准。

为了施工方便和行人的安全及文明施工，应用围墙将施工用地围护起来，围墙的形式、材料和高度应符合市容管理的有关规定和要求，并在主要出入口设置标牌挂图，标明工程项目名称、施工单位、项目负责人等。

所有生产及生活用临时设施，包括各种仓库、搅拌站、加工厂作业棚、宿舍、办公用房、食堂、文化生活设施等，均应按批准的施工组织设计的要求组织搭设，并尽量利用施工现场或附近原有设施(包括要拆迁但可暂时利用的建筑物)和在建工程本身供施工使用的部分用房，尽可能减少临时设施的数量，以便节约用地、节省投资。

2.6　季节性施工准备

建筑工程施工绝大部分工作是露天作业，受气候影响比较大，因此，在冬期、雨期及夏季施工中，必须从具体条件出发，正确选择施工方法，做好季节性施工准备工作，以保证按期、保质、安全地完成施工任务，取得较好的技术经济效果。

2.6.1　冬期施工准备

1. 组织措施

（1）合理安排施工进度计划，冬期施工条件差，技术要求高，费用增加，因此，要合理安排施工进度计划，尽量安排保证施工质量且费用增加不多的项目在冬期施工，如吊装、打桩，室内装饰装修等工程；而费用增加较多又不容易保证质量的项目则不宜安排在冬期施工，如土方、基础、外装修、屋面防水等工程。

（2）进行冬期施工的工程项目，在入冬前应组织编制冬期施工方案，结合工程实际及施工经验等进行，编制可依据《建筑工程冬期施工规程》(JGJ 104—97)。编制的原则是：确保工程质量，经济合理，使增加的费用为最少；所需的热源和材料有可靠的来源，并尽量减少能源消耗；确保能缩短工期。冬期施工方案应包括：施工程序，施工方法，现场布置，设备、材料、能源、工具的供应计划，安全防火措施，测温制度和质量检查制度等。方案确定后，要组织有关人员学习，并向队组进行交底。

（3）组织人员培训。进入冬期施工前，对掺外加剂人员、测温保温人员、锅炉司炉工和火炉管理人员，应专门组织技术业务培训，学习本工作范围内的有关知识，明确职责，经考试合格后，方准上岗工作。

（4）与当地气象台站保持联系，及时接收天气预报，防止寒流突然袭击。

（5）安排专人测量施工期间的室外气温、暖棚内气温、砂浆温度、混凝土的温度并做好记录。

2. 图纸准备

凡进行冬期施工的工程项目，必须复核施工图纸，查对其是否能适应冬期施工要求。如墙体的高厚比、横墙间距等有关的结构稳定性，现浇改为预制以及工程结构能否在寒冷状态下安全过冬等问题，应通过图纸会审解决。

3. 现场准备

（1）根据实物工程量提前组织有关机具、外加剂和保温材料、测温材料进场；

（2）搭建加热用的锅炉房、搅拌站、敷设管道，对锅炉进行试火试压，对各种加热的材料、设备要检查其安全可靠性。

（3）计算变压器容量，接通电源；

（4）对工地的临时给水排水管道及石灰膏等材料做好保温防冻工作，防止道路积水成冰，及时清扫积雪，保证运输顺利；

（5）做好冬期施工混凝土、砂浆及掺外加剂的试配试验工作，提出施工配合比；

（6）做好室内施工项目的保温，如先完成供热系统，安装好门窗玻璃等，以保证室内其他项目能顺利施工。

4. 安全与防火

（1）冬期施工时，要采取防滑措施。

（2）大雪后必须将架子上的积雪清扫干净，并检查马道平台，如有松动下沉现象，务必及时处理。

（3）施工时如接触汽源、热水，要防止烫伤；使用氯化钙、漂白粉时，要防止腐蚀皮肤。

(4) 亚硝酸钠有剧毒，要严加保管，防止突发性误食中毒品。

(5) 对现场火源要加强管理；使用天然气、煤气时，要防止爆炸；使用焦炭炉、煤炉或天然气、煤气时，应注意通风换气，防止煤气中毒。

(6) 电源开关、控制箱等设施要加锁，并设专人负责管理，防止漏电、触电。

2.6.2　雨期施工准备

(1) 合理安排雨期施工。为避免雨期窝工造成的损失，一般情况下，在雨期到来之前，应多安排完成基础、地下工程、土方工程、室外及屋面工程等不宜在雨期施工的项目；多留些室内工作在雨期施工。

(2) 加强施工管理，做好雨期施工的安全教育。要认真编制雨期施工技术措施(如：雨期前后的沉降观测措施，保证防水层雨期施工质量的措施，保证混凝土配合比、浇筑质量的措施，钢筋除锈的措施等)，认真组织贯彻实施。加强对职工的安全教育，防止各种事故发生。

(3) 防洪排涝，做好现场排水工作。工程地点若在河流附近，上游有大面积山地丘陵，应有防洪排涝准备。施工现场雨期来临前，应做好排水沟渠的开挖，准备好抽水设备，防止场地积水和地沟、基槽、地下室等浸水，对工程施工造成损失。

(4) 做好道路维护，保证运输畅通。雨期前检查道路边坡排水，适当提高路面，防止路面凹陷，保证运输畅通。

(5) 做好物资的储存。雨期到来前，应多储存物资，减少雨期运输量，以节约费用。要准备必要的防雨器材，库房四周要有排水沟渠，防止物资淋雨浸水而变质，仓库要做好地面防潮和屋面防漏雨工作。

(6) 做好机具设备等防护。雨期施工，对现场的各种设施、机具要加强检查，特别是脚手架、垂直运输设施等，要采取防倒塌、防雷击、防漏电等一系列技术措施，现场机具设备(焊机、闸箱等)要有防雨措施。

2.6.3　夏季施工准备

(1) 编制夏季施工项目的施工方案。夏季施工条件差、气温高、干燥，针对夏季施工的这一特点，对于安排在夏季施工的项目，应编制夏季施工的施工方案及采取的技术措施。如对于大体积混凝土在夏季施工，必须合理选择浇筑时间，做好测温和养护工作，以保证大体积混凝土的施工的质量。

(2) 现场防雷装置的准备。夏季经常有雷雨，工地现场应有防雷装置，特别是高层建筑和脚手架等要按规定设临时避雷装置，并确保工地现场用电设备的安全运行。

(3) 施工人员防暑降温工作的准备。夏季施工，还必须做好施工人员的防暑降温工作，调整作息时间，从事高温工作的场所及通风不良的地方应加强通风和降温措施，做到安全施工。

2.7 教学实训：施工准备工作计划与开工报告

2.7.1 施工准备工作计划

为了落实各项施工准备工作，加强检查和监督，必须根据各项施工准备的内容、时间和人员，编制出施工准备工作计划，见表2-11。

施工准备工作计划表 表2-11

序号	施工准备工作	简要内容	要求	负责单位	负责人	配合单位	起止时间		备注
							月日	月日	

由于各项施工准备工作不是分离的、孤立的，而是互相补充、互相配合的，为了提高施工准备工作的质量，加快施工准备工作的速度，除了用表2-11编制施工准备工作计划外，还可采用编制施工准备工作网络计划的方法，以明确各项准备工作之间的逻辑关系，找出关键线路，并在网络计划图上进行施工准备工期的调整，尽量缩短准备工作的时间，使各项工作有领导、有组织、有计划和分期分批地进行。

2.7.2 开工条件

1. 国家计委关于基本建设大中型项目开工条件的规定

(1) 项目法人已经设立。项目组织管理机构和规章制度健全，项目经理和管理机构成员已经到位，项目经理已经过培训，具备承担项目施工工作的资质条件。

(2) 项目初步设计及总概算已经批复。若项目总概算批复时间至项目申请开工时间超过两年以上(含两年)，或自批复至开工时间，动态因素变化大，总投资超出原批概算10％以上的，须重新核定项目总概算。

(3) 项目资本金和其他建设资金已经落实，资金来源符合国家有关规定，承诺手续完备，并经审计部门认可。

(4) 项目施工组织设计大纲已经编制完成。

(5) 项目主体工程(或控制性工程)的施工单位已经通过招标选定，施工承包合同已经签订。

(6) 项目法人与项目设计单位已签订设计图纸交付协议。项目主体工程(或控制性工程)的施工图纸至少可以满足连续三个月施工的需要。

(7) 项目施工监理单位已通过招标选定。

(8) 项目征地、拆迁的施工场地“七通一平”(即供电、供水、道路、通信、燃气、排水、排污和场地平整)工作已经完成，有关外部配套生产条件已签订协议。项目主体工程(或控制性工程)施工准备工作已经做好，具备连续施工的条件。

(9) 项目建设需要的主要设备和材料已经订货，项目所需建筑材料已落实来源和运输条件，并已备好连续施工三个月的材料用量。需要进行招标采购的设备、材料，其招标组织机构落实，采购计划与工程进度相衔接。

国务院各主管部门负责对本行业中央项目开工条件进行检查。各省(自治区、直辖市)计划部门负责对本地区地方项目开工条件进行检查。凡上报国家计委申请开工的项目，必须附有国务院有关部门或地方计划部门的开工条件检查意见。国家计委按照本规定对申请开工的项目进行审核，其中大中型项目批准开工前，国家计委将派人去现场检查落实开工条件。凡未达到开工条件的，不予批准新开工。

小型项目的开工条件，各地区、各部门可参照本规定制定具体的管理办法。

2. 工程项目开工条件的规定

依据《建设工程监理规范》(GB 50319—2000)，工程项目开工前，施工准备工作具备了以下条件时，施工单位应向监理单位报送工程开工报审表及开工报告、证明文件等，由总监理工程师签发，并报建设单位。

(1) 施工许可证已获政府主管部门批准；

(2) 征地拆迁工作能满足工程进度的需要；

(3) 施工组织设计已获总监理工程师批准；

(4) 施工单位现场管理人员已到位，机具、施工人员已进场，主要工程材料已落实；

(5) 进场道路及水、电、通风等已满足开工要求。

2.7.3 开工报告

1. 开工报审表

可采用《建设工程监理规范》(GB 50319—2000)中规定的施工阶段工作的基本表式见表2-12。

2. 开工报告

开工报告见表2-13。

2.7.4 施工准备工作计划与开工报告实例

1. 工程背景

武汉市某外资企业高层住宅楼工程位于某桥西北角，平面呈一字形，长120m，宽16m，建筑物底面积1888m^2，总建筑面积26367.97m^2，建筑层数地上14层，地下1层。工程项目实行施工总承包模式，工期350天。

工程开工/复工报审表 **表 2-12**

工程名称： 编号：

致： （监理单位）

我方承担的＿＿＿＿＿＿工程，已完成了以下各项工作，具备了开工/复工条件，特此申请施工，请核查并签发开工/复工指令。

附：1. 开工报告

2.（证明文件）

承包单位（章）＿＿＿＿＿

项目经理＿＿＿＿＿

日　　期＿＿＿＿＿

审查意见：

项目监理机构＿＿＿＿＿

总监理工程师＿＿＿＿＿

日　　期＿＿＿＿＿

开　工　报　告 **表 2-13**

编号：

<table>
<tr><td>工程名称</td><td></td><td>建设单位</td><td></td><td>设计单位</td><td></td><td>施工单位</td><td></td></tr>
<tr><td>工程地点</td><td></td><td>结构类型</td><td></td><td>建筑面积</td><td></td><td>层　　数</td><td></td></tr>
<tr><td>工程批准文号</td><td colspan="2"></td><td rowspan="7">施工准备工作情况</td><td colspan="2">施工许可证办理情况</td><td colspan="2"></td></tr>
<tr><td>预算造价</td><td colspan="2"></td><td colspan="2">施工图纸会审情况</td><td colspan="2"></td></tr>
<tr><td>计划开工日期</td><td colspan="2">年　　月　　日</td><td colspan="2">主要物资准备情况</td><td colspan="2"></td></tr>
<tr><td>计划竣工日期</td><td colspan="2">年　　月　　日</td><td colspan="2">施工组织设计编审情况</td><td colspan="2"></td></tr>
<tr><td>实际开工日期</td><td colspan="2">年　　月　　日</td><td colspan="2">“七通一平”情况</td><td colspan="2"></td></tr>
<tr><td>合同工期</td><td colspan="2"></td><td colspan="2">工程预算编审情况</td><td colspan="2"></td></tr>
<tr><td>合同编号</td><td colspan="2"></td><td colspan="2">施工队伍进场情况</td><td colspan="2"></td></tr>
<tr><td rowspan="2">审核意见</td><td colspan="2">建　设　单　位</td><td colspan="2">监　理　单　位</td><td colspan="2">施　工　企　业</td><td>施　工　单　位</td></tr>
<tr><td colspan="2">负责人　（公章）
年　月　日</td><td colspan="2">负责人　（公章）
年　月　日</td><td colspan="2">负责人　（公章）
年　月　日</td><td>负责人　（公章）
年　月　日</td></tr>
</table>

2. 施工准备工作计划

(1) 项目管理的组织

公司严格按工程总承包体制的要求及国际工程承包的经验组织项目施工，按“总部服务控制，项目授权管理，专业施工保障，社会协力合作”的模式进行项目管理。项目管理中以项目经理责任制为核心，按公司有关规定及高效原则组成精干和富有经验的项目经理部，以质量、成本、安全及合同作为主要管理内容，以管理创新、技术创新为手段，并以实施“用户满意工程”为载体，实现对业主的承诺。

以高效精干为原则组建项目经理部，其项目组织结构如图 2-2 所示。

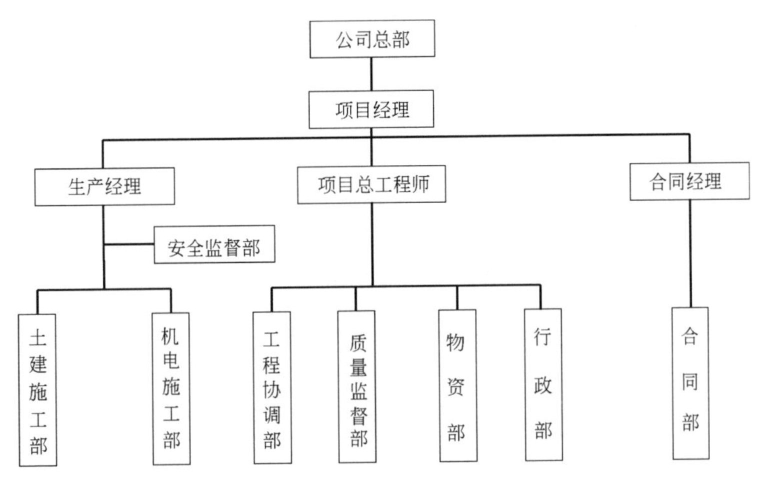

图 2-2 项目组织结构图

(2) 技术准备

1) 相关技术文件的学习、熟悉和落实，见表 2-14。

技术文件的学习安排表 **表 2-14**

序号	学习培训内容	计划时间	参加人员	方式
1	图纸内容学习		项目全体	书面总结
2	图纸会审交底		甲方、监理和施工单位	书面总结
3	质量教育	每月一次	劳务人员	现场讲解
4	方案措施交底	施工作业前	施工管理人员	书面交底及讲解
5	质量监控核查会	每月一次	施工管理人员	书面总结
6	结构施工管理讲座	每月一次	施工管理人员	集中培训、现场指导及问答
7	《混凝土结构施工质量验收规范》		施工管理人员	书面总结分析
8	其他相关规范的学习		施工管理人员	书面总结分析

2) 施工组织设计及施工方案的编制。编制各专项工程的施工方案：主要包括土石方工程、基础工程、砌筑工程、钢筋工程、模板工程、混凝土工程、现场垂直运输和水平运输、屋面工程、装饰工程、特殊项目等各分部分项工程的施工方案。

(3) 施工现场生产准备

1）现场用水系统。本工程现场临时用水包括给水和排水两套系统。给水系统又包括生产、生活和消防用水。排水系统包括现场排水系统和生活排水系统。

2）施工现场四周设临时道路，与永久道路相结合，道路硬化，并设置一定的排水坡度，路边设置排水沟。现场围挡采用规格为砌筑3m高围墙，围墙进行油漆亮化。

3）生产生活临时设施。在现场设置办公生活区，现场临时设施及生产设施采用二层彩板房。围墙边全部进行硬化处理。临时建筑一览表（表2-15）。

（4）资源准备

1）施工机具准备。在本工程的施工中，根据工程情况选用并落实先进的施工机械。开工前应按照工程进度计划作好机械设备的进场计划，按照计划进行落实，重点保证混凝土泵送和运输设备、钢筋、模板加工设备和塔吊等施工机械。

临时建筑一览表　　表2-15

序号	临时建筑名称	临时建筑性质	建筑面积（m^2）	建筑材料及做法					
				基础	墙体	屋面	地面	墙面	顶棚
1	项目办公室	原有	500	黏土砖	黏土砖	预制混凝土板	米黄色地砖	白色涂料	矿棉吸声板吊顶
2	材料室	新建	210	黏土砖	炉渣砖	石棉瓦	砂浆地面	大白浆	
3	工具房	新建	216	黏土砖	炉渣砖	石棉瓦	砂浆地面	大白浆	
4	工人宿舍	原有	240	黏土砖	黏土砖	预制混凝土板	砂浆地面	大白浆	
5	分包食堂	新建	105.6	黏土砖	炉渣砖	石棉瓦	砂浆地面	白色涂料	
6	厕所	新建	23	黏土砖	炉渣砖	石棉瓦	红色防滑砖	白色瓷砖	
7	大厕所	新建	62.5	黏土砖	炉渣砖	石棉瓦	砂浆地面	白色瓷砖	
8	浴室	新建	75	黏土砖	炉渣砖	石棉瓦	砂浆地面	白色瓷砖	

2）劳动力准备。组织劳动力进场，调集技术熟练的各专业施工队伍组成本工程的施工作业队伍，充分保证工程工期和工程质量。

3）物资准备。开工前，根据工程进度计划并结合各种材料的熟化、检验时间要求编制物资采购计划；对各种工程材料的来源、质量、储备情况进行详细的考察、落实。对于需要较长熟化、检验时间以及加工量较大的材料尽早安排进场。

4）劳动力、材料、机械等各项资源需要计划量见表2-16、表2-17、表2-18。

投入工程的劳动力进场计划量　　表2-16

序　号	工　种	数量(人)	备　注
1	机械工	4	塔吊和施工电梯
2	混凝土工	25	
3	钢筋工	20	
4	木工	50	
5	水电工	5	
6	抹灰工	22	
7	安装工	20	面砖的安装
8	其他	10	根据实际需要进行调配

注：本工程中的除塔吊、施工电梯以外的施工机械均由相应的工种来完成，不另外安排专职的机械工人。

投入工程的主要材料进场计划量 表 2-17

序号	周转材料和物资名称	单位	数量	备注
1	钢筋	(t)	100	分批进场
2	水泥	(t)	20	
3	砂	(t)	50	
4	ϕ48 钢架管	(t)	50	
5	扣件	(万只)	3	
6	脚手架	(t)	30	
7	木模板	m^2	1500	
8	养护保温薄膜	m^2	1000	

投入工程的主要施工机械设备进场计划量 表 2-18

序号	机械或设备名称	型号规格	数量	额定功率(kW)	进场时间
1	塔式起重机	QTZ63	1	45	分批进场
2	混凝土搅拌机	JZC350	1	15	
3	钢筋切断机	GQ40	2	11	
4	钢筋弯曲机	GW40-1	2	6	
5	电焊机	BX1-300	3	45	
6	施工电梯	SCD200/200	1	45	
7	柴油发电机	200kW	1		
8	平板振捣器	B15	2	1.5	
9	插入式振捣器	ZX70	3	1.5	
10	电渣压力焊机	HYS-630	3	5	
11	直螺纹套丝机	HGS-40	2	30	
12	挖掘机	WY100	1		
13	自卸汽车	斯太尔 1291	3		
14	自卸汽车	黄河 QD362	3		
15	弯管机	WYQ27-108	1	1.1	
16	混凝土泵	HBT60-15-90S	1		

3. 开工报告

本工程开工报告见表 2-19。

建筑工程开工报告 **表 2-19**

工程名称	武汉市 ××小区 1 号楼	施工单位	武汉××建筑安装 工程有限责任公司
结构类型	框架	面　　积	26367.97m^2
计划开工日期	2009.3.8		
实际开工日期	2009.3.16		
开工应具备的条件		结果	
1. 三通一平情况		“三通一平”及临时设施满足施工要求	
2. 临时暂设情况		已落实	
3. 规划许可证编号		已办理	
4. 施工许可证编号		××××××	
5. 是否办理质量监督手续		已办理	
6. 是否进行施工图审查		已审查	
7. 有无地质勘察报告		有	
8. 是否进行了施工现场质量管理检查并填写记录		已落实	
经自查，现场管理架构、质量管理制度完善，施工合同已签订，设计交底、图纸会审已按程序进行，施工组织设计已编审，施工场地满足开工条件，工程基线和标高已复核完毕			
可否开工 监理验收 意　　见		可以开工	
施工单位项目经理	×××	总监理工程师	×××

复习思考题

1. 试述施工准备工作的重要性。
2. 简述施工准备工作的分类和主要内容。
3. 原始资料的调查包括哪些方面？还需收集哪些相关信息与资料？
4. 熟悉图纸有哪些要求？会审图纸应包括哪些内容？
5. 资源准备包括哪些方面？如何做好劳动组织准备？
6. 施工现场准备包括哪些内容？
7. 如何做好冬期施工准备工作？
8. 如何做好雨期、夏季施工准备工作？
9. 收集一份建筑工程施工合同。

职业活动训练

选择一个拟建建筑工程项目，编制施工准备工作计划和开工报告。

1. 目的

熟悉施工准备工作的内容，掌握施工准备工作计划和开工报告编制方法。

2. 环境要求

(1) 选择一个小型建筑工程在建工程项目或较为完善的校内实训基地；

(2) 施工图纸齐全；

(3) 施工条件已经具备或已经开工。

3. 步骤提示

(1) 熟悉工程基本情况；

(2) 现场技术人员介绍施工准备工作情况；

(3) 参观现场；

(4) 分组讨论并编制施工准备工作计划和开工报告。

4. 注意事项

(1) 注意现场安全。

(2) 学生进场前应了解工程情况。

5. 讨论与训练题

讨论1：本工程有哪些特点？

讨论2：本项目施工准备工作的重点是什么？

学习单元3

建筑工程流水施工

【知识目标】

熟悉流水施工的基本概念、流水施工的特点；掌握流水施工基本参数及其计算方法；掌握流水施工的组织方法。

【能力目标】

能够组织小型单位工程和分部工程的等节奏流水施工、异节奏流水施工及无节奏流水施工。

流水施工方法是组织施工的一种科学方法。建筑工程的流水施工与工业企业中采用的流水线生产极为相似，不同的是，工业生产中各个工件在流水线上，从前一工序向后一工序流动，生产者是固定的；而在建筑施工中各个施工对象都是固定不动的，专业施工队伍则由前一施工段向后一施工段流动，即生产者是移动的。

3.1 流水施工的基本知识

3.1.1 流水施工

1. 施工组织方式

任何一个建筑工程都是由许多施工过程组成的，而每一个施工过程可以组织一个或多个施工队组来进行施工。如何组织各施工队组的先后顺序或平行搭接施工，是组织施工中的一个基本的问题。通常，组织施工时有依次施工、平行施工和流水施工三种方式，现将这三种方式的特点和效果分析如下：

（1）依次施工组织方式

依次施工也称顺序施工，是将工程对象任务分解成若干个施工过程，按照一定的施工顺序，前一个施工过程完成后，后一个施工过程才开始施工；或前一个施工段完成后，后一个施工段才开始施工。它是一种最基本的、最原始的施工组织方式。

【例3-1】 某四幢相同的砌体结构房屋的基础工程，划分为基槽挖土、混凝土垫层、砖砌基础、回填土四个施工过程，每个施工过程安排一个施工队组，一班制施工，其中，每幢楼挖土方工作队由16人组成，2天完成；垫层工作队由30人组成，1天完成；砌基础工作队由20人组成，3天完成；回填土工作队由10人组成，1天完成。按照依次施工组织方式施工，进度计划安排如图3-1、图3-2所示。

由图3-1、图3-2可以看出，依次施工组织方式的优点是每天投入的劳动力较少，机具使用不集中，材料供应较单一，施工现场管理简单，便于组织和安排。依次施工组织方式的缺点如下：

1）由于没有充分地利用工作面去争取时间，所以工期长；

2）各队组施工及材料供应无法保持连续和均衡，工人有窝工的情况；

3）不利于改进工人的操作方法和施工机具，不利于提高工程质量和劳动生产率；

4）按施工过程依次施工时，各施工队组虽能连续施工，但不能充分利用工作面，工期长，且不能及时为上部结构提供工作面。由此可见，采用依次施工不但工期拖得较长，而且在组织安排上也不尽合理。当工程规模比较小，施工工作面又有限时，依次施工是适用的，也是常见的。

（2）平行施工组织方式

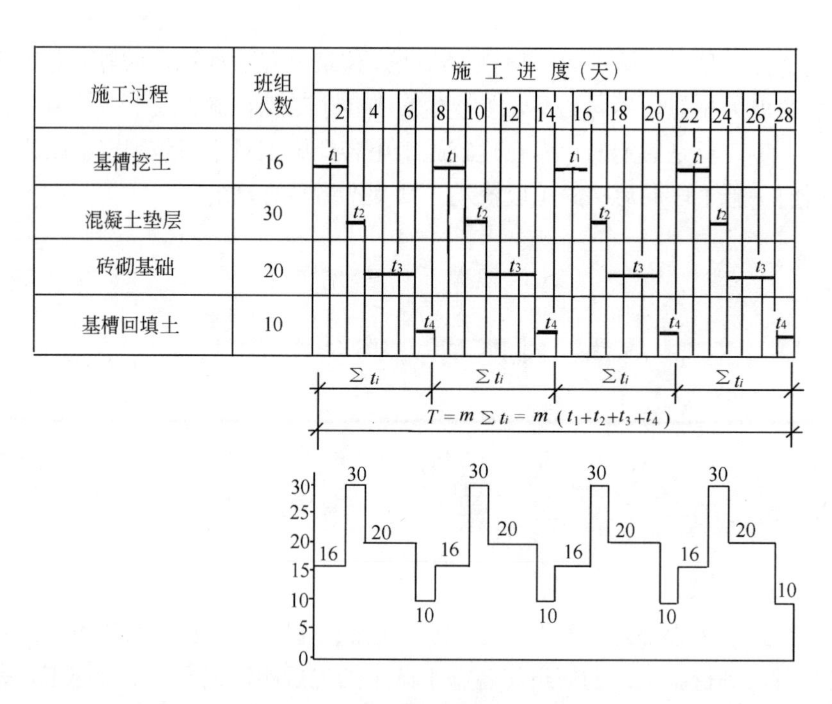

图 3-1　按幢（或施工段）依次施工

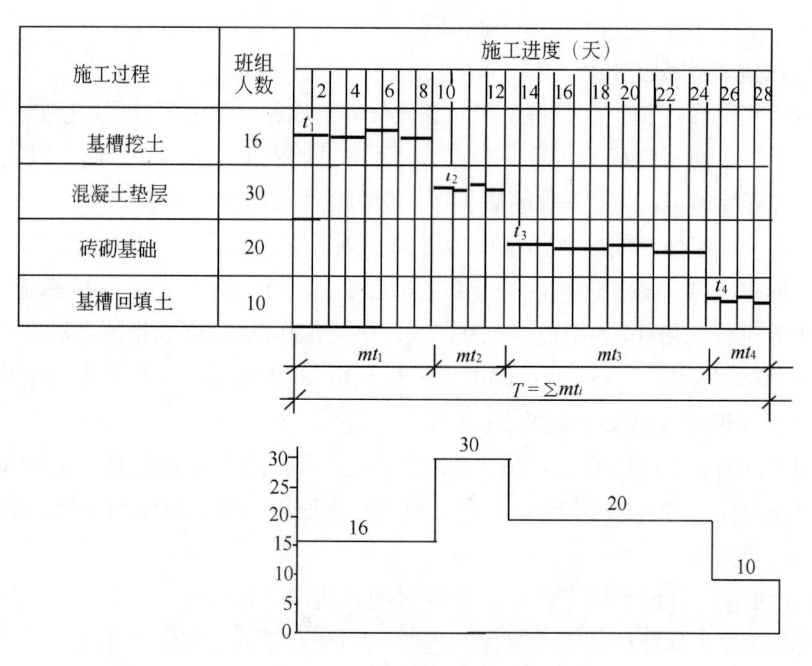

图 3-2　按施工过程依次施工

平行施工组织方式是全部工程任务的各施工段同时开工、同时完成的一种施工组织方式。

在例 3-1 中，如果采用平行施工组织方式，即 4 个作业队组分别在 4 幢同时施工，其施工进度计划如图 3-3 所示。

由图 3-3 可以看出，平行施工组织方式的特点是充分利用了工作面，完成工程任务

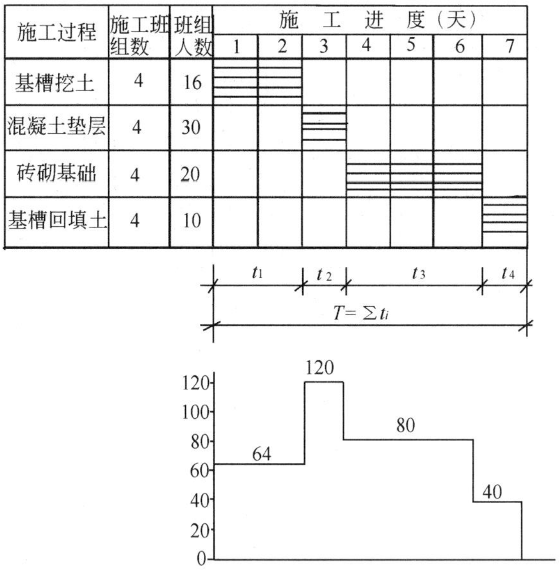

施工过程	施工班组数	班组人数	施工进度（天）						
			1	2	3	4	5	6	7
基槽挖土	4	16							
混凝土垫层	4	30							
砖砌基础	4	20							
基槽回填土	4	10							

t_1　t_2　t_3　t_4

$T=\sum t_i$

120 100 80 60 40 20 0

64　120　80　40

图 3-3　平行施工

的时间最短；施工队组数成倍增加，机具设备也相应增加，材料供应集中；临时设施、仓库和堆场面积也要增加，从而造成组织安排和施工管理困难，增加施工管理费用。

平行施工一般适用于工期要求紧，大规模的建筑群及分批分期组织施工的工程任务。该方式只有在各方面的资源供应有保障的前提下，才是合理的。

(3) 流水施工组织方式

流水施工组织方式就是指所有的施工过程按一定的时间间隔依次投入施工，各个施工过程陆续开工、陆续竣工，使同一施工过程的施工队组保持连续、均衡施工，不同的施工过程尽可能平行搭接施工的组织方式。

在例 3-1 中，采用流水施工组织方式，其施工进度计划如图 3-4 所示。

由图 3-4 可以看出：流水施工所需的时间比依次施工短，各施工过程投入的劳动力比平行施工少；各施工队组的施工和物资的消耗具有连续性和均衡性，前后施工过程尽可能平行搭接施工，比较充分地利用了施工工作面；机具、设备、临时设施等比平行施工少，节约施工费用支出；材料等组织供应均匀。

图 3-4 所示的流水施工组织方式，还没有充分利用工作面，例如：第一个施工段基槽挖土，直到第三施工段挖土后，才开始垫层施工，浪费了前两段挖土完成后的工作面等。

为了充分利用工作面，可按图 3-5 所示组织方式进行施工，工期比图 3-4 所示流水施工减少了 3 天。其中，垫层施工队组虽然做间断安排，但在一个分部工程若干个施工过程的流水施工组织中，只要安排好主要的施工过程，即工程量大、作业持续时间较长者(本例为挖土、砖砌基础)，组织它们连续、均衡地流水施工；而非主要的施工过程，在有利于缩短工期的情况下，可安排其间断施工，这种组织方式仍认为是流水施工的组

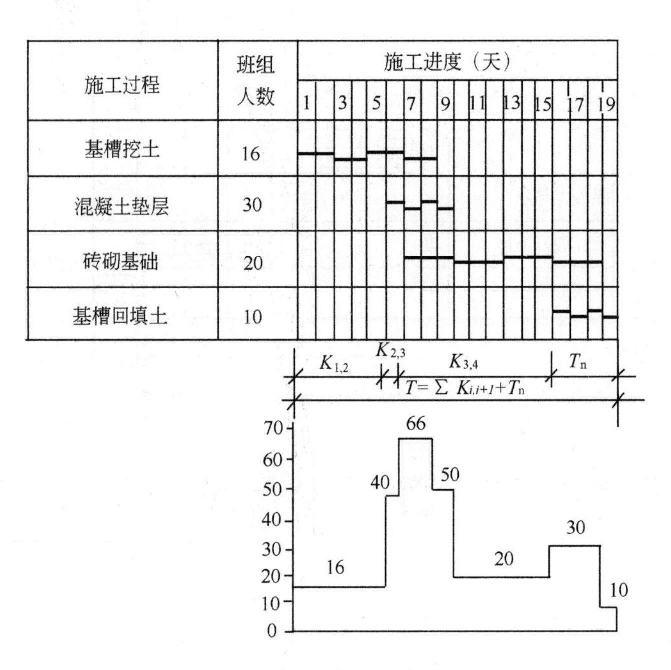

图 3-4　流水施工(全部连续)

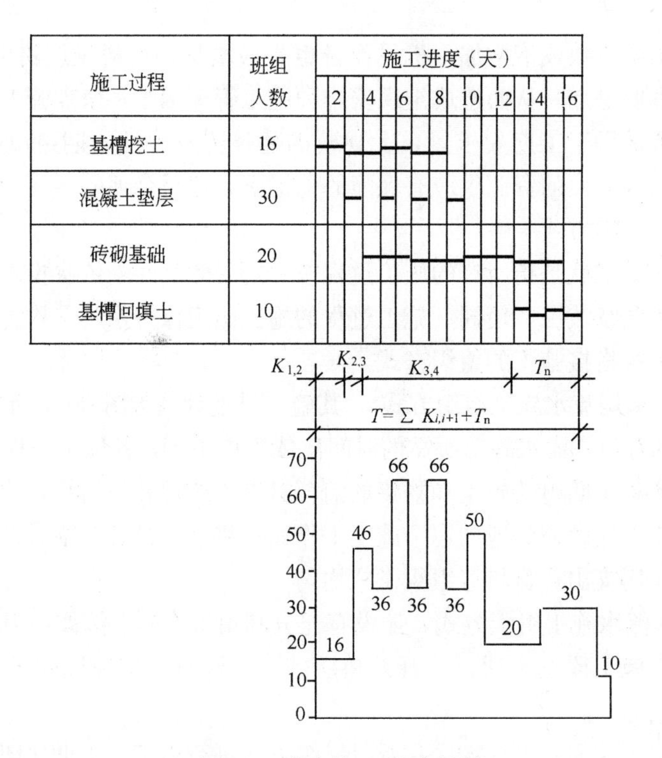

图 3-5　流水施工(部分间断)

织方式。

2. 流水施工的技术经济效果

流水施工是在依次施工和平行施工的基础上产生的，它既克服了依次施工和平行施工的缺点，又具有它们两者的优点。它的特点是施工的连续性和均衡性，使各种物资资源可以均衡地使用，使施工企业的生产能力可以充分地发挥，劳动力得到了合理的安排和使用，从而带来了较好的技术经济效果，具体可归纳为以下几点：

（1）按专业工种建立劳动组织，实行生产专业化，有利于劳动生产率的不断提高；

（2）科学地安排施工进度，使各施工过程在保证连续施工的条件下，最大限度地实现搭接施工，从而减少了因组织不善而造成的停工、窝工损失，合理地利用了施工的时间和空间，有效地缩短了施工工期；

（3）由于施工的连续性、均衡性，使劳动消耗、物资供应、机械设备利用等处于相对平稳状态，充分发挥管理水平，降低工程成本。

3. 组织流水施工的条件

流水施工的实质是分工协作与成批生产。在社会化大生产的条件下，分工已经形成，由于建筑产品体形庞大，通过划分施工段就可将单件产品变成假想的多件产品。组织流水施工的条件主要有以下几点：

（1）划分分部分项工程

首先，将拟建工程根据工程特点及施工要求，划分为若干个分部工程，每个分部工程又根据施工工艺要求、工程量大小、施工队组的组成情况，划分为若干施工过程(即分项工程)。

（2）划分施工段

根据组织流水施工的需要，将所建工程在平面或空间上，划分为工程量大致相等的若干个施工区段。

（3）每个施工过程组织独立的施工队组

在一个流水组中，每个施工过程尽可能组织独立的施工队组，其形式可以是专业队组，也可以是混合队组，这样可以使每个施工队组按照施工顺序依次地、连续地、均衡地从一个施工段转到另一个施工段进行相同的操作。

（4）主要施工过程必须连续、均衡地施工

对工程量较大、施工时间较长的施工过程，必须组织连续、均衡地施工，对其他次要施工过程，可考虑与相邻的施工过程合并或在有利于缩短工期的前提下，安排其间断施工。

（5）不同的施工过程尽可能组织平行搭接施工

按照施工先后顺序要求，在有工作面的条件下，除必要的技术和组织间歇时间外，尽可能组织平行搭接施工。

3.1.2 流水施工参数

由流水施工的基本概念及组织流水施工的要点和条件可知：施工过程的分解、流水段的划分、施工队组的组织、施工过程间的搭接、各流水段的作业时间五个方面的问题是流水施工中需要解决的主要问题。只有解决好这几方面的问题，使空间和时间得到合理、充分的利用，方能达到提高工程施工技术经济效果的目的。为此，流水施工基本原理中将上述问题归纳为工艺、空间和时间三个参数，称为流水施工基本参数。

1. 工艺参数

在组织流水施工时，用以表达流水施工在施工工艺上开展顺序及其特征的参数，称为工艺参数。通常，工艺参数包括施工过程数和流水强度两种。

（1）施工过程数

施工过程数是指参与一组流水的施工过程数目，以符号“n”表示。

1）施工过程的分类

A. 制备类施工过程

为了提高建筑产品的装配化、工厂化、机械化和生产能力而形成的施工过程称为制备类施工过程。它一般不占施工对象的空间，不影响项目总工期，因此在项目施工进度表上不表示；只有当其占有施工对象的空间并影响项目总工期时，在项目施工进度表上才列入。如砂浆、混凝土、构配件、门窗框扇等的制备过程。

B. 运输类施工过程

将建筑材料、构配件、(半)成品、制品和设备等运到项目工地仓库或现场操作使用地点而形成的施工过程称为运输类施工过程。它一般不占施工对象的空间，不影响项目总工期，通常不列入施工进度计划中；只有当其占有施工对象的空间并影响项目总工期时，才被列入进度计划中。

C. 安装砌筑类施工过程

在施工对象空间上直接进行加工，最终形成建筑产品的施工过程称为安装砌筑类施工过程。它占有施工空间，同时影响项目总工期，必须列入施工进度计划中。

安装砌筑类施工过程按其在项目生产中的作用不同可分为主导施工过程和穿插施工过程；按其工艺性质不同可分为连续施工过程和间断施工过程；按其复杂程度可分为简单施工过程和复杂施工过程。

2）施工过程划分的影响因素

施工过程划分的数目多少、粗细程度一般与下列因素有关：

A. 施工计划的性质与作用

对工程施工控制性计划、长期计划，以及建筑群体、规模大、结构复杂、施工期长的工程的施工进度计划，其施工过程划分可粗些，综合性大些，一般划分至单位工程或分部工程。对中小型单位工程及施工期不长的工程施工实施性计划，其施工过程划分可细些、具体些，一般划分至分项工程。对月度作业性计划，有些施工过程还可分解为工序，如安装模板、绑扎钢筋等。

B. 施工方案及工程结构

施工过程的划分与工程的施工方案及工程结构形式有关。如厂房的柱基础与设备基础挖土，如同时施工，可合并为一个施工过程，若先后施工，可分为两个施工过程。承重墙与非承重墙的砌筑也是如此。砖混结构、大墙板结构、装配式框架与现浇钢筋混凝土框架等不同结构体系，其施工过程划分及其内容也各不相同。

C. 劳动组织及劳动量大小

施工过程的划分与施工队组的组织形式有关。如现浇钢筋混凝土结构的施工，如果是单一工种组成的施工班组，可以划分为支模板、扎钢筋、浇混凝土三个施工过程；同时为了组织流水施工的方便或需要，也可合并成一个施工过程，这时劳动班组的组成是多工种混合班组。施工过程的划分还与劳动量大小有关。劳动量小的施工过程，当组织流水施工有困难时，可与其他施工过程合并。如垫层劳动量较小时可与挖土合并为一个施工过程，这样可以使各个施工过程的劳动量大致相等，便于组织流水施工。

D. 施工过程内容和工作范围

施工过程的划分与其内容和范围有关。如直接在施工现场或工程对象上进行的劳动过程，可以划入流水施工过程，如安装砌筑类施工过程、施工现场制备及运输类施工过程等；而场外劳动内容可以不划入流水施工过程，如部分场外制备和运输类施工过程。

综上所述，施工过程的划分既不能太多、过细，那样将给计算增添麻烦，重点不突出；也不能太少、过粗，那样将过于笼统，失去指导作用。

（2）流水强度

流水强度是指某施工过程在单位时间内所完成的工程量，一般以 V_i 表示。

1）机械施工过程的流水强度

$$V_i=\sum_{i=1}^{x}R_iS_i \tag{3-1}$$

式中　V_i——某施工过程 i 的机械操作流水强度；

R_i——投入施工过程 i 的某种施工机械台数；

S_i——投入施工过程 i 的某种施工机械产量定额；

x——投入施工过程 i 的施工机械种类数。

2）人工施工过程的流水强度

$$V_i=R_iS_i \tag{3-2}$$

式中　R_i——投入施工过程 i 的工作队人数；

S_i——投入施工过程 i 的工作队平均产量定额；

V_i——某施工过程 i 的人工操作流水强度。

2. 空间参数

在组织流水施工时，用以表达流水施工在空间布置上所处状态的参数，称为空间参数。空间参数主要有：工作面、施工段数和施工层数。

（1）工作面

某专业工种的工人在从事建筑产品施工生产过程中，所必须具备的活动空间，这个活动空间称为工作面。它的大小是根据相应工种单位时间内的产量定额、工程操作规程和安全规程等的要求确定的。工作面确定的合理与否，直接影响到专业工种工人的劳动生产效率，对此，必须认真加以对待，合理确定。有关工种的工作面见表3-1。

（2）施工段数和施工层数

施工段数和施工层数是指工程对象在组织流水施工中所划分的施工区段数目。一般

主要工种工作面参考数据表　　表 3-1

工作项目	每个技工的工作面	说　明
砖基础	7.6m/人	以 $1\frac{1}{2}$ 砖计，2 砖乘以 0.8，3 砖乘以 0.55
砌砖墙	8.5m/人	以 1 砖计，$1\frac{1}{2}$ 砖乘以 0.7，2 砖乘以 0.57
毛石墙基	3m/人	以 60cm 计
毛石墙	3.3m/人	以 40cm 计
混凝土柱、墙基础	$8m^3$/人	机拌、机捣
混凝土设备基础	$7m^3$/人	机拌、机捣
现浇钢筋混凝土柱	$2.45m^3$/人	机拌、机捣
现浇钢筋混凝土梁	$3.20m^3$/人	机拌、机捣
现浇钢筋混凝土墙	$5m^3$/人	机拌、机捣
现浇钢筋混凝土楼板	$5.3m^3$/人	机拌、机捣
预制钢筋混凝土柱	$3.6m^3$/人	机拌、机捣
预制钢筋混凝土梁	$3.6m^3$/人	机拌、机捣
预制钢筋混凝土屋架	$2.7m^3$/人	机拌、机捣
预制钢筋混凝土平板、空心板	$1.91m^3$/人	机拌、机捣
预制钢筋混凝土大型屋面板	$2.62m^3$/人	机拌、机捣
混凝土地坪及面层	$40m^2$/人	机拌、机捣
外墙抹灰	$16m^2$/人	
内墙抹灰	$18.5m^2$/人	
卷材屋面	$18.5m^2$/人	
防水水泥砂浆屋面	$16m^2$/人	
门窗安装	$11m^2$/人	

把平面上划分的若干个劳动量大致相等的施工区段称为施工段，用符号 m 表示。把建筑物垂直方向划分的施工区段称为施工层，用符号 r 表示。

划分施工区段的目的，就在于保证不同的施工队组能在不同的施工区段上同时进行施工，消灭由于不同的施工队组不能同时在一个工作面上工作而产生的互等、停歇现象，为流水创造条件。

划分施工段的基本要求：

1）施工段的数目要合理。施工段数过多势必要减少人数，工作面不能充分利用，拖长工期；施工段数过少，则会引起劳动力、机械和材料供应的过分集中，有时还会造成“断流”的现象。

2）各施工段的劳动量(或工程量)要大致相等(相差宜在 15%以内)，以保证各施工队组连续、均衡、有节奏地施工。

3）要有足够的工作面，使每一施工段所能容纳的劳动力人数或机械台数能满足合理劳动组织的要求。

4）要有利于结构的整体性。施工段分界线宜划在伸缩缝、沉降缝以及对结构整体性影响较小的位置。

5）以主导施工过程为依据进行划分。例如在砌体结构房屋施工中，就是以砌砖、楼板安装为主导施工过程来划分施工段的。而对于整体的钢筋混凝土框架结构房屋，则是以钢筋混凝土工程作为主导施工过程来划分施工段的。

6）当组织流水施工的工程对象有层间关系，分层分段施工时，应使各施工队组能连续施工。即施工过程的施工队组做完第一段能立即转入第二段，施工完第一层的最后一段能立即转入第二层的第一段。因此每层的施工段数必须大于或等于其施工过程数。即：

$$m \geqslant n \tag{3-3}$$

例如：某三层砌体结构房屋的主体工程，施工过程划分为砌砖墙、现浇圈梁（含构造柱、楼梯）、预制楼板安装灌缝等，设每个施工过程在各个施工段上施工所需要的时间均为3天，则施工段数与施工过程数之间可能有下述三种情况：

1）当 $m=n$ 时，即每层分三个施工段组织流水施工时，其进度安排如图3-6所示。

施工过程	施　工　进　度（天）										
	3	6	9	12	15	18	21	24	27	30	33
砌体墙	Ⅰ-1	Ⅰ-2	Ⅰ-3	Ⅱ-1	Ⅱ-2	Ⅱ-3	Ⅲ-1	Ⅲ-2	Ⅲ-3		
现浇圈梁		Ⅰ-1	Ⅰ-2	Ⅰ-3	Ⅱ-1	Ⅱ-2	Ⅱ-3	Ⅲ-1	Ⅲ-2	Ⅲ-3	
安板灌缝			Ⅰ-1	Ⅰ-2	Ⅰ-3	Ⅱ-1	Ⅱ-2	Ⅱ-3	Ⅲ-1	Ⅲ-2	Ⅲ-3

图3-6　$m=n$ 的进度安排

（图中Ⅰ、Ⅱ、Ⅲ表示楼层，1、2、3表示施工段）

从图3-6可以看出：当 $m=n$ 时，各施工队组连续施工，施工段上始终有施工队组，工作面能充分利用，无停歇现象，也不会产生工人窝工现象，比较理想。

2）当 $m>n$ 时，即每层分四个施工段组织流水施工时，其进度安排如图3-7所示。

从图3-7可以看出：当 $m>n$ 时，施工队组仍是连续施工，但每层楼板安装后不能立即投入砌砖，即施工段上有停歇，工作面未被充分利用。但工作面的停歇并不一定有害，有时还是必要的，如可以利用停歇的时间做养护、备料、弹线等工作。但当施工段数目过多，必然导致工作面闲置，不利于缩短工期。

3）当 $m<n$ 时，即每层分两个施工段组织施工时，其进度安排如图3-8所示。

施工过程	施工进度（天）													
	3	6	9	12	15	18	21	24	27	30	33	36	39	42
砌砖墙	Ⅰ-1	Ⅰ-2	Ⅰ-3	Ⅰ-4	Ⅱ-1	Ⅱ-2	Ⅱ-3	Ⅱ-4	Ⅲ-1	Ⅲ-2	Ⅲ-3	Ⅲ-4		
现浇圈梁		Ⅰ-1	Ⅰ-2	Ⅰ-3	Ⅰ-4	Ⅱ-1	Ⅱ-2	Ⅱ-3	Ⅱ-4	Ⅲ-1	Ⅲ-2	Ⅲ-3	Ⅲ-4	
安板灌缝			Ⅰ-1	Ⅰ-2	Ⅰ-3	Ⅰ-4	Ⅱ-1	Ⅱ-2	Ⅱ-3	Ⅱ-4	Ⅲ-1	Ⅲ-2	Ⅲ-3	Ⅲ-4

图 3-7　$m>n$ 的进度安排

（图中Ⅰ、Ⅱ、Ⅲ表示楼层，1、2、3、4 表示施工段）

施工过程	施工进度（天）									
	3	6	9	12	15	18	21	24	27	30
砌砖墙	Ⅰ-1	Ⅰ-2		Ⅱ-1	Ⅱ-2		Ⅲ-1	Ⅲ-2		
现浇圈梁		Ⅰ-1	Ⅰ-2		Ⅱ-1	Ⅱ-2		Ⅲ-1	Ⅲ-2	
安板灌板			Ⅰ-1	Ⅰ-2		Ⅱ-1	Ⅱ-2		Ⅲ-1	Ⅲ-2

图 3-8　$m<n$ 的进度安排

（图中Ⅰ、Ⅱ、Ⅲ表示楼层，1、2 表示施工段）

从图 3-8 可以看出：当 $m<n$ 时，尽管施工段上未出现停歇，但施工队组不能及时进入第二层施工段施工而轮流出现窝工现象。因此，对于一个建筑物组织流水施工是不适宜的，但是，在建筑群中可与一些建筑物组织大流水。

应当指出，当无层间关系或无施工层（如某些单层建筑物、基础工程等）时，则施工段数并不受公式(3-3)的限制，关于施工段数(m)与施工过程数(n)的关系在本章第二节中将进一步阐述。

3. 时间参数

在组织流水施工时，用以表达流水施工在时间排列上所处状态的参数，称为时间参数。它包括：流水节拍、流水步距、平行搭接时间、技术与组织间歇时间、工期。

(1) 流水节拍

流水节拍是指从事某一施工过程的施工队组在一个施工段上完成施工任务所需的时间，用符号 t_i 表示(i=1、2……)。

1) 流水节拍的确定

流水节拍的大小直接关系到投入的劳动力、机械和材料量的多少，决定着施工速度和施工的节奏，因此，合理确定流水节拍，具有重要的意义。流水节拍可按下列三种方法确定：

A. 定额计算法。这是根据各施工段的工程量和现有能够投入的资源量(劳动力、机械台数和材料量等)，按公式(3-4)或公式(3-5)进行计算。

$$t_i=\frac{Q_i}{S_i \cdot R_i \cdot N_i}=\frac{P_i}{R_i \cdot N_i} \tag{3-4}$$

或

$$t_i=\frac{Q_i \cdot H_i}{R_i \cdot N_i}=\frac{P_i}{R_i \cdot N_i} \tag{3-5}$$

式中　t_i——某施工过程的流水节拍；

Q_i——某施工过程在某施工段上的工程量；

S_i——某施工队组的计划产量定额；

H_i——某施工队组的计划时间定额；

P_i——在一施工段上完成某施工过程所需的劳动量(工日数)或机械台班量(台班数)，按公式(3-6)计算；

R_i——某施工过程的施工队组人数或机械台数；

N_i——每天工作班制。

$$P_i=\frac{Q_i}{S_i}=Q_i \cdot H_i \tag{3-6}$$

在公式(3-4)和公式(3-5)中，S_i 和 H_i 应是施工企业的工人或机械所能达到实际定额水平。

B. 经验估算法。它是根据以往的施工经验进行估算。一般为了提高其准确程度，往往先估算出该流水节拍的最长、最短和最可能三种时间，然后据此求出期望时间作为某施工队组在某施工段上的流水节拍。因此，本法也称为三种时间估算法。一般按公式(3-7)计算：

$$t_i=\frac{a+4c+b}{6} \tag{3-7}$$

式中　t_i——某施工过程在某施工段上的流水节拍；

a——某施工过程在某施工段上的最短估算时间；

b——某施工过程在某施工段上的最长估算时间；

c——某施工过程在某施工段上的最可能估算时间。

这种方法多适用于采用新工艺、新方法和新材料等没有定额可循的工程。

C. 工期计算法。对某些施工任务在规定日期内必须完成的工程项目，往往采用倒排进度法，即根据工期要求先确定流水节拍 t_i，然后应用式(3-4)、式(3-5)求出所需的施工队组人数或机械台数。但在这种情况下，必须检查劳动力和机械供应的可能性，物资供应能否与之相适应。具体步骤如下：

(A) 根据工期倒排进度，确定某施工过程的工作延续时间；

(B) 确定某施工过程在某施工段上的流水节拍。若同一施工过程的流水节拍不等，则用估算法；若流水节拍相等，则按公式(3-8)计算：

$$t_i=\frac{T_i}{m} \tag{3-8}$$

式中 t_i——某施工过程的流水节拍；

T_i——某施工过程的工作持续时间；

m——施工段数。

2）确定流水节拍应考虑的因素

A. 施工队组人数应符合该施工过程最小劳动组合人数的要求。所谓最小劳动组合，就是指某一施工过程进行正常施工所必需的最低限度的队组人数及其合理组合。如模板安装就要按技工和普工的最少人数及合理比例组成施工队组，人数过少或比例不当都将引起劳动生产率的下降，甚至无法施工。

B. 要考虑工作面的大小或某种条件的限制。施工队组人数也不能太多，每个工人的工作面要符合最小工作面的要求。否则，就不能发挥正常的施工效率或不利于安全生产。

C. 要考虑各种机械台班的效率或机械台班产量的大小。

D. 要考虑各种材料、构配件等施工现场堆放量、供应能力及其他有关条件的制约。

E. 要考虑施工及技术条件的要求。例如，浇筑混凝土时，为了连续施工有时要按照三班制工作的条件决定流水节拍，以确保工程质量。

F. 确定一个分部工程各施工过程的流水节拍时，首先应考虑主要的、工程量大的施工过程的节拍，其次确定其他施工过程的节拍值。

G. 节拍值一般取整数，必要时可保留 0.5 天(台班)的小数值。

（2）流水步距

流水步距是指两个相邻的施工过程的施工队组相继进入同一施工段开始施工的最小时间间隔(不包括技术与组织间歇时间)，用符号 $K_{i,i+1}$ 表示(i 表示前一个施工过程，$i+1$ 表示后一个施工过程)。

流水步距的大小，对工期有着较大的影响。一般说来，在施工段不变的条件下，流水步距越大，工期越长；流水步距越小，则工期越短。流水步距还与前后两个相邻施工过程流水节拍的大小、施工工艺技术要求、施工段数目、流水施工的组织方式有关。

流水步距的数目等于($n-1$)个参加流水施工的施工过程(队组)数。

1）确定流水步距的基本要求

A. 主要施工队组连续施工的需要。流水步距的最小长度，必须使主要施工专业队组进场以后，不发生停工、窝工现象。

B. 施工工艺的要求。保证每个施工段的正常作业程序，不发生前一个施工过程尚未全部完成，而后一施工过程提前介入的现象。

C. 最大限度搭接的要求。流水步距要保证相邻两个专业队在开工时间上最大限度地、合理地搭接；

D. 要满足保证工程质量，满足安全生产、成品保护的需要。

2）确定流水步距的方法

确定流水步距的方法很多，简捷、实用的方法主要有图上分析计算法(公式法)和累加数列法（潘特考夫斯基法）。公式法确定见本章第二节中的相关内容，而累加数列法适用于各种形式的流水施工，且较为简捷、准确。

累加数列法没有计算公式，它的文字表达式为："累加数列错位相减取大差"。其计算步骤如下：

A. 将每个施工过程的流水节拍逐段累加，求出累加数列；

B. 根据施工顺序，对所求相邻的两累加数列错位相减；

C. 根据错位相减的结果，确定相邻施工队组之间的流水步距，即相减结果中数值最大者。

【例 3-2】 某项目由 A、B、C、D 四个施工过程组成，分别由四个专业工作队完成，在平面上划分成四个施工段，每个施工过程在各个施工段上的流水节拍见表 3-2。试确定相邻专业工作队之间的流水步距。

某工程流水节拍 **表 3-2**

施工段 / 施工过程	Ⅰ	Ⅱ	Ⅲ	Ⅳ
A	4	2	3	2
B	3	4	3	4
C	3	2	2	3
D	2	2	1	2

【解】 (1) 求流水节拍的累加数列

A：4，6，9，11

B：3，7，10，14

C：3，5，7，10

D：2，4，5，7

(2) 错位相减

A 与 B

$$\begin{array}{rrrrrr} & 4, & 6, & 9, & 11 & \\ -) & & 3, & 7, & 10, & 14 \\ \hline & 4, & 3, & 2, & 1, & -14 \end{array}$$

B 与 C

$$\begin{array}{rrrrrr} & 3, & 7, & 10, & 14 & \\ -) & & 3, & 5, & 7, & 10 \\ \hline & 3, & 4, & 5, & 7, & -10 \end{array}$$

C 与 D

$$\begin{array}{rrrrrr} & 3, & 5, & 7, & 10 & \\ -) & & 2, & 4, & 5, & 7 \\ \hline & 3, & 3, & 3, & 5, & -7 \end{array}$$

3）确定流水步距

因流水步距等于错位相减所得结果中数值最大者，故有

$K_{A,B}=\max\{4，3，2，1，-14\}=4$ 天

$K_{B,C}=\max\{3，4，5，7，-10\}=7$ 天

$K_{C,D}=\max\{3，3，3，5，-7\}=5$ 天

（3）平行搭接时间

在组织流水施工时，有时为了缩短工期，在工作面允许的条件下，如果前一个施工队组完成部分施工任务后，能够提前为后一个施工队组提供工作面，使后者提前进入前一个施工段，两者在同一施工段上平行搭接施工，这个搭接时间称为平行搭接时间，通常以 $C_{i,i+1}$ 表示。

（4）技术与组织间歇时间

在组织流水施工时，有些施工过程完成后，后续施工过程不能立即投入施工，必须有足够的间歇时间。由建筑材料或现浇构件工艺性质决定的间歇时间称为技术间歇。如现浇混凝土构件的养护时间、抹灰层的干燥时间和油漆层的干燥时间等。由施工组织原因造成的间歇时间称为组织间歇。如回填土前地下管道检查验收，施工机械转移和砌筑墙体前的墙身位置弹线，以及其他作业前的准备工作。技术与组织间歇时间用 $Z_{i,i+1}$ 表示。

（5）工期

工期是指完成一项工程任务或一个流水组施工所需的时间，一般可采用公式(3-9)计算完成一个流水组的工期。

$$T=\Sigma K_{i,i+1}+T_{n}+\Sigma Z_{i,i+1}-\Sigma C_{i,i+1} \tag{3-9}$$

式中 T——流水施工工期；

$\Sigma K_{i,i+1}$——流水施工中各流水步距之和；

T_{n}——流水施工中最后一个施工过程的持续时间；

$Z_{i,i+1}$——第 i 个施工过程与第 $i+1$ 个施工过程之间的技术与组织间歇时间；

$C_{i,i+1}$——第 i 个施工过程与第 $i+1$ 个施工过程之间的平行搭接时间。

3.1.3 流水施工的基本组织方式

1. 流水施工的分级

根据组织流水施工的工程对象的范围大小，流水施工通常可分为：

（1）分项工程流水施工

分项工程流水施工也称为细部流水施工。它是在一个施工过程内部组织起来的流水施工。例如砌砖墙施工过程的流水施工、现浇钢筋混凝土施工过程的流水施工等。细部流水施工是组织工程流水施工中范围最小的流水施工。

（2）分部工程流水施工

分部工程流水施工也称为专业流水施工。它是在一个分部工程内部、各分项工程之间组织起来的流水施工。例如：基础工程的流水施工、主体工程的流水施工、装饰工程的流水施工。分部工程流水施工是组织单位工程流水施工的基础。

(3) 单位工程流水施工

单位工程流水施工也称为综合流水施工，它是在一个单位工程内部、各分部工程之间组织起来的流水施工。如一幢办公楼、一个厂房车间等组织的流水施工。单位工程流水施工是分部工程流水施工的扩大和组合，是建立在分部工程流水施工基础之上。

(4) 群体工程流水施工

群体工程流水施工也称为大流水施工，它是在一个个单位工程之间组织起来的流水施工。它是为完成工业或民用建筑群而组织起来的全部单位工程流水施工的总和。

2. 流水施工的基本组织方式

建筑工程的流水施工要求有一定的节拍，才能步调和谐，配合得当。流水施工的节奏是由节拍所决定的。由于建筑工程的多样性，各分部分项的工程量差异较大，要使所有的流水施工都组织成统一的流水节拍是很困难的。在大多数的情况下，各施工过程的流水节拍不一定相等，甚至一个施工过程本身在各施工段上的流水节拍也不相等。因此形成了不同节奏特征的流水施工。

根据流水施工节奏特征的不同，流水施工的基本方式分为有节奏流水施工和无节奏流水施工两大类。有节奏流水又可分为等节奏流水和异节奏流水，如图 3-9 所示。

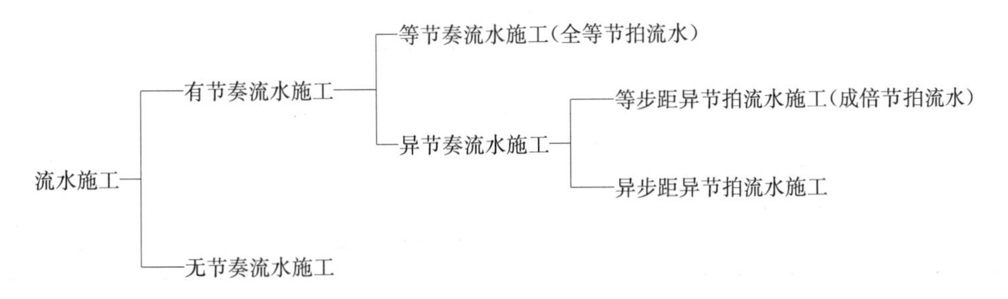

图 3-9 流水施工组织方式分类图

3.1.4 施工进度计划横道图的绘制

横道图是结合时间坐标，用一系列的水平线段分别表示各施工过程施工起止时间及其先后顺序的图表。横道图也称甘特图，是美国人甘特(Gantt)在 20 世纪 20 年代提出的。由于其形象直观，且易于编制和理解，因而长期以来被广泛应用于建设工程进度计划之中。

用横道图表示的建设工程进度计划，一般包括两个基本部分，即左侧的施工过程名称及施工过程的持续时间等基本数据部分和右侧的横道线部分，右侧的横道线水平长度表示施工过程的持续时间。如图 3-4 所示即为用横道图表示的某工程施工进度计划。该计划明确地表示出各项施工过程的划分、施工过程的开始时间和完成时间、施工过程的持续时间、施工过程之间的相互搭接关系，以及整个施工项目的开工时间、完工时间和总工期。

横道图的绘制方法如下：

首先绘制时间坐标进度表，根据有关计算，直接在进度表上画出进度线，进度线的水平长度即为施工过程的持续时间。其一般步骤是：先安排主导施工过程的施工进度，然后再安排其余施工过程，它应尽可能配合主导施工过程并最大限度地搭接，形成施工进度计划的初步方案。总的原则应使每个施工过程尽可能早地投入施工。

3.2 等节奏流水施工

等节奏流水是指同一施工过程在各施工段上的流水节拍都相等，并且不同施工过程之间的流水节拍也相等的一种流水施工方式。即各施工过程的流水节拍均为常数，故也称为全等节拍流水或固定节拍流水。

例如，某工程划分为 A、B、C、D 四个施工过程，每个施工过程分四个施工段，流水节拍均为 2 天，组织等节奏流水施工，其进度计划安排如图 3-10 所示。

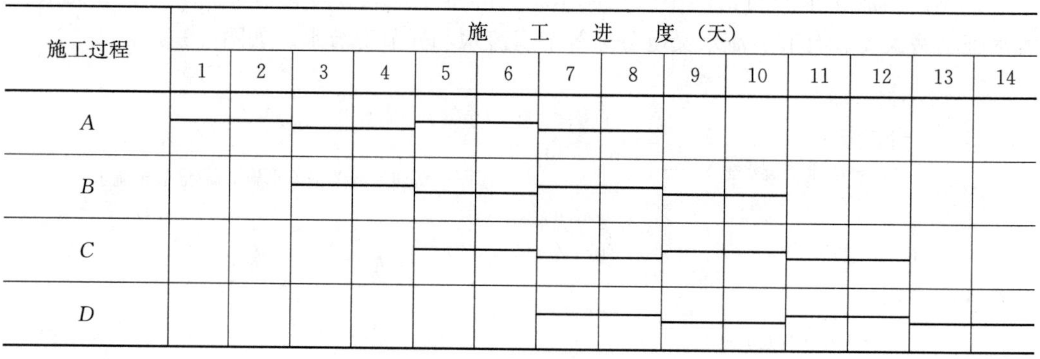

施工过程	施　工　进　度（天）													
	1	2	3	4	5	6	7	8	9	10	11	12	13	14
A														
B														
C														
D														

图 3-10　等节奏流水施工进度计划

3.2.1 等节奏流水施工的特征

(1) 各施工过程在各施工段上的流水节拍彼此相等。

如有 n 个施工过程，流水节拍为 t_i，则：$t_1=t_2=\cdots=t_{n-1}=t_n$，$t_i=t$（常数）。

(2) 流水步距彼此相等，而且等于流水节拍值，即：

$$K_{1,2}=K_{2,3}=\cdots=K_{n-1,n}=K=t$$

(3) 各专业工作队在各施工段上能够连续作业，施工段之间没有空闲时间。

(4) 施工班组数(n_1)等于施工过程数(n)。

3.2.2 等节奏流水施工主要参数的确定

1. 等节奏流水施工段数目(m)的确定

(1) 无层间关系时，施工段数(m)按划分施工段的基本要求确定即可；

(2) 有层间关系时，为了保证各施工队组连续施工，应取 $m\geqslant n$。此时，每层施

工段

空闲数为 $m-n$，一个空闲施工段的时间为 t，则每层的空闲时间为：

$$(m-n)\cdot t=(m-n)\cdot K$$

若一个楼层内各施工过程间的技术、组织间歇时间之和为 ΣZ_1，楼层间技术组织间歇时间为 Z_2。如果每层的 ΣZ_1 均相等，Z_2 也相等，则保证各施工队组能连续施工的最小施工段数(m)的确定如下：

$$(m-n)K=\Sigma Z_1+Z_2$$

$$m=n+\frac{\Sigma Z_1}{K}+\frac{Z_2}{K} \tag{3-10}$$

式中　m——施工段数；

n——施工过程数；

ΣZ_1——一个楼层内各施工过程间技术、组织间歇时间之和；

Z_2——楼层间技术、组织间歇时间；

K——流水步距。

2. 流水施工工期计算

(1) 不分施工层时，可按式(3-11)进行计算。根据一般工期计算公式(3-9)得：

因为

$$\Sigma K_{i.i+1}=(n-1)t$$

$$T_n=mt$$

所以

$$T=(n-1)K+mK+\Sigma Z_{i,i+1}-\Sigma C_{i,i+1}$$

$$T=(m+n-1)t+\Sigma Z_{i,i+1}-\Sigma C_{i,i+1} \tag{3-11}$$

式中　T——流水施工总工期；

m——施工段数；

n——施工过程数；

t——流水节拍。

$\Sigma Z_{i,i+1}$——i，$i+1$ 两施工过程之间的技术与组织间歇时间；

$\Sigma C_{i,i+1}$——i，$i+1$ 两施工过程之间的平行搭接时间。

(2) 分施工层时，可按式(3-12)进行计算：

$$T=(m\cdot r+n-1)t+\Sigma Z_1-\Sigma C_1 \tag{3-12}$$

式中　ΣZ_1——同一施工层中技术与组织间歇时间之和；

ΣC_1——同一施工层中平行搭接时间之和。

其他符号含义同前。

3.2.3 等节奏流水施工的组织

等节奏流水施工的组织方法是：首先划分施工过程，应将劳动量小的施工过程合并到相邻施工过程中去，以使各流水节拍相等；其次确定主要施工过程的施工队组人数，计算其流水节拍；最后根据已定的流水节拍，确定其他施工过程的施工队组人数及其组成。

等节奏流水施工一般适用于工程规模较小，建筑结构比较简单，施工过程不多的房屋或某些构筑物。常用于组织一个分部工程的流水施工。

3.2.4 等节奏流水施工案例

【例 3-3】 某分部工程划分为 A、B、C、D 四个施工过程，每个施工过程分三个施工段，各施工过程的流水节拍均为 4 天，试组织等节奏流水施工。

【解】（1）确定流水步距：由等节奏流水的特征可知：

$$K=t=4\text{ 天}$$

（2）计算工期

$$T=(m+n-1)t=(4+3-1)\times 4=24\text{ 天}$$

（3）用横道图绘制流水进度计划，如图 3-11 所示。

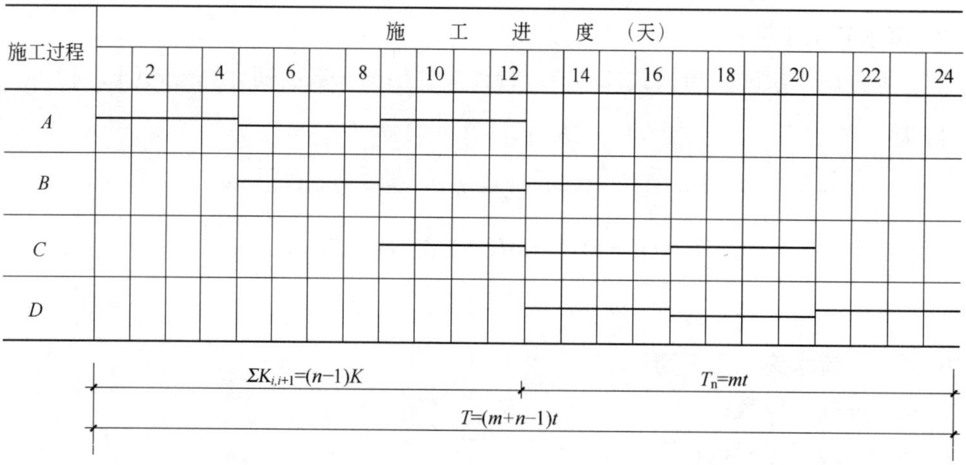

图 3-11 某分部工程无间歇等节奏流水施工进度计划

【例 3-4】 某工程由 A、B、C、D 四个施工过程组成，划分两个施工层组织流水施工，各施工过程的流水节拍均为 2 天，其中，施工过程 B 与 C 之间有 2 天的技术间歇时间，层间技术间歇为 2 天。为了保证施工队组连续作业，试确定施工段数，计算工期，绘制流水施工进度表。

【解】（1）确定流水步距：由等节奏流水的特征可知：

$$K_{A,B}=K_{B,C}=K_{C,D}=K=2\text{ 天}$$

（2）确定施工段数

本工程分两个施工层，施工段数由式(3-10)确定：

$$m=n+\frac{\Sigma Z_1}{K}+\frac{Z_2}{K}=4+\frac{2}{2}+\frac{2}{2}=6\text{ 段}$$

(3) 计算流水工期：由式(3-12)得：

$$T=(m\cdot r+n-1)t+\Sigma Z_1-\Sigma C_1$$
$$=(6\times2+4-1)\times2+2-0=32\text{ 天}$$

(4) 绘制流水施工进度表如图3-12和图3-13所示。

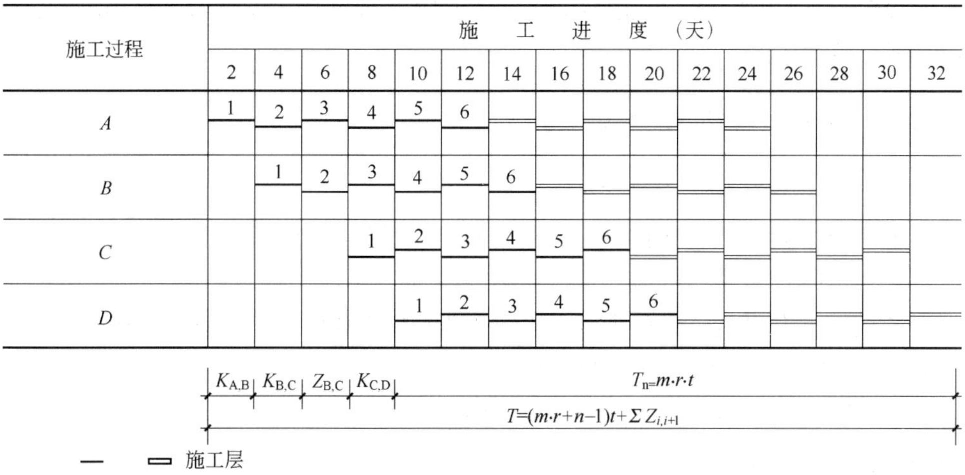

施工过程	施工进度（天）															
	2	4	6	8	10	12	14	16	18	20	22	24	26	28	30	32
A	1	2	3	4	5	6										
B		1	2	3	4	5	6									
C				1	2	3	4	5	6							
D					1	2	3	4	5	6						

$K_{A,B}$　$K_{B,C}$　$Z_{B,C}$　$K_{C,D}$　$T_n=m\cdot r\cdot t$

$T=(m\cdot r+n-1)t+\Sigma Z_{i,i+1}$

—　▭ 施工层

图3-12　某工程分层并有间歇等节奏流水施工进度计划(施工层横向排列)

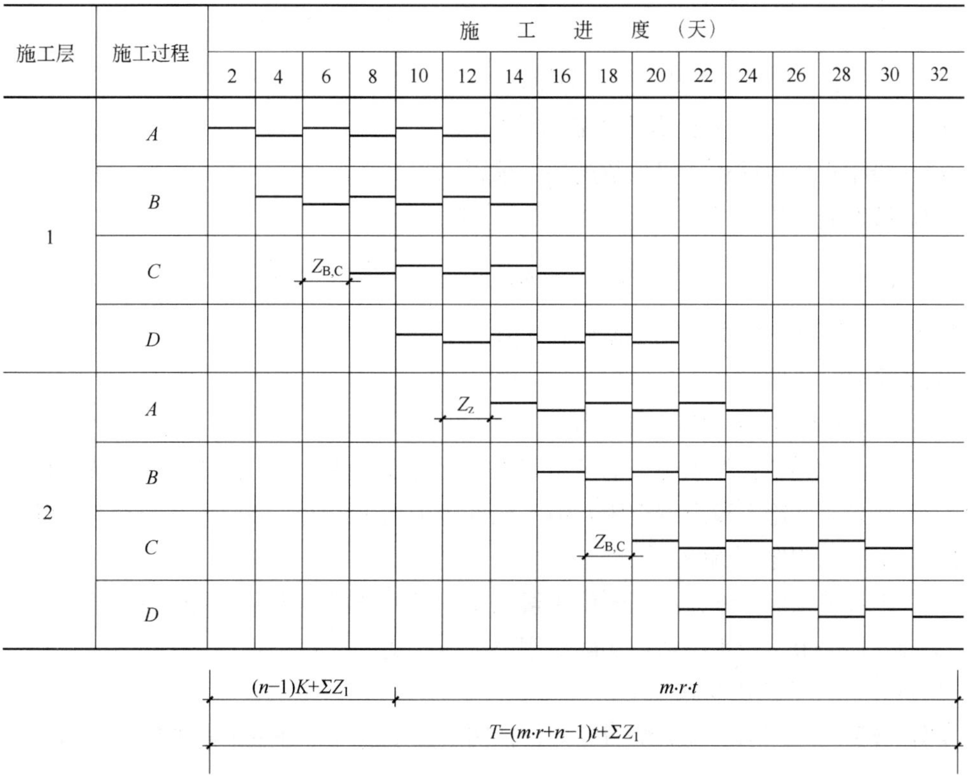

施工层	施工过程	施工进度（天）															
		2	4	6	8	10	12	14	16	18	20	22	24	26	28	30	32
1	*A*																
	B																
	C			$Z_{B,C}$													
	D																
2	*A*						Z_Z										
	B																
	C									$Z_{B,C}$							
	D																

$(n-1)K+\Sigma Z_1$　$m\cdot r\cdot t$

$T=(m\cdot r+n-1)t+\Sigma Z_1$

3.3 异节奏流水施工

异节奏流水是指同一施工过程在各施工段上的流水节拍都相等，不同施工过程之间的流水节拍不一定相等的流水施工方式。异节奏流水又可分为异步距异节拍流水和等步距异节拍流水两种。

3.3.1 异步距异节拍流水施工

1. 异步距异节拍流水施工的特征

(1) 同一施工过程流水节拍相等，不同施工过程之间的流水节拍不一定相等；

(2) 各个施工过程之间的流水步距不一定相等；

(3) 各施工工作队能够在施工段上连续作业，但有的施工段之间可能有空闲；

(4) 施工班组数(n_1)等于施工过程数(n)。

2. 异步距异节拍流水施工主要参数的确定

(1) 流水步距的确定

$$K_{i,i+1}=\begin{cases} t_i & (\text{当 } t_i \leqslant t_{i+1}) \\ mt_i-(m-1)t_{i+1} & (\text{当 } t_i > t_{i+1}) \end{cases} \tag{3-13}$$

式中 t_i——第 i 个施工过程的流水节拍；

t_{i+1}——第 $i+1$ 个施工过程的流水节拍。

流水步距也可由前述“累加数列法”求得。

(2) 流水施工工期 T

$$T=\Sigma K_{i,i+1}+mt_{\mathrm{n}}+\Sigma Z_{i,i+1}-\Sigma C_{i,i+1} \tag{3-14}$$

式中 t_{n}——最后一个施工过程的流水节拍。

其他符号含义同前。

3. 异步距异节拍流水施工的组织

组织异步距异节拍流水施工的基本要求是：各施工队组尽可能依次在各施工段上连续施工，允许有些施工段出现空闲，但不允许多个施工班组在同一施工段交叉作业，更不允许发生工艺顺序颠倒的现象。

异步距异节拍流水施工适用于施工段大小相等的分部和单位工程的流水施工，它在进度安排上比等节奏流水灵活，实际应用范围较广泛。

4. 异步距异节拍流水施工案例

【例 3-5】 某工程划分为 A、B、C、D 四个施工过程，分三个施工段组织施工，各施工过程的流水节拍分别为 $t_A=3$ 天，$t_B=4$ 天，$t_C=5$ 天，$t_D=3$ 天；施工过程 B 完成后有 2 天的技术间歇时间，施工过程 D 与 C 搭接 1 天。试求各施工过程之间的流水步距及该工程的工期，并绘制流水施工进度表。

【解】（1）确定流水步距

根据上述条件及式(3-13)，各流水步距计算如下：

∵ $t_A<t_B$

∴ $K_{A,B}=t_A=3$(天)

∵ $t_B<t_C$

∴ $K_{B,C}=t_B=4$(天)

∵ $t_C>t_D$

∴ $K_{C,D}=mt_C-(m-1)t_D=3\times5-(3-1)\times3=9$(天)

（2）计算流水工期

$$T=\Sigma K_{i,i+1}+mt_n+\Sigma Z_{i,i+1}-\Sigma C_{i,i+1}=(3+4+9)+3\times3+2-1=26(\text{天})$$

（3）绘制施工进度计划表如图 3-14 所示。

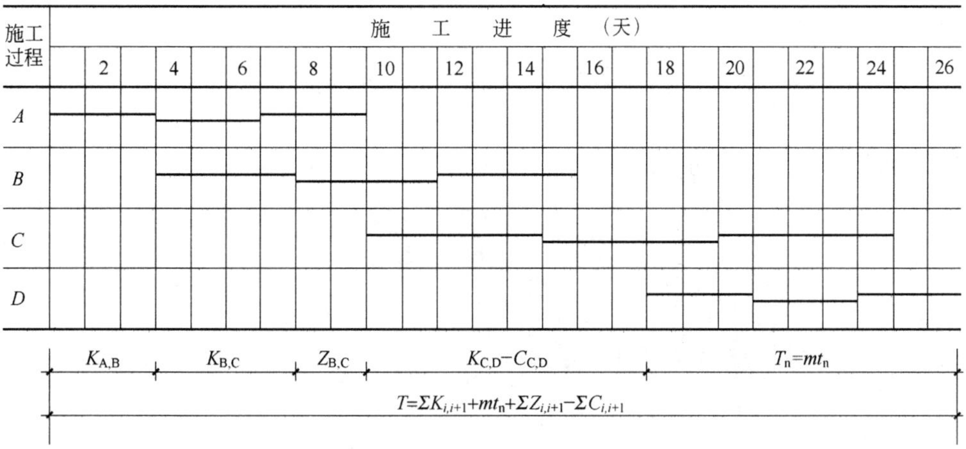

施工过程 | 施工进度（天）
2 4 6 8 10 12 14 16 18 20 22 24 26
A
B
C
D
$K_{A,B}$ $K_{B,C}$ $Z_{B,C}$ $K_{C,D}-C_{C,D}$ $T_n=mt_n$
$T=\Sigma K_{i,i+1}+mt_n+\Sigma Z_{i,i+1}-\Sigma C_{i,i+1}$

图 3-14　某工程异步距异节拍流水施工进度计划

3.3.2　等步距异节拍流水施工

等步距异节拍流水施工也称为成倍节拍流水，是指同一施工过程在各个施工段上的流水节拍相等，不同施工过程之间的流水节拍不完全相等，但各个施工过程的流水节拍之间存在一个最大公约数。为加快流水施工进度，按最大公约数的倍数组建每个施工过程的施工队组，以形成类似于等节奏流水的等步距异节奏流水施工方式。

1. 等步距异节拍流水施工的特征

（1）同一施工过程流水节拍相等，不同施工过程流水节拍之间存在整数倍或公约数关系；

(2) 流水步距彼此相等，且等于流水节拍的最大公约数；

(3) 各专业施工队都能够保证连续作业，施工段没有空闲；

(4) 施工队组数(n_1)大于施工过程数(n)，即 $n_1>n$。

2. 等步距异节拍流水施工主要参数的确定

(1) 流水步距的确定

$$K_{i,i+1}=K_b \tag{3-15}$$

(2) 每个施工过程的施工队组数确定

$$b_i=\frac{t_i}{K_b} \tag{3-16}$$

$$n_1=\Sigma b_i \tag{3-17}$$

式中 b_i——某施工过程所需施工队组数；

n_1——专业施工队组总数目；

K_b——最大公约数。

其他符号含义同前。

3. 施工段数目(m)的确定

(1) 无层间关系时，可按划分施工段的基本要求确定施工段数目(m)，一般取 $m=n_1$。

(2) 有层间关系时，每层最少施工段数目可按式(3-18)确定。

$$m=n_1+\frac{\Sigma Z_1}{K_b}+\frac{Z_2}{K_b} \tag{3-18}$$

式中 ΣZ_1——一个楼层内各施工过程间的技术与组织间歇时间；

Z_2——楼层间技术与组织间歇时间。

其他符号含义同前。

4. 流水施工工期

无层间关系时：

$$T=(m+n_1-1)K_b+\Sigma Z_{i,i+1}-\Sigma C_{i,i+1} \tag{3-19}$$

有层间关系时：

$$T=(m\cdot r+n_1-1)K_b+\Sigma Z_1-\Sigma C_1 \tag{3-20}$$

式中 r——施工层数。

其他符号含义同前。

5. 等步距异节拍流水施工的组织

等步距异节拍流水施工的组织方法是：根据工程对象和施工要求，划分若干个施工过程；其次根据各施工过程的内容、要求及其工程量，计算每个施工段所需的劳动量，接着根据施工队组人数及组成，确定劳动量最少的施工过程的流水节拍；最后确定其他劳动量较大的施工过程的流水节拍，用调整施工队组人数或其他技术组织措施的方法，使它们的流水节拍值之间存在一个最大公约数。

等步距异节拍流水施工方式比较适用于线形工程(如道路、管道等)的施工，也适用于房屋建筑施工。

6. 等步距异节拍流水施工案例

【例 3-6】 某工程由 A、B、C 三个施工过程组成，分六段施工，流水节拍分别为 $t_A=6$ 天，$t_B=4$ 天，$t_C=2$ 天，试组织等步距异节拍流水施工，并绘制流水施工进度表。

【解】 (1) 按式(3-15)确定流水步距：

$$K=K_b=2\text{ 天}$$

(2) 由式(3-16)确定每个施工过程的施工队组数：

$$b_A=\frac{t_A}{K_b}=\frac{6}{2}=3\text{ 个}$$

$$b_B=\frac{t_B}{K_b}=\frac{4}{2}=2\text{ 个}$$

$$b_C=\frac{t_C}{K_b}=\frac{2}{2}=1\text{ 个}$$

施工队总数 $n_1=\Sigma b_i=3+2+1=6$(个)

(3) 计算工期

由式(3-19)得：

$$T=(m+n_1-1)K_b=(6+6-1)\times 2=22\text{ 天}$$

(4) 绘制流水施工进度表如图 3-15 所示。

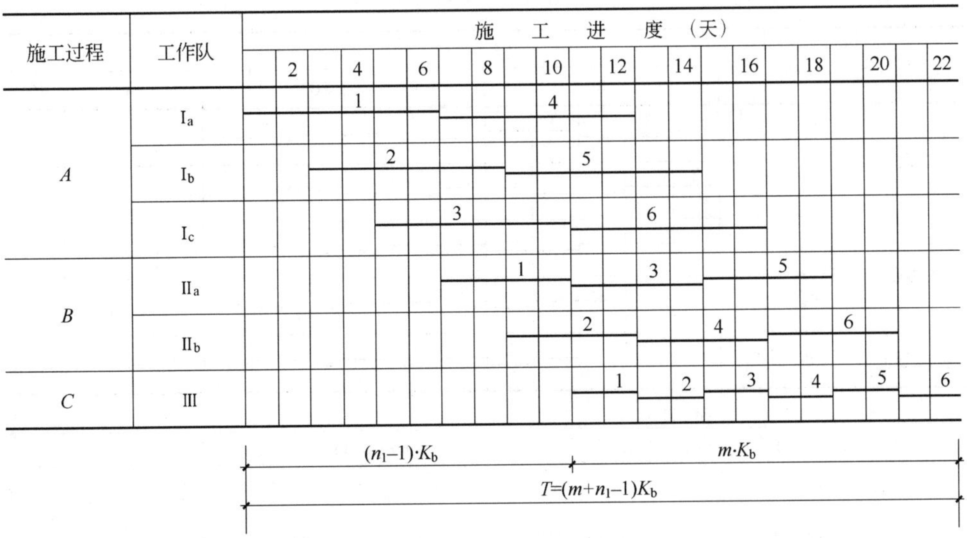

施工过程	工作队	施工进度（天）																					
			2		4		6		8		10		12		14		16		18		20		22
A	Ⅰa				1						4												
	Ⅰb					2						5											
	Ⅰc							3						6									
B	Ⅱa									1				3				5					
	Ⅱb											2				4				6			
C	Ⅲ												1		2		3		4		5		6

$(n_1-1)\cdot K_b$　　$m\cdot K_b$

$T=(m+n_1-1)K_b$

图 3-15 某工程等步距异节拍流水施工进度计划

【例 3-7】 某两层现浇钢筋混凝土工程，施工过程包括支段挡板、绑扎钢筋和浇筑混凝土。其流水节拍分别为：$t_{模}=2$ 天，$t_{钢筋}=2$ 天，$t_{混凝土}=1$ 天。当安装模板工作队转移到第二层第一段施工时，需待第一层第一段的混凝土养护 1 天后才能进行。试组织等步距异节拍流水施工，并绘制流水施工进度表。

【解】（1）确定流水步距

$$K=K_b=1 \text{ 天}$$

（2）确定每个施工过程的工作队数

$$b_{模}=\frac{t_{模}}{K_b}=\frac{2}{1}=2 \text{ 个}$$

$$b_{钢筋}=\frac{t_{钢筋}}{K_b}=\frac{2}{1}=2 \text{ 个}$$

$$b_{混凝土}=\frac{t_{混凝土}}{K_b}=\frac{1}{1}=1 \text{ 个}$$

施工队总数 $n_1=\Sigma b_i=(2+2+1)=5$ 个

（3）确定每层的施工段数

为保证各工作队连续施工，其施工段数可按式(3-18)确定：

$$m=n_1+\frac{\Sigma Z_1}{K_b}+\frac{Z_2}{K_b}$$

$$=5+\frac{0}{1}+\frac{1}{1}=6 \text{ 段}$$

（4）计算工期

$$T=(m\cdot r+n_1-1)K_b+\Sigma Z_1-\Sigma C_1$$

$$=(6\times2+5-1)\times1+0-0=16 \text{ 天}$$

（5）绘制流水施工进度表如图 3-16 和图 3-17 所示。

施工过程	工作队	施工进度（天）															
			2		4		6		8		10		12		14		16
安模板	Ⅰa	1		3		5											
	Ⅰb		2		4		6										
绑钢筋	Ⅱa			1			3		5								
	Ⅱb				2			4		6							
浇混凝土	Ⅲ					1	2	3	4	5	6						

$(n_1-1)\cdot K_b$　　$m\cdot r\cdot K_b$

$T=(m\cdot r+n_1-1)K_b$

— ▭ 施工层

图 3-16 某两层结构工程等步距异节拍流水施工进度计划（施工层横向排列）

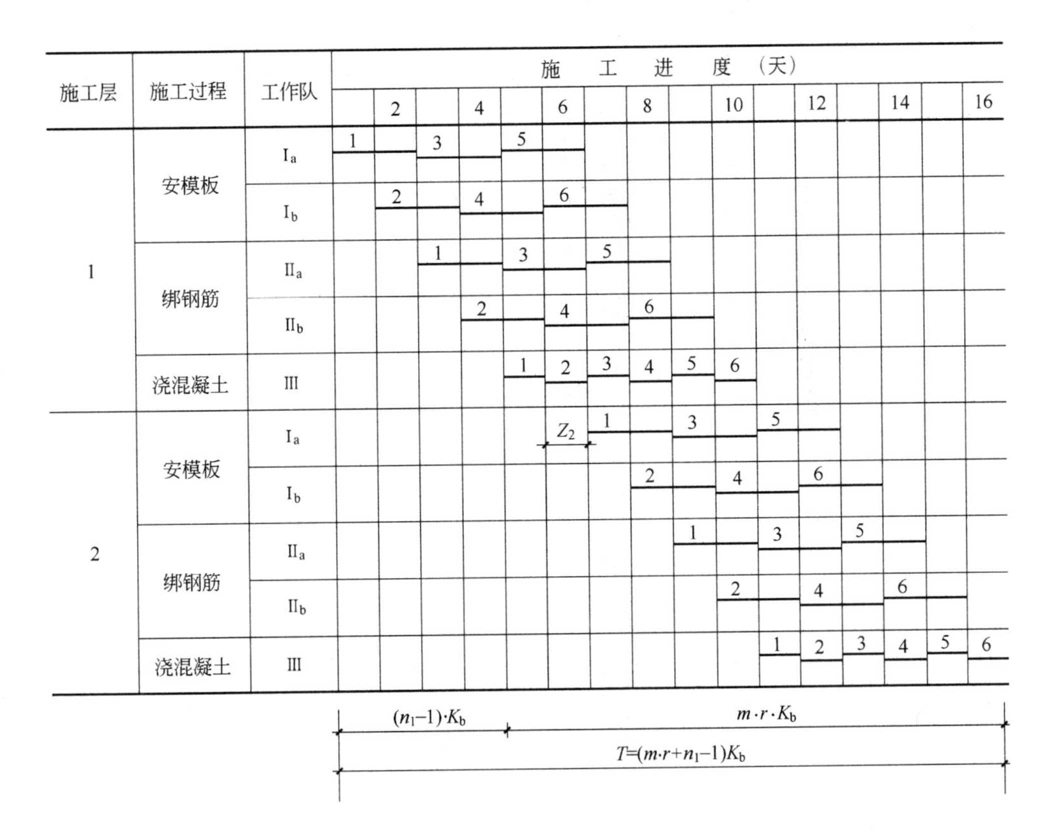

图 3-17　某两层结构工程等步距异节拍流水施工进度计划（施工层竖向排列）

3.4　无节奏流水施工

无节奏流水施工是指同一施工过程在各个施工段上流水节拍不完全相等的一种流水施工方式。

在实际工程中，通常每个施工过程在各个施工段上的工程量彼此不等，各专业施工队组的生产效率相差较大，导致大多数的流水节拍也彼此不相等，因此有节奏流水，尤其是全等节拍和成倍节拍流水往往是难以组织的。而无节奏流水则是利用流水施工的基本概念，在保证施工工艺、满足施工顺序要求的前提下，按照一定的计算方法，确定相邻专业施工队组之间的流水步距，使其在开工时间上最大限度地、合理地搭接起来，形成每个专业施工队组都能连续作业的流水施工方式。它是流水施工的普遍形式。

3.4.1　无节奏流水施工的特征

(1) 每个施工过程在各个施工段上的流水节拍不尽相等；

(2) 各个施工过程之间的流水步距不完全相等且差异较大；

(3) 各施工作业队能够在施工段上连续作业，但有的施工段之间可能有空闲时间；

(4) 施工队组数(n_1)等于施工过程数(n)。

3.4.2 无节奏流水施工主要参数的确定

1. 流水步距的确定

无节奏流水步距通常采用“累加数列法”确定。

2. 流水施工工期

$$T = \Sigma K_{i,i+1} + \Sigma t_n + \Sigma Z_{i,i+1} - \Sigma C_{i,i+1} \tag{3-21}$$

式中 $\Sigma K_{i,i+1}$——流水步距之和；

Σt_n——最后一个施工过程的流水节拍之和。

其他符号含义同前。

3.4.3 无节奏流水施工的组织

无节奏流水施工的实质是：各工作队连续作业，流水步距经计算确定，使专业工作队之间在一个施工段内不相互干扰(不超前，但可能滞后)，或做到前后工作队之间工作紧紧衔接。因此，组织无节奏流水的关键就是正确计算流水步距。组织无节奏流水施工的基本要求与异步距异节拍流水相同，即保证各施工过程的工艺顺序合理和各施工队组尽可能依次在各施工段上连续施工。

无节奏流水施工不像有节奏流水施工那样有一定的时间规律约束，在进度安排上比较灵活、自由，适用于分部工程和单位工程及大型建筑群的流水施工，实际运用比较广泛。

3.4.4 无节奏流水施工案例

【例 3-8】 某工程有 A、B、C、D、E 五个施工过程，平面上划分成四个施工段，每个施工过程在各个施工段上的流水节拍见表 3-3。规定 B 完成后有 2 天的技术间歇时间，D 完成后有 1 天的组织间歇时间，A 与 B 之间有 1 天的平行搭接时间，试编制流水施工方案。

某工程流水节拍 **表 3-3**

施工段 施工过程	Ⅰ	Ⅱ	Ⅲ	Ⅳ
A	3	2	2	4
B	1	3	5	3
C	2	1	3	5
D	4	2	3	3
E	3	4	2	1

【解】 根据题设条件，该工程只能组织无节奏流水施工。

(1) 求流水节拍的累加数列

A：3，5，7，11

B：1，4，9，12

C：2，3，6，11

D：4，6，9，12

E：3，7，9，10

(2) 确定流水步距

1) $K_{A,B}$

$$\begin{array}{rrrrrr} & 3, & 5, & 7, & 11 & \\ -) & & 1, & 4, & 9, & 12 \\ \hline & 3, & 4, & 3, & 2, & -12 \end{array}$$

∴ $K_{A,B}=4$ 天

2) $K_{B,C}$

$$\begin{array}{rrrrrr} & 1, & 4, & 9, & 12 & \\ -) & & 2, & 3, & 6, & 11 \\ \hline & 1, & 2, & 6, & 6, & -11 \end{array}$$

∴ $K_{B,C}=6$ 天

3) $K_{C,D}$

$$\begin{array}{rrrrrr} & 2, & 3, & 6, & 11 & \\ -) & & 4, & 6, & 9, & 12 \\ \hline & 2, & -1, & 0, & 2, & -12 \end{array}$$

∴ $K_{C,D}=2$ 天

4) $K_{D,E}$

$$\begin{array}{rrrrrr} & 4, & 6, & 9, & 12 & \\ -) & & 3, & 7, & 9, & 10 \\ \hline & 4, & 3, & 2, & 2, & -10 \end{array}$$

∴ $K_{D,E}=4$ 天

(3) 确定流水工期

$$T=\Sigma K_{i,i+1}+\Sigma t_n+\Sigma Z_{i,i+1}-\Sigma C_{i,i+1}$$
$$=(4+6+2+4)+(3+4+2+1)+2+1-1=28\text{ 天}$$

（4）绘制流水施工进度表如图 3-18 所示。

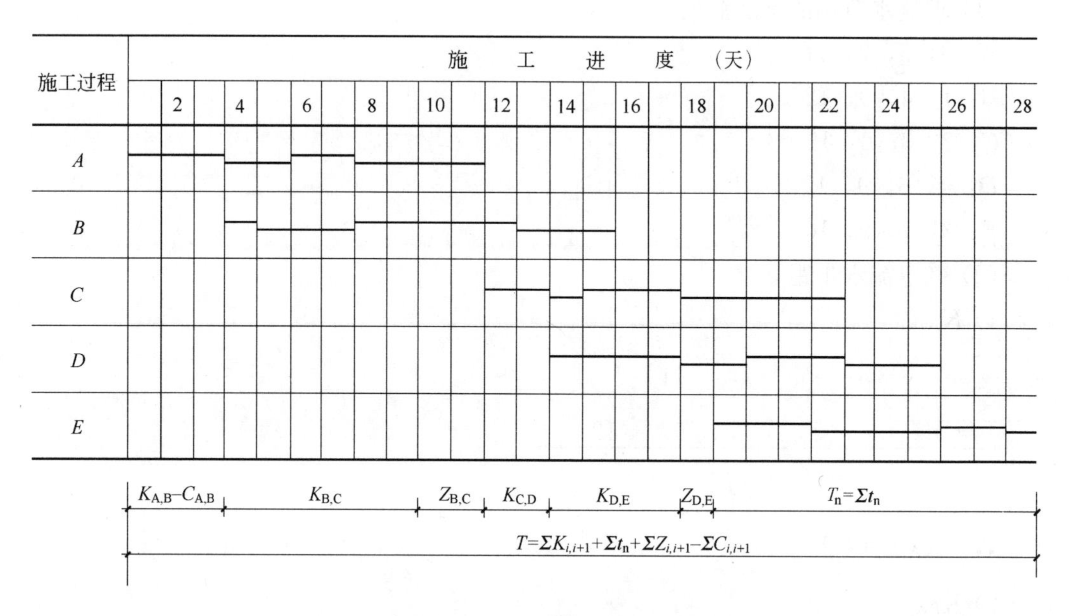

图 3-18 某工程无节奏流水施工进度计划

3.5 流水施工综合实例

在建筑施工中，需要组织许多施工过程的活动，在组织这些施工过程的活动中，我们把在施工工艺上互相联系的施工过程组成不同的专业组合(如基础工程，主体工程以及装饰工程等)，然后对各专业组合，按其组合的施工过程的流水节拍特征(节奏性)，分别组织成独立的流水组进行分别流水，这些流水组的流水参数可以是不相等的，组织流水的方式也可能有所不同。最后将这些流水组按照工艺要求和施工顺序依次搭接起来，即成为一个工程对象的工程流水或一个建筑群的流水施工。需要指出，所谓专业组合是指围绕主导施工过程的组合，其他的施工过程不必都纳入流水组，而只作为调剂项目与各流水组依次搭接。在更多情况下，考虑到工程的复杂性，在编制施工进度计划时，往往只运用流水作业的基本概念，合理选定几个主要参数，保证几个主导施工过程的连续性。对其他非主导施工过程，只力求使其在施工段上尽可能各自保持连续施工。各施工过程之间只有施工工艺和施工组织上的约束，不一定步调一致。这样，对不同专业组合或几个主导施工过程进行分别流水的组织方式就有极大的灵活性，且往往更有利于计划的实现。下面用几个较为常见的工程施工实例来阐述流水施工的应用。

3.5.1 框架结构房屋的流水施工

【例3-9】 框架结构房屋的流水施工

某四层学生公寓，底层为商业用房，上部为学生宿舍，建筑面积3277.96m^2。基础为钢筋混凝土独立基础，主体工程为全现浇框架结构。装修工程为铝合金窗、胶合板门；外墙贴面砖；内墙为中级抹灰，普通涂料刷白；底层顶棚吊顶，楼地面贴地板砖；屋面用200mm厚加气混凝土块做保温层，上做SBS改性沥青防水层，其劳动量一览表见表3-4。

某幢四层框架结构公寓楼劳动量一览表 **表3-4**

序号	分项工程名称	劳动量(工日或台班)
	基础工程	
1	机械开挖基础土方	6台班
2	混凝土垫层	30
3	绑扎基础钢筋	59
4	基础模板	73
5	基础混凝土	87
6	回填土	150
	主体工程	
7	脚手架	313
8	柱筋	135
9	柱、梁、板模板(含楼梯)	2263
10	柱混凝土	204
11	梁、板筋(含楼梯)	801
12	梁、板混凝土(含楼梯)	939
13	拆模	398
14	砌空心砖墙(含门窗框)	1095
	屋面工程	
15	加气混凝土保温隔热层(含找坡)	236
16	屋面找平层	52
17	屋面防水层	49
	装饰工程	
18	顶棚墙面中级抹灰	1648
19	外墙面砖	957
20	楼地面及楼梯地砖	929
21	顶棚龙骨吊顶	148

续表

序　　号	分项工程名称	劳动量(工日或台班)
22	铝合金窗扇安装	68
23	胶合板门	81
24	顶棚墙面涂料	380
25	油漆	69
26	室外	
27	水、电	

由于本工程各分部的劳动量差异较大，因此先分别组织各分部工程的流水施工，然后再考虑各分部之间的相互搭接施工。具体组织方法如下：

1. 基础工程

基础工程包括基槽挖土、混凝土垫层、绑扎基础钢筋、支设基础模板、浇筑基础混凝土、回填土等施工过程。其中基础挖土采用机械开挖，考虑到工作面及土方运输的需要，将机械挖土与其他手工操作的施工过程分开考虑，不纳入流水。混凝土垫层劳动量较小，为了不影响其他施工过程的流水施工，将其安排在挖土施工过程完成之后，也不纳入流水。

基础工程平面上划分两个施工段组织流水施工($m=2$)，在六个施工过程中，参与流水的施工过程有 4 个，即 $n=4$，组织全等节拍流水施工如下：

基础绑扎钢筋劳动量为 59 个工日，施工班组人数为 10 人，采用一班制施工，其流水节拍为：

$$t_{筋}=\frac{59}{2\times10\times1}=3\text{天}$$

其他施工过程的流水节拍均取 3 天，其中基础支模板 73 个工日，施工班组人数为：

$$R_{木}=\frac{73}{2\times3}=12\text{人}$$

浇筑混凝土劳动量为 87 个工日，施工班组人数为：

$$R_{混凝土}=\frac{87}{2\times3}=15\text{人}$$

回填土劳动量为 150 个工日，施工班组人数为：

$$R_{回填}=\frac{150}{2\times3}=25\text{人}$$

流水工期计算如下：

$$T=(m+n-1)K=(2+4-1)\times3=15\text{天}$$

土方机械开挖 6 个台班，用一台机械二班制施工，则作业持续时间为：

$$t_{挖土}=\frac{6}{1\times2}=3天(取3天)$$

混凝土垫层30个工日，15人一班制施工，其作业持续时间为：

$$t_{混凝土}=\frac{30}{15\times1}=2天$$

则基础工程的工期为：

$$T_1=3+2+15=20天$$

2. 主体工程

主体工程包括立柱子钢筋，安装柱、梁、板模板，浇捣柱子混凝土，梁、板、楼梯钢筋绑扎，浇捣梁、板、楼梯混凝土，搭脚手架，拆模板，砌空心砖墙等施工过程，其中后三个施工过程属平行穿插施工过程，只根据施工工艺要求，尽量搭接施工即可，不纳入流水施工。主体工程由于有层间关系，要保证施工过程流水施工，必须使 $m=n$，否则，施工班组会出现窝工现象。本工程中平面上划分为两个施工段，主导施工过程是柱、梁、板模板安装，要组织主体工程流水施工，就要保证主导施工过程连续作业，为此，将其他次要施工过程综合为一个施工过程来考虑其流水节拍，且其流水节拍值不得大于主导施工过程的流水节拍，以保证主导施工过程的连续性，因此，则主体工程参与流水的施工过程数 $n=2$ 个，满足 $m=n$ 的要求。具体组织如下：

柱子钢筋劳动量为135个工日，施工班组人数为17人，一班制施工，则其流水节拍为：

$$t_{柱筋}=\frac{135}{4\times2\times17\times1}=1天$$

主导施工过程的柱、梁、板模板劳动量为2263个工日，施工班组人数为25人，两班制施工，则流水节拍为：

$$t_{模}=\frac{2263}{4\times2\times25\times2}=5.65天（取6天）$$

柱子混凝土，梁、板钢筋，梁、板混凝土及柱子钢筋统一按一个施工过程来考虑其流水节拍，其流水节拍不得大于6天，其中，柱子混凝土劳动量为204个工日，施工班组人数为14人，两班制施工，其流水节拍为：

$$t_{柱混凝土}=\frac{204}{4\times2\times14\times2}=0.9天（取1天）$$

梁、板钢筋劳动量为801个工日，施工班组人数为25人，两班制施工，其流水节拍为：

$$t_{梁、板筋}=\frac{801}{4\times2\times25\times2}=2天$$

梁、板混凝土劳动量为939个工日，施工班组人数为20人，三班制施工，其流水节拍为：

$$t_{混凝土}=\frac{939}{4\times2\times20\times3}=2\text{天}$$

因此，综合施工过程的流水节拍仍为(1+2+2+1)=6天，可与主导施工过程一起组织全等节拍流水施工。其流水工期为：

$$\begin{aligned}T&=(m\cdot r+n-1)\cdot t\\&=(2\times4+2-1)\times6=54\text{天}\end{aligned}$$

为拆模施工过程计划在梁、板混凝土浇捣12天后进行，其劳动量为398个工日，施工班组人数为25人，一班制施工，其流水节拍为：

$$t_{拆模}=\frac{308}{4\times2\times25\times1}=2\text{天}$$

砌空心砖墙(含门窗框)劳动量为1095个工日，施工班组人数为45人，一班制施工，其流水节拍为：

$$t_{砌墙}=\frac{1095}{4\times2\times45\times1}=3\text{天}$$

则主体工程的工期为：

$$T_2=54+12+2+3=71\text{天}$$

3. 屋面工程

屋面工程包括屋面保温隔热层、找平层和防水层三个施工过程。考虑屋面防水要求高，所以不分段施工，即采用依次施工的方式。屋面保温隔热层劳动量为236个工日，施工班组人数为40人，一班制施工，其施工持续时间为：

$$t_{保温}=\frac{236}{40\times1}=6\text{天}$$

屋面找平层劳动量为52个工日，18人一班制施工，其施工持续时间为：

$$t_{找平}=\frac{52}{18\times1}=3\text{天}$$

屋面找平层完成后，安排7天的养护和干燥时间，方可进行屋面防水层的施工。SBS改性沥青防水层劳动量为47个工日，安排10人一班制施工，其施工持续时间为：

$$t_{防水}=\frac{47}{10\times1}=4.7\text{天 (取5天)}$$

4. 装饰工程

装饰工程包括顶棚墙面中级抹灰、外墙面砖、楼地面及楼梯地砖、一层顶棚龙骨吊顶、铝合金窗扇安装、胶合板门安装、内墙涂料、油漆等施工过程。其中一层顶棚龙骨吊顶属穿插施工过程，不参与流水作业，因此参与流水的施工过程为$n=7$。

装修工程采用自上而下的施工起点流向。结合装修工程的特点，把每层房屋视为一个施工段，共4个施工段($m=4$)，其中抹灰工程是主导施工过程，组织有节奏流水施工如下：顶棚墙面抹灰劳动量为 1648 个工日，施工班组人数为 60 人，一班制施工，其流水节拍为：

$$t_{抹灰}=\frac{1648}{4\times60\times1}=6.8\text{ 天（取 7 天）}$$

外墙面砖劳动量为 957 个工日，施工班组人数为 34 人，一班制施工，则其流水节拍为：

$$t_{外墙}=\frac{957}{4\times34\times1}=7\text{ 天}$$

楼地面及楼梯地砖劳动量为 929 个工日，施工班组人数为 33 人，一班制施工，其流水节拍为：

$$t_{地面}=\frac{929}{4\times33\times1}=7\text{ 天}$$

铝合金窗扇安装 68 个工日，施工班组人数为 6 人，一班制施工，则流水节拍为：

$$t_{窗}=\frac{68}{4\times6\times1}=2.83\text{（取 3 天）}$$

其余胶合板门、内墙涂料、油漆安排一班制施工，流水节拍均取 3 天，其中，胶合板门劳动量为 81 个工日，施工班组人数为 7 人；内墙涂料劳动量为 380 个工日，施工班组人数为 32 人；油漆劳动量为 69 个工日，施工班组人数为 6 人。

顶棚龙骨吊顶属穿插施工过程，不占总工期，其劳动量为 148 个工日，施工班组人数为 15 人，一班制施工，则施工持续时间为：

$$t_{顶棚}=\frac{148}{15\times1}=10\text{ 天}$$

装饰分部流水施工工期计算如下：

$$K_{抹灰、外墙}=7\text{ 天}$$

$$K_{外墙、地面}=7\text{ 天}$$

$$K_{地面、窗}=4\times7-(4-1)\times3=28-9=19\text{ 天}$$

$$K_{窗、门}=3\text{ 天}$$

$$K_{门、涂料}=3\text{ 天}$$

$$K_{涂料、油漆}=3\text{ 天}$$

$$T_3=\Sigma K_{i,i+1}+mt_{n}$$

$$=(7+7+19+3+3+3)+4\times3=54\text{ 天}$$

本工程流水施工进度计划安排如附图 1 所示。

3.5.2 多层混合结构房屋流水施工

【例 3-10】 多层砌体结构房屋流水施工

某工程为一栋三单元六层砌体结构住宅带地下室，建筑面积 3382.31m^2，基础为 1m 厚换土垫层，30mm 厚混凝土垫层上做砖砌条形基础；主体砖墙承重；大客厅楼板、厨房、卫生间、楼梯为现浇钢筋混凝土；其余楼板为预制空心楼板；层层有圈梁、构造柱。本工程室内采用一般抹灰，普通涂料刷白；楼地面为水泥砂浆地面；铝合金窗、胶合板门；外墙为水泥砂浆抹灰，刷外墙涂料。屋面保温材料选用保温蛭石板，防水层选用 4mm 厚 SBS 改性沥青防水卷材。其劳动量一览表见表 3-5。

某幢六层三单元砌体结构房屋劳动量一览　　表 3-5

序号	分项工程名称	劳动量(工日或台班)
	基础工程	
1	机械开挖基础土方	6 台班
2	素土机械压实 1m	3 台班
3	300mm 厚混凝土垫层(含构造柱筋)	88
4	砌砖基础及基础墙	407
5	基础现浇圈梁、构造柱及楼、板模板	51
6	基础圈梁、楼板钢筋	64
7	梁、板、柱混凝土	74
8	预制楼板安装灌缝	20
9	人工回填土	242
	主体工程	
10	脚手架(含安全网)	265
11	砌砖墙	1560
12	圈梁、楼板、构造柱、楼梯模板	310
13	圈梁、楼板、楼梯钢筋	386
14	梁、板、柱、楼梯混凝土	450
15	预制楼板安装灌缝	118
	屋面工程	
16	屋面保温隔热层	150
17	屋面找平层	33
18	屋面防水层	39
	装饰工程	
19	门窗框安装	24
20	外墙抹灰	401
21	顶棚抹灰	427

续表

序号	分项工程名称	劳动量(工日或台班)
22	内墙抹灰	891
23	楼地面及楼梯抹灰	520
24	门窗扇安装	319
25	油漆涂料	378
26	散水勒脚台阶及其他	56
27	水、暖、电	

对于砌体结构多层房屋的流水施工，一般先考虑分部工程的流水，然后再考虑各分部工程之间的相互搭接施工。具体组织方法如下：

1. 基础工程

基础工程包括机械挖土方，1m 厚换土压实，浇筑混凝土垫层，砌砖基础及基础墙，现浇地圈梁、构造柱、梁、板，预制楼板安装灌缝，回填土等施工过程。其中机械挖土及素土压实垫层主要采用机械施工，考虑到工作面等要求，安排其依次施工，不纳入流水。其余施工过程在平面上划分成两个施工段，组织有节奏流水施工。

机械挖土方为 6 个台班，一台机械两班制施工，施工持续时间为：

$$t_{挖土}=\frac{6}{1\times2}=3\text{天}$$

施工班组人数安排 12 人。

素土机械压实为 3 个台班，一台机械一班制施工，施工持续时间为：

$$t_{压土}=\frac{3}{1\times1}=3\text{天}$$

施工班组人数安排 12 人。

300mm 厚混凝土垫层(含构造柱钢筋)劳动量为 88 个工日，施工班组人数为 22 人，一班制施工，其流水节拍为：

$$t_{垫}=\frac{88}{2\times22\times1}=2\text{天}$$

砌砖基础及基础墙，劳动量为 407 个工日，施工班组人数为 34 人，一班制施工，其流水节拍为：

$$t_{砖基}=\frac{407}{2\times34\times1}=6\text{天}$$

基础梁、板、柱的钢筋、模板、混凝土合并为一个施工过程，其劳动量为 189 个工日，施工班组人数为 30 人，一班制施工，其流水节拍为：

$$t_{现浇梁、板、柱}=\frac{189}{2\times30}=3\text{天}$$

地下室预制楼板安装灌缝劳动量为 20 个工日，施工班组人数为 10 人，其流水节拍为：

$$t_{安板}=\frac{20}{2\times10}=1\text{天}$$

人工回填土劳动量为 242 个工日，施工班组人数为 30 人，一班制施工，其流水节拍为：

$$t_{回填}=\frac{242}{2\times30\times1}=4\text{天}$$

基础工程流水施工中，砌砖基础是主导施工过程，只要保证其连续施工即可，其余三个施工过程安排间断施工，及早为主体工程提供工作面，以便利于缩短工期。

具体安排进度计划表如图 3-19 所示。

2. 主体工程

主体工程包括砌筑砖墙，现浇钢筋混凝土圈梁、构造柱、楼板、楼梯的支模、绑扎钢筋、浇筑混凝土，预制楼板安装灌缝等施工过程。平面上划分为两个施工段组织流水施工，为了保证主导施工过程砌砖墙能连续施工，将现浇梁、板、柱及预制楼板安装灌缝合并为一个施工过程，考虑其流水节拍，且合并后的流水节拍值不大于主导施工过程的流水节拍值，具体组织安排如下：

砌砖墙劳动量为 1560 个工日，施工班组人数为 32 人，一班制施工，流水节拍为：

$$t_{砖墙}=\frac{1560}{6\times2\times32\times1}=4\text{天}$$

现浇梁、板、柱及安板灌缝在一个施工段上的持续时间之和为 4 天。其中，支模板劳动量为 310 个工日，一班制施工，流水节拍为 1 天，施工班组人数为：

$$R_{木}=\frac{310}{6\times2\times1\times1}=26\text{人}$$

绑扎钢筋劳动量为 386 个工日，一班制施工，流水节拍为 1 天，施工班组人数为：

$$R_{筋}=\frac{386}{6\times2\times1\times1}=32\text{人}$$

混凝土浇筑劳动量为 450 个工日，三班制施工，流水节拍为 1 天，施工班组人数为：

$$R_{混凝土}=\frac{450}{6\times2\times3\times1}=12.5\text{人（取 13 人）}$$

预制楼板安装灌缝劳动量为 118 个工日，施工班组人数为 10 人，一班制施工，其流水节拍为：

$$t_{安装}=1\text{天}$$

3. 屋面工程

屋面工程包括屋面找坡保温隔热层、找平层、防水层等施工过程。考虑到屋面防水要求高，所以不分段，采用依次施工的方式。其中屋面找平层完成后需要有一段养护和干燥的时间，方可进行防水层施工。

4. 装修工程

装修工程包括门窗框安装、内外墙及顶棚抹灰、楼地面及楼梯抹灰、铝合金窗扇及木门安装、油漆涂料、散水、勒脚、台阶等施工过程。每层划分为一个施工段($m=6$)，

项工程名称		劳动量（工日）	每班工人数	每天工作班数	工作持续天数	施工进度 5 10 15 20 25 30 35 40 45 50 55 60 65 70 75 80 85 90 95 100 105 110 115 120 125 130 135 140
础工程						
土方		6 台班	12	2	3	
压实		3 台班	12	1	3	
层		88	22	1	4	
		407	34	1	12	
梁、板、柱		189	30	1	6	
安装灌缝		20	10	1	2	
土		242	30	1	8	
体工程						
		265	6			
		1560	32	1	48	
	模板	310	26	1	12	
、	钢筋	386	32	1	12	
	混凝土	450	15	3	12	
安装灌缝		118	10	1	12	
面工程						
保温层		150	30	1	5	
层		34	17	1	2	
层		39	10	1	4	
饰工程						
安装		24	4	1	6	
		431	18	1	24	
灰		457	19	1	24	
灰		921	38	1	24	
及楼梯抹灰		544	23	1	24	
窗及木门		319	13	1	24	
漆		378	16	1	24	
勒角、台阶及其他		56	8	1	7	
电						

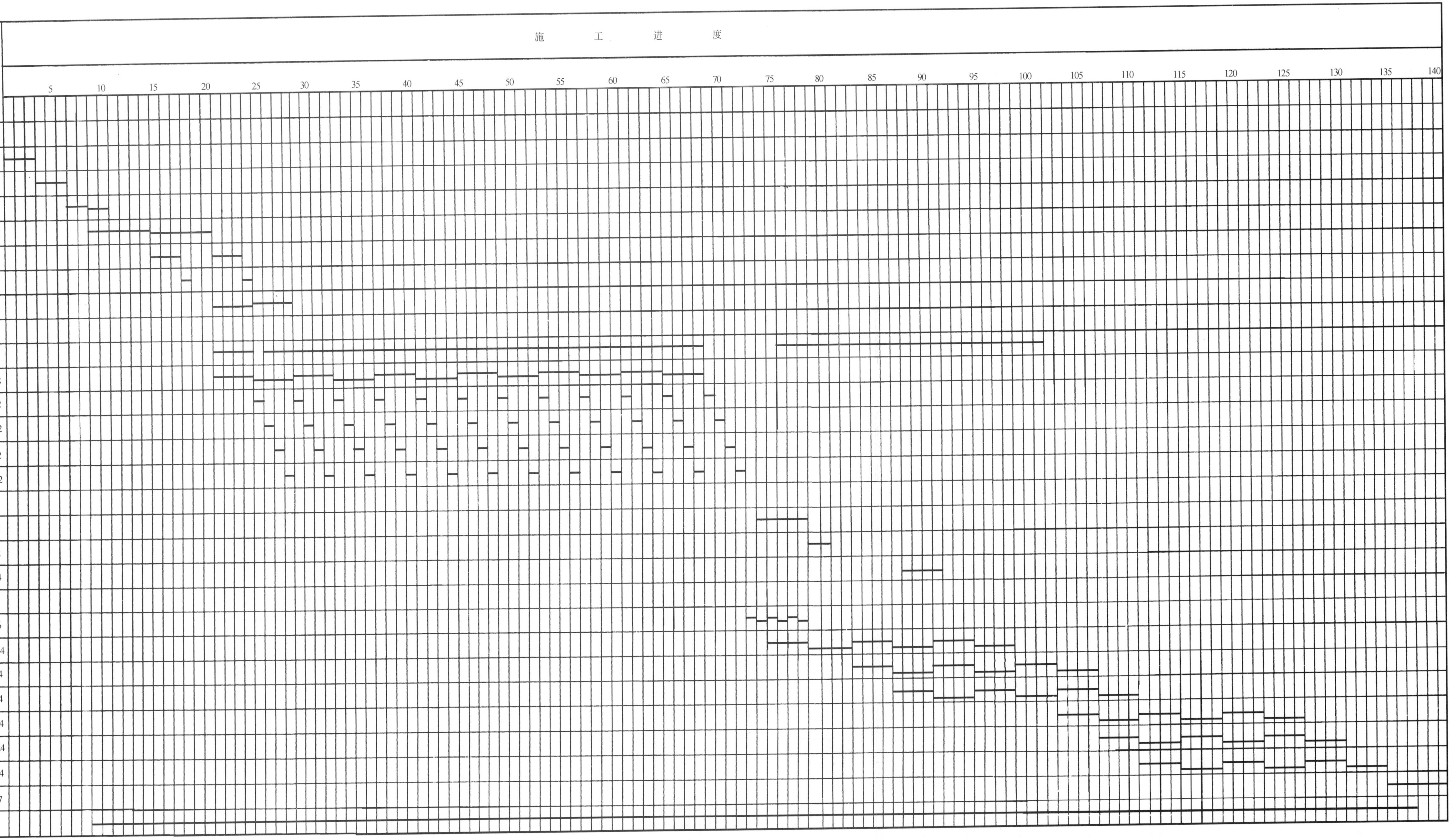

图 3-20　某六层砌体结构住宅楼流水施工进度表

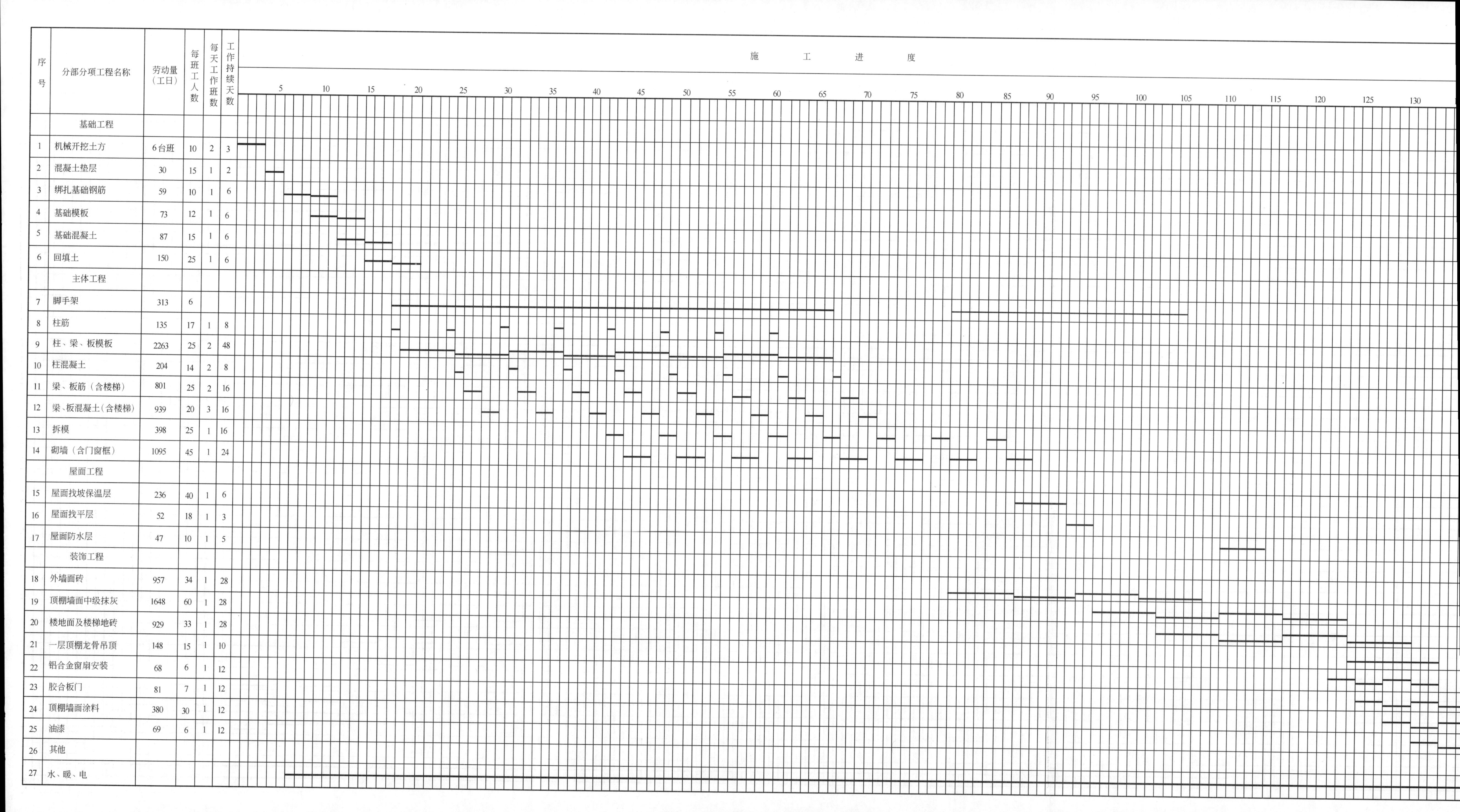

序号	分部分项工程名称	劳动量（工日）	每班工人数	每天工作班数	工作持续天数	施工进度
	基础工程					
1	机械开挖土方	6台班	10	2	3	
2	混凝土垫层	30	15	1	2	
3	绑扎基础钢筋	59	10	1	6	
4	基础模板	73	12	1	6	
5	基础混凝土	87	15	1	6	
6	回填土	150	25	1	6	
	主体工程					
7	脚手架	313	6			
8	柱筋	135	17	1	8	
9	柱、梁、板模板	2263	25	2	48	
10	柱混凝土	204	14	2	8	
11	梁、板筋（含楼梯）	801	25	2	16	
12	梁、板混凝土（含楼梯）	939	20	3	16	
13	拆模	398	25	1	16	
14	砌墙（含门窗框）	1095	45	1	24	
	屋面工程					
15	屋面找坡保温层	236	40	1	6	
16	屋面找平层	52	18	1	3	
17	屋面防水层	47	10	1	5	
	装饰工程					
18	外墙面砖	957	34	1	28	
19	顶棚墙面中级抹灰	1648	60	1	28	
20	楼地面及楼梯地砖	929	33	1	28	
21	一层顶棚龙骨吊顶	148	15	1	10	
22	铝合金窗扇安装	68	6	1	12	
23	胶合板门	81	7	1	12	
24	顶棚墙面涂料	380	30	1	12	
25	油漆	69	6	1	12	
26	其他					
27	水、暖、电					

图 3-19　某六层砌体结构住宅楼流水施工进度表

采用自上而下的顺序施工，考虑到屋面防水层完成与否对顶层顶棚内墙抹灰的影响，顶棚内墙抹灰采用五层→四层→三层→二层→一层→六层的起点流向。考虑装修工程内部各施工过程之间劳动力的调配，安排适当的组织间歇时间组织流水施工。

流水节拍等参数确定方法同例 3-9，本工程流水施工进度计划如 3-20 所示。

3.5.3 群体工程流水施工

对于城市的小区住宅等由同类型房屋组成的建筑群，一般把每幢房屋作为一个施工段，采用流水施工的方式组织施工，往往可以取得显著的效果。某工程为 8 幢六层住宅楼，总建筑面积为 23084m²，8 号、7 号、6 号楼的劳动量相等，5 号、4 号楼的劳动量相等，3 号、2 号、1 号楼的劳动量相等，其合同签订的开工顺序为：8 号楼→7 号楼→6 号楼→5 号楼→4 号楼→3 号楼→2 号楼→1 号楼，要求画出控制性流水进度计划。其劳动量一览表见表 3-6。

8 幢六层住宅楼劳动量一览表 表 3-6

序号	分部工程	劳动量(工日)	序号	分部工程	劳动量(工日)
8 号	基础	314	4 号	基础	351
	结构	1679		结构	1343
	装修	1613		装修	1290
	附属	338		附属	269
7 号	基础	314	3 号	基础	376
	结构	1679		结构	2014
	装修	1613		装修	1935
	附属	338		附属	405
6 号	基础	314	2 号	基础	376
	结构	1679		结构	2014
	装修	1613		装修	1935
	附属	338		附属	405
5 号	基础	351	1 号	基础	376
	结构	1343		结构	2014
	装修	1290		装修	1935
	附属	269		附属	405

根据上述已知条件，一幢视为一个施工段，由于每一段上流水节拍不一定相等，故组织无节奏流水施工，如图 3-21 所示。

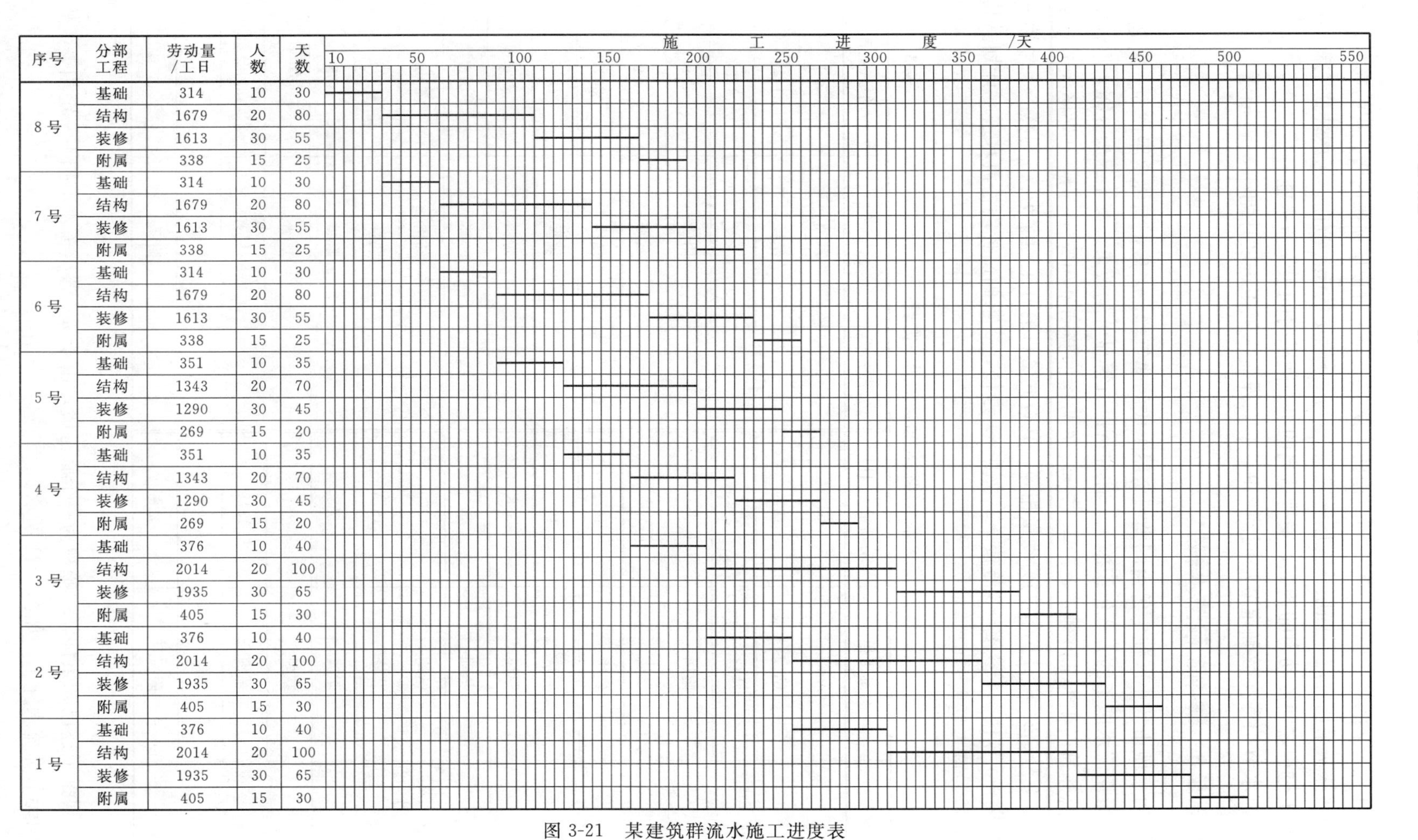

序号	分部工程	劳动量/工日	人数	天数
8号	基础	314	10	30
	结构	1679	20	80
	装修	1613	30	55
	附属	338	15	25
7号	基础	314	10	30
	结构	1679	20	80
	装修	1613	30	55
	附属	338	15	25
6号	基础	314	10	30
	结构	1679	20	80
	装修	1613	30	55
	附属	338	15	25
5号	基础	351	10	35
	结构	1343	20	70
	装修	1290	30	45
	附属	269	15	20
4号	基础	351	10	35
	结构	1343	20	70
	装修	1290	30	45
	附属	269	15	20
3号	基础	376	10	40
	结构	2014	20	100
	装修	1935	30	65
	附属	405	15	30
2号	基础	376	10	40
	结构	2014	20	100
	装修	1935	30	65
	附属	405	15	30
1号	基础	376	10	40
	结构	2014	20	100
	装修	1935	30	65
	附属	405	15	30

图 3-21 某建筑群流水施工进度表

复习思考题

1. 组织施工有哪几种方式？各有哪些特点？
2. 组织流水施工的要点和条件有哪些？
3. 流水施工中，主要参数有哪些？试分别叙述它们的含义。
4. 施工段划分的基本要求是什么？如何正确划分施工段？
5. 流水施工的时间参数如何确定？
6. 流水节拍的确定应考虑哪些因素？
7. 流水施工的基本方式有哪几种，各有什么特点？
8. 如何组织全等节拍流水？如何组织成倍节拍流水？
9. 什么是无节奏流水施工？如何确定其流水步距？

习　题

1. 某工程有 A、B、C 三个施工过程，每个施工过程均划分为四个施工段，设 $t_A=2$ 天，$t_B=4$ 天，$t_C=3$ 天。试分别计算依次施工、平行施工及流水施工的工期，并绘出各自的施工进度计划。

2. 已知某工程任务划分为五个施工过程，分五段组织流水施工，流水节拍均为 3 天，在第二个施工过程结束后有 2 天的技术与组织间歇时间，试计算其工期并绘制进度计划。

3. 某工程项目由Ⅰ、Ⅱ、Ⅲ三个分项工程组成，它划分为 6 个施工段。各分项工程在各个施工段上的持续时间依次为：6 天、2 天和 4 天，试编制成倍节拍流水施工方案。

4. 某地下工程由挖基槽、做垫层、砌基础和回填土四个分项工程组成，它在平面上划分为 6 个施工段。各分项工程在各个施工段上的流水节拍依次为：挖基槽 6 天、做垫层 2 天、砌基础 4 天、回填土 2 天。做垫层完成后，其相应施工段至少应有技术间歇时间 2 天。为了加快流水施工速度，试编制工期最短的流水施工方案。

5. 某施工项目由Ⅰ、Ⅱ、Ⅲ、Ⅳ四个施工过程组成，它在平面上划分为 6 个施工段。各施工过程在各个施工段上的持续时间依次为：6 天、4 天、6 天和 2 天，施工过程完成后，其相应施工段至少应有组织间歇时间 1 天。试编制工期最短的流水施工方案。

6. 某现浇钢筋混凝土工程由支模、绑钢筋、浇筑混凝土、拆模和回填土五个分项工程组成，它在平面上划分为 6 个施工段。各分项工程在各个施工段上的施工持续时间，见表 3-7。在混凝土浇筑后至拆模板必须有养护时间 2 天。试编制该工程流水施工方案。

施工持续时间表　　**表 3-7**

分项工程名称	持续时间(天)					
	①	②	③	④	⑤	⑥
支模板	2	3	2	3	2	3
绑扎钢筋	3	3	4	4	3	3
浇筑混凝土	2	1	2	2	1	2
拆模板	1	2	1	1	2	1
回填土	2	3	2	2	3	2

7. 某施工项目由Ⅰ、Ⅱ、Ⅲ、Ⅳ四个分项工程组成，它在平面上划分为 6 个施工段。各分项工程在各个施工段上的持续时间，见表 3-8。分项工程完成后。其相应施工段至少应有技术间歇时间 2 天；组织间歇时间 1 天。试编制该工程流水施工方案。

施工持续时间表 表 3-8

分项工程名称	持续时间（天）					
	①	②	③	④	⑤	⑥
Ⅰ	3	2	3	3	2	3
Ⅱ	2	3	4	4	3	2
Ⅲ	4	2	3	3	4	2
Ⅳ	3	3	2	2	2	4

职业活动训练

针对某小型单位工程项目，编制流水施工进度计划横道图。

1. 目的

通过流水施工进度计划的编制，初步掌握流水施工基本参数的确定方法，掌握流水施工的组织方法，提高学生编制施工进度计划的能力。

2. 环境要求

（1）选择一个拟建的小型工程项目或较为复杂的分部工程项目；

（2）图纸齐全；

（3）施工现场条件应有一定的特点。

3. 步骤提示

（1）熟悉图纸；

（2）划分施工过程，安排施工顺序；

（3）划分施工段并计算工程量；

（4）套用施工定额，计算流水节拍；

（5）确定流水步距，组织流水施工。

4. 注意事项

（1）学生在编制施工进度计划时，教师应尽可能书面提供施工项目与业主方的背景资料。

（2）学生进行编制训练时，教师不必强制要求采用统一格式和统一流水施工方式。

5. 讨论与训练题

讨论 1：对于所有工程项目，流水施工进度计划都是最好的进度计划吗？

讨论 2：房屋建筑工程项目组织流水施工时应注意一些什么问题？

学习单元 4

网络计划技术及其应用

【知识目标】

熟悉网络计划的基本概念、分类及表示方法；掌握网络计划的绘制方法；掌握网络计划时间参数的概念，时间参数的计算，关键线路的确定方法；了解网络计划优化的基本概念、优化方法，网络图进度计划的控制方法。

【能力目标】

能够绘制双代号网络图和单代号网络图，能够进行双代号网络计划时间参数计算，能够编制双代号时标网络计划，能够理解网络图进度计划的控制方法。

4.1 网络计划基本概念

随着生产的发展和科学技术的进步，自20世纪50年代以来，国外陆续出现了一些计划管理的新方法，总数不下四五十种之多，其中最基本的是关键线路法(CPM)和计划评审技术(PERT)。由于这些方法是建立在网络图的基础上，因此统称为网络计划方法。20世纪60年代中叶，著名数学家华罗庚教授将它引入我国，并结合我国当时"统筹兼顾，适当安排"的具体情况，把它概括为统筹法。经过多年的实践与应用，得到了不断的推广和发展。

4.1.1 网络图

1. 横道图进度计划与网络计划的特点分析

建筑工程施工进度计划是通过施工进度图表来表达建筑产品的施工过程、工艺顺序和相互间搭接逻辑关系的。我国长期以来一直是应用流水施工基本原理，采用横道图表的形式来编制工程项目施工进度计划的。这种表达方式简单明了、直观易懂、容易掌握，便于检查和计算资源需求状况。但它在表现内容上有许多不足，例如，不能全面而准确地反映出各项工作之间相互制约、相互依赖、相互影响的关系；不能反映出整个计划(或工程)中的主次部分，即其中的关键工作；难以在有限的资源下合理组织施工、挖掘计划的潜力；不能准确评价计划经济指标；更重要的是不能应用现代计算机技术。这些不足从根本上限制了横道图进度计划的适应范围。

网络计划方法的基本原理是：首先应用网络图形来表达一项计划(或工程)中各项工作的开展顺序及其相互间的关系；然后通过计算找出计划中的关键工作及关键线路；继而通过不断改进网络计划，寻求最优方案，并付诸实施；最后在执行过程中进行有效的控制和监督。

在建筑施工中，网络计划方法主要是用来编制工程项目施工的进度计划和建筑施工企业的生产计划，并通过对计划的优化、调整和控制，达到缩短工期、提高效率、节约劳力、降低消耗的项目施工管理目标。

2. 网络计划的表达方法

网络计划的表达形式是网络图。所谓网络图是指由箭线和节点组成的，用来表示工作流程的有向、有序的网状图形。

网络图中，按节点和箭线所代表的含义不同，可分为双代号网络图和单代号网络图两大类。

(1) 双代号网络图

以箭线及其两端节点的编号表示工作的网络图称为双代号网络图。即用两个节点一根箭线代表一项工作，工作名称写在箭线上面，工作持续时间写在箭线下面，在箭线前后的衔接处画上节点编上号码，并以节点编号 i 和 j 代表一项工作名称，如图 4-1 所示。

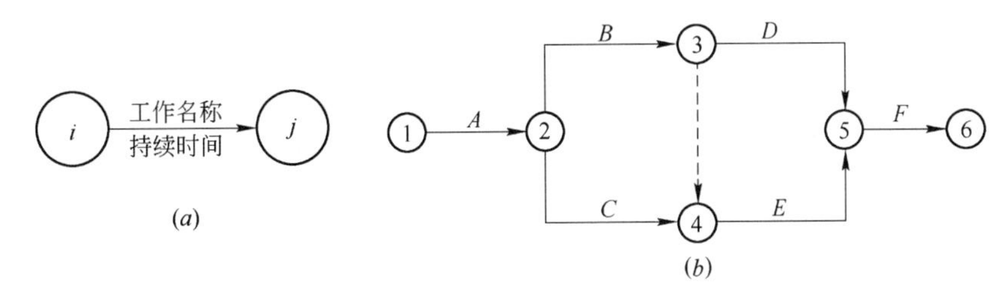

图 4-1　双代号网络图

(a)工作的表示方法；(b)工程的表示方法

(2) 单代号网络图

以节点及其编号表示工作，以箭线表示工作之间的逻辑关系的网络图称为单代号网络图。即每一个节点表示一项工作，节点所表示的工作名称、持续时间和工作代号等标注在节点内，如图 4-2 所示。

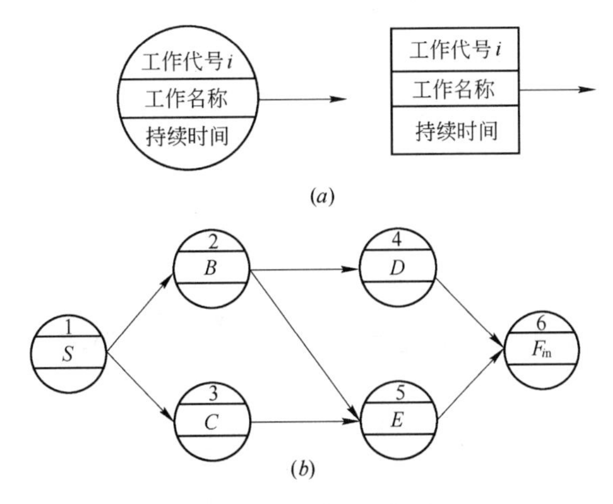

图 4-2　单代号网络图

(a)工作的表示方法；(b)工程的表示方法

3. 网络计划的分类

用网络图表达任务构成、工作顺序并加注工作时间参数的进度计划称为网络计划。网络计划的种类很多，可以从不同的角度进行分类，具体分类方法如下：

(1) 按网络计划目标分类

根据计划最终目标的多少，网络计划可分为单目标网络计划和多目标网络计划。

1) 单目标网络计划

只有一个最终目标的网络计划称为单目标网络计划，如图 4-3 所示。

2) 多目标网络计划

由若干个独立的最终目标与其相互有关工作组成的网络计划称为多目标网络计划，如图 4-4 所示。

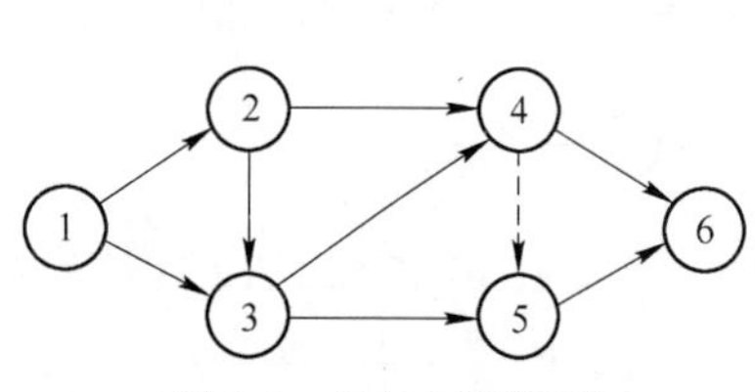

图 4-3　单目标网络图

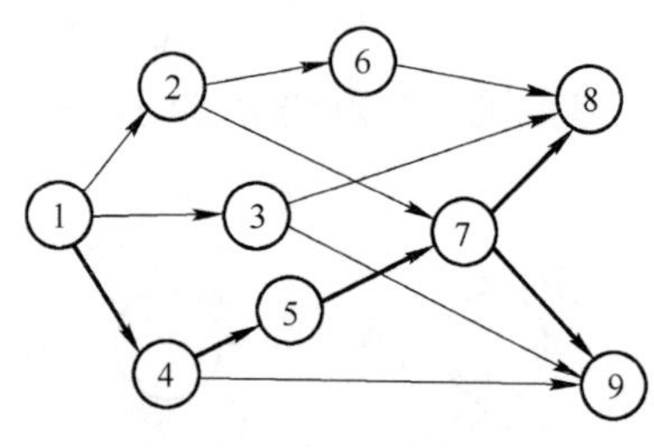

图 4-4　多目标网络图

（2）按网络计划层次分类

根据计划的工程对象不同和使用范围大小，网络计划可分为局部网络计划、单位工程网络计划和综合网络计划。

1）局部网络计划

以一个分部工程或施工段为对象编制的网络计划称为局部网络计划。

2）单位工程网络计划

以一个单位工程为对象编制的网络计划称为单位工程网络计划。

3）综合网络计划

以一个建筑项目或建筑群为对象编制的网络计划称为综合网络计划。

（3）按网络计划时间表达方式分类

根据网络计划时间的表达方式不同，网络计划可分为时标网络计划和非时标网络计划。

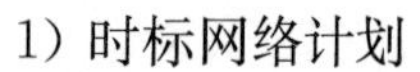
1）时标网络计划

工作的持续时间以时间坐标为尺度绘制的网络计划称为时标网络计划，如图4-5所示。

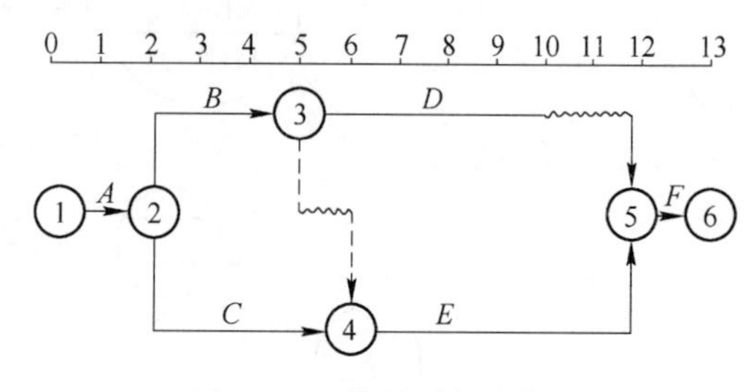

图 4-5　双代号时标网络图

2）非时标网络计划

工作的持续时间以数字形式标注在箭线下面绘制的网络计划称为非时标网络计划，如图 4-1 所示。

4.1.2　基本符号

1. 双代号网络图的基本符号

双代号网络图的基本符号是箭线、节点及节点编号。

（1）箭线

网络图中一端带箭头的实线即为箭线。在双代号网络图中，它与其两端的节点表示一项工作。箭线表达的内容有以下几个方面：

1）一根箭线表示一项工作或表示一个施工过程。根据网络计划的性质和作用的不同，工作既可以是一个简单的施工过程，如挖土、垫层等分项工程或者基础工程、主体工程等分部工程；工作也可以是一项复杂的工程任务，如教学楼土建工程等单位工程或者教学楼工程等单项工程。如何确定一项工作的范围取决于所绘制的网络计划的作用（控制性或指导性）。

2）一根箭线表示一项工作所消耗的时间和资源，分别用数字标注在箭线的下方和上方。一般而言，每项工作的完成都要消耗一定的时间和资源，如砌砖墙、浇筑混凝土等；也存在只消耗时间而不消耗资源的工作，如混凝土养护、砂浆找平层干燥等技术间歇，若单独考虑时，也应作为一项工作对待。

3）在无时间坐标的网络图中，箭线的长度不代表时间的长短，画图时原则上是任意的，但必须满足网络图的绘制规则。在有时间坐标的网络图中，其箭线的长度必须根据完成该项工作所需时间长短按比例绘制。

4）箭线的方向表示工作进行的方向和前进的路线，箭尾表示工作的开始，箭头表示工作的结束。

5）箭线可以画成直线、折线或斜线。必要时，箭线也可以画成曲线，但应以水平直线为主，一般不宜画成垂直线。

（2）节点

网络图中箭线端部的圆圈或其他形状的封闭图形就是节点。在双代号网络图中，它表示工作之间的逻辑关系，节点表达的内容有以下几个方面：

1）节点表示前面工作结束和后面工作开始的瞬间，所以节点不需要消耗时间和资源；

2）箭线的箭尾节点表示该工作的开始，箭线的箭头节点表示该工作的结束；

3）根据节点在网络图中的位置不同可以分为起点节点、终点节点和中间节点。起点节点是网络图的第一个节点，表示一项任务的开始。终点节点是网络图的最后一个节点，表示一项任务的完成。除起点节点和终点节点以外的节点称为中间节点，中间节点都有双重的含义，既是前面工作的箭头节点，也是后面工作的箭尾节点，如图 4-6 所示。

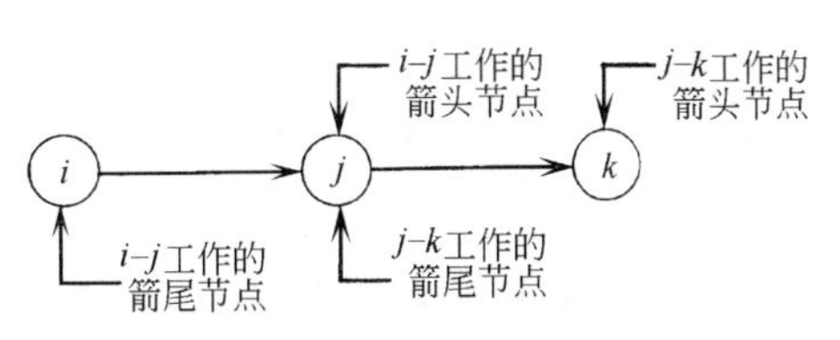

图 4-6　节点示意图

（3）节点编号

网络图中的每个节点都有自己的编号，以便赋予每项工作以代号，便于计算网络图的时间参数和检查网络图是否正确。

1）节点编号必须满足二条基本规则，其一，箭头节点编号大于箭尾节点编号，因此节点编号顺序是：箭尾节点编号在前，箭头节点编号在后，凡是箭尾节点没有编号，箭头节点不能编号；其二，在一个网络图中，所有节点不能出现重复编号，编号的号码可以按自然数顺序进行，也可以非连续编号，以便适应网络计划调整中增加工作的需要，编号留有余地。

2）节点编号的方法有两种：一种是水平编号法，即从起点节点开始由上到下逐行编号，每行则自左到右按顺序编号，如图 4-7 所示；另一种是垂直编号法，即从起点节点开始自左到右逐列编号，每列则根据编号规则的要求进行编号，如图 4-8 所示。

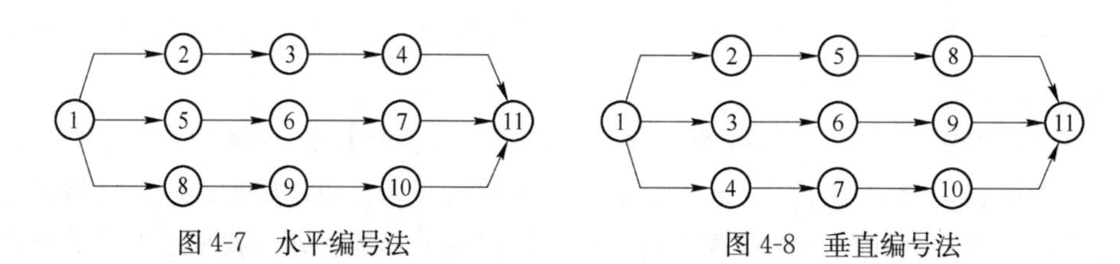

图 4-7　水平编号法　　　图 4-8　垂直编号法

2. 单代号网络计划的基本符号

单代号网络计划的基本符号也是箭线、节点和节点编号。

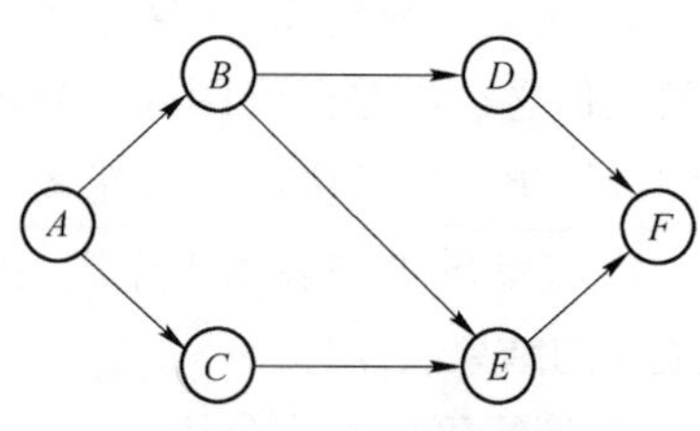

图 4-9　单代号网络图

(1) 箭线

单代号网络图中，箭线表示紧邻工作之间的逻辑关系。箭线应画成水平直线、折线或斜线。箭线水平投影的方向应自左向右，表达工作的进行方向，如图 4-9所示。

(2) 节点

单代号网络图中每一个节点表示一项工作，宜用圆圈或矩形表示。节点所表示的工作名称、持续时间和工作代号等应标注在节点内，如图 4-2 所示。

3. 节点编号

单代号网络图的节点编号与双代号网络图一样。

4.1.3　紧前工作、紧后工作、平行工作

1. 紧前工作

紧排在本工作之前的工作称为本工作的紧前工作。双代号网络图中，本工作和紧前工作之间可能有虚工作。如图 4-10 所示，槽 1 是槽 2 的组织关系上的紧前工作；垫 1 和垫 2 之间虽有虚工作，但垫 1 仍然是垫 2 的组织关系上的紧前工作；槽 1 则是垫 1 的工艺关系上紧前工作。

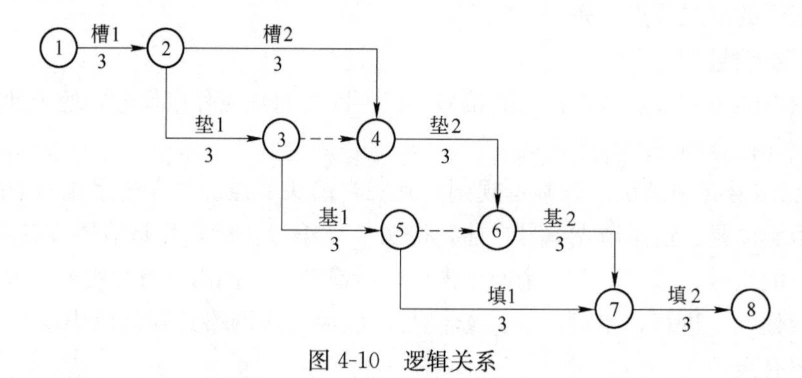

图 4-10　逻辑关系

2. 紧后工作

紧排在本工作之后的工作称为本工作的紧后工作。双代号网络图中，本工作和紧后工作之间可能有虚工作。如图 4-10 所示，垫 2 是垫 1 的组织关系上的紧后工作；垫 1

是槽 1 的工艺关系上的紧后工作。

3. 平行工作

可与本工作同时进行的工作称为本工作的平行工作，如图 4-10 所示，槽 2 是垫 1 的平行工作。

4.1.4 内向箭线和外向箭线

1. 内向箭线

指向某个节点的箭线称为该节点的内向箭线，如图 4-11(a)所示。

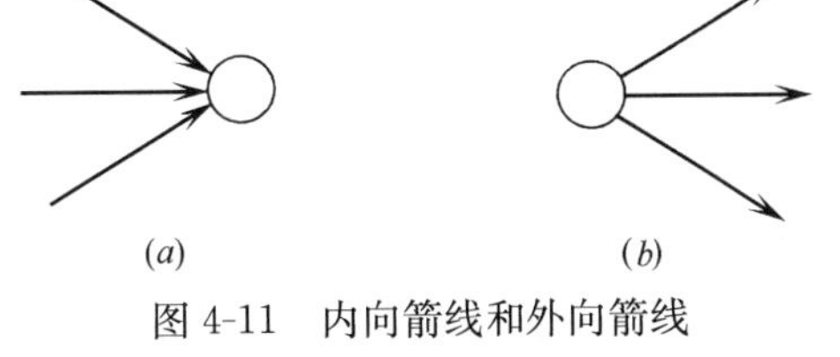

图 4-11 内向箭线和外向箭线

(a)内向箭线；(b)外向箭线

2. 外向箭线

从某节点引出的箭线称为该节点的外向箭线，如图 4-11(b)所示。

4.1.5 逻辑关系

工作之间相互制约或依赖的关系称为逻辑关系。工作之间的逻辑关系包括工艺关系和组织关系。

1. 工艺关系

工艺关系是指生产工艺上客观存在的先后顺序关系，或者是非生产性工作之间由工作程序决定的先后顺序关系。例如，建筑工程施工时，先做基础，后做主体；先做结构，后做装修。工艺关系是不能随意改变的。如图 4-10 所示，槽 1→垫 1→基 1→填 1 为工艺关系。

2. 组织关系

组织关系是指在不违反工艺关系的前提下，人为安排工作的先后顺序关系。例如，建筑群中各个建筑物的开工顺序的先后；施工对象的分段流水作业等。组织顺序可以根据具体情况，按安全、经济、高效的原则统筹安排。如图 4-10 所示，槽 1→槽 2；垫 1→垫 2 等为组织关系。

4.1.6 虚工作及其应用

双代号网络计划中，只表示前后相邻工作之间的逻辑关系，既不占用时间，也不耗用资源的虚拟的工作称为虚工作。虚工作用虚箭线表示，其表达形式可垂直方向向上或向下，也可水平方向向右，如图 4-12 所示，虚工作起着联系、区分、断路三个作用。

1. 联系作用

虚工作不仅能表达工作间的逻辑连接关系，而且能表达不同幢号的房屋之间的相互联系。例如，工作 A、B、C、D 之间的逻辑关系为：工作 A 完成后可同时进行 B、D 两项工作，工作 C 完成后进行工作 D。不难看出，A 完成后其紧后工作为 B，C 完成后其紧后工作为 D，很容易表达，但 D 又是 A 的紧后工作，为把 A 和 D 联系起来，必须引入虚工作 2—5，逻辑关系才能正确表达，如图 4-13 所示。

图 4-12　虚工作表示法　　图 4-13　虚工作的应用

2. 区分作用

双代号网络计划是用两个代号表示一项工作。如果两项工作用同一代号，则不能明确表示出该代号表示哪一项工作。因此，不同的工作必须用不同代号。如图 4-14 所示，(*a*)图出现“双同代号”的错误，(*b*)图、(*c*)图是两种不同的区分方式，(*d*)图则多画了一个不必要的虚工作。

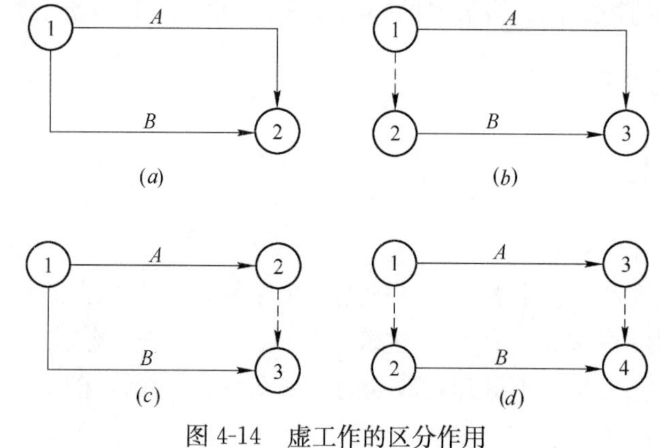

图 4-14　虚工作的区分作用

(*a*)错误；(*b*)正确；(*c*)正确；(*d*)多余虚工作

3. 断路作用

如图 4-15 所示为某基础工程挖基槽(*A*)、垫层(*B*)、基础(*C*)、回填土(*D*)四项工作的流水施工网络图。该网络图中出现了 A_2 与 C_1，B_2 与 D_1，A_3 与 C_2、D_1，B_3 与 D_2 四处，把并无联系的工作联系上了，即出现了多余联系的错误。

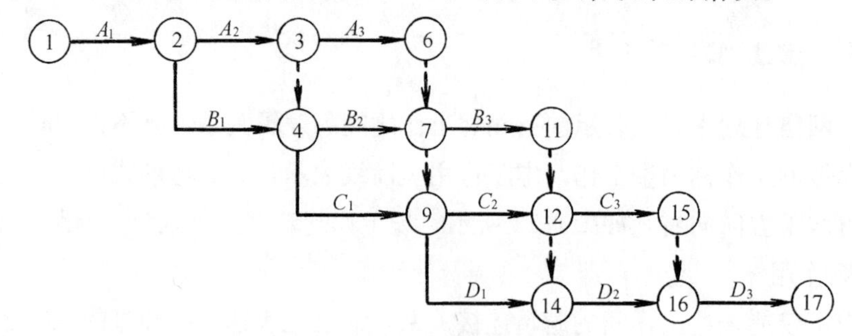

图 4-15　逻辑关系错误的网络图

为了正确表达工作间的逻辑关系，在出现逻辑错误的圆圈(节点)之间增设新节点(即虚工作)，切断毫无关系的工作之间的联系，这种方法称为断路法。如图 4-16 中，增设节点⑤，虚工作 4—5 切断了 A_2 与 C_1 之间的联系；同理，增设节点⑧、⑩、⑬，虚工作 7—8、9—10、12—13 等也都起到了相同的断路作用。然后，去掉多余的虚工作，经调整后的正确网络图，如图 4-17 所示。

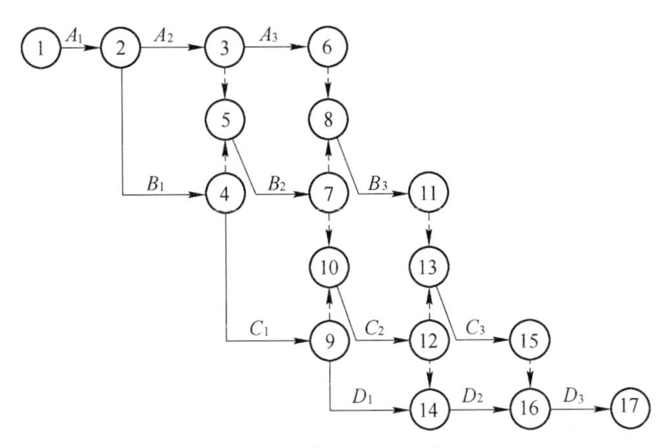

图 4-16　断路法切断多余联系

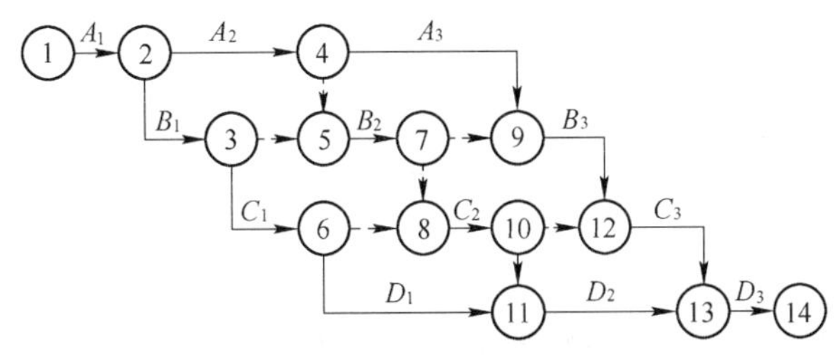

图 4-17　正确的网络图

由此可见，双代号网络图中虚工作是非常重要的，但在应用时要恰如其分，不能滥用，以必不可少为限。另外，增加虚工作后要进行全面检查，不要顾此失彼。

4.1.7　线路、关键线路、关键工作

1. 线路

网络图中从起点节点开始，沿箭头方向顺序通过一系列箭线与节点，最后达到终点节点的通路称为线路。一个网络图中，从起点节点到终点节点，一般都存在着许多条线路，如图 4-18 所示中有四条线路，每条线路都包含若干项工作，这些工作的持续时间之和就是该线路的时间长度，即线路上总的工作持续时间。图 4-18 中四条线路各自的总持续时间见表 4-1。

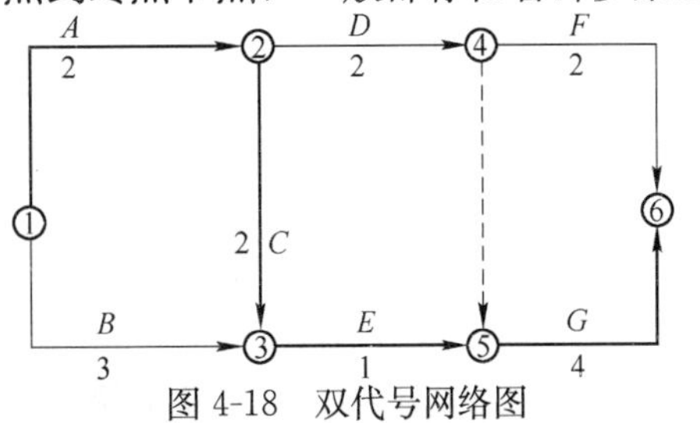

图 4-18　双代号网络图

2. 关键线路和关键工作

线路上总的工作持续时间最长的线路称为关键线路。如图 4-18 所示，线路 1—2—3—5—6 总的工作持续时间最长，即为关键线路。其余线路称为非关键线路。位于关键线路上的工作称为关键工作。关键工作完成快慢直接影响整个计划工期的实现。

一般来说，一个网络图中至少有一条关键线路。关键线路也不是一成不变的，在一定的条件下，关键线路和非关键线路会相互转化。例如，当采取技术组织措施，缩短关

键工作的持续时间，或者非关键工作持续时间延长时，就有可能使关键线路发生转移。网络计划中，关键工作的比重往往不宜过大，网络计划越复杂，工作节点就越多，则关键工作的比重应该越小，这样有利于抓住主要矛盾。

线路的总持续时间　　表 4-1

线　　路	总持续时间(天)	关键线路
① —A(2)→ ② —C(2)→ ③ —E(1)→ ⑤ —G(4)→ ⑥	9	9 天
① —A(2)→ ② —D(2)→ ④ - - -→ ⑤ —G(4)→ ⑥	8	
① —B(3)→ ③ —E(1)→ ⑤ —G(4)→ ⑥	8	
① —A(2)→ ② —D(2)→ ④ —F(2)→ ⑥	6	

非关键线路都有若干机动时间(即时差)，它意味着工作完成日期容许适当变动而不影响工期。时差的意义就在于可以使非关键工作在时差允许范围内放慢施工进度，将部分人、财、物转移到关键工作上去，以加快关键工作的进程；或者在时差允许范围内改变工作开始和结束时间，以达到均衡施工的目的。

关键线路宜用粗箭线、双箭线或彩色箭线标注，以突出其在网络计划中的重要位置。

4.2 网络图的绘制

4.2.1 双代号网络图的绘制

1. 双代号网络图的绘图规则

(1) 双代号网络图必须正确表达已定的逻辑关系。例如已知网络图的逻辑关系见表 4-2。若绘出网络图 4-19(a)就是错误的，因 D 的紧前工作没有 A。此时可引入虚工作用横向断路法或竖向断路法将 D 与 A 的联系断开，如图 4-19(b)、(c)、(d)所示。

逻 辑 关 系 表　　表 4-2

工　　作	A	B	C	D
紧前工作	—	—	A、B	B

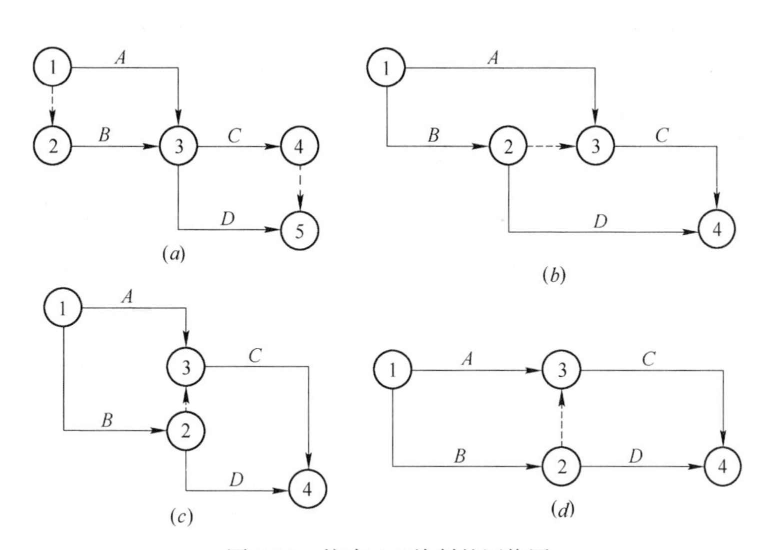

图 4-19　按表 4-2 绘制的网络图

(*a*)错误画法；(*b*)横向断路法；(*c*)竖向断路法之一；(*d*)竖向断路法之二

双代号网络图常用的逻辑关系模型见表 4-3。

网络图中各工作逻辑关系表示方法　　　　**表 4-3**

序号	工作之间的逻辑关系	网络图中表示方法	说　　明
1	有 *A*、*B* 两项工作按照依次施工方式进行	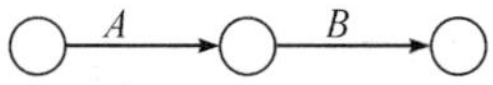 *A* *B*	*B* 工作依赖着 *A* 工作，*A* 工作约束着 *B* 工作的开始
2	有 *A*、*B*、*C* 三项工作同时开始工作	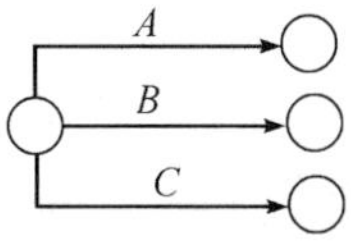 *A* *B* *C*	*A*、*B*、*C* 三项工作称为平行工作
3	有 *A*、*B*、*C* 三项工作同时结束	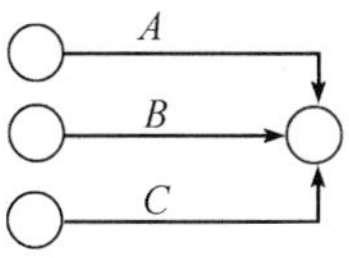 *A* *B* *C*	*A*、*B*、*C* 三项工作称为平行工作
4	有 *A*、*B*、*C* 三项工作只有在 *A* 完成后 *B*、*C* 才能开始	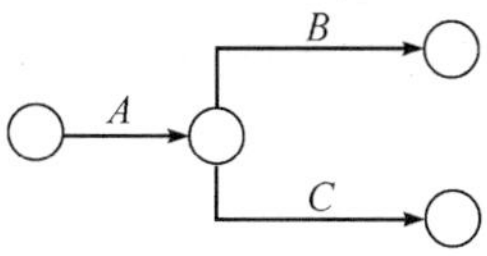 *A* *B* *C*	*A* 工作制约着 *B*、*C* 工作的开始。*B*、*C* 为平行工作
5	有 *A*、*B*、*C* 三项工作 *C* 工作只有在 *A*、*B* 完成后才能开始	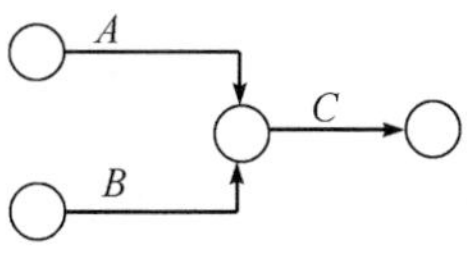 *A* *B* *C*	*C* 工作依赖着 *A*、*B* 工作。*A*、*B* 为平行工作

续表

序号	工作之间的逻辑关系	网络图中表示方法	说　明
6	有 A、B、C、D 四项工作，只有当 A、B 完成后，C、D 才能开始		通过中间节点 j 正确地表达了 A、B、C、D 之间的关系
7	有 A、B、C、D 四项工作 A 完成后 C 才能开始；A、B 完成后 D 才开始		D 与 A 之间引入了逻辑连接（虚工作），只有这样才能正确表达它们之间的约束关系
8	有 A、B、C、D、E 五项工作，A、B 完成后 C 开始；B、D 完成后 E 开始		虚工作 ij 反映出 C 工作受到 B 工作的约束，虚工作 ik 反映出 E 工作受到 B 工作的约束
9	有 A、B、C、D、E 五项工作 A、B、C 完成后 D 才能开始；B、C 完成后 E 才能开始		这是前面序号 1、5 情况通过虚工作连接起来，虚工作表示 D 工作受到 B、C 工作制约
10	A、B 两项工作分三个施工段，平行施工		每个工种工程建立专业工作队，在每个施工段上进行流水作业，不同工种之间用逻辑搭接关系表示

（2）双代号网络图中，严禁出现循环回路。所谓循环回路是指从一个节点出发，顺箭线方向又回到原出发点的循环线路。如图 4-20 所示，就出现了循环回路 2—3—4—5—6—7—2。

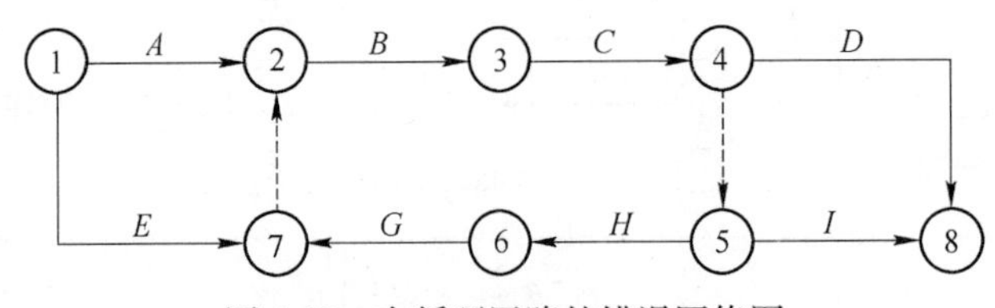

图 4-20　有循环回路的错误网络图

（3）双代号网络图中，在节点之间严禁出现带双向箭头或无箭头的连线，如图 4-21 所示。

图 4-21　错误的箭线画法

（a）双向箭头的连线；（b）无箭头的连线

（4）双代号网络图中，严禁出现没有箭头节点或没有箭尾节点的箭线，如图 4-22 所示。

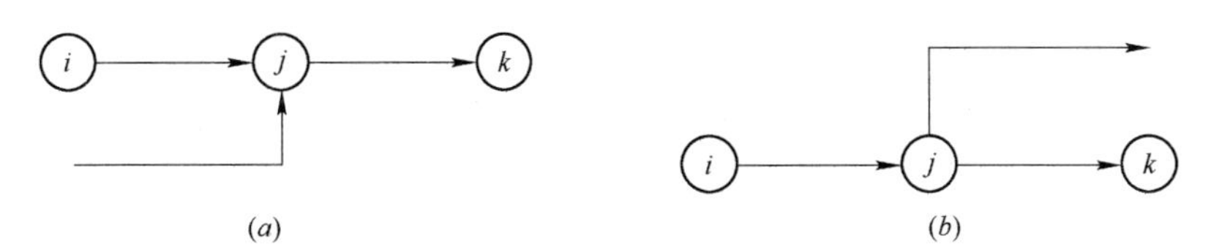

图 4-22　没有箭尾和箭头节点的箭线

(*a*)没有箭尾节点的箭线；(*b*)没有箭头节点的箭线

（5）双代号网络图中的箭线(包括虚箭线)宜保持自左向右的方向，不宜出现箭头指向左方的水平箭线和箭头偏向左方的斜向箭线，如图 4-23 所示。若遵循这一原则绘制网络图，就不会有循环回路出现。

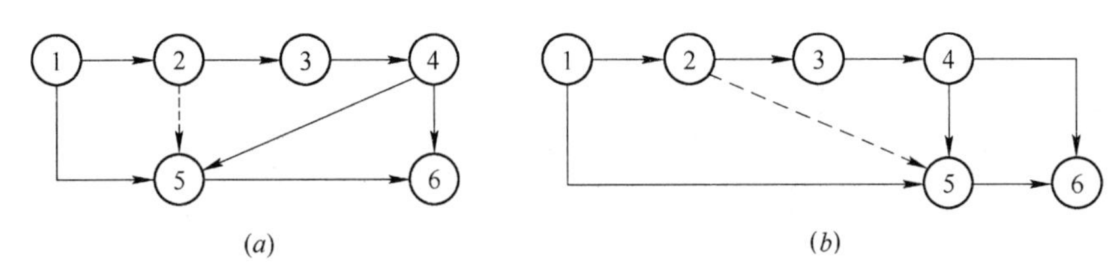

图 4-23　双代号网络图的表达

(*a*)较差；(*b*)较好

（6）双代号网络图中，一项工作只有唯一的一条箭线和相应的一对节点编号。严禁在箭线上引入或引出箭线，如图 4-24 所示。当网络图的某些节点有多条外向箭线或有多条内向箭线时，可用母线法绘制。当箭线线型不同时，可从母线上引出的支线上标出。如图 4-25 所示，使多条箭线经一条共用的竖向母线段从起点节点引出，或使多条箭线经一条共用的竖向母线段引入终点节点，特殊线型的箭线(粗箭线、双箭线、虚箭线、彩色箭线等)单独自起点节点绘出和单独引入终点节点。

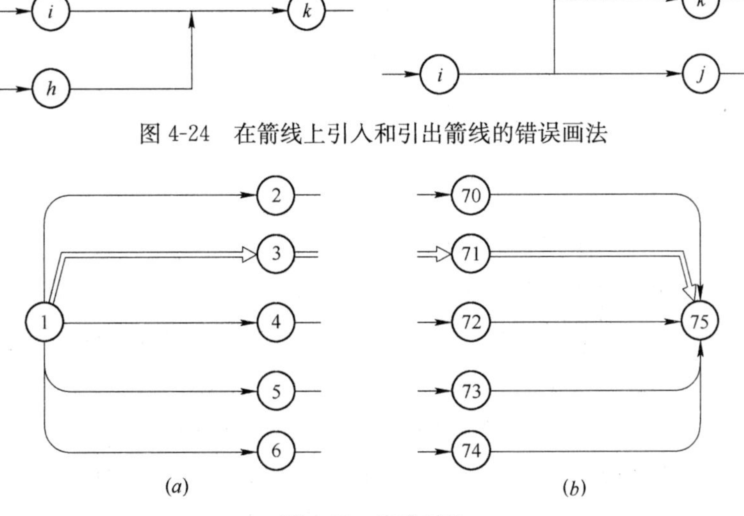

图 4-24　在箭线上引入和引出箭线的错误画法

图 4-25　母线画法

(7) 绘制网络图时，尽可能在构图时避免交叉。当交叉不可避免且交叉少时，采用过桥法，当箭线交叉过多，使用指向法，如图 4-26 所示。采用指向法时应注意节点编号指向的大小关系，保持箭尾节点的编号小于箭头节点编号。为了避免出现箭尾节点的编号大于箭头节点的编号情况，指向法一般只在网络图已编号后才用。

(8) 双代号网络图中只允许有一个起点节点（该节点编号最小且没有内向箭线）；不是分期完成任务的网络图中，只允许有一个终点节点（该节点编号最大且没有外向工作）；而其他所有节点均是中间节点（既有内向箭线又有外向箭线）。如图 4-27(*a*) 所示，网络图中有三个起点节点①、②和⑤，有三个终点节点⑨、⑫和⑬的画法错误。应将①、②、⑤合并成一个起点节点，将⑫、⑬、⑨合并成一个终点节点，如图 4-27(*b*)所示。

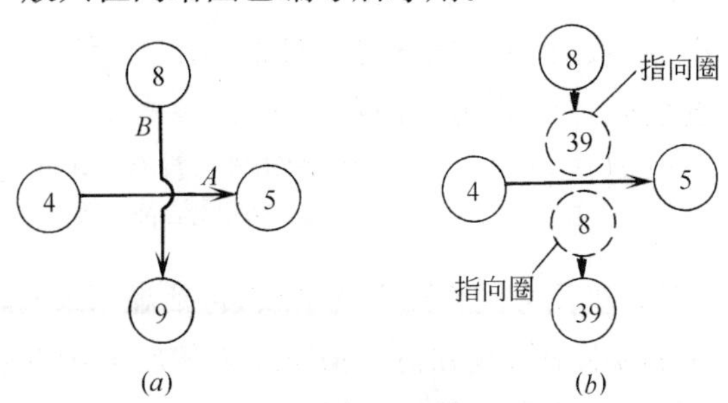

图 4-26　箭线交叉的表示方法
(*a*)过桥法；(*b*)指向法

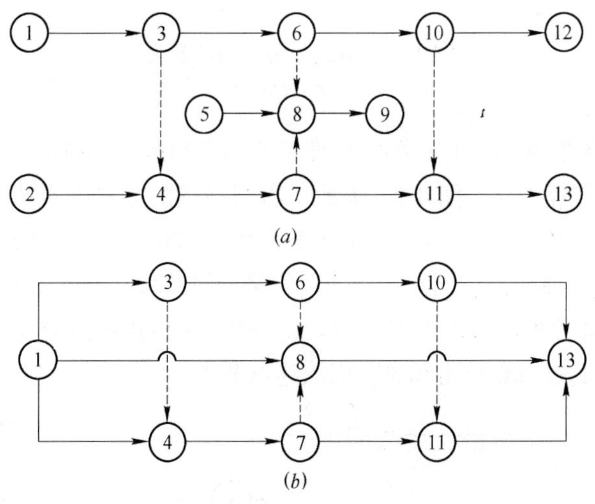

图 4-27　起点节点和终点节点表达
(*a*)错误表达；(*b*)正确表达

2. 双代号网络图的绘制方法

双代号网络图绘制方法很多，这里仅介绍逻辑草稿法。

先根据网络图的逻辑关系，绘制出网络图草图，再结合绘图规则进行调整布局，最后形成正式网络图。当已知每一项工作的紧前工作时，可按下述步骤绘制双代号网络图：

(1) 绘制没有紧前工作的工作，使它们具有相同的箭尾节点，即起点节点；

(2) 依次绘制其他各项工作。这些工作的绘制条件是将其所有紧前工作都已经绘制出来。绘制原则为：

1）当所绘制的工作只有一个紧前工作时，则将该工作的箭线直接画在其紧前工作的完成节点之后即可。

2）当所绘制的工作有多个紧前工作时，应按以下四种情况分别考虑：

(*A*) 如果在其紧前工作中存在一项只作为本工作紧前工作的工作(即在紧前工作栏目中，该紧前工作只出现一次)，则应将本工作箭线直接画在该紧前工作完成节点之后，然后用虚箭线分别将其他紧前工作的完成节点与本工作的开始节点相连，以表达它们之间的逻辑关系。

(*B*) 如果在紧前工作中存在多项只作为本工作紧前工作的工作，应先将这些紧前工作的完成节点合并(利用虚工作或直接合并)，再从合并后的节点开始，画出本工作箭线，最后用虚箭线将其他紧前工作的箭头节点分别与工作开始节点相连，以表达它们之间的逻辑关系。

(*C*) 如果不存在情况(*A*)、(*B*)，应判断本工作的所有紧前工作是否都同时作为其他工作的紧前工作(即紧前工作栏目中，这几项紧前工作是否均同时出现若干次)。如果这样，应先将它们完成节点合并后，再从合并后的节点开始画出本工作箭线。

(*D*) 如果不存在情况(*A*)、(*B*)、(*C*)，则应将本工作箭线单独画在其紧前工作箭线之后的中部，然后用虚工作将紧前工作与本工作相连，表达逻辑关系。

3）合并没有紧后工作的箭线，即为终点节点。

4）确认无误，进行节点编号。

【例 4-1】 已知网络图资料见表 4-4，试绘制双代号网络图。

工作逻辑关系表 **表 4-4**

工　作	*A*	*B*	*C*	*D*	*E*	*G*	*H*
紧前工作	—	—	—	—	*A*、*B*	*B*、*C*、*D*	*C*、*D*

【解】 (1) 绘制没有紧前工作的工作箭线 *A*、*B*、*C*、*D*，如图 4-28(*a*)所示。

(2) 按前述原则 2)中情况(*A*)绘制工作 *E*，如图 4-28(*b*)所示。

(3) 按前述原则 2)中情况(*C*)绘制工作 *H*，如图 4-28(*c*)所示。

(4) 按前述原则 2)中情况(*D*)绘制工作 *G*，并将工作 *E*、*G*、*H* 合并，如图 4-28(*d*)所示。

绘制双代号网络图应注意如下事项：

(1) 网络图布局要条理清楚、重点突出。虽然网络图主要用以表达各工作之间的逻辑关系，但为了使用方便，布局应条理清楚、层次分明、行列有序，同时还应突出重点，尽量把关键工作和关键线路布置在中心位置。

(2) 正确应用虚箭线进行网络图的断路。应用虚箭线进行网络图断路，是正确表达工作之间逻辑关系的关键。如图 4-29 所示，某双代号网络图出现多余联系可采用以下两种方法进行断路：一种是在横向用虚箭线切断无逻辑关系的工作之间联系，称为横向断路法，如图 4-30 所示，这种方法主要用于无时间坐标的网络；另一种是在纵向用虚箭线切断无逻辑关系的工作之间的联系，称为纵向断路法，如图 4-31 所示，这种方法主要用于有时间坐标的网络图中。

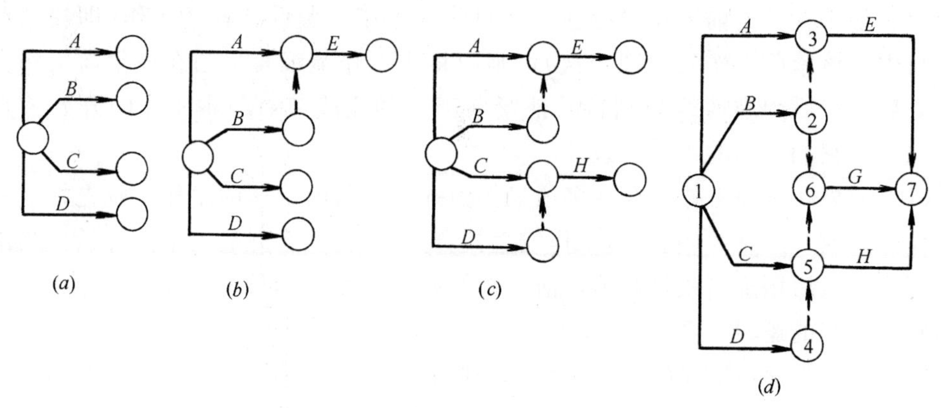

图 4-28　双代号网络图绘图

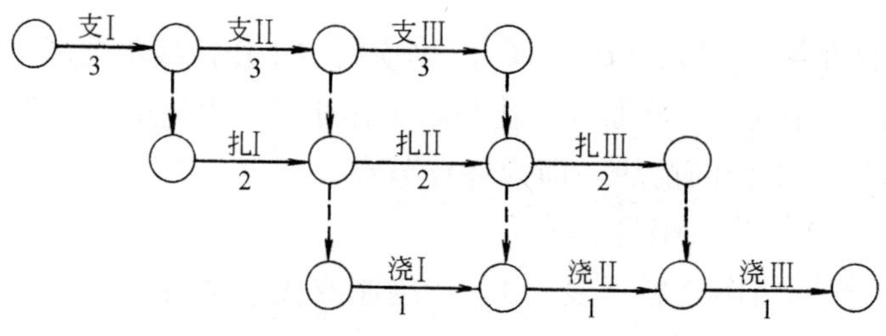

图 4-29　某多余联系代号网络图

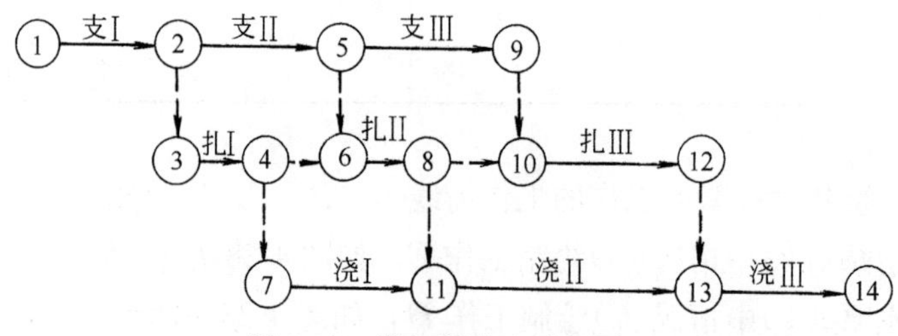

图 4-30　横向断路法示意图

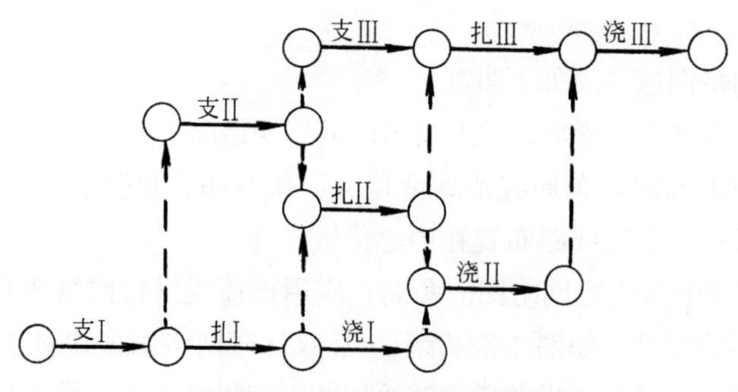

图 4-31　纵向断路法示意图

(3) 力求减少不必要的箭线和节点。双代号网络图中，应在满足绘图规则和两个节点一根箭线代表一项工作的原则基础上，力求减少不必要的箭线和节点，使网络图图面简捷，减少时间参数的计算量。如图 4-32(*a*)所示，该图在施工顺序、流水关系及逻辑关系上均是合理的，但它过于繁琐。如果将不必要的节点和箭线去掉，网络图则更加明快、简单，同时并不改变原有的逻辑关系，如图 4-32(*b*)所示。

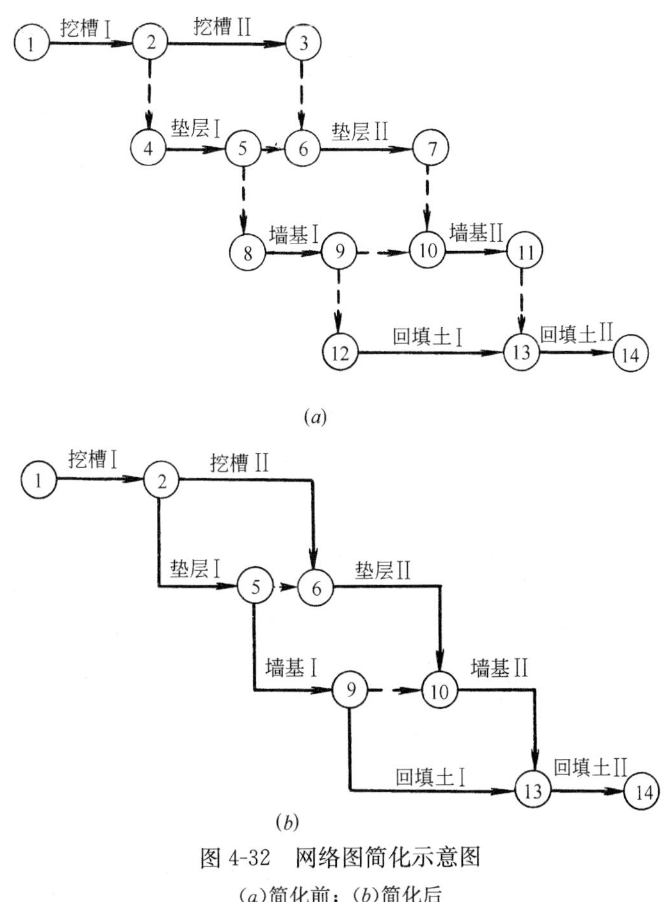

图 4-32　网络图简化示意图

(*a*)简化前；(*b*)简化后

(4) 网络图的分解。当网络图中的工作任务较多时，可以把它分成几个小块来绘制。分界点一般选择在箭线和节点较少的位置，或按施工部位分块。分界点要用重复编号，即前一块的最后一节点编号与后一块的第一个节点编号相同。如图 4-33 所示为一民用建筑基础工程和主体工程的分解。

3. 网络图的拼图

(1) 网络图的排列

网络图采用正确的排列方式，逻辑关系准确清晰，形象直观，便于计算与调整。主要排列方式有：

1) 混合排列

对于简单的网络图，可根据施工顺序和逻辑关系将各施工过程对称排列，如图4-34所示。其特点是构图美观、形象、大方。

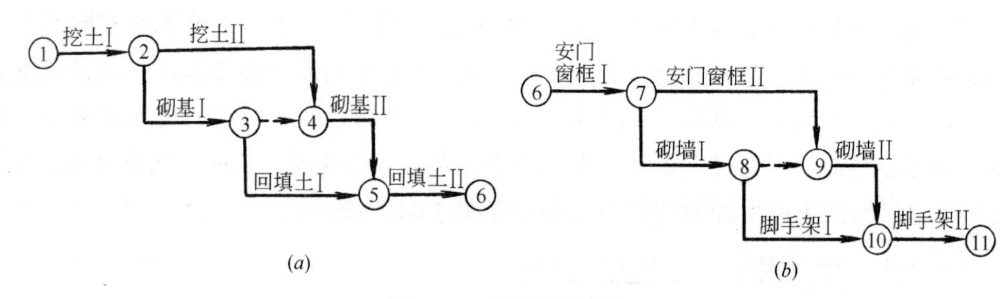

图 4-33　网络图的分解

(a)基础工程；(b)主体工程

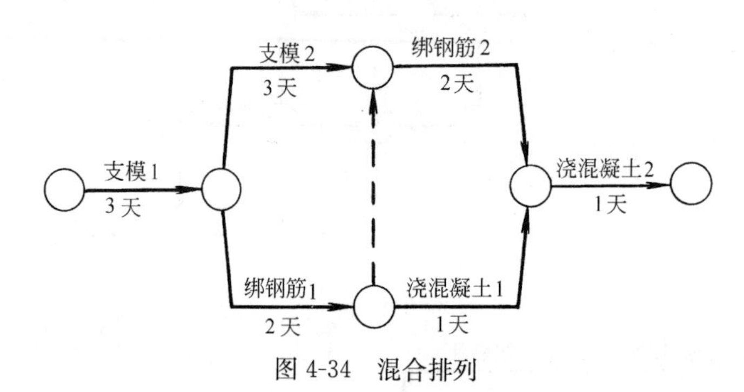

图 4-34　混合排列

2）按施工过程排列

根据施工顺序把各施工过程按垂直方向排列，施工段按水平方向排列，如图 4-35 所示。其特点是相同工种在同一水平线上，突出不同工种的工作情况。

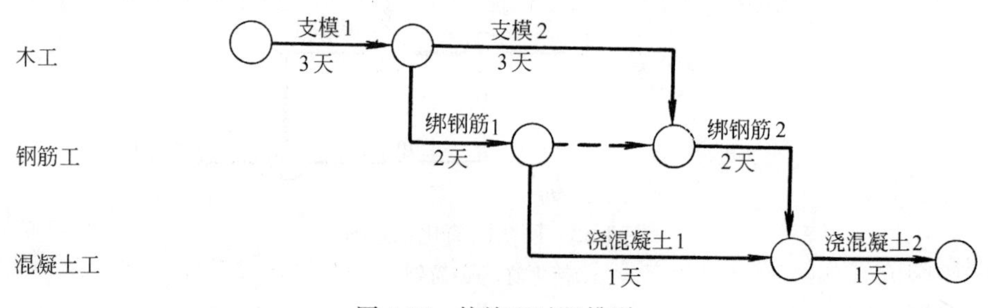

图 4-35　按施工过程排列

3）按施工段排列

同一施工段上的有关施工过程按水平方向排列，施工段按垂直方向排列，如图4-36 所示。其特点是同一施工段的工作在同一水平线上，反映出分段施工的特征，突出工作面的利用情况。

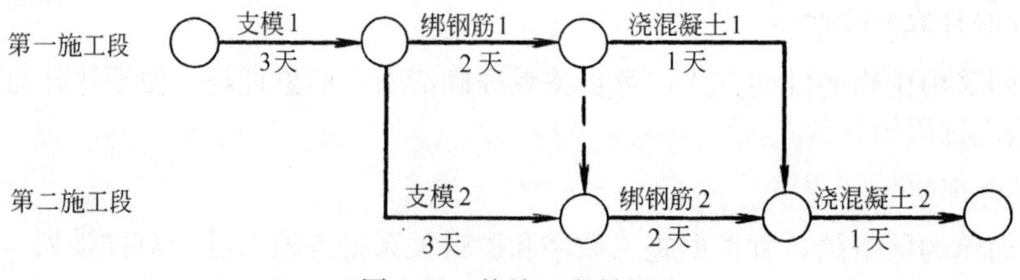

图 4-36　按施工段排列

(2) 网络图的工作合并

为了简化网络图，可将较详细的相对独立的局部网络图变为较概括的少箭线的网络图。

网络图工作合并的基本方法是：保留局部网络图中与外部工作相联系的节点，合并后箭线所表达的工作持续时间为合并前该部分网络图中相应最长线路段的工作时间之和。如图 4-37、图 4-38 所示。

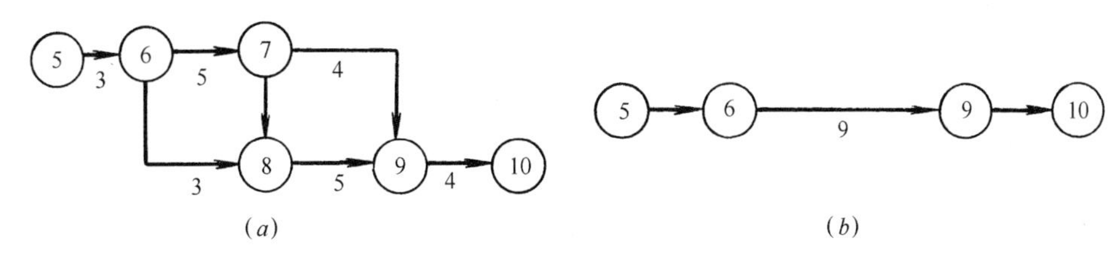

图 4-37　网络图的合并(一)
(a)合并前；(b)合并后

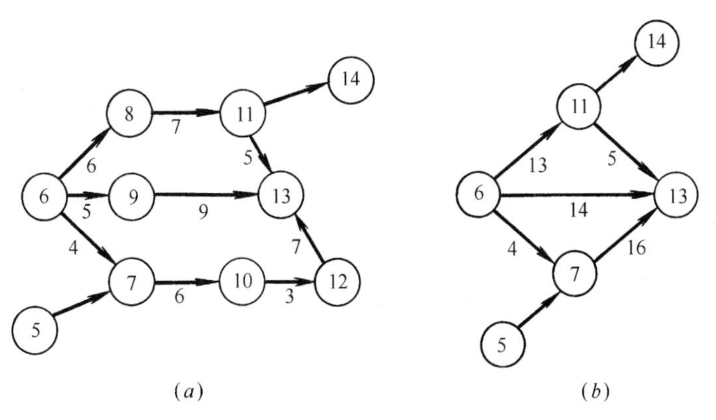

图 4-38　网络图的合并(二)
(a)合并前；(b)合并后

网络图的合并主要适用于群体工程施工控制网络图和施工单位的季度、年度控制网络图的编制。

(3) 网络图连接

绘制较复杂的网络图时，往往先将其分解成若干个相对独立的部分，然后各自分头绘制，最后按逻辑关系进行连接，形成一个总体网络图，如图 4-39 所示。在连接过程中，应注意以下几点：

1) 必须有统一的构图和排列形式；

2) 整个网络图的节点编号要协调一致；

3) 施工过程划分的粗细程度应一致；

4) 各分部工程之间应预留连接节点。

(4) 网络图的详略组合

在网络图的绘制中，为了简化网络图图面，更是为了突出网络计划的重点，常常采取“局部详细、整体简略”的绘制方式，称为详略组合。例如，编制有标准层的多高层住宅或公寓、写字楼等工程施工网络计划，可以先将施工工艺过程和工程量与其他楼层均相同的标准层网络图绘出，其他层则简略为一根箭线表示，如图 4-40 所示。

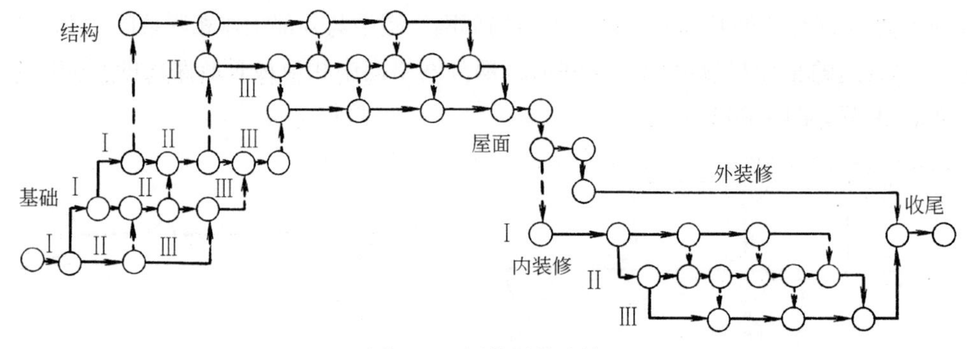

图 4-39 网络图的连接

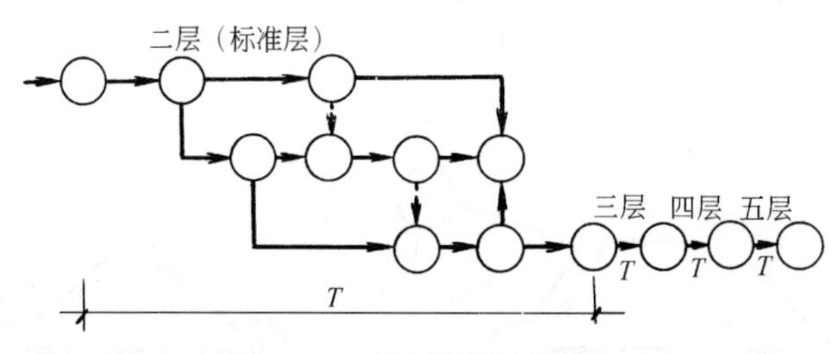

图 4-40 网络图的详略组合

4.2.2 单代号网络图的绘制步骤

1. 单代号网络图的绘制规则

(1) 单代号网络图必须正确表述已定的逻辑关系；

(2) 单代号网络图中，严禁出现循环回路；

(3) 单代号网络图中，严禁出现双向箭头或无箭头的连线；

(4) 单代号网络图中，严禁出现没有箭尾节点的箭线和没有箭头节点的箭线；

(5) 绘制网络图时，箭线不宜交叉，当交叉不可避免时，可采用过桥法和指向法绘制；

(6) 单代号网络图只应有一个起点节点和一个终点节点，当网络图中有多项起点节点或多项终点节点时，应在网络图的两端分别设置一个虚拟的起点节点和终点节点；

(7) 单代号网络图不允许出现有重复编号的工作，一个编号只能代表一项工作。而且箭头节点编号要大于箭尾节点编号。

2. 单代号网络图的绘制方法

单代号网络图的绘制与双代号网络图的绘制方法基本相同，而且由于单代号网络图逻辑关系容易表达，因此绘制方法更为简便，其绘制步骤如下：

先根据网络图的逻辑关系，绘制出网络图草图，再结合绘图规则进行调整布局，最后形成正式网络图。

(1) 提供逻辑关系表，一般只要提供每项工作的紧前工作；

(2) 用矩阵图确定紧后工作；

(3) 绘制没有紧后工作的工作，当网络图中有多项起点节点时，应在网络图的始端设置一项虚拟的起点节点；

(4) 依次绘制其他各项工作一直到终点节点。当网络图中有多项终点节点时，应在网络图的末端设置一项虚拟的终点节点；

(5) 检查、修改并进行结构调整，最后绘出正式网络图。

4.3　网络计划时间参数的计算

根据工程对象各项工作的逻辑关系和绘图规则绘制网络图是一种定性的过程，只有进行时间参数的计算这样一个定量的过程，才使网络计划具有实际应用价值。计算网络计划时间参数的目的主要有三个：第一，确定关键线路和关键工作，便于施工中抓住重点，向关键线路要时间；第二，明确非关键工作及其在施工中时间上有多大的机动性，便于挖掘潜力，统筹全局，部署资源；第三，确定总工期，做到工程进度心中有数。

4.3.1　网络计划时间参数的概念及符号

1. 工作持续时间

工作持续时间是指一项工作从开始到完成的时间，用 D 表示。其主要计算方法有：

(1) 参照以往实践经验估算；

(2) 经过试验推算；

(3) 有标准可查，按定额计算。

2. 工期

工期是指完成一项任务所需要的时间，一般有以下三种工期：

(1) 计算工期：是指根据时间参数计算所得到的工期，用 T_c 表示；

(2) 要求工期：是指任务委托人提出的指令性工期，用 T_r 表示；

(3) 计划工期：是指根据要求工期和计算工期所确定的作为实施目标的工期，用 T_p 表示。

当规定了要求工期时：$T_p \leqslant T_r$

当未规定要求工期时：$T_p = T_c$

3. 网络计划中工作的时间参数

网络计划中的时间参数有六个：最早开始时间、最早完成时间、最迟完成时间、最迟开始时间、总时差、自由时差。

(1) 最早开始时间和最早完成时间

最早开始时间是指各紧前工作全部完成后，本工作有可能开始的最早时刻。工作的最早开始时间用 ES 表示。

最早完成时间是指各紧前工作全部完成后，本工作有可能完成的最早时刻。工作的最早完成时间用 EF 表示。

这类时间参数的实质是提出了紧后工作与紧前工作的关系，即紧后工作若提前开始，也不能提前到其紧前工作未完成之前。就整个网络图而言，受到起点节点的控制。因此，其计算程序为：自起点节点开始，顺着箭线方向，用累加的方法计算到终点节点。

（2）最迟完成时间和最迟开始时间

最迟完成时间是指在不影响整个任务按期完成的前提下，工作必须完成的最迟时刻。工作的最迟完成时间用 LF 表示。

最迟开始时间是指在不影响整个任务按期完成的前提下，工作必须开始的最迟时刻。工作的最迟开始时间用 LS 表示。

这类时间参数的实质是提出紧前工作与紧后工作的关系，即紧前工作要推迟开始，不能影响其紧后工作的按期完成。就整个网络图而言，受到终点节点(即计算工期)的控制。因此，其计算程序为：自终点节点开始，逆着箭线方向，用累减的方法计算到起点节点。

（3）总时差和自由时差

总时差是指在不影响总工期的前提下，本工作可以利用的机动时间。工作的总时差用 TF 表示。

自由时差是指在不影响其紧后工作最早开始时间的前提下，本工作可以利用的机动时间。工作的自由时差用 FF 表示。

4. 网络计划中节点的时间参数及其计算程序

（1）节点最早时间

双代号网络计划中，以该节点为开始节点的各项工作的最早开始时间，称为节点最早时间。节点 i 的最早时间用 ET_i 表示。计算程序为：自起点节点开始，顺着箭线方向，用累加的方法计算到终点节点。

（2）节点最迟时间

双代号网络计划中，以该节点为完成节点的各项工作的最迟完成时间，称为节点的最迟时间，节点 i 的最迟时间用 LT_i 表示。其计算程序为：自终点节点开始，逆着箭线方向，用累减的方法计算到起点节点。

5. 常用符号

（1）双代号网络计划

设有线路ⓗ—ⓘ—ⓙ—ⓚ，则：

D_{i-j}——工作 $i-j$ 的持续时间；

D_{h-i}——工作 $i-j$ 的紧前工作 $h-i$ 的持续时间；

D_{j-k}——工作 $i-j$ 的紧后工作 $j-k$ 的持续时间；

ES_{i-j}——工作 $i-j$ 的最早开始时间；

EF_{i-j}——工作 $i-j$ 的最早完成时间；

LF_{i-j}——在总工期已经确定的情况下，工作 $i-j$ 的最迟完成时间；

LS_{i-j}——在总工期已经确定的情况下，工作 $i-j$ 的最迟开始时间；

ET_i——节点 i 的最早时间；

LT_i——节点 i 的最迟时间；

TF_{i-j}——工作 $i-j$ 的总时差；

FF_{i-j}——工作 $i-j$ 的自由时差。

（2）单代号网络计划

设有线路 ⓗ—ⓘ—ⓙ 则：

D_i——工作 i 的持续时间；

D_h——工作 i 的紧前工作 h 的持续时间；

D_j——工作 i 的紧后工作 j 的持续时间；

ES_i——工作 i 的最早开始时间；

EF_i——工作 i 的最早完成时间；

LF_i——在总工期已经确定的情况下，工作 i 的最迟完成时间；

LS_i——在总工期已经确定的情况下，工作 i 的最迟开始时间；

TF_i——工作 i 的总时差；

FF_i——工作 i 的自由时差。

4.3.2 双代号网络计划时间参数的计算

双代号网络计划时间参数的计算方法通常有工作计算法、节点计算法、图上计算法和表上计算法四种。

1. 工作计算法

按工作计算法计算时间参数应在确定了各项工作的持续时间之后进行。虚工作也必须视同工作进行计算，其持续时间为零。时间参数的计算结果应标注在箭线之上，如图 4-41 所示。

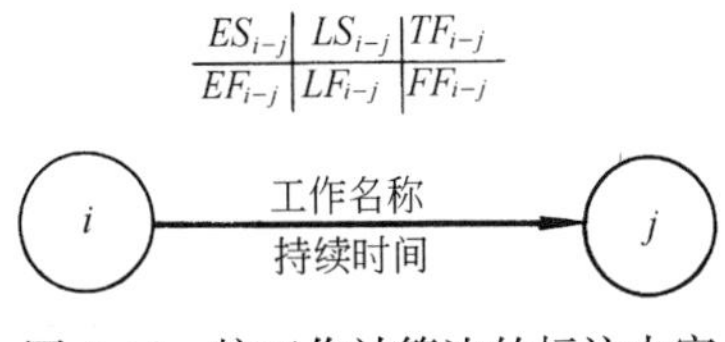

图 4-41　按工作计算法的标注内容

下面以某双代号网络计划(图 4-42)为例，说明其计算步骤。

（1）计算各工作的最早开始时间和最早完成时间

各项工作的最早完成时间等于其最早开始时间加上工作持续时间，即

$$EF_{i-j}=ES_{i-j}+D_{i-j} \tag{4-1}$$

计算工作最早时间参数时，一般有以下三种情况：

1）当工作以起点节点为开始节点时，其最早开始时间为零(或规定时间)，即：

$$ES_{i-j}=0 \tag{4-2}$$

2）当工作只有一项紧前工作时，该工作的最早开始时间应为其紧前工作的最早完成时间，即：

$$ES_{i-j}=EF_{h-i}=ES_{h-i}+D_{h-i} \tag{4-3}$$

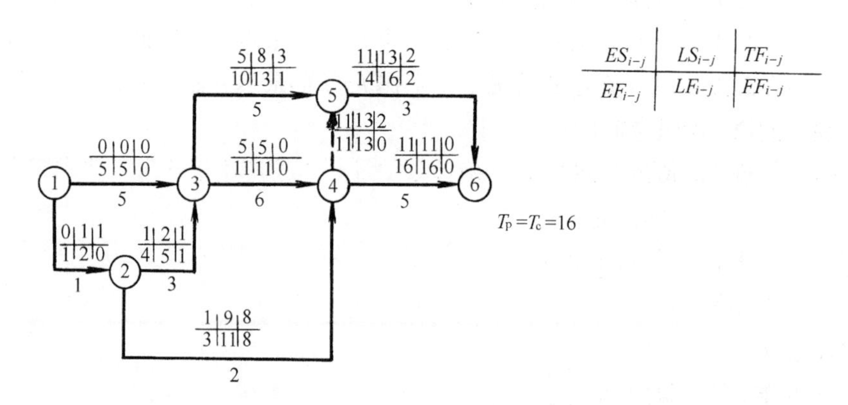

图 4-42　某双代号网络图的计算

3）当工作有多个紧前工作时，该工作的最早开始时间应为其所有紧前工作最早完成时间最大值，即：

$$ES_{i-j}=\max\{EF_{h-i}\}=\max\{ES_{h-i}+D_{h-i}\} \tag{4-4}$$

如图 4-42 所示的网络计划中，各工作的最早开始时间和最早完成时间计算如下：

工作的最早开始时间：

$$ES_{1-2}=ES_{1-3}=0$$

$$ES_{2-3}=ES_{1-2}+D_{1-2}=0+1=1$$

$$ES_{2-4}=ES_{2-3}=1$$

$$ES_{3-4}=\max\begin{Bmatrix}ES_{1-3}+D_{1-3}\\ES_{2-3}+D_{2-3}\end{Bmatrix}=\max\begin{Bmatrix}0+5\\1+3\end{Bmatrix}=5$$

$$ES_{3-5}=ES_{3-4}=5$$

$$ES_{4-5}=\max\begin{Bmatrix}ES_{2-4}+D_{2-4}\\ES_{3-4}+D_{3-4}\end{Bmatrix}=\max\begin{Bmatrix}1+2\\5+6\end{Bmatrix}=11$$

$$ES_{4-6}=ES_{4-5}=11$$

$$ES_{5-6}=\max\begin{Bmatrix}ES_{3-5}+D_{3-5}\\ES_{4-5}+D_{4-5}\end{Bmatrix}=\max\begin{Bmatrix}5+5\\11+0\end{Bmatrix}=11$$

工作的最早完成时间：

$$EF_{1-2}=ES_{1-2}+D_{1-2}=0+1=1$$

$$EF_{1-3}=ES_{1-3}+D_{1-3}=0+5=5$$

$$EF_{2-3}=ES_{2-3}+D_{2-3}=1+3=4$$

$$EF_{2-4}=ES_{2-4}+D_{2-4}=1+2=3$$

$$EF_{3-4}=ES_{3-4}+D_{3-4}=5+6=11$$

$$EF_{3-5}=ES_{3-5}+D_{3-5}=5+5=10$$

$$EF_{4-5}=ES_{4-5}+D_{4-5}=11+0=11$$

$$EF_{4-6}=ES_{4-6}+D_{4-6}=11+5=16$$

$$EF_{5-6}=ES_{5-6}+D_{5-6}=11+3=14$$

上述计算可以看出，工作的最早时间计算时应特别注意以下三点：一是计算程序，即从起点节点开始顺着箭线方向，按节点次序逐项工作计算；二是要弄清该工作的紧前工作是哪几项，以便准确计算；三是同一节点的所有外向工作最早开始时间相同。

（2）确定网络计划工期

当网络计划规定了要求工期时，网络计划的计划工期应小于或等于要求工期，即

$$T_p \leqslant T_r \tag{4-5}$$

当网络计划未规定要求工期时，网络计划的计划工期应等于计算工期，即以网络计划的终点节点为完成节点的各个工作的最早完成时间的最大值，如网络计划的终点节点的编号为 n，则计算工期 T_c 为：

$$T_p=T_c=\max\{EF_{i-n}\} \tag{4-6}$$

如图 4-42 所示，网络计划的计算工期为：

$$T_c=\max\begin{Bmatrix}EF_{4-6}\\EF_{5-6}\end{Bmatrix}=\max\begin{Bmatrix}16\\14\end{Bmatrix}=16$$

（3）计算各工作的最迟完成时间和最迟开始时间

各工作的最迟开始时间等于其最迟完成时间减去工作持续时间，即

$$LS_{i-j}=LF_{i-j}-D_{i-j} \tag{4-7}$$

计算工作最迟完成时间参数时，一般有以下三种情况：

1）当工作的终点节点为完成节点时，其最迟完成时间为网络计划的计划工期，即

$$LF_{i-n}=T_p \tag{4-8}$$

2）当工作只有一项紧后工作时，该工作的最迟完成时间应为其紧后工作的最迟开始时间，即：

$$LF_{i-j}=LS_{j-k}=LF_{j-k}-D_{j-k} \tag{4-9}$$

3）当工作有多项紧后工作时，该工作的最迟完成时间应为其多项紧后工作最迟开始时间的最小值，即：

$$LF_{i-j}=\min\{LS_{j-k}\}=\min\{LF_{j-k}-D_{j-k}\} \tag{4-10}$$

如图 4-42 所示的网络计划中，各工作的最迟完成时间和最迟开始时间计算如下：

工作的最迟完成时间：

$$LF_{4-6}=T_c=16$$

$$LF_{5-6}=LF_{4-6}=16$$

$$LF_{3-5}=LF_{5-6}-D_{5-6}=16-3=13$$

$$LF_{4-5}=LF_{3-5}=13$$

$$LF_{2-4}=\min\begin{Bmatrix}LF_{4-5}-D_{4-5}\\LF_{4-6}-D_{4-6}\end{Bmatrix}=\min\begin{Bmatrix}13-0\\16-5\end{Bmatrix}=11$$

$$LF_{3-4}=LF_{2-4}=11$$

$$LF_{1-3}=\min\begin{Bmatrix}LF_{3-4}-D_{3-4}\\LF_{3-5}-D_{3-5}\end{Bmatrix}=\min\begin{Bmatrix}11-6\\13-5\end{Bmatrix}=5$$

$$LF_{2-3}=LF_{1-3}=5$$

$$LF_{1-2}=\min\begin{Bmatrix}LF_{2-3}-D_{2-3}\\LF_{2-4}-D_{2-4}\end{Bmatrix}=\min\begin{Bmatrix}5-3\\11-2\end{Bmatrix}=2$$

工作的最迟开始时间：

$$LS_{4-6}=LF_{4-6}-D_{4-6}=16-5=11$$

$$LS_{5-6}=LF_{5-6}-D_{5-6}=16-3=13$$

$$LS_{3-5}=LF_{3-5}-D_{3-5}=13-5=8$$

$$LS_{4-5}=LF_{4-5}-D_{4-5}=13-0=13$$

$$LS_{2-4}=LF_{2-4}-D_{2-4}=11-2=9$$

$$LS_{3-4}=LF_{3-4}-D_{3-4}=11-6=5$$

$$LS_{1-3}=LF_{1-3}-D_{1-3}=5-5=0$$

$$LS_{2-3}=LF_{2-3}-D_{2-3}=5-3=2$$

$$LS_{1-2}=LF_{1-2}-D_{1-2}=2-1=1$$

上述计算可以看出，工作的最迟时间计算时应特别注意以下三点：一是计算程序，即从终点节点开始逆着箭线方向，按节点次序逐项工作计算；二是要弄清该工作紧后工作有哪几项，以便正确计算；三是同一节点的所有内向工作最迟完成时间相同。

（4）计算各工作的总时差

如图 4-43 所示，在不影响总工期的前提下，一项工作可以利用的时间范围是从该工作最早开始时间到最迟完成时间，即工作从最早开始时间或最迟开始时间开始，均不会影响总工期。而工作实际需要的持续时间是 D_{i-j}，扣去 D_{i-j} 后，余下的一段时间就是工作可以利用的机动时间，即为总时差。所以总时差等于最迟开始时间减去最早开始时间，或最迟完成时间减去最早完成时间，即：

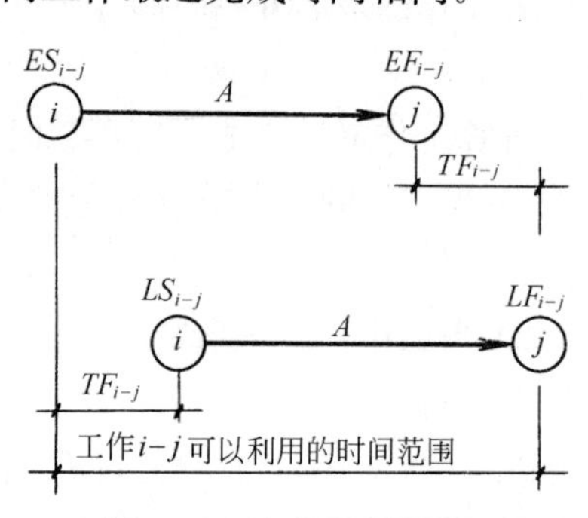

图 4-43　总时差计算简图

$$TF_{i-j}=LS_{i-j}-ES_{i-j} \tag{4-11}$$

或

$$TF_{i-j}=LF_{i-j}-EF_{i-j} \tag{4-12}$$

如图 4-42 所示的网络图中，各工作的总时差计算如下；

$$TF_{1-2}=LS_{1-2}-ES_{1-2}=1-0=1$$

$$TF_{1-3}=LS_{1-3}-ES_{1-3}=0-0=0$$

$$TF_{2-3}=LS_{2-3}-ES_{2-3}=2-1=1$$

$$TF_{2-4}=LS_{2-4}-ES_{2-4}=9-1=8$$

$$TF_{3-4}=LS_{3-4}-ES_{3-4}=5-5=0$$

$$TF_{3-5}=LS_{3-5}-ES_{3-5}=8-5=3$$

$$TF_{4-5}=LS_{4-5}-ES_{4-5}=13-11=2$$

$$TF_{4-6}=LS_{4-6}-ES_{4-6}=11-11=0$$

$$TF_{5-6}=LS_{5-6}-ES_{5-6}=13-11=2$$

通过计算不难看出总时差有如下特性：

1）凡是总时差为最小的工作就是关键工作；由关键工作连接构成的线路为关键线路；关键线路上各工作时间之和即为总工期。如图 4-42 所示，工作 1—3、3—4、4—6 为关键工作，线路 1—3—4—6 为关键线路。

2）当网络计划的计划工期等于计算工期时，凡总时差大于零的工作为非关键工作，凡是具有非关键工作的线路即为非关键线路。非关键线路与关键线路相交时的相关节点把非关键线路划分成若干个非关键线路段，各段有各段的总时差，相互没有关系。

3）总时差的使用具有双重性，它既可以被该工作使用，但又属于某非关键线路所共有。当某项工作使用了全部或部分总时差时，则将引起通过该工作的线路上所有工作总时差重新分配。例如图 4-42 中，非关键线路段 3—5—6 中，$TF_{3-5}=3$ 天，$TF_{5-6}=2$ 天，如果工作 3—5 使用了 3 天机动时间，则工作 5—6 就没有总时差可利用；反之若工作 5—6 使用了 2 天机动时间，则工作 3—5 就只有 1 天时差可以利用了。

（5）计算各工作的自由时差

如图 4-44 所示，在不影响其紧后工作最早开始时间的前提下，一项工作可以利用的时间范围是从该工作最早开始时间至其紧后工作最早开始时间。而工作实际需要的持续时间是 D_{i-j}，那么扣去 D_{i-j} 后，尚有的一段时间就是自由时差。其计算如下：

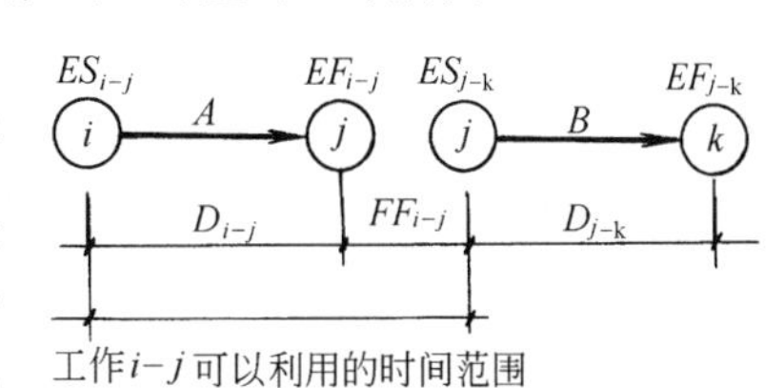

图 4-44 自由时差的计算简图

当工作有紧后工作时，该工作的自由时差等于紧后工作的最早开始时间减本工作最早完成时间，即：

$$FF_{i-j}=ES_{j-k}-EF_{i-j} \tag{4-13}$$

或

$$FF_{i-j}=ES_{j-k}-ES_{i-j}-D_{i-j} \tag{4-14}$$

当以终点节点($j=n$)为箭头节点的工作，其自由时差应按网络计划的计划工期 T_p 确定，即：

$$FF_{i-n}=T_p-EF_{i-n} \tag{4-15}$$

或

$$FF_{i-n}=T_p-ES_{i-n}-D_{i-n} \tag{4-16}$$

如图 4-42 所示的网络图中，各工作的自由时差计算如下：

$$FF_{1-2}=ES_{2-3}-ES_{1-2}-D_{1-2}=1-0-1=0$$
$$FF_{1-3}=ES_{3-4}-ES_{1-3}-D_{1-3}=5-0-5=0$$
$$FF_{2-3}=ES_{3-4}-ES_{2-3}-D_{2-3}=5-1-3=1$$
$$FF_{2-4}=ES_{4-5}-ES_{2-4}-D_{2-4}=11-1-2=8$$
$$FF_{3-4}=ES_{4-5}-ES_{3-4}-D_{3-4}=11-5-6=0$$
$$FF_{3-5}=ES_{5-6}-ES_{3-5}-D_{3-5}=11-5-5=1$$
$$FF_{4-5}=ES_{5-6}-ES_{4-5}-D_{4-5}=11-11-0=0$$
$$FF_{4-6}=T_p-ES_{4-6}-D_{4-6}=16-11-5=0$$
$$FF_{5-6}=T_p-ES_{5-6}-D_{5-6}=16-11-3=2$$

通过计算不难看出自由时差有如下特性：

1）自由时差为某非关键工作独立使用的机动时间，利用自由时差，不会影响其紧后工作的最早开始时间。例如图 4-42 中，工作 3—5 有 1 天自由时差，如果使用了 1 天机动时间，也不影响紧后工作 5—6 的最早开始时间。

2）非关键工作的自由时差必小于或等于其总时差。

2. 节点计算法

按节点计算法计算时间参数，其计算结果应标注在节点之上，如图 4-45 所示。

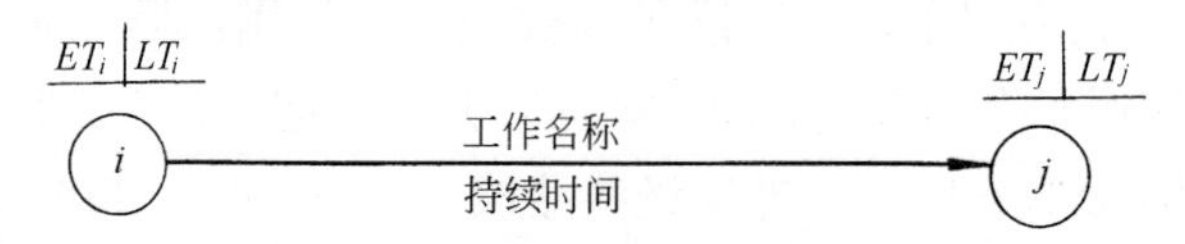

图 4-45　按节点计算法的标注内容

下面以图 4-46 为例，说明其计算步骤：

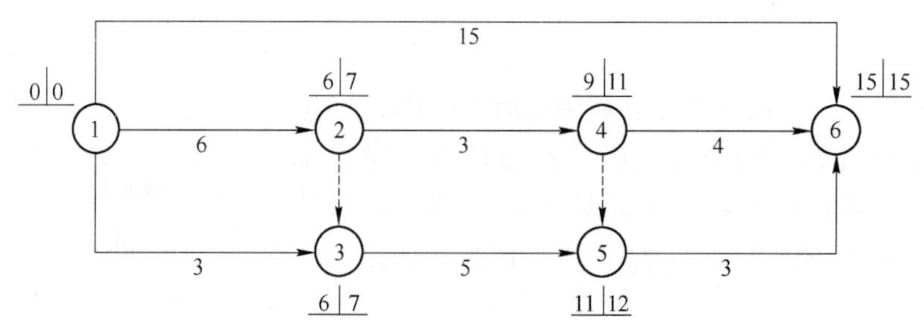

图 4-46　网络计划计算

（1）计算各节点最早时间

节点的最早时间是以该节点为开始节点的工作的最早开始时间，其计算有三种情况：

1）起点节点 i 如未规定最早时间，其值应等于零，即：

$$ET_i=0 \quad (i=1) \tag{4-17}$$

2）当节点 j 只有一条内向箭线时，最早时间应为：

$$ET_j=ET_i+D_{i-j} \tag{4-18}$$

3）当节点 j 有多条内向箭线时，其最早时间应为：

$$ET_j=\max\{ET_i+D_{i-j}\} \tag{4-19}$$

终点节点 n 的最早时间即为网络计划的计算工期，即：$T_c=ET_n$　　(4-20)

如图 4-46 所示的网络计划中，各节点最早时间计算如下：

$$ET_1=0$$

$$ET_2=ET_1+D_{1-2}=0+6$$

$$ET_3=\max\begin{Bmatrix}ET_2+D_{2-3}\\ET_1+D_{2-3}\end{Bmatrix}=\max\begin{Bmatrix}6+0\\0+3\end{Bmatrix}=6$$

$$ET_4=ET_2+D_{2-4}=6+3=9$$

$$ET_5=\max\begin{Bmatrix}ET_4+D_{4-5}\\ET_3+D_{3-5}\end{Bmatrix}=\max\begin{Bmatrix}9+0\\6+5\end{Bmatrix}=11$$

$$ET_6=\max\begin{Bmatrix}ET_1+D_{1-6}\\ET_4+D_{4-6}\\ET_5+D_{5-6}\end{Bmatrix}=\max\begin{Bmatrix}0+15\\9+4\\11+3\end{Bmatrix}=15$$

(2) 计算各节点最迟时间

节点最迟时间是以该节点为完成节点的工作的最迟完成时间，其计算有两种情况：

1) 终点节点的最迟时间应等于网络计划的计划工期，即：

$$LT_n=T_p \tag{4-21}$$

若分期完成的节点，则最迟时间等于该节点规定的分期完成的时间。

2) 当节点 i 只有一个外向箭线时，最迟时间为：

$$LT_i=LT_j-D_{i-j} \tag{4-22}$$

3) 当节点 i 有多条外向箭线时，其最迟时间为：

$$LT_i=\min\{LT_j-D_{i-j}\} \tag{4-23}$$

如图 4-46 所示的网络计划中，各节点的最迟时间计算如下：

$$LT_6=T_p=T_c=ET_6=15$$

$$LT_5=LT_6-D_{5-6}=15-3=12$$

$$LT_4=\min\begin{Bmatrix}LT_6-D_{4-6}\\LT_5-D_{4-5}\end{Bmatrix}=\min\begin{Bmatrix}15-4\\12-0\end{Bmatrix}=11$$

$$LT_3=LT_5-D_{3-5}=12-5=7$$

$$LT_2=\min\begin{Bmatrix}LT_4-D_{2-4}\\LT_3-D_{2-3}\end{Bmatrix}=\min\begin{Bmatrix}11-3\\7-0\end{Bmatrix}=7$$

$$LT_1=\min\begin{Bmatrix}LT_6-D_{1-6}\\LT_2-D_{1-2}\\LT_3-D_{1-3}\end{Bmatrix}=\min\begin{Bmatrix}15-15\\7-6\\7-3\end{Bmatrix}=0$$

(3) 根据节点时间参数计算工作时间参数

1) 工作最早开始时间等于该工作的开始节点的最早时间。

$$ES_{i-j}=ET_i \tag{4-24}$$

2) 工作的最早完成时间等于该工作的开始节点的最早时间加上持续时间。

$$EF_{i-j}=ET_i+D_{i-j} \tag{4-25}$$

3) 工作最迟完成时间等于该工作的完成节点的最迟时间。

$$LF_{i-j}=LT_j \tag{4-26}$$

4) 工作最迟开始时间等于该工作的完成节点的最迟时间减去持续时间。

$$LS_{i-j}=LT_j-D_{i-j} \tag{4-27}$$

5) 工作总时差等于该工作的完成节点最迟时间减去该工作开始节点的最早时间再减去持续时间。

$$TF_{i-j}=LT_j-ET_i-D_{i-j} \tag{4-28}$$

6）工作自由时差等于该工作的完成节点最早时间减去该工作开始节点的最早时间再减去持续时间。

$$FF_{i-j}=ET_j-ET_i-D_{i-j} \tag{4-29}$$

如图 4-46 所示网络计划中，根据节点时间参数计算工作的六个时间参数如下：

A. 工作最早开始时间：

$$ES_{1-6}=ES_{1-2}=ES_{1-3}=ET_1=0$$
$$ES_{2-4}=ET_2=6$$
$$ES_{3-5}=ET_3=6$$
$$ES_{4-6}=ET_4=9$$
$$ES_{5-6}=ET_5=11$$

B. 工作最早完成时间：

$$EF_{1-6}=ET_1+D_{1-6}=0+15=15$$
$$EF_{1-2}=ET_1+D_{1-2}=0+6=6$$
$$EF_{1-3}=ET_1+D_{1-3}=0+3=3$$
$$EF_{2-4}=ET_2+D_{2-4}=6+3=9$$
$$EF_{3-5}=ET_3+D_{3-5}=6+5=11$$
$$EF_{4-6}=ET_4+D_{4-6}=9+4=13$$
$$EF_{5-6}=ET_5+D_{5-6}=11+3=14$$

C. 工作最迟完成时间：

$$LF_{1-6}=LT_6=15$$
$$LF_{1-2}=LT_2=7$$
$$LF_{1-3}=LT_3=7$$
$$LF_{2-4}=LT_4=11$$
$$LF_{3-5}=LT_5=12$$
$$LF_{4-6}=LT_6=15$$
$$LF_{5-6}=LT_6=15$$

D. 工作最迟开始时间：

$$LS_{1-6}=LT_6-D_{1-6}=15-15=0$$
$$LS_{1-2}=LT_2-D_{1-2}=7-6=1$$
$$LS_{1-3}=LT_3-D_{1-3}=7-3=4$$
$$LS_{2-4}=LT_4-D_{2-4}=11-3=8$$
$$LS_{3-5}=LT_5-D_{3-5}=12-5=7$$
$$LS_{4-6}=LT_6-D_{4-6}=15-4=11$$
$$LS_{5-6}=LT_6-D_{5-6}=15-3=12$$

E. 工作总时差：

$$TF_{1-6}=LT_6-ET_1-D_{1-6}=15-0-15=0$$
$$TF_{1-2}=LT_2-ET_1-D_{1-2}=7-0-6=1$$

$$TF_{1-3}=LT_3-ET_1-D_{1-3}=7-0-3=4$$
$$TF_{2-4}=LT_4-ET_2-D_{2-4}=11-6-3=2$$
$$TF_{3-5}=LT_5-ET_3-D_{3-5}=12-6-5=1$$
$$TF_{4-6}=LT_6-ET_4-D_{4-6}=15-9-4=2$$
$$TF_{5-6}=LT_6-ET_5-D_{5-6}=15-11-3=1$$

F. 工作自由时差：

$$FF_{1-6}=ET_6-ET_1-D_{1-6}=15-0-15=0$$
$$FF_{1-2}=ET_2-ET_1-D_{1-2}=6-0-6=0$$
$$FF_{1-3}=ET_3-ET_1-D_{1-3}=6-0-3=3$$
$$FF_{2-4}=ET_4-ET_2-D_{2-4}=9-6-3=0$$
$$FF_{3-5}=ET_5-ET_3-D_{3-5}=11-6-5=0$$
$$FF_{4-6}=ET_6-ET_4-D_{4-6}=15-9-4=2$$
$$FF_{5-6}=ET_6-ET_5-D_{5-6}=15-11-3=1$$

3. 图上计算法

图上计算法是根据工作计算法或节点计算法的时间参数计算公式，在图上直接计算的一种较直观、简便的方法。

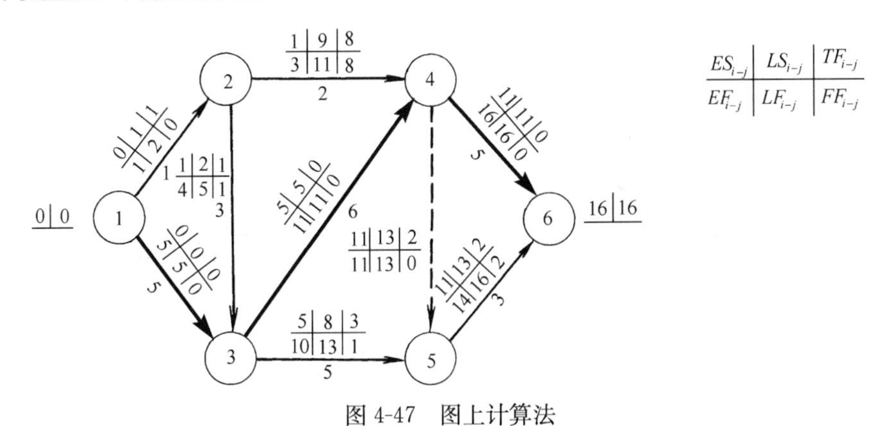

图 4-47　图上计算法

(1) 计算工作的最早开始时间和最早完成时间

以起点节点为开始节点的工作，其最早开始时间一般记为 0，如图 4-47 所示的工作 1—2 和工作 1—3。

其余工作的最早开始时间可采用“沿线累加，逢圈取大”的计算方法求得。即从网络图的起点节点开始，沿每一条线路将各工作的作业时间累加起来，在每一个圆圈(节点)处，取到达该圆圈的各条线路累计时间的最大值，就是以该节点为开始节点的各工作的最早开始时间。

工作的最早完成时间等于该工作最早开始时间与本工作持续时间之和。

将计算结果标注在箭线上方各工作图例对应的位置上(图 4-47)。

(2) 计算工作的最迟完成时间和最迟开始时间

以终点节点为完成节点的工作，其最迟完成时间就等于计划工期，如图 4-47 所示的工作 4—6 和工作 5—6。

其余工作的最迟完成时间可采用“逆线累减，逢圈取小”的计算方法求得。即从网络图的终点节点逆着每条线路将计划工期依次减去各工作的持续时间，在每一个圆圈处取后续线路累减时间的最小值，就是以该节点为完成节点的各工作的最迟完成时间。

工作的最迟开始时间等于该工作最迟完成时间与本工作持续时间之差。

将计算结果标注在箭线上方各工作图例对应的位置上(图 4-47)。

(3) 计算工作的总时差

工作的总时差可采用“迟早相减，所得之差”的计算方法求得。即工作的总时差等于该工作的最迟开始时间减去工作的最早开始时间，或者等于该工作的最迟完成时间减去工作的最早完成时间。将计算结果标注在箭线上方各工作图例对应的位置上(图 4-47)。

(4) 计算工作的自由时差

工作的自由时差等于紧后工作的最早开始时间减去本工作的最早完成时间。可在图上相应位置直接相减得到，并将计算结果标注在箭线上方各工作图例对应的位置上(图 4-47)。

(5) 计算节点最早时间

起点节点的最早时间一般记为 0，如图 4-48 所示的①节点。

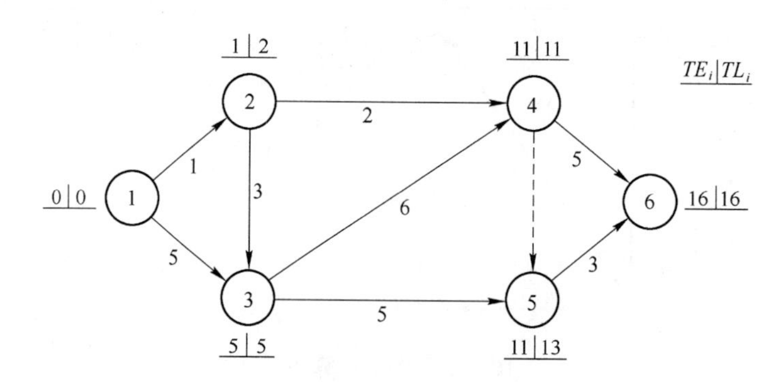

图 4-48　网络图时间参数计算

其余节点的最早时间也可采用“沿线累加，逢圈取大”的计算方法求得。

将计算结果标注在相应节点图例对应的位置上(图 4-48)。

(6) 计算节点最迟时间

终点节点的最迟时间等于计划工期。当网络计划有规定工期时，其最迟时间就等于规定工期；当没有规定工期时，其最迟时间就等于终点节点的最早时间。其余节点的最迟时间也可采用“逆线累减，逢圈取小”的计算方法求得。将计算结果标注在相应节点图例对应的位置上(图 4-48)。

4. 表上计算法

为了网络图的清晰和计算数据条理化，依据工作计算法和节点计算法所建立的关系式，可采用表格进行时间参数的计算。表上计算法的格式见表 4-5。

网络计划时间参数计算表 表 4-5

节点	TE_i	TL_i	工作	D_{i-j}	ES_{i-j}	EF_{i-j}	LS_{i-j}	LF_{i-j}	TF_{i-j}	FF_{i-j}
(1)	(2)	(3)	(4)	(5)	(6)	(7)	(8)	(9)	(10)	(11)
①	0	0	1—2	1	0	1	1	2	1	0
			1—3	5	0	5	0	5	0	0
②	1	2	2—3	3	1	4	2	5	1	1
			2—4	2	1	3	9	11	8	8
③	5	5	3—4	6	5	11	5	11	0	0
			3—5	5	5	10	8	13	3	1
④	11	11	4—5	0	11	11	13	13	2	0
			4—6	5	11	16	11	16	0	0
⑤	11	13	5—6	3	11	14	13	16	2	2
⑥	16	16			16					

现仍以图 4-47 为例，介绍表上计算法的计算步骤：

(1) 将节点编号、工作代号及工作持续时间填入表格第(1)、(4)、(5)栏内。

(2) 自上而下计算各节点的最早时间 TE_i，填入第(2)栏内。

1) 起点节点的最早时间为零；

2) 根据各节点的内向箭线个数及工作持续时间计算其余节点的最早时间：

$$TE_j = \max\{TE_i + D_{i-j}\}$$

(3) 自下而上计算各个节点的最迟时间 TL_i，填入第(3)栏内。

1)设终点节点的最迟时间等于其最早时间，即 $TL_n = TE_n$；

2)根据各节点的外向箭线个数及工作持续时间计算其余节点的最迟时间：

$$TL_i = \min\{TL_j - D_{i-j}\}$$

(4) 计算各工作的最早开始时间 ES_{i-j} 及最早完成时间 EF_{i-j}，分别填入第(6)、(7)栏内。

1)工作 $i-j$ 的最早开始时间等于其开始节点的最早时间，可以从第(2)栏相应的节点中查出；

2)工作 $i-j$ 的最早完成时间等于其最早开始时间加上工作持续时间，可将第(6)栏与该行第(5)栏相加求得。

(5) 计算各工作的最迟完成时间 LF_{i-j} 及最迟开始时间 LS_{i-j}，分别填入第(8)、(9)栏内。

1)工作 $i-j$ 的最迟完成时间等于其完成节点的最迟时间，可以从第(3)栏相应的节点中查出；

2)工作 $i-j$ 的最迟开始时间等于其最迟完成时间减去工作持续时间，可将第(9)栏与该行第(5)栏相减求得。

(6) 计算各工作的总时差 TF_{i-j}，填入第(10)栏内。工作 $i-j$ 的总时差等于其最迟开始时间减去最早开始时间，可用第(8)栏减去第(6)栏求得。

(7) 计算各工作的自由时差 FF_{i-j}，填入第(11)栏内。工作 $i-j$ 的自由时差等于其紧后工作的最早开始时间减去本工作的最早完成时间，可用紧后工作的第(6)栏减去本工作的第(7)栏求得。

5. 关键工作和关键线路的确定

(1) 关键工作

在网络计划中，总时差为最小的工作为关键工作；当计划工期等于计算工期时，总时差为零的工作为关键工作。

当进行节点时间参数计算时，凡满足下列三个条件的工作必为关键工作。

$$\left.\begin{aligned} LT_i-ET_i&=T_{\mathrm{p}}-T_{\mathrm{c}}\\ LT_j-ET_j&=T_{\mathrm{p}}-T_{\mathrm{c}}\\ LT_j-ET_i-D_{i-j}&=T_{\mathrm{p}}-T_{\mathrm{c}} \end{aligned}\right\} \tag{4-30}$$

如图 4-47 所示，工作 1—3、3—4、4—6 满足公式 (4-30)，即为关键工作。

(2) 关键节点

在网络计划中，如果节点最迟时间与最早时间的差值最小，则该节点就是关键节点。当网络计划的计划工期等于计算工期时，凡是最早时间等于最迟时间的节点就是关键节点。如图 4-48 中，节点①、③、④、⑥为关键节点。

在网络计划中，当计划工期等于计算工期时，关键节点具有如下特性：

1) 关键工作两端的节点必为关键节点，但两关键节点之间的工作不一定是关键工作。如图 4-49 中，节点①、⑨为关键节点，而工作 1—9 为非关键工作。

2) 以关键节点为完成节点的工作总时差和自由时差相等。如图 4-49 中，工作 3—9 的总时差和自由时差均为 3；工作 6—9 的总时差和自由时差均为 2。

3) 当关键节点间有多项工作，且工作间的非关键节点无其他内向箭线和外向箭线时，则该线路上的各项工作的总时差相等，除了以关键节点为完成节点的工作自由时差等于总时差外，其他工作的自由时差均为零。如图 4-49 中，线路 1—2—3—9 上的工作 1—2、2—3、3—9 的总时差均为 3，而且除了工作 3—9 的自由时差为 3 外，其他工作的自由时差均为零。

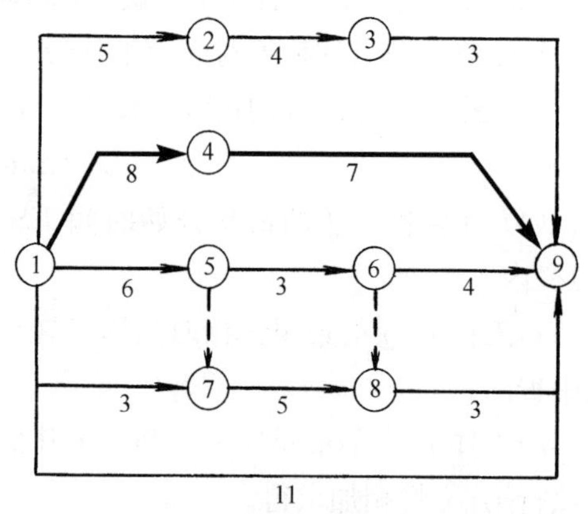

图 4-49 双代号网络计划

4) 当关键节点间有多项工作，且工作间的非关键节点存在外向箭线或内向箭线时，该线路段上各项工作的总时差不一定相等，若多项工作间的非关键节点只有外向箭线而无其他内向箭线，则除了以关键节点为完成节点的工作自由时差等于总时差外，其他工作的自由时差为零。如图 4-49 中，线路 1—5—6—9 上工作的总时差不尽相等，而除了工作 6—9 的自由时差和其总时差均为 2 外，工作 1—5 和工作 5—6 的自由时差均为零。

（3）关键线路的确定方法

1）利用关键工作判断

网络计划中，自始至终全部由关键工作(必要时经过一些虚工作)组成或线路上总的工作持续时间最长的线路应为关键线路。如图 4-48 所示，线路 1—3—4—6 为关键线路。

2）用关键节点判断

由关键节点的特性可知，在网络计划中，关键节点必然处在关键线路上。如图4-48 中，节点①、③、④、⑥必然处在关键线路上。再由公式(4-30)判断关键节点之间的关键工作，从而确定关键线路。

3）用网络破圈判断

从网络计划的起点到终点顺着箭线方向，对每个节点进行考察，凡遇到节点有两个以上的内向箭线时，都可以按线路段工作时间长短，采取留长去短而破圈，从而得到关键线路。如图 4-50 所示，通过考察节点③、⑤、⑥、⑦、⑨、⑪、⑫，去掉每个节点内向箭线所在线路段工作时间之和较短的工作，余下的工作即为关键工作，如图 4-50 中粗线所示。

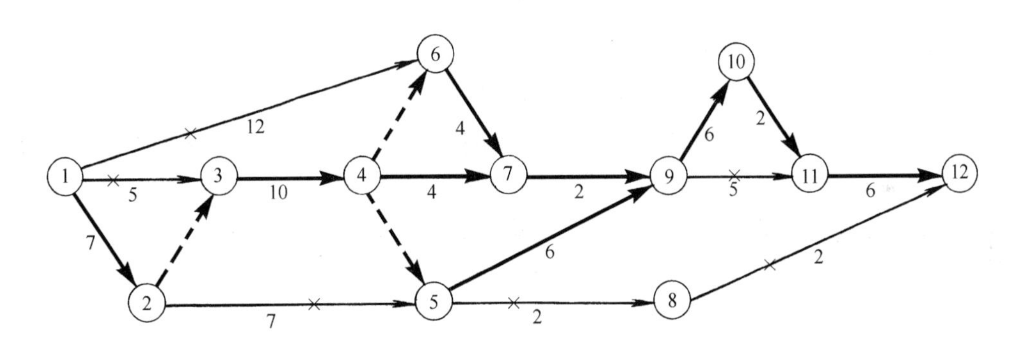

图 4-50　网络破圈法

4）利用标号法判断

标号法是一种快速寻求网络计划计算工期和关键线路的方法。它利用节点计算法的基本原理，对网络计划中的每个节点进行标号，然后利用标号值确定网络计划的计算工期和关键线路。

如图 4-51 所示网络计划为例，说明用标号法确定计算工期和关键线路的步骤。

A. 确定节点标号值(a，b_j)

(A) 网络计划起点节点的标号值为零。本例中，节点①的标号值为零，即：$b_1=0$。

(B) 其他节点的标号值等于以该节点为完成节点的各项工作的开始节点标号值加其持续时间所得之和的最

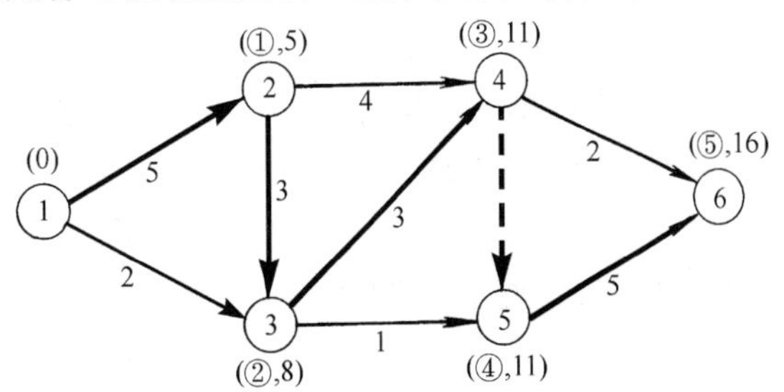

图 4-51　标号法确定关键线路

大值，即：

$$b_j = \max\{b_i + D_{i-j}\} \tag{4-31}$$

式中 b_j——工作 $i-j$ 的完成节点 j 的标号值；

b_i——工作 $i-j$ 的开始节点 i 的标号值；

D_{i-j}——工作 $i-j$ 的持续时间。

节点的标号宜用双标号法，即用源节点(得出标号值的节点)号 a 作为第一标号，用标号值作为第二标号 b_j。

本例中各节点标号值如图 4-51 所示。

B. 确定计算工期

网络计划的计算工期就是终点节点的标号值。本例中，其计算工期为终点节点⑥的标号值 16。

C. 确定关键线路

自终点节点开始，逆着箭线跟踪源节点即可确定。本例中，从终点节点⑥开始跟踪源节点分别为⑤、④、③、②、①，即得关键线路 1—2—3—4—5—6。

4.3.3 单代号网络计划时间参数的计算

1. 单代号网络计划时间参数计算的公式与规定

(1) 工作最早开始时间的计算应符合下列规定：

1) 工作 i 的最早开始时间 ES_i 应从网络图的起点节点开始，顺着箭线方向依次计算。

2) 起点节点的最早开始时间 ES_1 如无规定时，其值等于零，即

$$ES_1 = 0 \tag{4-32}$$

3) 其他工作的最早开始时间 ES_i 应为

$$ES_i = \max\{ES_h + D_h\} \tag{4-33}$$

式中 ES_h——工作 i 的紧前工作 h 的最早开始时间；

D_h——工作 i 的紧前工作 h 的持续时间。

(2) 工作 i 的最早完成时间 EF_i 的计算应符合下式规定：

$$EF_i = ES_i + D_i \tag{4-34}$$

(3) 网络计划计算工期 T_c 的计算应符合下式规定：

$$T_c = EF_n \tag{4-35}$$

式中 EF_n——终点节点 n 的最早完成时间。

(4) 网络计划的计划工期 T_p 应按下列情况分别确定：

1) 当已规定了要求工期 T_r 时

$$T_p \leqslant T_r \tag{4-36}$$

2) 当未规定要求工期时

$$T_p = T_c \tag{4-37}$$

(5) 相邻两项工作 i 和 j 之间的时间间隔 $LAG_{i,j}$ 的计算应符合下式规定：

$$LAG_{i,j}=ES_j-EF_i \tag{4-38}$$

式中 ES_j——工作 j 的最早开始时间。

（6）工作总时差的计算应符合下列规定：

1）工作 i 的总时差 TF_i 应从网络图的终点节点开始，逆着箭线方向依次逐项计算。当部分工作分期完成时，有关工作的总时差必须从分期完成的节点开始逆向逐项计算。

2）终点节点所代表的工作 n 的总时差 TF_{n} 值为零，即

$$TF_{\mathrm{n}}=0 \tag{4-39}$$

分期完成的工作的总时差值为零。

3）其他工作的总时差 TF_i 的计算应符合下式规定：

$$TF_i=\min\{LAG_{i,j}+TF_j\} \tag{4-40}$$

式中 TF_j——工作 i 的紧后工作 j 的总时差。

当已知各项工作的最迟完成时间 LF_i 或最迟开始时间 LS_i 时，工作的总时差 TF_i 计算也应符合下列规定：

$$TF_i=LS_i-ES_i \tag{4-41}$$

或

$$TF_i=LF_i-EF_i \tag{4-42}$$

（7）工作 i 的自由时差 FF_i 的计算应符合下列规定：

$$FF_i=\min\{LAG_{i,j}\} \tag{4-43}$$

$$FF_i=\min\{ES_j-EF_i\} \tag{4-44}$$

或符合下式规定：

$$FF_i=\min\{ES_j-ES_i-D_i\} \tag{4-45}$$

（8）工作最迟完成时间的计算应符合下列规定：

1）工作 i 的最迟完成时间 LF_i 应从网络图的终点节点开始，逆着箭线方向依次逐项计算。当部分工作分期完成时，有关工作的最迟完成时间应从分期完成的节点开始逆向逐项计算。

2）终点节点所代表的工作 n 的最迟完成时间 LF_{n} 应按网络计划的计划工期 T_{p} 确定，即

$$LF_{\mathrm{n}}=T_{\mathrm{p}} \tag{4-46}$$

分期完成那项工作的最迟完成时间应等于分期完成的时刻。

3）其他工作 i 的最迟完成时间 LF_i 应为

$$LF_i=\min\{LF_j-D_j\} \tag{4-47}$$

式中 LF_j——工作 i 的紧后工作 j 的最迟完成时间；

D_j——工作 i 的紧后工作 j 的持续时间。

（9）工作 i 的最迟开始时间 LS_i 的计算应符合下列规定：

$$LS_i=LF_i-D_i \tag{4-48}$$

2. 单代号网络计划时间参数计算示例

【例 4-2】 试计算如图 4-52 所示单代号网络计划的时间参数。

【解】 计算结果如图 4-53 所示。现对其计算方法说明如下：

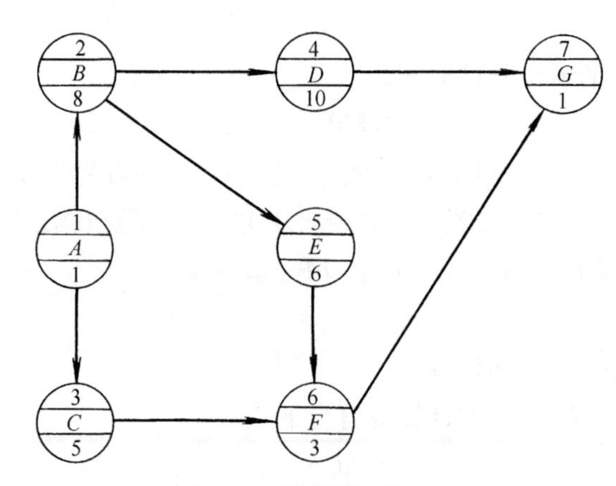

图 4-52　单代号网络计划

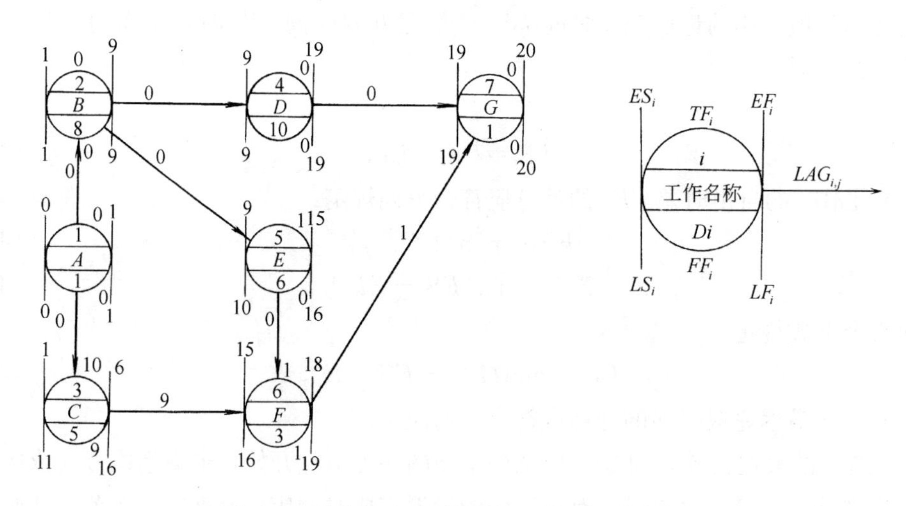

图 4-53　单代号网络计划的时间参数计算结果

（1）工作最早开始时间的计算

工作的最早开始时间从网络图的起点节点开始，顺着箭线方向自左至右，依次逐个计算。因起点节点的最早开始时间未作出规定，故

$$ES_1=0$$

其后续工作的最早开始时间是其各紧前工作的最早开始时间与其持续时间之和，并取其最大值，其计算公式为

$$ES_i=\max\{ES_h+D_h\}$$

由此得到：

$$ES_2=ES_1+D_1=0+1=1$$

$$ES_3=ES_1+D_1=0+1=1$$

$$ES_4=ES_2+D_2=1+8=9$$

$$ES_5=ES_2+D_2=1+8=9$$

$$ES_6=\max\{ES_3+D_3,\ ES_5+D_5\}=\max\{1+5,\ 9+6\}=15$$

$$ES_7=\max\{ES_4+D_4, ES_6+D_6\}=\max\{9+10, 15+3\}=19$$

(2) 工作最早完成时间的计算

每项工作的最早完成时间是该工作的最早开始时间与其持续时间之和，其计算公式为：

$$EF_i=ES_i+D_i$$

因此可得：

$$EF_1=ES_1+D_1=0+1=1$$
$$EF_2=ES_2+D_2=1+8=9$$
$$EF_3=ES_3+D_3=1+5=6$$
$$EF_4=ES_4+D_4=9+10=19$$
$$EF_5=ES_5+D_5=9+6=15$$
$$EF_6=ES_6+D_6=15+3=18$$
$$EF_7=ES_7+D_7=19+1=20$$

(3) 网络计划的计算工期

网络计划的计算工期 T_c 按公式 $T_c=EF_n$ 计算。

由此得到：

$$T_c=EF_7=20$$

(4) 网络计划的计划工期的确定

由于本计划没有要求工期，故

$$T_p=T_c=20$$

(5) 相邻两项工作之间的时间间隔的计算

相邻两项工作的时间间隔，是后项工作的最早开始时间与前项工作的最早完成时间的差值，它表示相邻两项工作之间有一段时间间歇，相邻两项工作 i 与 j 之间的时间间隔 $LAG_{i,j}$ 按公式 $LAG_{i,j}=ES_j-EF_i$ 计算。

因此可得到：

$$LAG_{1,2}=ES_2-EF_1=1-1=0$$
$$LAG_{1,3}=ES_3-EF_1=1-1=0$$
$$LAG_{2,4}=ES_4-EF_2=9-9=0$$
$$LAG_{2,5}=ES_5-EF_2=9-9=0$$
$$LAG_{3,6}=ES_6-EF_3=15-6=9$$
$$LAG_{5,6}=ES_6-EF_5=15-15=0$$
$$LAG_{4,7}=ES_7-EF_4=19-19=0$$
$$LAG_{6,7}=ES_7-EF_6=19-18=1$$

(6) 工作总时差的计算

每项工作的总时差，是该项工作在不影响计划工期前提下所具有的机动时间。它的计算应从网络图的终点节点开始，逆着箭线方向依次计算。终点节点所代表的工作的总时差 TF_n 值，由于本例没有给出规定工期，故应为零，即

$$TF_n=0$$

故 $$TF_7=0$$

其他工作的总时差 TF_i 可按公式 $TF_i=\min\{LAG_{i,j}+TF_j\}$ 计算。

当已知各项工作的最迟完成时间 LF_i 或最迟开始时间 LS_i 时，工作的总时差 TF_i 也可按公式 $TF_i=LS_i-ES_i$ 或公式 $TF_i=LF_i-EF_i$ 计算。

按公式

$$TF_i=\min\{LAG_{i,j}+TF_j\}$$

计算的结果是

$$TF_6=LAG_{6,7}+TF_7=1+0=1$$
$$TF_5=LAG_{5,6}+TF_6=0+1=1$$
$$TF_4=LAG_{4,7}+TF_7=0+0=0$$
$$TF_3=LAG_{3,6}+TF_6=9+1=10$$
$$TF_2=\min\{LAG_{2,4}+TF_4，LAG_{2,5}+TF_5\}=\min\{0+0，0+1\}=0$$
$$TF_1=\min\{LAG_{1,2}+TF_2，LAG_{1,3}+TF_3\}=\min\{0+0，0+10\}=0$$

(7) 工作自由时差的计算

工作 i 的自由时差 FF_i 由公式

$$FF_i=\min\{LAG_{i,j}\}$$

可算得：

$$FF_7=0$$
$$FF_6=LAG_{6,7}=1$$
$$FF_5=LAG_{5,6}=0$$
$$FF_4=LAG_{4,7}=0$$
$$FF_3=LAG_{3,6}=9$$
$$FF_2=\min\{LAG_{2,4}，LAG_{2,5}\}=\min\{0，0\}=0$$
$$FF_1=\min\{LAG_{1,2}，LAG_{1,3}\}=\min\{0，0\}=0$$

(8) 工作最迟完成时间的计算

工作 i 的最迟完成时间 LF_i 应从网络图的终点节点开始，逆着箭线方向依次逐项计算。终点节点 n 所代表的工作的最迟完成时间 LF_n，应按公式 $LF_n=T_p$ 计算：

$$LF_7=T_p=20$$

其他工作 i 的最迟完成时间 LF_i 按公式

$$LF_i=\min\{LF_j-D_j\}$$

计算得到：

$$LF_6=LF_7-D_7=20-1=19$$
$$LF_5=LF_6-D_6=19-3=16$$
$$LF_4=LF_7-D_7=20-1=19$$
$$LF_3=LF_6-D_6=19-3=16$$
$$LF_2=\min\{LF_4-D_4，LF_5-D_5\}=\min\{19-10，16-6\}=9$$

$$LF_1=\min\{LF_2-D_2，LF_3-D_3\}=\min\{9-8，16-5\}=1$$

(9) 工作最迟开始时间的计算

工作 i 的最迟开始时间 LS_i 按公式 $LS_i=LF_i-D_i$ 进行计算。

因此可得：

$$LS_7=LF_7-D_7=20-1=19$$
$$LS_6=LF_6-D_6=19-3=16$$
$$LS_5=LF_5-D_5=16-6=10$$
$$LS_4=LF_4-D_4=19-10=9$$
$$LS_3=LF_3-D_3=16-5=11$$
$$LS_2=LF_2-D_2=9-8=1$$
$$LS_1=LF_1-D_1=1-1=0$$

3. 关键工作和关键线路的确定

(1) 关键工作的确定

网络计划中机动时间最少的工作称为关键工作。因此，网络计划中工作总时差最小的工作也就是关键工作。当计划工期等于计算工期时，总时差为零的工作就是关键工作；当计划工期小于计算工期时，关键工作的总时差为负值，说明应研究更多措施以缩短计算工期；当计划工期大于计算工期时，关键工作的总时差为正值，说明计划已留有余地，进度控制主动了。

(2) 关键线路的确定

网络计划中自始至终全由关键工作组成的线路称为关键线路。在肯定型网络计划中是指线路上工作总持续时间最长的线路。关键线路在网络图中宜用粗线、双线或彩色线标注。

单代号网络计划中将相邻两项关键工作之间的间隔时间为零的关键工作连接起来而形成的自起点节点到终点节点的通路就是关键线路。因此，上例中的关键线路是 1—2—4—7。

4. 单代号网络图与双代号网络图的比较

(1) 单代号网络图绘制方便，不必增加虚工作。在此点上，弥补了双代号网络图的不足。

(2) 单代号网络图具有便于说明，容易被非专业人员所理解和易于修改的优点。这对于推广应用统筹法编制工程进度计划，进行全面科学管理是有益的。

(3) 双代号网络图表示工程进度比用单代号网络图更为形象，特别是在应用带时间坐标网络图中。

(4) 双代号网络图在应用电子计算机进行计算和优化过程更为简便，这是因为双代号网络图中用两个代号代表一项工作，可直接反映其紧前或紧后工作的关系。而单代号网络图就必须按工作逐个列出其紧前、紧后工作关系，这在计算机中需占用更多的存储单元。

由于单代号和双代号网络图有上述各自的优缺点，故两种表示法在不同情况下，其表现的繁简程度是不同的。有些情况下，应用单代号表示法较为简单；有些情况下，使用双代号表示法则更为清楚。因此，单代号和双代号网络图是两种互为补充、各具特色的表现方法。

4.4　双代号时标网络计划

4.4.1　绘制方法

双代号时标网络计划是综合应用横道图的时间坐标和网络计划的原理，是在横道图基础上引入网络计划中各工作之间逻辑关系的表达方法。如图 4-54 所示的双代号网络计划，若改画为时标网络计划，如图 4-55 所示。采用时标网络计划，既解决了横道计划中各项工作不明确，时间指标无法计算的缺点，又解决了双代号网络计划时间不直观，不能明确看出各工作开始和完成的时间等问题。它的特点是：

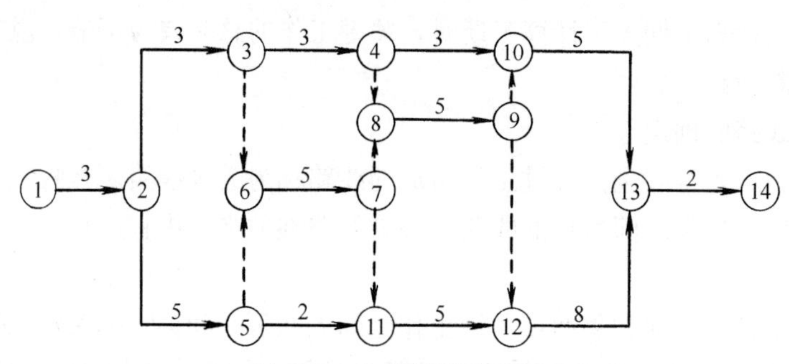

图 4-54　双代号网络计划

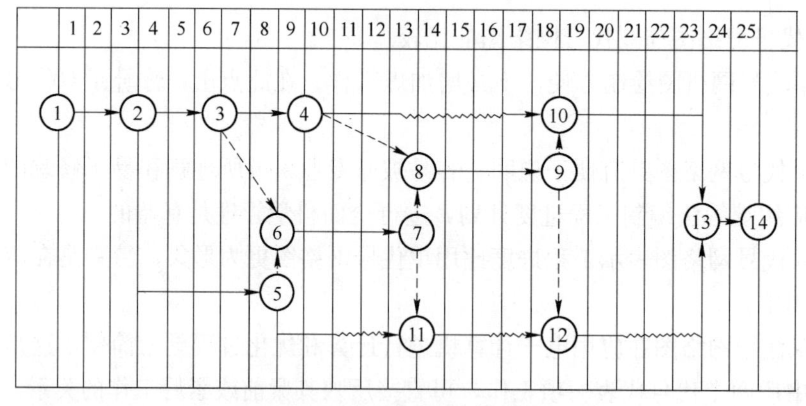

图 4-55　时标网络计划图

（1）时标网络计划中，箭线的长短与时间有关；

（2）可直接显示各工作的时间参数和关键线路，不必计算；

(3) 由于受到时间坐标的限制，所以时标网络计划不会产生闭合回路；

(4) 可以直接在时标网络图的下方绘出资源动态曲线，便于分析，平衡调度；

(5) 由于箭线的长度和位置受时间坐标的限制，因而调整和修改不太方便。

1. 时标网络计划的一般规定

(1) 双代号时标网络计划必须以水平时间坐标为尺度表示工作时间。时标的时间单位应根据需要在编制网络计划之前确定，可为时、天、周、月或季。

(2) 时标网络计划应以实箭线表示工作，以虚箭线表示虚工作，以波形线表示工作的自由时差。

(3) 时标网络计划中所有符号在时间坐标上的水平投影位置，都必须与其时间参数相对应。节点中心必须对准相应的时标位置。虚工作必须以垂直方向的虚箭线表示，有自由时差加波形线表示。

2. 时标网络计划的绘制方法

时标网络计划一般按工作的最早开始时间绘制。其绘制方法有间接绘制法和直接绘制法。

(1) 间接绘制法

间接绘制法是先计算网络计划的时间参数，再根据时间参数在时间坐标上进行绘制的方法。其绘制步骤和方法如下：

1) 先绘制双代号网络图，计算时间参数，确定关键工作及关键线路。

2) 根据需要确定时间单位并绘制时标横轴。

3) 根据工作最早开始时间或节点的最早时间确定各节点的位置。

4) 依次在各节点间绘出箭线及时差。绘制时宜先画关键工作、关键线路，再画非关键工作。如箭线长度不足以达到工作的完成节点时，用波形线补足，箭头画在波形线与节点连接处。

5) 用虚箭线连接各有关节点，将有关的工作连接起来。

(2) 直接绘制法

直接绘制法是不计算网络计划时间参数，直接在时间坐标上进行绘制的方法。其绘制步骤和方法可归纳为如下绘图口诀："时间长短坐标限，曲直斜平利相连；箭线到齐画节点，画完节点补波线；零线尽量拉垂直，否则安排有缺陷。"

1) 时间长短坐标限：箭线的长度代表着具体的施工时间，受到时间坐标的制约。

2) 曲直斜平利相连：箭线的表达方式可以是直线、折线、斜线等，但布图应合理，直观清晰。

3) 箭线到齐画节点：工作的开始节点必须在该工作的全部紧前工作都画出后，定位在这些紧前工作最晚完成的时间刻度上。

4) 画完节点补波线：某些工作的箭线长度不足以达到其完成节点时，用波形线补足。

5) 零线尽量拉垂直：虚工作持续时间为零，应尽可能让其为垂直线。

6) 否则安排有缺陷：若出现虚工作占据时间的情况，其原因是工作面停歇或施工作业队组工作不连续。

【例 4-3】 某双代号网络计划如图 4-56 所示，试绘制时标网络图。

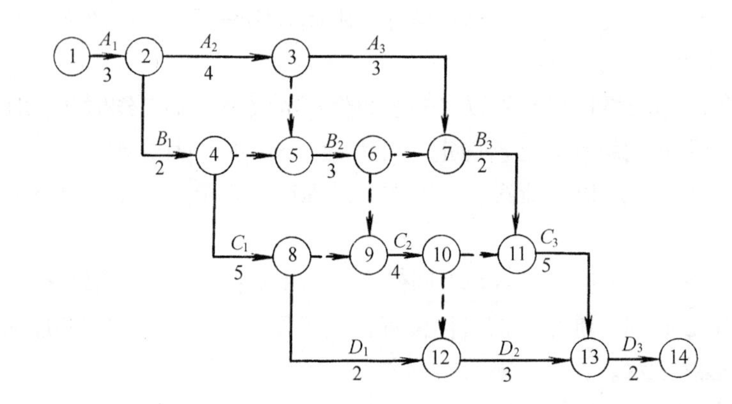

图 4-56　双代号网络计划

【解】 按直接绘制的方法，绘制出时标网络计划如图 4-57 所示。

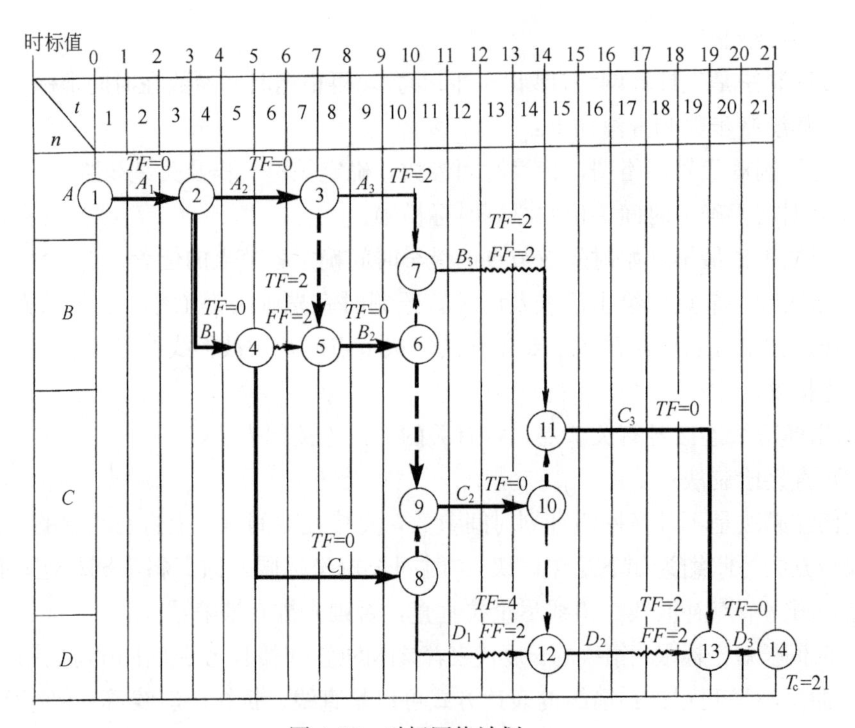

图 4-57　时标网络计划

4.4.2　关键线路的确定和时间参数的判读

1. 关键线路的确定　自终点节点逆箭线方向朝起点节点观察，自始至终不出现波形线的线路为关键线路。

2. 工期的确定　时标网络计划的计算工期，应是其终点节点与起点节点所在位置的时标值之差。

3. 时间参数的判读

(1) 最早时间参数：按最早时间绘制的时标网络计划，每条箭线的箭尾和箭头所对应的时标值应为该工作的最早开始时间和最早完成时间。

(2) 自由时差：波形线的水平投影长度即为该工作的自由时差。

(3) 总时差：自右向左进行，其值等于诸紧后工作的总时差的最小值与本工作的自由时差之和。即

$$TF_{i-j}=\min\{TF_{j-k}\}+FF_{i-j} \tag{4-49}$$

(4) 最迟时间参数：最迟开始时间和最迟完成时间应按下式计算：

$$LS_{i-j}=ES_{i-j}+TF_{i-j}$$
$$LF_{i-j}=EF_{i-j}+TF_{i-j}$$

如图 4-57 所示的关键线路及各时间参数的判读结果见图中标注。

4.5　网络计划优化概述

经过调查研究、确定施工方案、划分施工过程、分析施工过程间的逻辑关系、编制施工过程一览表、绘制网络图、计算时间参数等步骤，可以确定网络计划的初始方案。然而要使工程计划顺利实施，获得缩短工期、质量优良、资源消耗小、工程成本低的效果，就要按一定标准对网络计划初始方案进行衡量，必要时还需进行优化调整。

网络计划的优化，就是在满足既定约束条件下，按选定目标，通过不断改进网络计划寻求满意方案。

网络计划的优化目标，应按计划任务的需要和条件选定，包括工期目标、费用目标、资源目标。

网络计划的优化，按其优化达到的目标不同，一般分为工期优化、费用优化、资源优化。

4.5.1　工期优化

工期优化是指在满足既定约束条件下，按要求工期目标，通过延长或缩短网络计划初始方案的计算工期，以达到要求工期目标，保证按期完成任务。

网络计划的初始方案编制好后，将其计算工期与要求工期相比较，会出现以下情况：

1. 计算工期小于或等于要求工期

如果计算工期小于要求工期不多或两者相等，则一般不必进行工期优化。

如果计算工期小于要求工期较多，则考虑与施工合同中的工期提前奖等条款相结

合，确定是否进行工期优化。若需优化，优化的方法是：延长关键线路上资源占用量大或直接费用高的工作的持续时间(相应减少其单位时间资源需要量)；或重新选择施工方案，改变施工机械，调整施工顺序，再重新分析逻辑关系；编制网络图，计算时间参数；反复多次进行，直至满足要求工期。

2. 计算工期大于要求工期

当计算工期大于要求工期，可以在不改变网络计划中各项工作之间的逻辑关系的前提下，通过压缩关键工作的持续时间来满足要求工期。压缩关键工作持续时间的方法，有“顺序法”、“加数平均法”、“选择法”等。“顺序法”是按关键工作开工时间来确定需压缩的工作，先干的先压缩。“加数平均法”是按关键工作持续时间的百分比压缩。这两种方法虽然简单，但没有考虑压缩的关键工作所需的资源是否有保证及相应的费用增加幅度。“选择法”更接近实际需要，下面重点介绍。

(1) 选择应缩短持续时间的关键工作时，应考虑下列因素：

1) 缩短持续时间对质量和安全影响不大的工作；

2) 有充足备用资源的工作；

3) 缩短持续时间所需增加费用最小的工作。

将所有工作按其是否满足上述三方面要求，确定优选系数，优选系数小的工作较适宜压缩。选择关键工作并压缩其持续时间时，应选择优选系数最小的关键工作。若需要同时压缩多个关键工作的持续时间时，则它们的优选系数之和(组合优选系数)最小者应优先作为压缩对象。

(2) 工期优化的计算，应按下述步骤进行：

1) 计算并找出初始网络计划的计算工期 T_c、关键线路及关键工作。

2) 按要求工期 T_r 计算应缩短的时间 ΔT，$\Delta T=T_c-T_r$。

3) 确定各关键工作能缩短的持续时间。

4) 按前述要求的因素选择关键工作，压缩其持续时间，并重新计算网络计划的计算工期。此时，要注意，不能将关键工作压缩成非关键工作；当出现多条关键线路时，必须将平行的各关键线路的持续时间压缩相同的数值；否则，不能有效地缩短工期。

5) 当计算工期仍超过要求工期时，则重复以上步骤，直到满足要求工期或工期不能再缩短为止。

6) 当所有关键工作的持续时间都已达到其能缩短的极限而工期仍不能满足要求工期时，应对计划的原技术方案、组织方案进行调整，或对要求工期重新审定。

下面结合示例说明工期优化的计算步骤：

【例 4-4】 已知某工程双代号网络计划如图 4-58 所示，图中箭线上下方标注内容，箭线上方括号外为工作名称；括号内为优选系数；箭线下方括号外为工作正常持续时间，括号内为最短持续时间。现假定要求工期为 30 天，试对其进行工期优化。

【解】 该工程双代号网络计划工期优化可按以下步骤进行：

(1) 用简捷方法计算工作正常持续时间时，网络计划的时间参数如图 4-59 所示，标注工期、关键线路，其中关键线路用粗箭线表示。计算工期 $T_c=46$ 天。

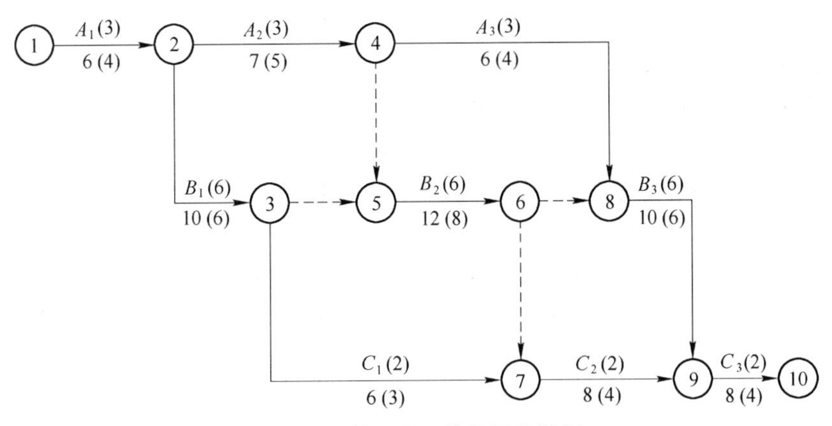

图 4-58　某工程双代号网络计划

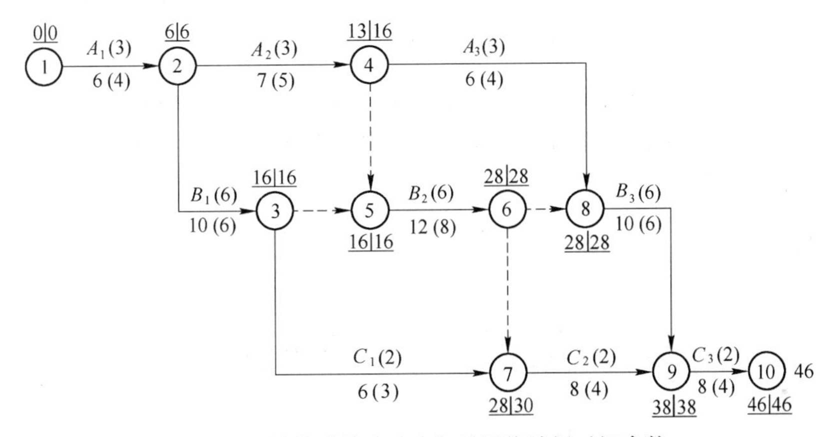

图 4-59　简捷计算法确定初始网络计划时间参数

(2) 按要求工期 T_r 计算应缩短的时间 ΔT。

$$\Delta T = T_c - T_r = 46 - 30 = 16 \text{天}$$

(3) 选择关键线路上优选系数较小的工作，依次进行压缩，直到满足要求工期，每次压缩后的网络计划如图 4-60～图 4-65 所示。

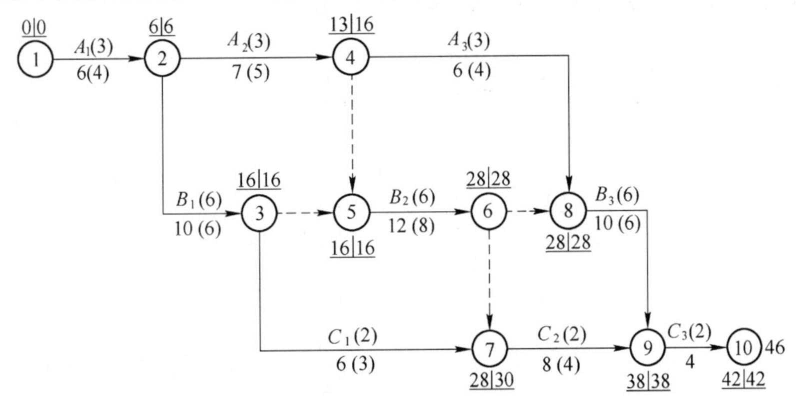

图 4-60　第一次压缩后的网络计划

1) 第一次压缩，根据图 4-59 中数据，选择关键线路上优选系数最小的工作为 9—

10 工作，可压缩 4 天，压缩后网络计划如图 4-60 所示。

2）第二次压缩，根据图 4-60 中数据，选择关键线路上优选系数最小的工作为 1—2 工作，可压缩 2 天，压缩后网络计划如图 4-61 所示。

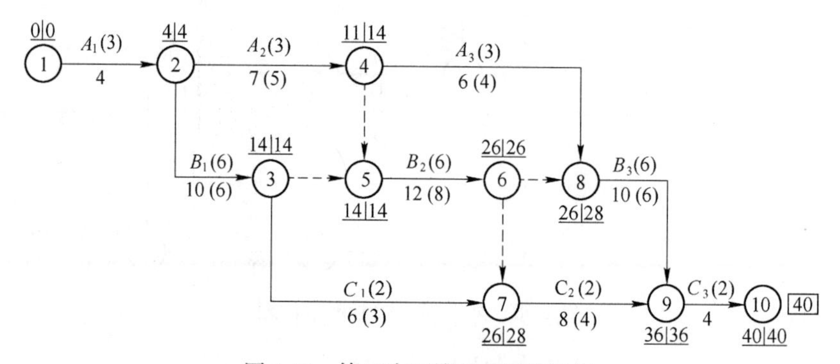

图 4-61　第二次压缩后的网络计划

3）第三次压缩，根据图 4-61 中数据，选择关键线路上优选系数最小的工作为 2—3 工作，可压缩 3 天，则 2—4 工作也成为关键工作，压缩后网络计划如图 4-62 所示。

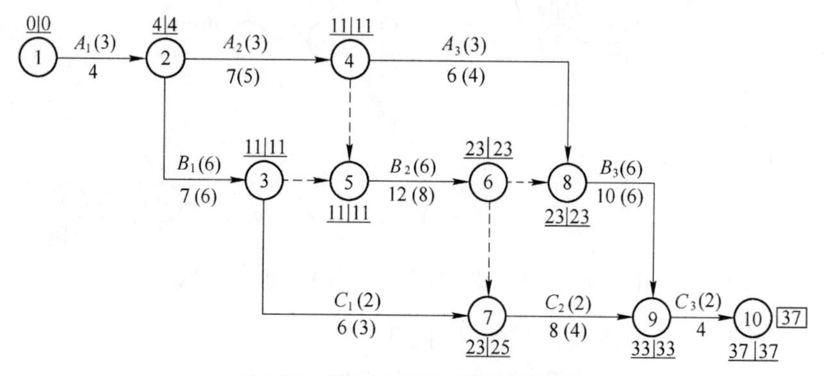

图 4-62　第三次压缩后的网络计划

4）第四次压缩，根据图 4-62 中数据，选择关键线路上优选系数最小的工作为 5—6 工作，可压缩 4 天，压缩后网络计划如图 4-63 所示。

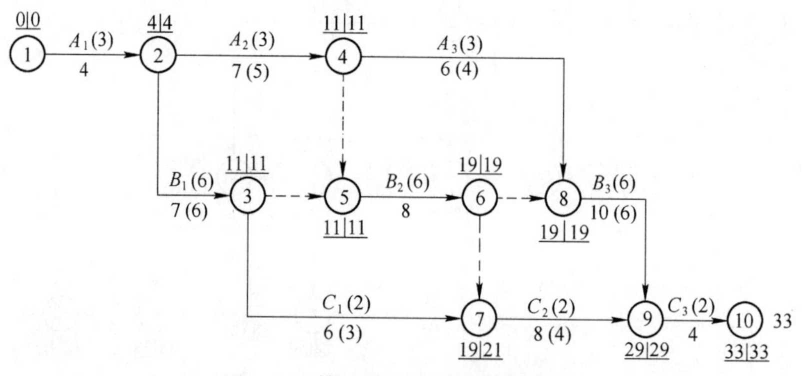

图 4-63　第四次压缩后的网络计划

5）第五次压缩，根据图 4-63 中数据，选择关键线路上优选系数最小的工作为 8—9 工作，可压缩 2 天，则 7—9 工作也成为关键工作，压缩后网络计划如图 4-64 所示。

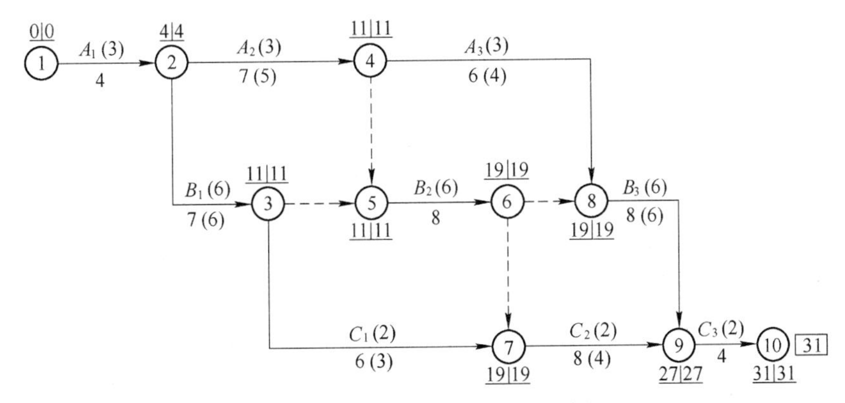

图 4-64　第五次压缩后的网络计划

6）第六次压缩，根据图 4-64 中数据，选择关键线路上组合优选系数最小的工作为 8—9 和 7—9 工作，只需压缩 1 天，则共计压缩 16 天，压缩后网络计划如图 4-65 所示。

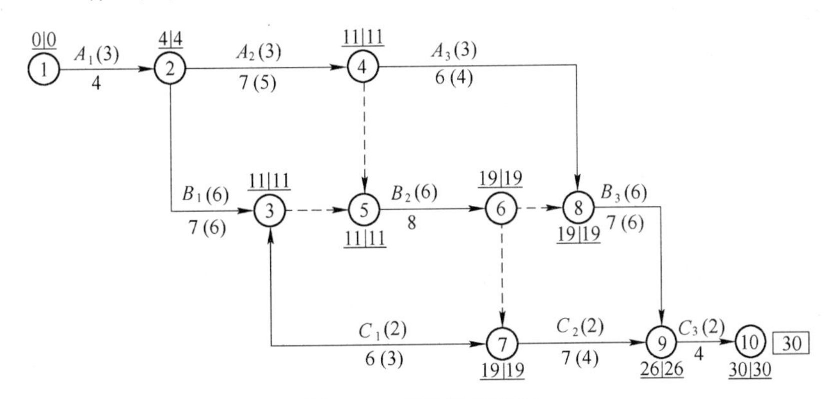

图 4-65　优化网络计划

通过六次压缩，工期达到 30 天，满足要求的工期规定。其优化压缩过程见表 4-6。

某工程网络计划工期优化压缩过程表　　　　表 4-6

优化次数	压缩工序	组合优选系数	压缩天数（天）	工期（天）	关键工作
0				46	①-②-③-⑤-⑥-⑧-⑨-⑩
1	⑨-⑩	2	4	42	①-②-③-⑤-⑥-⑧-⑨-⑩
2	①-②	3	2	40	①-②-③-⑤-⑥-⑧-⑨-⑩
3	②-③	6	3	37	①-②-③-⑤-⑥-⑧-⑨-⑩、②-④-⑤
4	⑤-⑥	6	4	33	①-②-③-⑤-⑥-⑧-⑨-⑩、②-④-⑤
5	⑧-⑨	6	2	31	①-②-③-⑤-⑥-⑧-⑨-⑩、②-④-⑤、⑥-⑦-⑨
6	⑧-⑨、⑦-⑨	8	1	30	①-②-③-⑤-⑥-⑧-⑨-⑩、②-④-⑤、⑥-⑦-⑨

4.5.2　费用优化

费用优化又称工期成本优化或时间成本优化，是指寻求工程总成本最低时的工期安排，或按要求工期寻求最低成本的计划安排过程。

1. 费用和时间的关系

工程项目的总费用由直接费用和间接费用组成。直接费用由人工费、材料费、机械使用费及现场经费等组成。施工方案不同，则直接费用不同，即使施工方案相同，工期不同，直接费用也不同。间接费用包括企业经营管理的全部费用。

一般情况下，缩短工期会引起直接费的增加和间接费的减少，延长工期会引起直接费的减少和间接费的增加。在考虑工程总费用时，还应考虑工期变化带来的其他损益，包括因拖延工期而罚款的损失或提前竣工而得的奖励，甚至也考虑因提前投产而获得的收益和资金的时间价值等。

工期与费用的关系如图 4-66 所示。图中工程成本曲线是由直接费曲线和间接费曲线叠加而成。曲线上的最低点就是工程计划的最优方案之一，此方案工程成本最低，相对应的工程持续时间称为最优工期。

(1) 直接费曲线

直接费曲线通常是一条由左上向右下的下凹曲线，如图 4-67 所示，因为直接费总是随着工期的缩短而更快增加的，在一定范围内与时间成反比关系。如果缩短时间，即加快施工速度，要采取加班加点和多班作业，采用高价的施工方法和机械设备等，直接费用也跟着增加。然而工作时间缩短至某一极限，则无论增加多少直接费，也不能再缩短工期，此极限称为临界点，此时的时间为最短持续时间，此时费用为最短时间直接费。反之，如果延长时间，则可减少直接费。然而时间延长至某一极限，则无论将工期延至多长，也不能再减少直接费。此极限为正常点，此时的时间称为正常持续时间，此时的费用称为正常时间直接费。

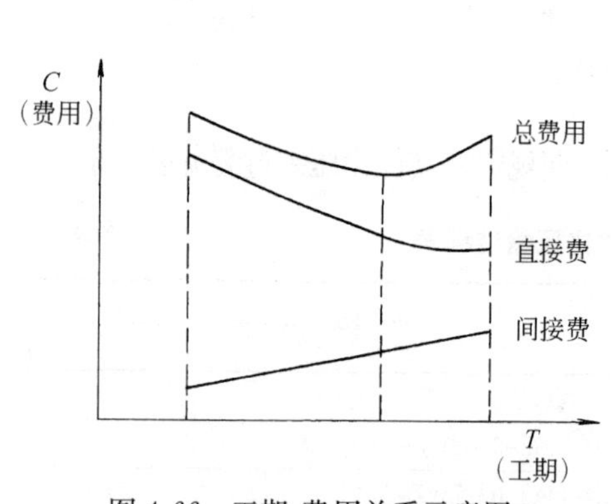

图 4-66　工期-费用关系示意图

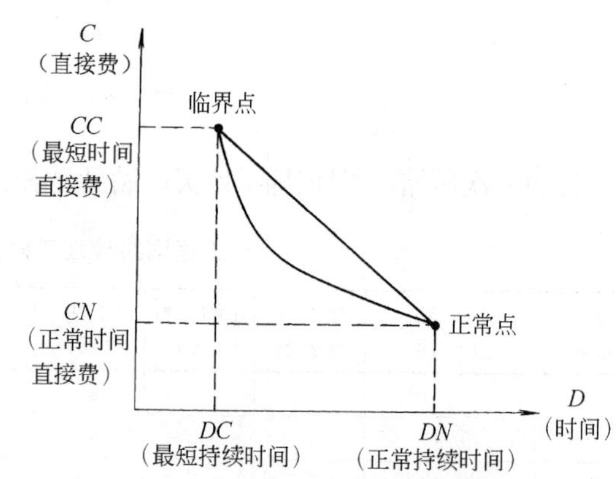

图 4-67　时间与直接费的关系示意图

连接正常点与临界点的曲线，称为直接费曲线。直接费曲线实际并不像图中那样圆滑，而是由一系列线段组成的折线并且越接近最高费用(极限费用)其曲线越陡。为了计算方便，可以近似地将它假定为一条直线，如图 4-67 所示。我们把因缩短工作持续时间(赶工)每一单位时间所需增加的直接费，简称为直接费用率，按如下公式计算：

$$\Delta C_{i-j}=\frac{CC_{i-j}-CN_{i-j}}{DN_{i-j}-DC_{i-j}} \tag{4-50}$$

式中　ΔC_{i-j}——工作 $i-j$ 的直接费用率；

CC_{i-j}——将工作 $i-j$ 持续时间缩短为最短持续时间后，完成该工作所需的直接费用；

CN_{i-j}——在正常条件下完成工作 $i-j$ 所需的直接费用；

DN_{i-j}——工作 $i-j$ 的正常持续时间；

DC_{i-j}——工作 $i-j$ 的最短持续时间。

从公式中可以看出，工作的直接费用率越大，则将该工作的持续时间缩短一个时间单位，相应增加的直接费就越多；反之，工作的直接费用率越小，则将该工作的持续时间缩短一个时间单位，相应增加的直接费就越少。

根据各工作的性质不同，其工作持续时间和费用之间的关系通常有以下两种情况：

1) 连续变化型关系。有些工作的直接费用随着工作持续时间的改变而改变，如图 4-67 所示。介于正常持续时间和最短(极限)时间之间的任意持续时间的费用可根据其费用斜率，用数学方法推算出来。这种时间和费用之间的关系是连续变化的，称为连续型变化关系。

例如，某工作经过计算确定其正常持续时间为 10 天，所需费用 1200 元，在考虑增加人力、材料、机具设备和加班的情况下，其最短时间为 6 天，而费用为 1500 元，则其单位变化率为：

$$\Delta C_{i-j}=\frac{CC_{i-j}-CN_{i-j}}{DN_{i-j}-DC_{i-j}}=\frac{1500-1200}{10-6}=75\text{元/天}$$

即每缩短一天，其费用增加 75 元。

2) 非连续型变化关系。有些工作的直接费用与持续时间之间的关系是根据不同施工方案分别估算的，因此，介于正常持续时间与最短持续时间之间的关系不能用线性关系表示，不能通过数学方法计算，工作不能逐天缩短，在图上表示为几个点，只能在几种情况中选择一种，如图 4-68 所示。

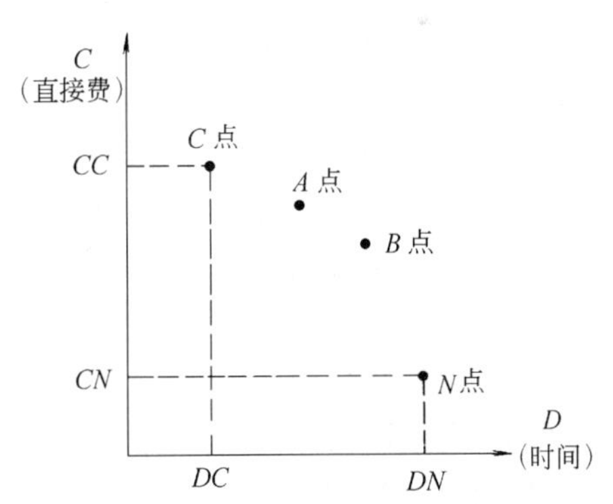

图 4-68　非连续型的时间-直接费关系示意图

例如，某土方开挖工程，采用三种不同的开挖机械，其费用和持续时间见表 4-7。

因此，在确定施工方案时，根据工期要求，只能在表 4-7 中的三种不同机械中选择。在图中也就是只能取其中三点的一点。

时间及费用表　　**表 4-7**

机械类型	A	B	C
持续时间(天)	8	12	15
费用(元)	7200	6100	4800

(2) 间接费曲线

表示间接费用与时间成正比关系的曲线，通常用直线表示。其斜率表示间接费用在单位时间内的增加或减少值。间接费用与施工单位的管理水平、施工条件、施工组织等有关。

2. 费用优化的方法步骤

费用优化的基本方法：不断地在网络计划中找出直接费用率(或组合直接费用率)最小的关键工作，缩短其持续时间，同时考虑间接费随工期缩短而减少的数值，最后求得工程总成本最低时的最优工期安排或按要求工期求得最低成本的计划安排。费用优化的基本方法可简化为以下口诀：不断压缩关键线路上有压缩可能且费用最少的工作。

按照上述基本方法，费用优化可按以下步骤进行：

(1) 按工作的正常持续时间确定计算关键线路、工期、总费用。

(2) 按式(4-50)计算各项工作的直接费用率。

(3) 当只有一条关键线路时，应找出直接费用率最小的一项关键工作，作为缩短持续时间的对象；当有多条关键线路时，应找出组合直接费用率最小的一组关键工作，作为缩短持续时间的对象。

(4) 对于选定的压缩对象(一项关键工作或一组关键工作)，首先比较其直接费用率或组合直接费用率与工程间接费用率的大小：

1) 如果被压缩对象的直接费用率或组合直接费用率小于工程间接费用率，说明压缩关键工作的持续时间会使工程总费用减少，故应缩短关键工作的持续时间；

2) 如果被压缩对象的直接费用率或组合直接费用率等于工程间接费用率，说明压缩关键工作的持续时间不会使工程总费用增加，故应缩短关键工作的持续时间；

3) 如果被压缩对象的直接费用率或组合直接费用率大于工程间接费用率，说明压缩关键工作的持续时间会使工程总费用增加，此时应停止缩短关键工作的持续时间，在此之前的方案即为优化方案。

(5) 当需要缩短关键工作的持续时间时，其缩短值的确定必须符合下列两条原则：

1) 缩短后工作的持续时间不能小于其最短持续时间；

2) 缩短持续时间的工作不能变成非关键工作。

(6) 计算关键工作持续时间缩短后相应的总费用变化。

(7) 重复上述(3)～(6)步，直至计算工期满足要求工期，或被压缩对象的直接费用率或组合费用率大于工程间接费用率为止。

费用优化过程见表 4-8。

费用优化过程表 **表 4-8**

压缩次数	被压缩工作代号	缩短时间(天)	直接费率或组合直接率(万元/天)	费率差(正或负)(万元/天)	压缩需用总费用(正或负)(万元)	总费用(万元)	工期(天)	备注

注：表 4-8 中费率差＝直接费率或组合直接费率－间接费率；

压缩需用总费用＝费率差×缩短时间；

总费用＝上次压缩后总费用＋本次压缩需用总费用；

工期＝上次压缩后工期－本次缩短时间。

下面结合示例说明费用优化的计算步骤：

【例 4-5】 已知某工程计划网络如图4-69 所示，图中箭线上方为工作的正常时间的直接费用和最短时间的直接费用(以万元为单位)，箭线下方为工作的正常持续时间和最短持续时间(天)。其中 2—5 工作的时间与直接费为非连续型变化关系，其正常时间及直接费用为(8 天，5.5 万元)，最短时间及直接费用为(6 天，6.2 万元)。整个工程计划的间接费率为 0.35 万元/天，最短工期时的间接费为 8.5 万元。试对此计划进行费用优化，确定工期费用关系曲线，求出费用最少的相应工期。

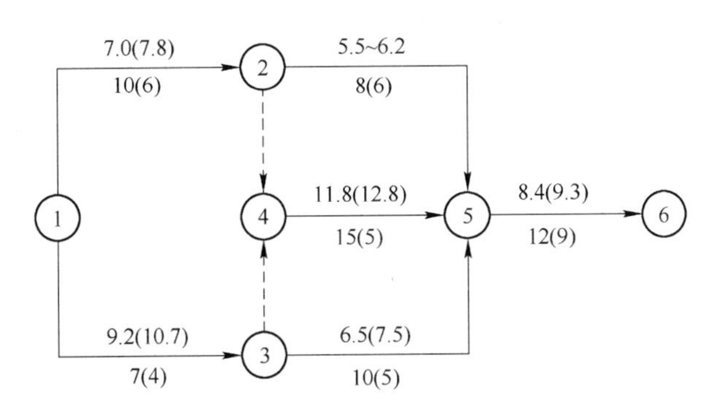

图 4-69 初始网络计划

【解】 (1) 按各项工作的正常持续时间，用简捷方法确定计算工期、关键线路、总费用，如图 4-70 所示。计算工期为 37 天，关键线路为 1—2—4—5—6。

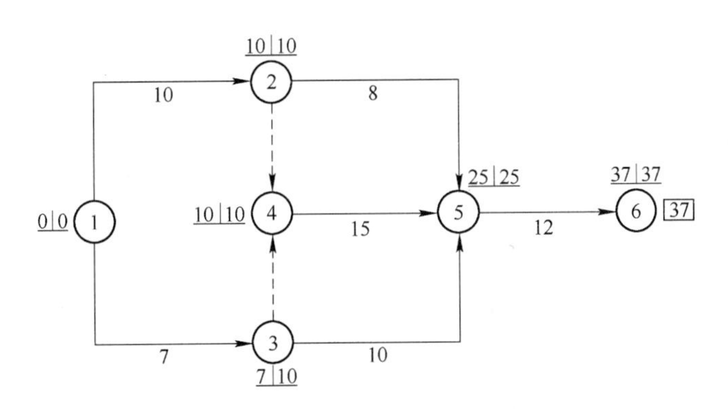

图 4-70 初始网络计划中的关键线路

按各项工作的最短持续时间，用简捷方法确定计算工期，如图 4-71 所示。计算工期为 21 天。

正常持续时间时的总直接费用＝各项工作的正常持续时间时的直接费用之和＝7.0＋9.2＋5.5＋11.8＋6.5＋8.4＝48.4 万元

正常持续时间时的总间接费用＝最短工期时的间接费＋(正常工期－最短工期)×间接费率＝8.5＋0.35×(37－21)＝14.1 万元

正常持续时间时的总费用＝正常持续时间时总直接费用＋正常持续时间时总间接费用＝48.4＋14.1＝62.5 万元

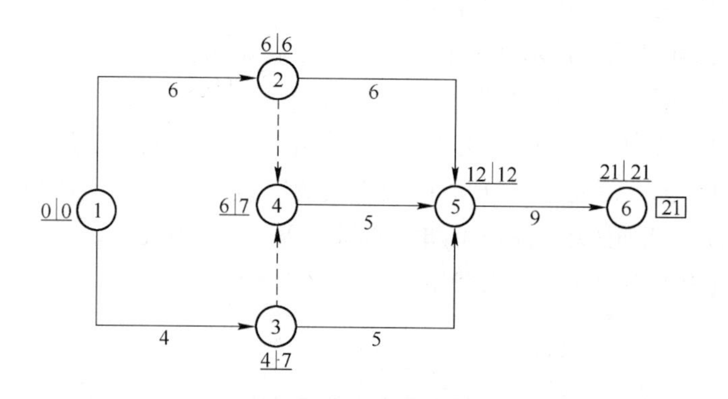

图 4-71 各工作最短持续时间时的关键线路

（2）按式(4-50)计算各项工作的直接费率，见表 4-9。

各项工作直接费用率 **表 4-9**

工作代号	正常持续时间（天）	最短持续时间（天）	正常时间直接费用（万元）	最短时间直接费用（万元）	直接费用率（万元/天）
①-②	10	6	7.0	7.8	0.2
①-③	7	4	9.2	10.7	0.5
②-⑤	8	6	5.5	6.2	
④-⑤	15	5	11.8	12.8	0.1
③-⑤	10	5	6.5	7.5	0.2
⑤-⑥	12	9	8.4	9.3	0.3

（3）不断压缩关键线路上有压缩可能且费用最少的工作，进行费用优化，压缩过程的网络图如图 4-72～图 4-77 所示。

1）第一次压缩：

从图 4-70 可知，该网络计划的关键线路上有三项工作，有三个压缩方案：

（A）压缩工作 1—2，直接费用率为 0.2 万元/天；

（B）压缩工作 4—5，直接费用率为 0.1 万元/天；

（C）压缩工作 5—6，直接费用率为 0.3 万元/天。

在上述压缩方案中，由于工作 4—5 的直接费用率最小，故应选择工作 4—5 作为压缩对象。工作 4—5 的直接费率为 0.1 万元/天，小于间接费用率 0.35 万元/天，说明压缩工作 4—5 可以使工程总费用降低。将工作 4—5 的工作时间缩短 7 天，则工作 2—5 也成为关键工作，第一次压缩后的网络计划如图 4-72 所示。图中箭线上方的数字为工作的直接费用率(工作 2—5 除外)。

2）第二次压缩：

从图 4-72 可知，该网络计划有 2 条关键线路，为了缩短工期，有以下两个压缩方案：

(A) 压缩工作1—2，直接费用率为0.2万元/天；

(B) 压缩工作5—6，直接费用率为0.3万元/天。

而同时压缩工作2—5和4—5，只能一次压缩2天，且经分析会使原关键线路变为非关键线路，故不可取。

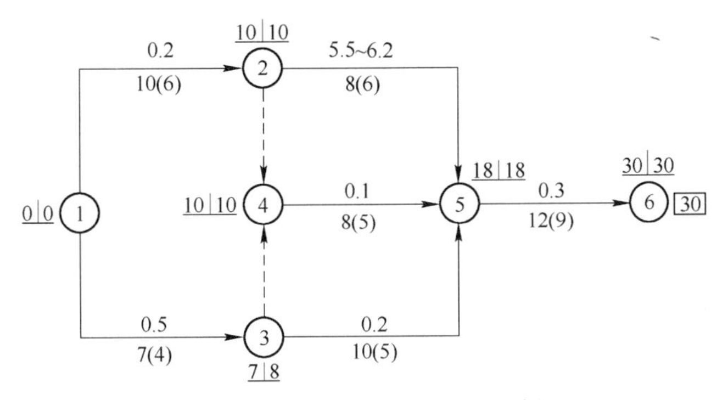

图4-72　第一次压缩后的网络计划

上述两个压缩方案中，工作1—2的直接费用率较小，故应选择工作1—2为压缩对象。工作1—2的直接费率为0.2万元/天，小于间接费率0.35万元/天，说明压缩工作1—2可使工程总费用降低，将工作1—2的工作时间缩短1天，则工作1—3和3—5也成为关键工作。第二次压缩后的网络计划如图4-73所示。

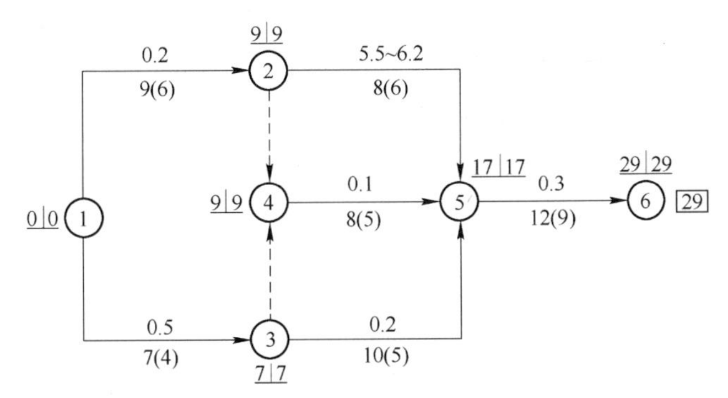

图4-73　第二次压缩后的网络计划

3) 第三次压缩：

从图4-73可知，该网络计划有3条关键线路，为了缩短工期，有以下三个压缩方案。

(A) 压缩工作5—6，直接费用率为0.3万元/天；

(B) 同时压缩工作1—2和3—5，组合直接费用率为0.4万元/天；

(C) 同时压缩工作1—3和2—5及4—5，只能一次压缩2天，共增加直接费1.9万元，平均每天直接费为0.95万元。

上述三个方案中，工作5～6的直接费用率较小，故应选择工作5～6作为压缩对象。工作5～6的直接费率为0.3万元/天，小于间接费率0.35万元/天，说明压缩工作5～6可使工程总费用降低。将工作5～6的工作时间缩短3天，则工作5～6的持续时间已达最短，不能再压缩，第三次压缩后的网络计划如图 4-74 所示。

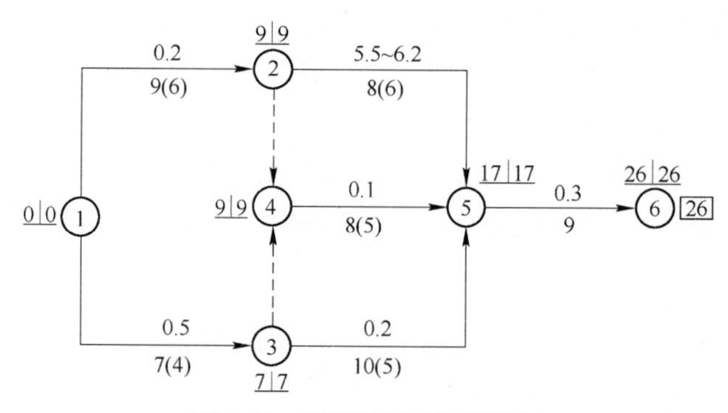

图 4-74　费用最低的网络计划

4）第四次压缩：

从图 4-74 可知，该网络计划有 3 条关键线路，有以下两个压缩方案。

(A) 同时压缩工作 1—2 和 3—5，组合直接费用率 0.4 万元/天；

(B) 同时压缩工作 1—3 和 2—5 及 4—5，只能一次压缩 2 天，共增加直接费 1.9 万元，平均每天直接费为 0.95 万元。

上述两个方案中，工作 1—2 和 3—5 的组合直接费用率较小，故应选择 1—2 和 3—5 同时压缩。但是由于其组合直接费率为 0.4 万元/天，大于间接费率 0.35 万元/天，说明此次压缩会使工程总费用增加。因此，优化方案在第三次压缩后已得到，如图 4-74 所示即为优化后费用最小的网络计划，其相应工期为 26 天。

将工作 1—2 和 3—5 的工作时间同时缩短 2 天。第四次压缩后的网络计划如图 4-75 所示。

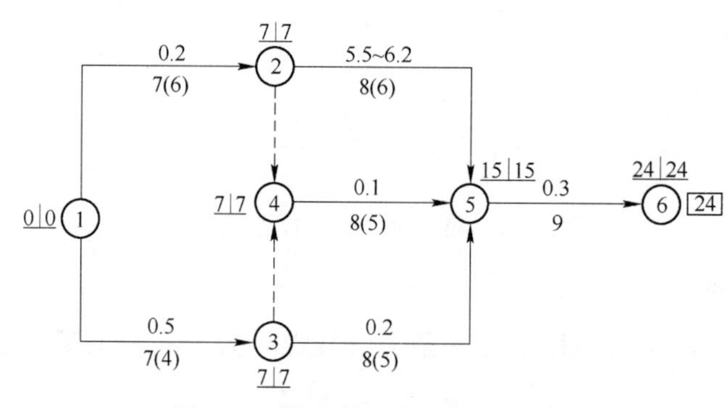

图 4-75　第四次压缩后的网络计划

5）第五次压缩：

从图 4-75 可知，该网络计划有以下四个压缩方案。

(A) 同时压缩工作 1—2 和 1—3，组合直接费率为 0.7 万元/天；

(B) 同时压缩 2—5、4—5 和 3—5，只能一次压缩 2 天，共增加直接费 1.3 万元，平均每天直接费为 0.65 万元；

(C) 同时压缩工作 1—2 和 4—5、3—5，组合直接费率为 0.5 万元/天；

(*D*) 同时压缩工作 1—3 和 2—5、4—5，只能一次压缩 2 天，共增加直接费 1.9 万元，平均每天直接费为 0.95 万元。

上述四个方案中，同时压缩工作 1—2 和 4—5、3—5 的组合直接费率较小，故应选择 1—2 和 4—5、3—5 同时压缩，但是由于其组合直接费率为 0.5 万元/天，大于间接费率 0.35 万元/天，说明此次压缩会使工程总费用增加。将工作 1—2 和 4—5、3—5 的工作时间同时缩短 1 天，此时 1—2 工作的持续时间已达极限，不能再压缩。第五次压缩后的网络计划如图 4-76 所示。

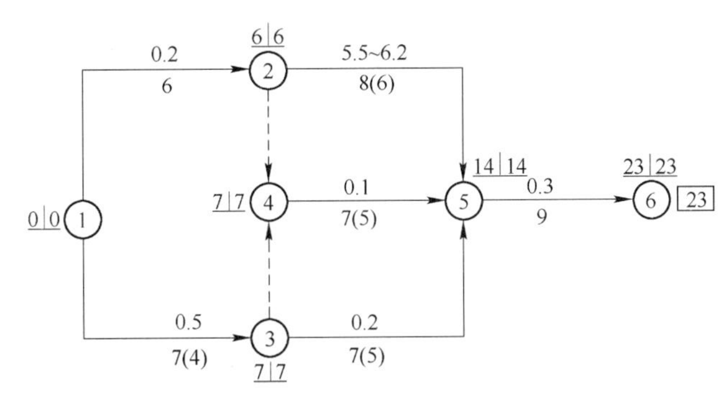

图 4-76　第五次压缩后的网络计划

6）第六次压缩：

从图 4-76 可知，该网络计划有以下两个压缩方案。

(*A*) 同时压缩工作 1—3 和 2—5，只能一次压缩 2 天，且会使原关键线路变为非关键线路，故不可取；

(*B*) 同时压缩工作 2—5、4—5 和 3—5，只能一次压缩 2 天，共增加直接费 1.3 万元。

故选择第二个方案进行压缩，将该三项工作同时缩短 2 天，此时 2—5、4—5 和 3—5 工作的持续时间均已达到极限，不能再压缩，第六次压缩后的网络计划如图 4-77 所示。

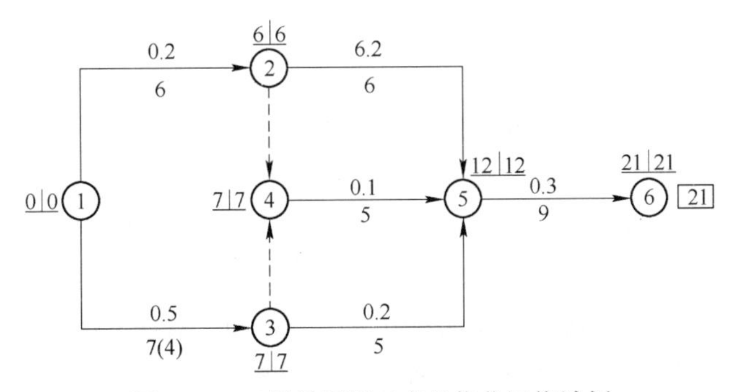

图 4-77　工期最短相对应的优化网络计划

计算到此，可以看出只有 1—3 工作还可以继续缩短，但即使将其缩短只能增加费用而不能压缩工期，所以缩短工作 1—3 徒劳无益，本例的优化压缩过程至此结束。费用优化过程表见表 4-10。

某工程网络计划费用优化过程表　　表 4-10

压缩次数	被压缩工作代号	缩短时间（天）	被压缩工作的直接费率或组合直接费率（万元/天）	费率差（正或负）（万元/天）	压缩需用总费用（正或负）（万元）	总费用（万元）	工期（天）	备注
0						62.5	37	
1	④-⑤	7	0.1	−0.25	−1.75	60.75	30	
2	①-②	1	0.2	−0.15	−0.15	60.60	29	
3	⑤-⑥	3	0.3	−0.05	−0.15	60.45	26	优化方案
4	①-② ③-⑤	2	0.4	+0.05	+0.10	60.55	24	
5	①-② ④-⑤ ③-⑤	1	0.5	+0.15	+0.15	60.70	23	
6	②-⑤ ④-⑤ ③-⑤	2			+0.60	61.30	21	

该工程优化的工期费用关系曲线如图 4-78 所示。

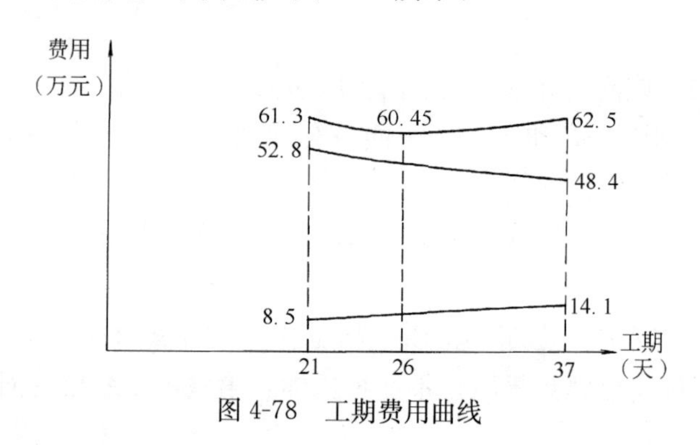

图 4-78　工期费用曲线

4.5.3　资源优化

资源优化是指为完成一项工程任务所需投入的人力、材料、机械设备和资金等的统称。资源限量是单位时间内可供使用的某种资源的最大数量，用 R_i 表示。完成一项工程任务，所需资源量基本上是不变的，不可能通过资源优化将其减少。资源优化的目的是通过改变工作的开始时间和完成时间，使资源按时间的分布符合优化目标。

在通常情况下，网络计划的资源优化分为两种，即“资源有限—工期最短”的优化和“工期固定—资源均衡”的优化。前者是在满足资源限制条件下，通过调整计划安排，使工期延长最少的过程；而后者是在工期保持不变的条件下，通过调整计划安排，使资源需用量尽可能均衡的过程。

进行资源优化的前提条件是：

(1) 在优化过程中，原网络计划各工作之间的逻辑关系不改变；

（2）在优化过程中，原网络计划的各工作的持续时间不改变；

（3）除规定可中断的工作外，一般不允许中断工作，应保持其连续性；

（4）网络计划中各工作单位时间的资源需要量为常数，即资源均衡，而且是合理的。

1. 资源有限、工期最短

（1）资源分配原则

1）关键工作优先满足，按每日资源需要量大小，从大到小顺序供应资源。

2）非关键工作的资源供应按时差从大到小供应，同时考虑资源和工作是否中断。

（2）优化步骤

1）按照各项工作的最早开始时间绘制时标网络计划，并绘制资源动态曲线，计算网络计划每个时间单位的资源需用量。

2）从计划开始之日起，逐个检查每一时间资源需要用量是否超过资源限值，找出首先出现超过资源限值的时段，进行优化调整。

分析超过资源限量的时段，按本时段内各工作的调整对工期的影响安排优化顺序。顺序安排的选择标准是工期延长时间最短。当调整一项工作的最早开始时间后仍不能满足要求，就应按顺序继续调整其他工作。

3）绘制调整后的网络计划，重复以上步骤，直到满足要求。

2. 工期固定，资源均衡

（1）资源均衡的意义和指标

资源均衡可以使各种资源的动态曲线尽可能不出现短时期高峰或低谷，资源供应合理，从而节省施工费用。衡量资源均衡程度一般用不均衡系数 K 和方差 σ^2 表示。

1）不均衡系数 K

$$K=\frac{R_{\max}}{R_{\mathrm{m}}} \tag{4-51}$$

式中 $R_{\max}$——最大的资源需用量；

R_{m}——资源需用量的平均值；

K 值愈小，资源均衡性愈好（<1.5 最好）。

2）方差 σ^2

方差值即每天计划需用量与每天平均需用量之差的平方和的平均值。方差值越小，说明资源均衡程度越好，优化时可以用方差最小作为优化目标。即：

$$\sigma^2=\frac{1}{T}\sum_{t=1}^{T}(R_{\mathrm{t}}-R_{\mathrm{m}})^2$$

$$=\frac{1}{T}\sum_{t=1}^{T}R_{\mathrm{t}}^2-2\frac{1}{T}\sum_{t=1}^{T}R_{\mathrm{t}}R_{\mathrm{m}}+\frac{1}{T}\sum_{t=1}^{T}R_{\mathrm{m}}^2$$

而
$$\frac{1}{T}\sum_{t=1}^{T}R_{\mathrm{t}}=R_{\mathrm{m}},$$

则
$$\sigma^2=\frac{1}{T}\sum_{t=1}^{T}R_t^2-R_m^2 \tag{4-52}$$

从式(4-52)可看出，T 及 R_m 都为常数，欲使 σ^2 为最小，只需 $\sum_{t=1}^{T}R_t^2$ 为最小值，使

$$W=\sum_{t=1}^{T}R_t^2=R_1^2+R_2^2+\cdots+R_T^2=\min$$

（2）优化步骤

1）根据网络计划初始方案计算时间参数，确定关键线路及非关键工作的总时差，绘制资源动态曲线；为了满足工期固定的条件，在优化过程中不考虑关键工作的调整。

2）调整宜自网络计划终点节点开始，从右向左逐次进行。按工作的完成节点的编号从大到小的顺序进行调整，同一个完成节点的工作则先调整开始时间较迟的工作。在所有工作都按上述顺序自右向左进行了一次调整之后，再按上述顺序自右向左进行多次调整，直至所有工作的位置都不能再移动为止。

3）调整移动的方法，设被移动工作 i、j 分别表示工作未移动前开始和完成的那一天。若该工作右移一天，则第 i 天的资源需用量将减少 r(该工作资源需用量)；而第 $j+1$ 天的资源需用量增加 r，则 W 值的变化量为(与移动前的差值)为：

$$\begin{aligned}\Delta W&=(R_i-r)^2+(R_{j+1}+r)^2\\&=2r(R_{j+1}-R_i+r)\end{aligned} \tag{4-53}$$

式中　r——工作的资源数；

R_i——工作开始时间时网络图的资源数；

R_{j+1}——工作完成时间时网络图的资源数。

显然，$\Delta W<0$，则表示 σ^2 减少；可将工作右移一天，多次重复至不能移动(即 $\Delta W>0$)为止。

如果 $\Delta W>0$，则表示 σ^2 增加，此时，还要考虑右移多天(在总时差允许的范围内)，计算该天(K)至以后各天的 ΔW 的累计值 $\Sigma\Delta W$，如果 $\Sigma\Delta W\leqslant0$，则将工作右移至该天。

4.6　网络图进度计划的控制

网络图进度计划的控制主要包括网络计划的检查和网络计划的调整两个方面。

4.6.1　网络计划的检查

对网络计划的检查应定期进行。检查周期的长短应视计划工期的长短和管理的需要确定，一般可按天、周、旬、月、季等为周期。在计划执行过程中突然出现意外情况

时，可进行“应急检查”，以便采取应急调整措施。检查网络计划时，首先必须收集网络计划的实际执行情况，并进行记录。

网络计划的检查内容主要有：关键工作进度，非关键工作进度及时差利用，工作之间的逻辑关系。网络计划的检查方法较多，这里主要介绍前锋线比较法和列表比较法。

1. 前锋线比较法

前锋线比较法是通过绘制某检查时刻工程项目实际进度前锋线，进行工程实际进度与计划进度比较的方法，它主要适用于时标网络计划。所谓前锋线，是指在原时标网络计划上，从检查时刻的时标点出发，用点划线依次将各项工作实际进展位置点连接而成的折线，如图 4-79 所示。前锋线比较法就是通过实际进度前锋线与原进度计划中各工作箭线交点的位置来判断工作实际进度与计划进度的偏差，进而判定该偏差对后续工作及总工期影响程度的一种方法。

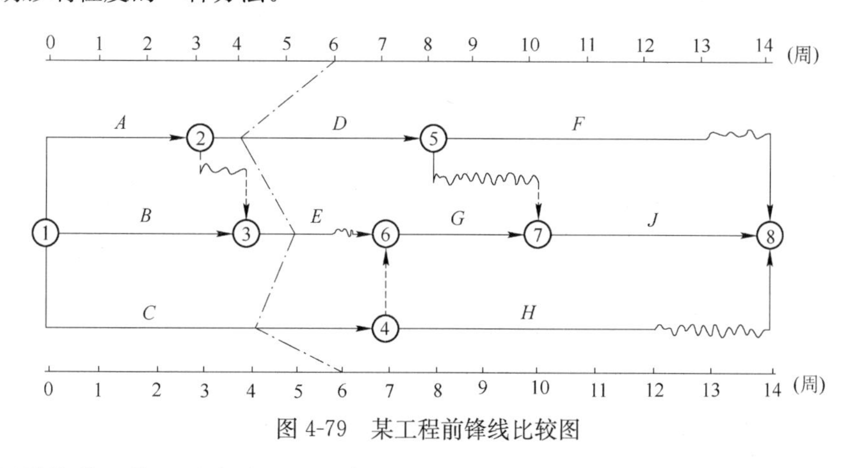

图 4-79　某工程前锋线比较图

采用前锋线比较法进行实际进度与计划进度的比较，其步骤如下：

（1）绘制时标网络计划图

工程项目实际进度前锋线是在时标网络计划图上标示，为清楚起见，可在时标网络计划图的上方和下方各设一时间坐标。

（2）绘制实际进度前锋线

一般从时标网络计划图上方时间坐标的检查日期开始绘制，依次连接相邻工作的实际进展位置点，最后与时标网络计划图下方坐标的检查日期相连接。

工作实际进展位置点的标定方法有两种：

1）按该工作已完任务量比例进行标定

假设工程项目中各项工作均为匀速进展，根据实际进度检查时刻该工作已完任务量占其计划完成总任务量的比例，在工作箭线上从左至右按相同的比例标定其实际进展位置点。

2）按尚需作业时间进行标定

当某些工作的持续时间难以按实物工程量来计算而只能凭经验估算时，可以先估算出检查时刻到该工作全部完成尚需作业的时间，然后在该工作箭线上从右向左逆向标定其实际进展位置点。

（3）进行实际进度与计划进度的比较

前锋线可以直观地反映出检查日期有关工作实际进度与计划进度之间的关系。对某项工作来说，其实际进度与计划进度之间的关系可能存在以下三种情况：

1）工作实际进展位置点落在检查日期的左侧，表明该工作实际进度拖后，拖后的时间为二者之差；

2）工作实际进展位置点与检查日期重合，表明该工作实际进度与计划进度一致；

3）工作实际进展位置点落在检查日期的右侧，表明该工作实际进度超前，超前的时间为二者之差。

（4）预测进度偏差对后续工作及总工期的影响

通过实际进度与计划进度的比较确定进度偏差后，还可根据工作的自由时差和总时差预测该进度偏差对后续工作及项目总工期的影响。由此可见，前锋线比较法既适用于工作实际进度与计划进度之间的局部比较，又可用来分析和预测工程项目整体进度状况。

值得注意的是，以上比较是针对匀速进展的工作。对于非匀速进展的工作，比较方法较复杂，此处不再赘述。

【例 4-6】 某工程项目时标网络计划如图 4-79 所示。该计划执行到第 6 周末检查实际进度时，发现工作 *A* 和 *B* 已经全部完成，工作 *D*、*E* 分别完成计划任务量的 20%和 50%，工作 *C* 尚需 3 周完成，试用前锋线法进行实际进度与计划进度的比较。

【解】 根据第 6 周末实际进度的检查结果绘制前锋线，如图 4-79 中点划线所示。通过比较可看出：

（1）工作 *D* 实际进度拖后 2 周，将使其后续工作 *F* 的最早开始时间推迟 2 周，并使总工期延长 1 周；

（2）工作 *E* 实际进度拖后 1 周，既不影响总工期，也不影响其后续工作的正常进行；

（3）工作 *C* 实际进度拖后 2 周，将使其后续工作 *G*、*H*、*J* 的最早开始时间推迟 2 周，由于工作 *G*、*J* 开始时间的推迟，从而使总工期延长 2 周。

综上所述，如果不采取措施加快进度，该工程项目的总工期将延长 2 周。

2. 列表比较法

当采用时标网络计划时也可以采用列表比较法。即记录检查时正在进行的工作名称和已进行的天数，然后列表计算有关时间参数，根据原有总时差和尚有总时差，判断实际进度与计划进度的比较方法。

列表比较法(表 4-11)步骤为：

列 表 比 较 法　　　　表 4-11

工作代号	工作名称	检查计划时尚需作业天数	到计划最迟完成时尚有天数	原有总时差	尚有总时差	情况判断
①	②	③	④	⑤	⑥	⑦

（1）在①、②栏内分别填写工作代号和工作名称。

（2）计算检查时正在进行的工作 $i-j$ 尚需作业时间 T_{i-j}^{2}，填在③栏内，其计算公式为：

$$T_{i-j}^{2}=D_{i-j}-T_{i-j}^{1} \tag{4-54}$$

式中 D_{i-j}——工作 $i-j$ 的计划持续时间；

T_{i-j}^{1}——工作 $i-j$ 检查时已经进行的时间。

（3）计算工作 $i-j$ 检查时至最迟完成时间的尚有时间 T_{i-j}^{3}，填在④栏内，其计算公式为：

$$T_{i-j}^{3}=LF_{i-j}-T^{2} \tag{4-55}$$

式中 LF_{i-j}——工作 $i-j$ 的最迟完成时间；

T^{2}——检查时间。

（4）计算工作 $i-j$ 总时差 TF_{i-j}，填在⑤栏内。

（5）计算工作 $i-j$ 尚有总时差 TF_{i-j}，填在⑥栏内，其计算公式为：

$$TF_{i-j}^{1}=TF_{i-j}^{3}-TF_{i-j}^{2} \tag{4-56}$$

式中 T_{i-j}^{3}——至最迟完成时间尚有时间。

（6）分析工作实际进度与计划进度的偏差，填在⑦栏内，可能有以下几种情况：

1）若工作尚有总时差与原有总时差相等，则说明该工作的实际进度与计划进度一致；

2）若工作尚有总时差小于原有总时差，但仍为正值，则说明该工作的实际进度比计划进度拖后，产生偏差值为二者之差，但不影响总工期；

3）若尚有总时差为负值，则说明对总工期有影响，应当调整。

【例 4-7】 已知网络计划如图 4-80 所示，在第 5 天检查时，发现 A 工作已完成，月工作已进行 1 天，C 工作进行为 2 天，D 工作尚未开始。用列表比较法，记录和比较进度情况。

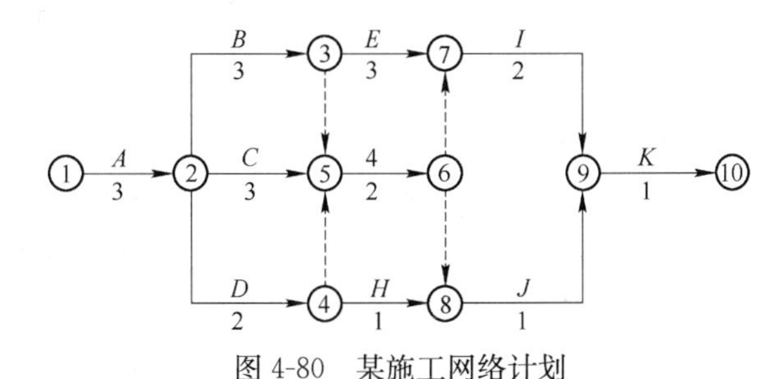

图 4-80 某施工网络计划

【解】 （1）计算时间参数。

（2）根据上述公式计算有关参数，见表 4-12。

（3）根据尚有总时差的计算结果，判断工作实际进度情况见表 4-5。

4.6.2 网络计划的调整

网络计划的调整时间一般应与网络计划的检查时间一致，根据计划检查结果可进行调整。

网络计划检查结果分析表　　表 4-12

工作代号	工作名称	检查计划时尚需作业天数	到计划最迟完成时尚有天数	原有总时差	尚有总时差	情况判断
①	②	③	④	⑤	⑥	⑦
2—3	B	2	1	0	−1	影响工期 1 天
2—5	C	1	2	1	1	正　常
2—4	D	2	2	2	0	正　常

1. 分析进度偏差的原因

由于工程项目的工程特点，尤其是较大和复杂的工程项目，工期较长，影响进度因素较多。编制计划、执行和控制工程进度计划时，必须充分认识和估计这些因素，才能克服其影响，使工程进度尽可能按计划进行，当出现偏差时，应考虑有关影响因素，分析产生的原因。其主要影响因素有：

（1）工期及相关计划的失误

1）计划时遗漏部分必需的功能或工作。

2）计划值(例如计划工作量、持续时间)不足，相关的实际工作量增加。

3）资源或能力不足，例如计划时没考虑到资源的限制或缺陷，没有考虑如何完成工作。

4）出现了计划中未能考虑到的风险或状况，未能使工程实施达到预定的效率。

5）在现代工程中，上级(业主、投资者、企业主管)常常在一开始就提出很紧迫的工期要求，使承包商或其他设计人、供应商的工期太紧。而且许多业主为了缩短工期，常常压缩承包商的做标期、前期准备的时间。

（2）工程条件的变化

1）工作量的变化。可能是由于设计的修改、设计的错误、业主新的要求、修改项目的目标及系统范围的扩展造成的。

2）外界(如政府、上层系统)对项目新的要求或限制，设计标准的提高可能造成项目资源的缺乏，使得工程无法及时完成。

3）环境条件的变化。工程地质条件和水文地质条件与勘察设计不符，如地质断层、地下障碍物、软弱地基、溶洞以及恶劣的气候条件等，都对工程进度产生影响，造成临时停工或破坏。

4）发生不可抗力事件。实施中如果出现意外的事件，如战争、内乱、拒付债务、工人罢工等政治事件；地震、洪水等严重的自然灾害；重大工程事故、试验失败、标准变化等技术事件；通货膨胀、分包单位违约等经济事件都会影响工程进度计划。

（3）管理过程中的失误

1）计划部门与实施者之间，总分包商之间，业主与承包商之间缺少沟通。

2）工程实施者缺乏工期意识，例如管理者拖延了图纸的供应和批准，任务下达时缺少必要的工期说明和责任落实，拖延了工程活动。

3）项目参加单位对各个活动（各专业工程和供应）之间的逻辑关系（活动链）没有清楚地了解，下达任务时也没有做详细的解释，同时对活动的必要的前提条件准备不足，各单位之间缺少协调和信息沟通，许多工作脱节，资源供应出现问题。

4）由于其他方面未完成项目计划规定的任务造成拖延。例如设计单位拖延设计、运输不及时、上级机关拖延批准手续、质量检查拖延、业主不果断处理问题等。

5）承包商没有集中力量施工，材料供应拖延，资金缺乏，工期控制不紧。这可能是由于承包商同期工程太多，力量不足造成的。

6）业主没有集中资金的供应，拖欠工程款，或业主的材料、设备供应不及时。

（4）其他原因

例如由于采取其他调整措施造成工期的拖延，如设计的变更，质量问题的返工，实施方案的修改。

2. 分析进度偏差对后续工作及总工期的影响

在工程项目实施过程中，当通过实际进度与计划进度的比较，发现有进度偏差时，需要分析该偏差对后续工作及总工期的影响，从而采取相应的调整措施对原进度计划进行调整，以确保工期目标的顺利实现。进度偏差的大小及其所处的位置不同，对后续工作和总工期的影响程度是不同的，分析时需要利用网络计划中工作总时差和自由时差的概念进行判断。分析步骤如下：

（1）分析出现进度偏差的工作是否为关键工作

如果出现进度偏差的工作为关键工作，则无论其偏差有多大，都将对后续工作和总工期产生影响，必须采取相应的调整措施；如果出现偏差的工作是非关键工作，则需要根据进度偏差值与总时差和自由时差的关系作进一步分析。

（2）分析进度偏差是否超过总时差

如果工作的进度偏差大于该工作的总时差，则此进度偏差必将影响其后续工作和总工期，必须采取相应的调整措施；如果工作的进度偏差未超过该工作的总时差，则此进度偏差不影响总工期。至于对后续工作的影响程度，还需要根据偏差值与其自由时差的关系作进一步分析。

（3）分析进度偏差是否超过自由时差

如果工作的进度偏差大于该工作的自由时差，则此进度偏差将对其后续工作产生影响，此时应根据后续工作的限制条件确定调整方法；如果工作的进度偏差未超过该工作的自由时差，则此进度偏差不影响后续工作，原进度计划可以不作调整。

通过进度偏差的分析，进度控制人员可以根据进度偏差的影响程度，制订相应的纠偏措施进行调整，以获得符合实际进度情况和计划目标的新进度计划。

3. 施工进度计划的调整方法

（1）增加资源投入

通过增加资源投入，缩短某些工作的持续时间，使工程进度加快，并保证实现计划工期。这些被压缩持续时间的工作是位于由于实际进度的拖延而引起总工期增长的关键线路和某些非关键线路上的工作，同时这些工作又是可压缩持续时间的工作。它会带来如下问题：

1）造成费用的增加，如增加人员的调遣费用、周转材料一次性费用、设备的进出场费；

2）由于增加资源造成资源使用效率的降低；

3）加剧资源供应的困难。如有些资源没有增加的可能性，加剧项目之间或工序之间对资源激烈的竞争。

（2）改变某些工作间的逻辑关系

在工作之间的逻辑关系允许改变的条件下，可改变逻辑关系，达到缩短工期的目的。例如可以把依次进行的有关工作改成平行的或互相搭接的，以及分成几个施工段进行流水施工等，都可以达到缩短工期的目的。这可能产生如下问题：

1）工作逻辑上的矛盾性；

2）资源的限制，平行施工要增加资源的投入强度；

3）工作面限制及由此产生的现场混乱和低效率问题。

（3）资源供应的调整

如果资源供应发生异常，应采用资源优化方法对计划进行调整，或采取应急措施，使其对工期影响最小。例如将服务部门的人员投入到生产中去，投入风险准备资源，采用加班或多班制工作。

（4）增减工作范围

包括增减工作量或增减一些工作包（或分项工程）。增减工作内容应做到不打乱原计划的逻辑关系，只对局部逻辑关系进行调整。在增减工作内容以后，应重新计算时间参数，分析对原网络计划的影响。当对工期有影响时，应采取调整措施，保证计划工期不变。但这可能产生如下影响：

1）损害工程的完整性、经济性、安全性、运行效率，或提高项目运行费用。

2）必须经过上层管理者，如投资者、业主的批准。

（5）提高劳动生产率

改善工具器具以提高劳动效率；通过辅助措施和合理的工作过程，提高劳动生产率。要注意如下问题：

1）加强培训，且应尽可能的提前；

2）注意工人级别与工人技能的协调；

3）工作中的激励机制，例如奖金、小组精神发扬、个人负责制、目标明确；

4）改善工作环境及项目的公用设施；

5）项目小组时间上和空间上合理的组合和搭接；

6）多沟通，避免项目组织中的矛盾。

（6）将部分任务转移

如分包、委托给另外的单位，将原计划由自己生产的结构构件改为外购等。当然这不仅有风险，产生新的费用，而且需要增加控制和协调工作。

(7) 将一些工作包合并

特别是在关键线路上按先后顺序实施的工作包合并，与实施者一道研究，通过局部地调整实施过程和人力、物力的分配，达到缩短工期。

【例 4-8】 某工程项目双代号时标网络计划如图 4-81 所示，该计划执行到第 40 天下班时刻检查时，其实际进度如图 4-81 中前锋线所示。试分析目前实际进度对后续工作和总工期的影响，并提出相应的进度调整措施。

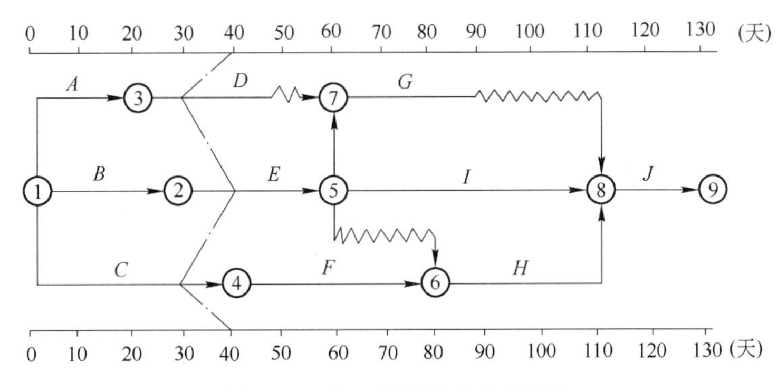

图 4-81　某工程实际进度前锋线

【解】 从图中可看出：

(1) 工作 D 实际进度拖后 10 天，但不影响其后续工作，也不影响总工期；

(2) 工作 E 实际进度正常，既不影响后续工作，也不影响总工期；

(3) 工作 C 实际进度拖后 10 天，由于其为关键工作，故其实际进度将使总工期延长 10 天，并使其后续工作 F、H 和 J 的开始时间推迟 10 天。

则现在拖延工期的网络计划如图 4-82 所示。

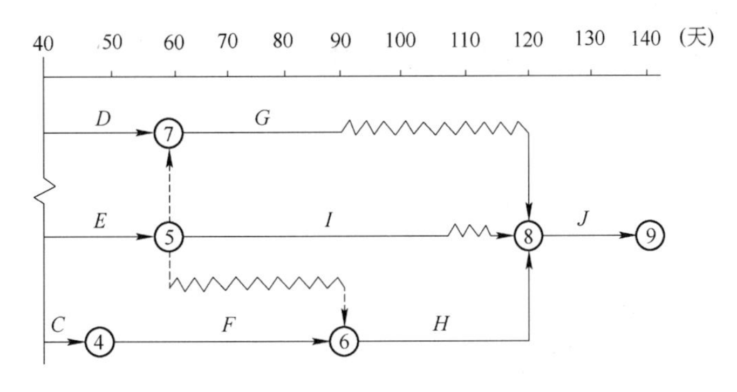

图 4-82　拖延工期的网络计划

如果该工程项目总工期不允许拖延，则为了保证其按原计划工期 130 天完成，必须采用工期优化的方法，缩短关键线路上后续工作的持续时间。现假设工作 C 的后续工作 F、H 和 J 均可以压缩 10 天，通过比较，压缩工作 H 的持续时间所增加的费用最小，故将工作 H 的持续时间由 30 天缩短为 20 天。调整后的网络计划如图 4-83 所示。

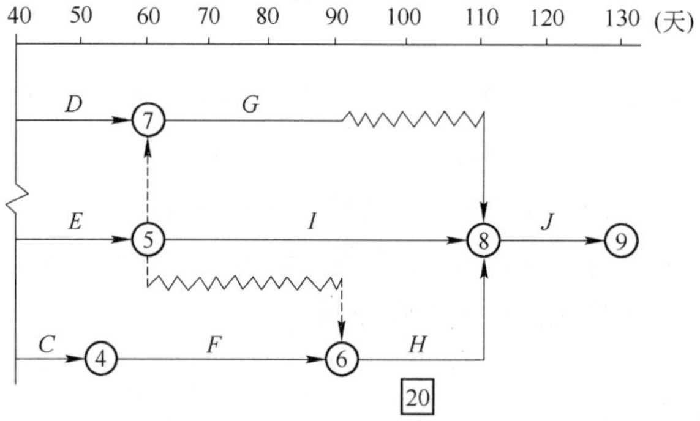

图 4-83　调整后的网络计划

4. 施工进度控制的措施

施工进度控制采取的主要措施有组织措施、技术措施、合同措施、经济措施和信息管理措施等。

(1) 组织措施主要是指落实各层次的进度控制的人员、具体任务和工作责任；建立进度控制的组织系统；按工程项目的结构、进展的阶段或合同结构等进行项目分解，确定其进度目标，建立控制目标体系；确定进度控制工作制度，如检查时间、方法、协调会议时间、参加人员等；对影响进度的因素分析和预测。

(2) 技术措施主要是采取加快工程进度的技术方法。

(3) 合同措施是指对分包单位签订工程合同的合同工期与有关进度计划目标相协调。

(4) 经济措施是指实现进度计划的资金保证措施。

(5) 信息管理措施是指不断地收集工程实际进度的有关资料进行整理统计与计划进度比较，定期地向建设单位提供比较报告。

5. 工程项目进度控制的总结

项目经理部应在进度计划完成后，及时进行工程进度控制总结，为进度控制提供反馈信息。总结时应依据以下资料：

(1) 工程项目进度计划；

(2) 工程项目进度计划执行的实际记录；

(3) 工程项目进度计划检查结果；

(4) 工程项目进度计划的调整资料。

工程项目进度控制总结应包括：

(1) 合同工期目标和计划工期目标完成情况；

(2) 工程项目进度控制经验；

(3) 工程项目进度控制中存在的问题；

(4) 科学的工程进度计划方法的应用情况；

(5) 工程项目进度控制的改进意见。

4.7　网络计划的应用

网络计划在实际工程的具体应用中，由于工程大小繁简不一，网络计划的体系也不同。对于小型建设工程来讲，可编制一个整体工程的网络计划来控制进度，无需分若干等级。而对于大中型建设工程来说，为了有效地控制大型而复杂的建设工程的进度，有必要编制多级网络计划系统，即：建设项目施工总进度网络计划，单项工程(或分阶段)施工进度网络计划，单位工程施工进度网络计划，分部工程施工进度网络计划等；从而做到系统控制，层层落实责任，便于管理，既能考虑局部，又能保证整体。

网络进度计划是施工组织设计的重要组成部分，其体系应与施工组织设计的体系相一致，有一级施工组织设计就必有一级网络计划。

在此仅介绍分部工程网络计划和单位工程网络计划的编制。

无论是分部工程网络计划还是单位工程网络计划，都是其相应施工组织设计文件的重要组成部分，其编制步骤一般是：

(1) 调查研究收集资料；

(2) 明确施工方案和施工方法；

(3) 明确工期目标；

(4) 划分施工过程，明确各施工过程的施工顺序；

(5) 计算各施工过程的工程量、劳动量、机械台班量；

(6) 明确各施工过程的班组人数、机械台数、工作班数，计算各施工过程的工作持续时间；

(7) 绘制初始网络计划；

(8) 计算各项时间参数，确定关键线路、工期；

(9) 检查初始网络计划的工期是否符合工期目标，资源是否均衡，成本是否较低；

(10) 进行优化调整；

(11) 绘制正式网络计划；

(12) 上报审批。

4.7.1　分部工程网络计划

按现行《建筑工程施工质量验收统一标准》(GB 50300—2001)，建筑工程可划分为以下九个分部工程：地基与基础工程、主体结构工程、建筑装饰装修工程、建筑屋面工程、建筑给水排水及采暖工程、建筑电气工程、智能建筑工程、通风与空调工程、电梯工程。

在编制分部工程网络计划时，要在单位工程对该分部工程限定的进度目标时间范围内，既考虑各施工过程之间的工艺关系，又考虑其组织关系，同时还应注意网络图的构图，并且尽可能组织主导施工过程流水施工。

1. 地基与基础工程网络计划

（1）钢筋混凝土筏形基础工程的网络计划

钢筋混凝土筏形基础工程一般可划分为：土方开挖、地基处理、混凝土垫层、钢筋混凝土筏形基础、砌体基础、防水工程、回填土七个施工过程。当划分为三个施工段组织流水施工时，按施工段排列的网络计划如图 4-84 所示。

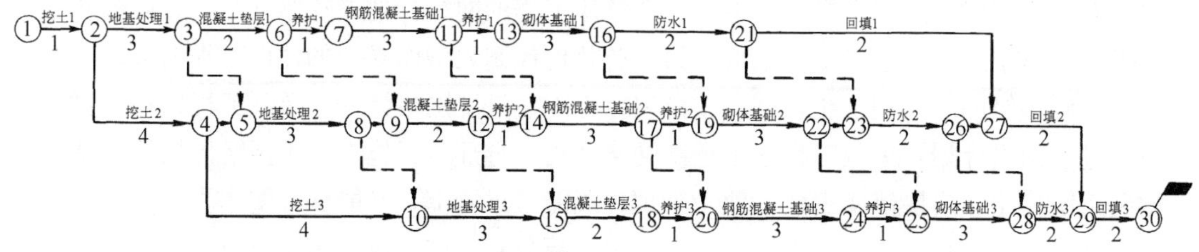

图 4-84　钢筋混凝土筏形基础工程按施工段排列的网络图计划

（2）钢筋混凝土杯形基础工程的网络计划

单层装配式工业厂房，其钢筋混凝土杯形基础工程的施工一般可划分为：挖基坑、做混凝土垫层、做钢筋混凝土杯形基础、回填土四个施工过程。当划分为三个施工段组织流水施工时，按施工过程排列的网络计划如图 4-85 所示。

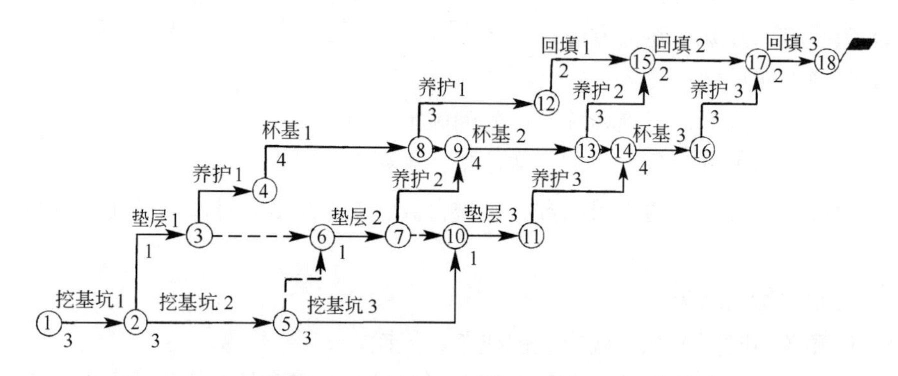

图 4-85　钢筋混凝土杯形基础工程按施工过程排列的网络图计划

2. 主体结构工程网络计划

（1）砌体结构主体工程的网络计划

当砌体结构主体为现浇钢筋混凝土的构造柱、圈梁、楼板、楼梯时，若每层分三个施工段组织施工，其标准层网络计划可按施工过程排列，如图 4-86 所示。

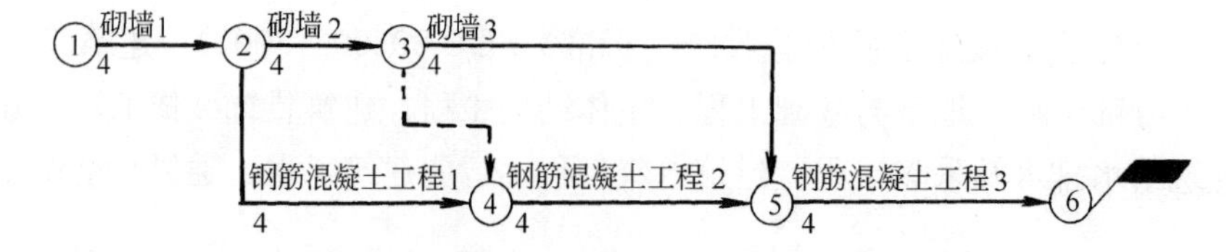

图 4-86　砖体结构主体工程标准层按施工过程排列的网络图计划

(2) 框架结构主体工程的网络计划

框架结构主体工程的施工一般可划分为：立柱筋，支柱、梁、板、楼梯模，浇柱混凝土，绑梁、板、楼梯筋，浇梁、板、楼梯混凝土，填充墙砌筑六个施工过程。若每层分两个施工段组织施工，其标准层网络计划可按施工段排列，如图 4-87 所示。

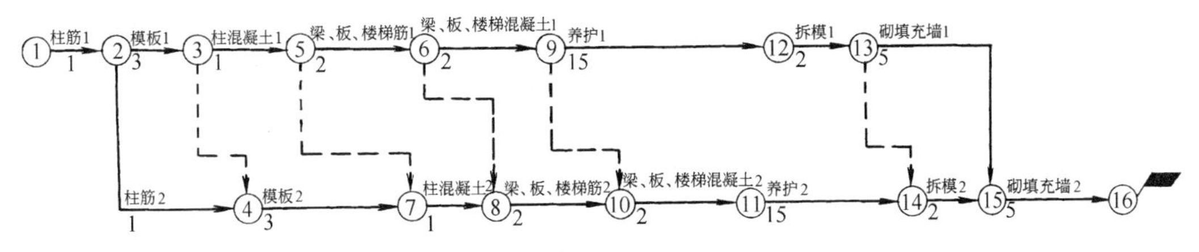

图 4-87　框架结构主体工程标准层按施工段排列的网络图计划

3. 屋面工程网络计划

没有高低层或没有设置变形缝的屋面工程，一般情况下不划分流水段，根据屋面的设计构造层次要求逐层进行施工，如图 4-88、图 4-89 所示。

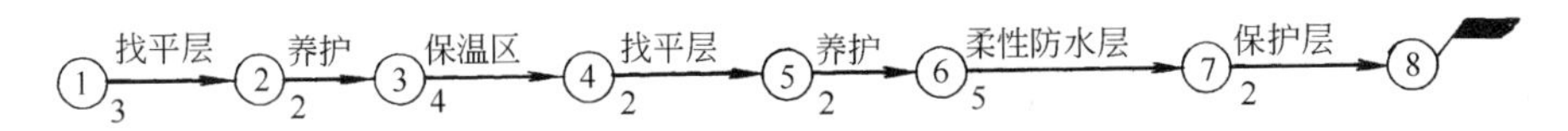

图 4-88　柔性防水屋面工程网络图计划

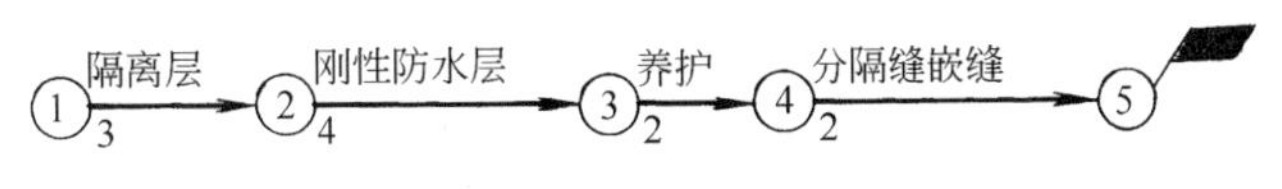

图 4-89　刚性防水屋面工程网络图计划

4. 装饰装修工程的网络计划

某 6 层民用建筑的建筑装饰装修工程的室内装饰装修施工，划分为 6 个施工过程，每层为一个施工段，按施工过程排列的网络计划如图 4-90 所示。

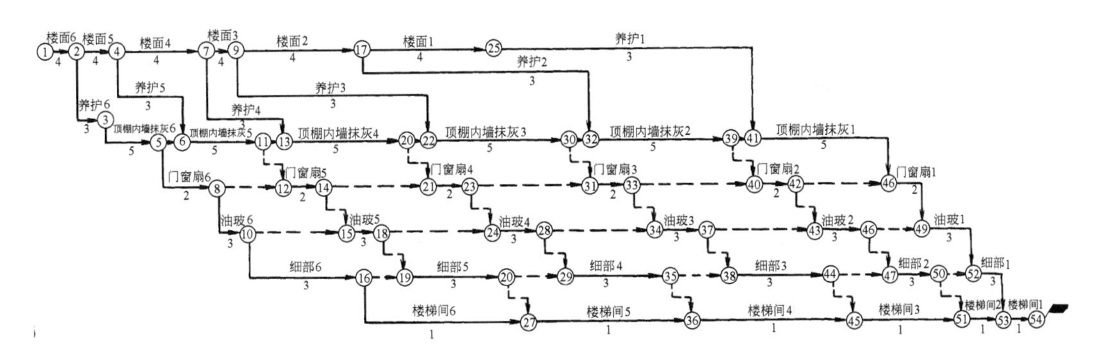

图 4-90　建筑装饰装修工程网络计划

4.7.2　单位工程网络计划

在编制单位工程网络计划时，要按照施工程序，将各分部工程的网络计划最大限度

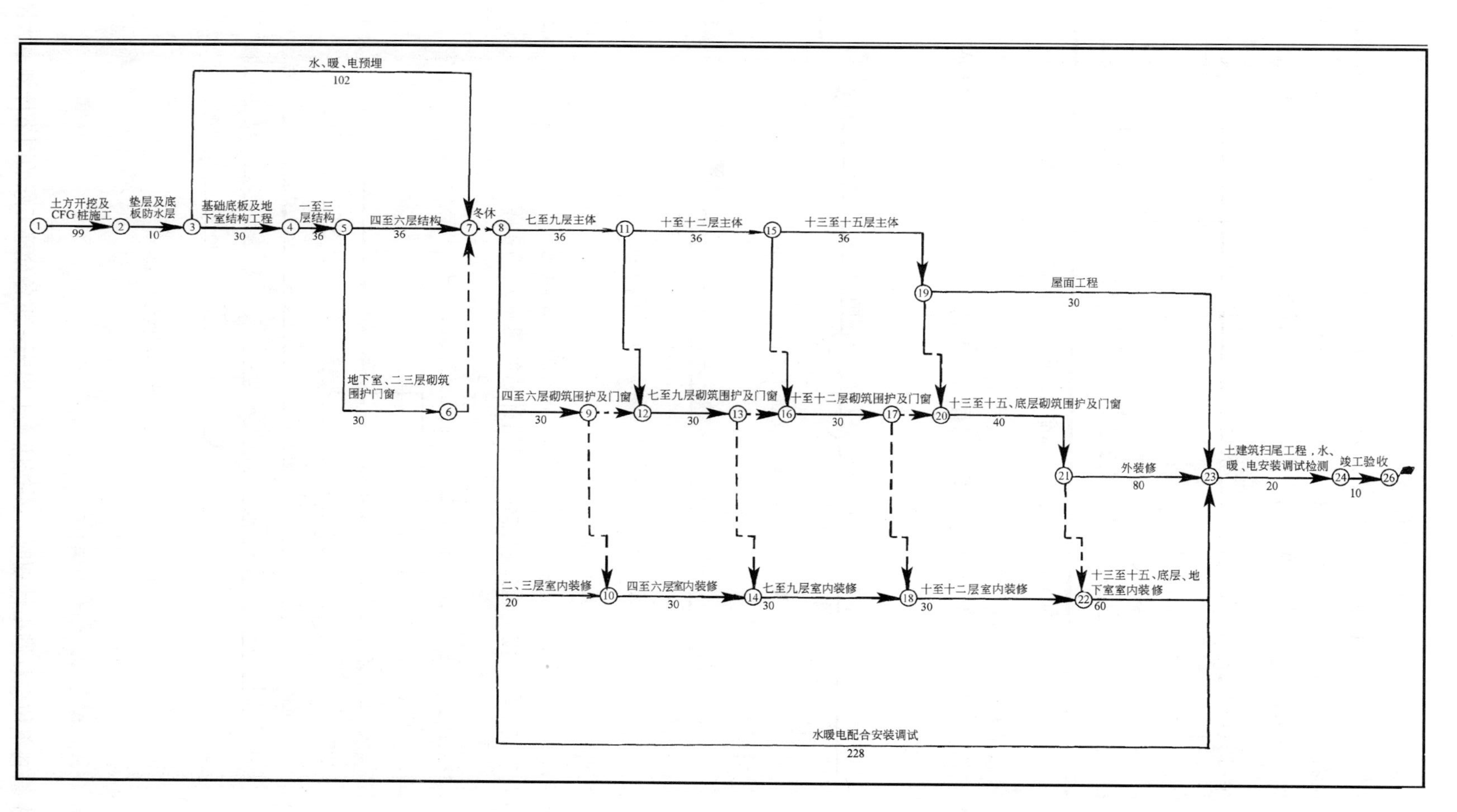

图 4-91　某单位工程控制性网络进度计划

某办公楼工程控制性网络进度计划

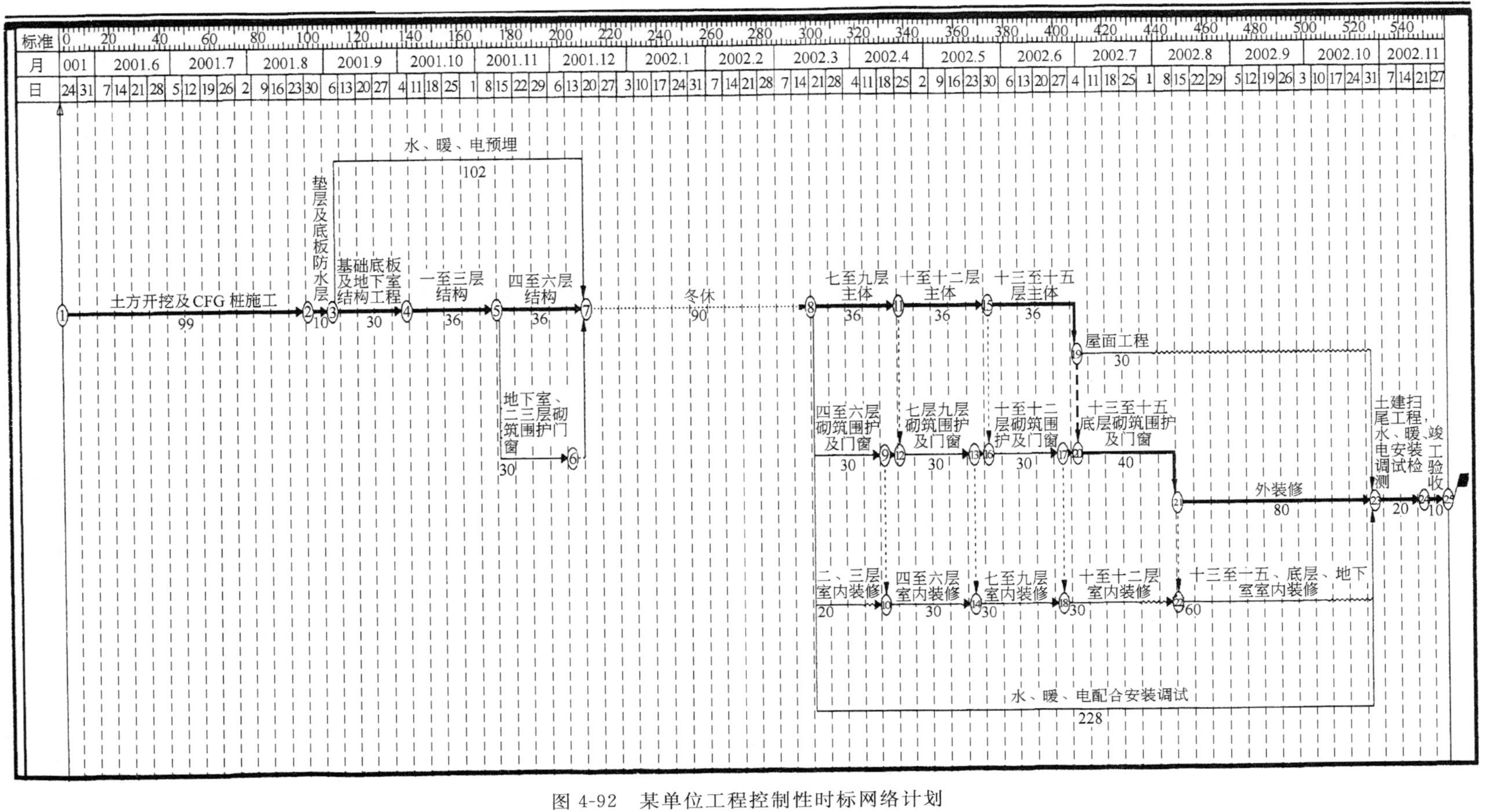

图 4-92 某单位工程控制性时标网络计划

地合理搭接起来，一般需考虑相邻分部工程的前者最后一个分项工程与后者的第一个分项工程的施工顺序关系，最后汇总为单位工程初始网络计划。为了使单位工程初始网络计划满足规定的工期、资源、成本等目标，应根据上级要求、合同规定、施工条件及经济效益等，进行检查与调整优化工作，然后绘制正式网络计划，上报审批后执行。

【案例】 某15层办公楼，框架-剪力墙结构，建筑面积16500m²，平面形状为凸弧形，地下1层，地上15层，建筑物总高度为62.4m。地基处理采用CFG桩，基础为钢筋混凝土筏片基础；主体为现浇钢筋混凝土框架-剪力墙结构，填充砌体为加气混凝土砌块；地下室地面为地砖地面，楼面为花岗岩楼面；内墙基层抹灰，涂料面层，局部贴面砖；顶棚基层抹灰，涂料面层，局部轻钢龙骨吊顶；外墙为基层抹灰，涂料面层，立面中部为玻璃幕墙，底部花岗岩贴面；屋面防水为三元乙丙卷材三层柔性防水。

本工程基础、主体均分成三个施工段进行施工，屋面不分段，内装修每层为一段，外装修自上而下依次完成。在主体结构施工至四层时，在地下室开始插入填充墙砌筑，2～15层均砌完后再进行地上一层的填充墙砌筑；在填充墙砌筑至第4层时，在第2层开始室内装修，依次做完3～15层的室内装修后再做底层及地下室室内装修。填充墙砌筑工程均完成后再进行外装修，安装工程配合土建施工。

该单位工程控制性一般网络计划如图4-91所示。

该单位工程控制性时标网络计划如图4-92所示。

复习思考题

1. 什么是网络图？什么是网络计划？
2. 什么叫双代号网络图？什么叫单代号网络图？
3. 工作和虚工作有什么不同？虚工作的作用有哪些？
4. 什么叫逻辑关系？网络计划有哪两种逻辑关系？有何区别？
5. 简述网络图的绘制原则。
6. 节点位置号怎样确定？用它来绘制网络图有哪些优点？时标网络计划可用它来绘制吗？
7. 试述工作总时差和自由时差的含义及其区别。
8. 什么叫节点最早时间、节点最迟时间？
9. 什么叫线路、关键工作、关键线路？
10. 什么是网络计划优化？
11. 什么是工期优化、费用优化、资源有限-工期最短的优化、工期固定-资源均衡的优化？
12. 试述工期优化、资源优化、费用优化的基本步骤。

习　题

1. 试指出图4-93所示网络图的错误。
2. 根据表4-13中网络图的资料，试确定节点位置号，绘出双代号网络图和单代号网络图。

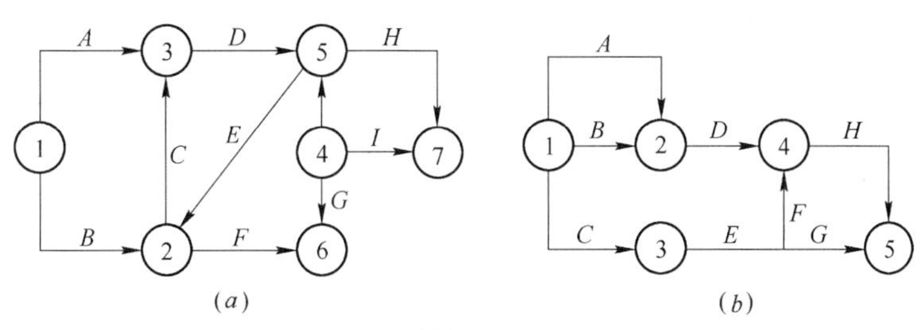

图 4-93

表 4-13

工　作	A	B	C	D	E	G	H
紧前工作	D、C	E、H	—	—	—	H、D	—

3. 根据表 4-14、表 4-15 网络图资料，绘出只有竖向虚工作(不允许有横向虚工作)的双代号网络图。

表 4-14

工　作	A	B	C	D	E	G
紧前工作	—	—	—	—	B、C、D	A、B、C

表 4-15

工　作	A	B	C	D	E	H	G	I	J
紧前工作	E	H、A	J、G	H、I、A	—	—	H、A	—	E

4. 根据表 4-16 资料，绘制双代号网络图，计算六个工作时间参数，并按最早时间绘制时标网络图。

表 4-16

工作代号	1-2	1-3	1-4	2-4	2-5	3-4	3-6	4-5	4-7	5-7	5-9	6-7	6-8	7-8	7-9	7-10	8-10	9-10
工作持续时间（天）	5	10	12	0	14	16	13	7	11	17	9	0	8	5	13	8	14	6

5. 已知网络计划的资料见表 4-17，试绘出单代号网络计划，标注出六个时间参数及时间间隔，用双箭线标明关键线路，列式算出工作 B 的六个主要时间参数。

表 4-17

工　作	A	B	C	D	E	G
持续时间	12	10	5	7	6	4
紧前工作	—	—	—	B	B	C、D

6. 已知网络计划如图 4-94 所示，箭线下方括号外为正常持续时间，括号内为最短持续时间，箭线上方括号内为优先选择系数。要求目标工期为 12 天，试对其进行工期优化。

7. 已知网络计划如图 4-95 所示，假定每天可能供应的资源数量为常数(10 个单位)。箭线下方为工作持续时间，箭线上方为资源强度。试进行资源有限、工期最短的优化。

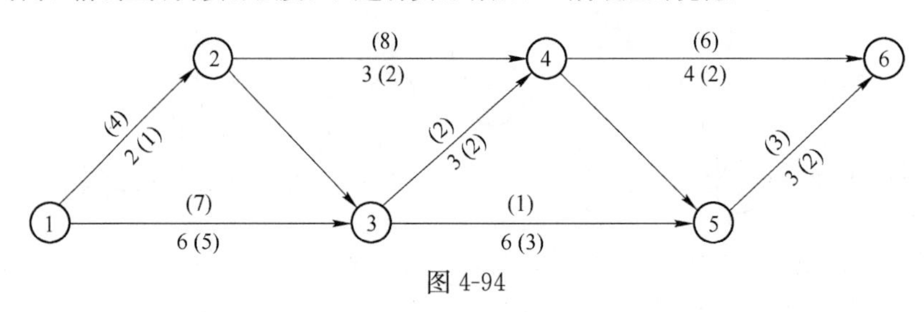

图 4-94

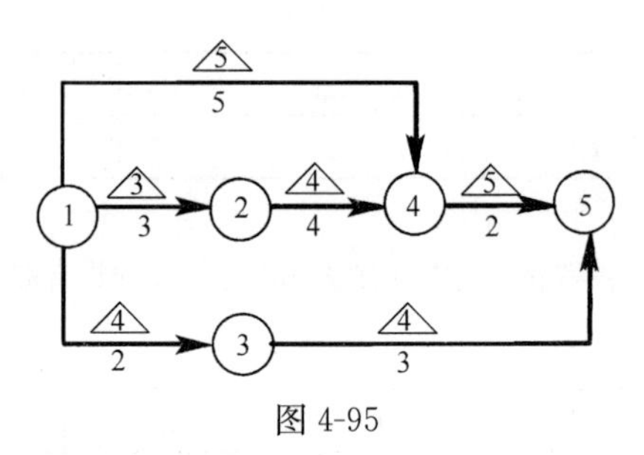

图 4-95

8. 某工程双代号网络计划如图 4-96 所示，箭线下方为工作的正常持续时间和最短持续时间，箭线上方为工作的正常费用和最短费用(元)。已知间接费率为 150 元/d，试求出费用最少的工期。

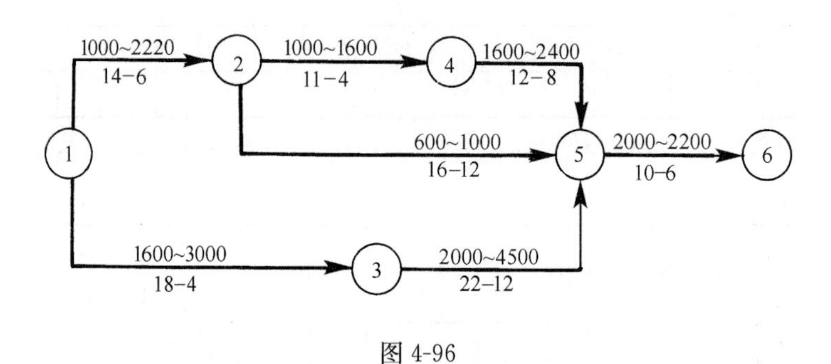

图 4-96

职业活动训练

针对某小型单位工程或较为复杂的分部工程项目，编制双代号时标网络计划。

1. 目的

通过双代号时标网络计划的编制，初步掌握双代号网络图的绘制，尤其是双代号时标网络计划的编制，提高学生运用网络技术编制施工进度计划的能力。

2. 环境要求

(1) 选择一个拟建的小型工程项目或较为复杂的分部工程项目；

(2) 图纸齐全；

(3) 施工现场条件满足要求。

3. 步骤提示

(1) 熟悉图纸；

(2) 划分分部分项工程，安排施工顺序；

(3) 划分施工段并计算工程量；

(4) 套用施工定额，计算流水节拍；

(5) 确定流水步距，组织分部工程流水施工；

(6) 绘制单位工程或分部工程双代号网络图；

(7) 绘制双代号时标网络计划。

4. 注意事项

(1) 学生在编制施工进度计划时，教师应尽可能书面提供施工项目与业主方的背景资料。

(2) 学生进行编制训练时，教师不必强制要求采用统一格式和统一施工方式。

5. 讨论与训练题

讨论：双代号网络图和单代号网络图各有什么特点？单代号网络计划能带时间坐标吗？

学习单元5

施工组织总设计的编制

【知识目标】

了解施工组织总设计的基本概念、内容及编制依据；熟悉建设项目施工方案的选择方法；熟悉施工总进度计划及主要资源配置计划的编制方法；了解施工总平面图设计方法。

【能力目标】

能够参与编制施工总体部署，能够编制施工总进度计划和主要资源配置计划，能够进行主要施工方法的选择及施工总平面的布置。

5.1 概　　述

5.1.1 施工组织总设计

施工组织总设计是以若干单位工程组成的群体工程或特大型项目为主要对象编制的施工组织设计，对整个项目的施工过程起统筹规划、重点控制的作用。它根据初步设计或扩大初步设计图纸以及其他有关资料和现场施工条件编制，是指导整个施工现场各项施工准备和组织施工活动的技术经济文件。一般由建设总承包单位或工程项目经理部的总工程师编制。其具体作用是：

(1) 为建设项目或建筑群的施工作出全局性的战略部署；

(2) 为做好施工准备工作、保证资源供应提供依据；

(3) 为建设单位编制工程建设计划提供依据；

(4) 为施工单位编制施工计划和单位工程施工组织设计提供依据；

(5) 为组织整个施工业务提供科学方案和实施步骤；

(6) 为确定设计方案的施工可行性和经济合理性提供依据。

5.1.2 施工组织总设计编制依据

为了保证施工组织总设计的编制工作顺利进行并提高质量，使设计文件更能结合工程实际情况，更好地发挥施工组织总设计的作用，在编制施工组织总设计时，应具备下列编制依据：

1. 计划文件及有关合同

包括国家批准的基本建设计划、可行性研究报告、工程项目一览表、分期分批施工项目和投资计划、主管部门的批件、施工单位上级主管部门下达的施工任务计划、招投标文件及签订的工程承包合同、工程材料和设备的订货合同等。

2. 设计文件及有关资料

包括建设项目的初步设计与扩大初步设计或技术设计的有关图纸、设计说明书、建筑总平面图、建设地区区域平面图、建筑竖向设计、总概算或修正概算等。

3. 工程勘察和原始资料

包括建设地区的地形、地貌、工程地质及水文地质、气象等自然条件；交通运输、能源、预制构件、建筑材料、水电供应及机械设备等技术经济条件；建设地区的政治、经济、文化、生活、卫生等社会生活条件。

4. 现行规范、规程和有关技术规定

包括国家现行的施工及验收规范、操作规程、定额、技术规定和技术经济指标。

5. 类似工程的施工组织总设计和有关参考资料

5.1.3 施工组织总设计编制内容和程序

施工组织总设计编制内容根据工程性质、规模、工期、结构的特点及施工条件的不同而有所不同，通常包括下列内容：工程概况，总体施工部署，施工总进度计划，总体施工准备与主要资源配置计划，主要施工方法，施工总平面布置图和主要技术经济指标等。施工组织总设计的编制程序如图 5-1 所示。

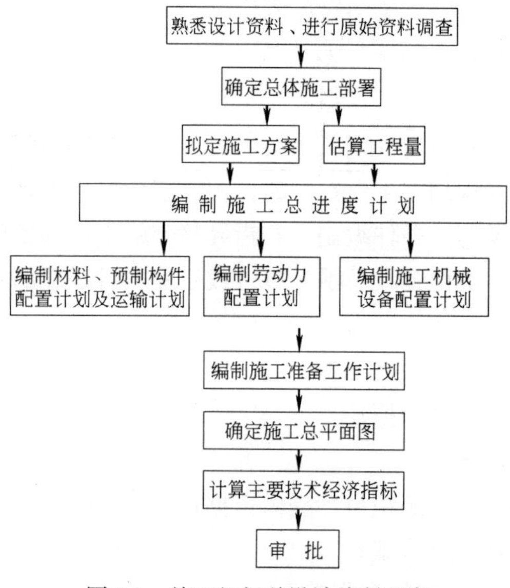

图 5-1 施工组织总设计编制程序

5.1.4 工程概况

工程概况是对整个建设项目的总说明和总分析，包括项目主要情况和项目主要施工条件等。是对整个建设项目或建筑群所作的一个简单扼要、突出重点的文字介绍。有时为了补充文字介绍的不足，还可以附有建设项目总平面图，主要建筑的平、立、剖示意图及辅助表格。一般应包括以下内容：

1. 项目主要情况

包括项目名称、性质、地理位置、建设规模、总工期；项目的建设、勘察、设计和监理等相关单位的情况；项目设计情况，包括总占地面积、总建筑面积、建筑结构类型等；项目承包范围及主要分包工程范围；施工合同或招标文件对项目施工的重点要求；其他应说明的情况。

2. 项目主要施工条件

包括项目建设地点气象状况；项目施工区域地形地貌和工程水文地质状况；项目施工区域地上、地下管线及相邻的地上、地下建（构）筑物情况；与项目施工有关的道路、河流等情况；当地建筑材料、设备供应和交通运输等服务能力状况；当地供电、供水、供热和通信能力状况；施工企业的生产能力、技术装备、管理水平等情况；有关建设项目的决议、合同、协议、土地征用范围、数量和居民搬迁时间等情况；其他与施工有关的主要因素。

5.2 总体施工部署

施工总体部署是对整个建设项目全局作出的统筹规划和全面安排，主要解决影响建设项目全局的重大施工问题，对项目总体施工作出宏观部署。

施工总体部署是对项目施工的重点和难点进行简要分析，由于建设项目的性质、规模和施工条件等不同，施工总体部署也不尽相同，其内容主要包括：

（1）确定项目施工总目标，包括进度、质量、安全、环境和成本等目标；

（2）根据项目施工总目标的要求，确定项目分阶段交付的计划；

（3）确定项目分阶段施工的合理顺序及空间组织；

（4）总包单位明确项目管理组织机构形式，并宜采用框图的形式表示；

（5）对项目施工中开发和使用的新技术、新工艺作出部署；

（6）对主要分包项目施工单位资质和能力提出明确要求。

5.2.1 工程开展程序

确定建设项目中各项工程的合理开展程序是关系到整个建设项目能否尽快投产使用的关键。对于一些大中型工业建设项目，一般要根据建设项目总目标的要求，分期分批建设，既可使各具体项目尽快建成，尽早投入使用，又可在全局上实现施工的连续性和均衡性，减少临时设施工程数量，降低工程成本。至于分几期施工，每期工程包含哪些项目，则要根据生产工艺要求、建设部门要求、工程规模大小和施工难易程度、资金、技术等情况，由建设单位和施工单位共同研究确定。

对于大中型民用建设项目（如居民小区），一般也应分期分批建设。除考虑住宅以外，还应考虑幼儿园、学校、商店和其他公共设施的建设，以便交付使用后能及早发挥经济效益、社会效益和环境保护效益。

对于小型工业与民用建筑或大型建设项目的某一系统，由于工期较短或生产工艺的要求，也可不必分期分批建设，采取一次性建成投产。

在统筹安排各类项目施工时，要保证重点，兼顾其他，其中应优先安排工程量大、施工难度大、工期长的项目；供施工、生活使用的项目及临时设施；按生产工艺要求，先期投入生产或起主导作用的工程项目等。

5.2.2 主要施工项目的施工方案

施工组织总设计中要拟定一些主要工程项目的施工方案，与单位工程施工组织设计中的施工方案所要求的内容和深度不同。这些项目是整个建设项目中工程量大、施工难度大、工期长，对整个建设项目的完成起关键作用的建筑物或构筑物，以及全场范围内工程量大、影响全局的主要分部（分项）工程，以及脚手架工程、起重吊装工程、临时用水用电工程、季节性施工等专项工程。拟定主要工程项目施工方案的目的是为了进行技术和资源的准备工作，同时也为了施工顺利进行和现场的合理布局。它的内容包括施工方法、施工工艺流程、施工机械设备等。

对施工方法的确定要考虑技术工艺的先进性和经济上的合理性；对施工机械的选择，应使主导机械的性能既能满足工程的需要，又能发挥其效能，在各个工程上都能够实现综合流水作业，减少其拆、装、运的次数，对于辅助机械，其性能应与主导施工机械相适应，以便充分发挥主导施工机械的工作效率。

5.2.3 施工任务的划分与组织安排

在明确施工项目管理体制、机构的条件下，划分参与建设的各施工单位的施工任务，明确总包与分包单位的关系，建立施工现场统一的组织领导机构及职能部门，确定综合的和专业化的施工组织，明确各施工单位之间的分工与协作关系，划分施工阶段，确定各施工单位分期分批的主导施工项目和穿插施工项目。

5.2.4 全场临时设施的规划

根据工程开展程序和施工项目施工方案的要求，对施工现场临时设施进行规划，主要内容包括：安排生产和生活性临时设施的建设；安排原材料、成品、半成品、构件的运输和储存方式；安排场地平整方案和全场排水设施；安排场内外道路、水、电、气引入方案；安排场区内的测量标志等。

5.3 施工总进度计划

5.3.1 基本要求

施工总进度计划是施工现场各项施工活动在时间上和空间上的体现。编制施工总进度计划是根据施工总体部署中的施工方案和施工项目开展的程序，对整个工地的所有施工项目作出时间上和空间上的安排。其作用在于确定各个建筑物及其主要工种、分项工程、准备工作和全工地性工程的施工期限及开工和竣工的日期，从而确定建筑施工现场上劳动力、原材料、成品、半成品、施工机械的需要数量和调配情况，以及现场临时设施的数量、水电供应数量和能源、交通的需要数量等。因此，正确地编制施工总进度计划是保证各项目以及整个建设工程按期交付使用，充分发挥投资效益，降低建筑工程成本的重要条件。

编制施工总进度计划的基本要求是：保证拟建工程在规定的期限内完成，发挥投资效益、施工的连续性和均衡性，节约施工费用。施工总进度计划可采用网络图或横道图表示，并附必要说明。

根据施工总体部署中拟建工程分期分批的投产顺序，将每个系统的各项工程分别划出，在控制的期限内进行各项工程的具体安排。如建设项目的规模不大，各系统工程项目不多时，也可不按照分期分批投产顺序安排，而直接安排总进度计划。

5.3.2 编制步骤

1. 列出工程项目一览表并计算工程量

施工总进度计划主要起控制总工期的作用，因此项目划分不宜过细，可按照确定的主要工程项目的开展顺序排列，一些附属项目、辅助工程及临时设施可以合并列出。

在工程项目一览表的基础上，计算各主要项目的实物工程量。计算工程量可按照初步（或扩大初步）设计图纸并根据各种定额手册进行计算。常用的定额资料有以下几种：

（1）万元、10 万元投资工程量的劳动力及材料消耗扩大指标

这种定额规定了某一种结构类型建筑，每万元或 10 万元投资中，劳动力、主要材料等消耗数量。根据设计图纸中的结构类型，即可计算出拟建工程各分项工程需要的劳动力和主要材料的消耗数量。

（2）概算指标或扩大结构定额

概算指标是以建筑物每 100m^3 体积为单位；扩大结构定额是以每 100m^2 建筑面积为单位。查定额时，首先查找与本建筑物结构类型、跨度、高度相类似的部分，然后查出这种建筑物按照定额单位所需要的劳动力和各项主要材料消耗量，从而推算出拟计算建筑物所需要的劳动力和材料的消耗数量。

（3）标准设计或已建房屋、构筑物的资料

在缺少上述几种定额手册的情况下，可采用标准设计或已建成的类似房屋实际所消耗的劳动力及材料进行类比，按比例估算。但是，由于和拟建工程完全相同的已建工程是极为少见的，因此在采用已建工程资料时，一般都要进行折算、调整。

除房屋外，还必须计算主要的、全工地性工程的工程量，如场地平整、铁路、道路和地下管线的长度等，这些都可以根据建筑总平面图来计算。

将按照上述方法计算的工程量填入统一的工程量汇总表中，见表 5-1。

工程项目工程量汇总表　　　　**表 5-1**

工程项目分类	工程项目名称	结构类型	建筑面积	幢(跨)数	概算投资	主要实物工程量								
						场地平整	土方工程	桩基工程	…	砖石工程	钢筋混凝土工程	…	装饰工程	…
			1000m^2	个	万元	1000m^2	1000m^3	1000m^3		1000m^3	1000m^3		1000m^3	
全工地性工程														
主体项目														
辅助项目														
永久住宅														
临时建筑														
	合计													

2. 确定各单位工程的施工期限

单位工程的施工期限应根据施工单位的具体条件（施工技术与施工管理水平、机械化程度、劳动力水平和材料供应等）及单位工程的建筑结构类型、体积大小和现场地形、地质、施工条件、现场环境等因素加以确定。此外，也可参考有关的工期定额来确定各单位工程的施工期限。

3. 确定各单位工程的开工、竣工时间和相互搭接关系

根据施工部署及单位工程施工期限，就可以安排各单位工程的开、竣工时间和相互搭接关系。通常应考虑下列因素：

（1）保证重点，兼顾一般。在安排进度时，要分清主次，抓住重点，同一时期进行的项目不宜过多，以免分散有限的人力和物力。

（2）要满足连续、均衡的施工要求。应尽量使劳动力、材料和施工机械的消耗在全工地上达到均衡，减少高峰和低谷的出现，以利于劳动力的调度和材料供应。

（3）要满足生产工艺要求，合理安排各个建筑物的施工顺序，以缩短建设周期，尽快发挥投资效益。

（4）认真考虑施工总平面图的空间关系。应在满足有关规范要求的前提下，使各拟建临时设施布置尽量紧凑，节省占地面积。

（5）全面考虑各种条件限制。在确定各建筑物施工顺序时，应考虑各种客观条件限制，如施工企业的施工力量，各种原材料、机械设备的供应情况，设计单位提供图纸的时间，各年度建设投资数量等，对各项建筑物的开工时间和先后顺序予以调整。同时，由于建筑施工受季节、环境影响较大，经常会对某些项目的施工时间提出具体要求，从而对施工的时间和顺序安排产生影响。

4. 安排施工总进度计划

施工总进度计划可以用横道图和网络图表达。由于施工总进度计划只是起控制性作用，而且施工条件复杂，因此项目划分不必过细。当用横道图表达施工总进度计划时，项目的排列可按施工总体方案所确定的工程展开程序排列。横道图上应表达出各施工项目开、竣工时间及其施工持续时间，见表 5-2。

施工总进度计划 **表 5-2**

序号	工程项目名称	结构类型	工程量	建筑面积	总工日	施工进度计划														
						××年					××年					××年				

近年来，随着网络计划技术的推广，采用网络图表达施工总进度计划，已经在实践中得到广泛应用。采用时间坐标网络图表达施工总进度计划，不仅比横道图更加直观明了，而且还可以表达出各施工项目之间的逻辑关系。同时，由于网络图可以应用计算机计算和输出，便于对进度计划进行调整、优化、统计资源数量等。

5. 施工总进度计划的调整和修正

施工总进度计划表绘制完成后，将同一时期各项工程的工作量加在一起，用一定的比例画在施工总进度计划的底部，即可得出建设项目工作量的动态曲线。若曲线上存在较大的高峰和低谷，则表明在该时间内各种资源的需求量变化较大，需要调整一些单位工程的施工速度或开、竣工时间，以便消除高峰和低谷，使各个时期的工作量尽可能达到均衡。

5.4 主要资源配置及施工准备工作计划

主要资源配置计划是做好劳动力及物资的供应、平衡、调度、落实的依据，其内容一般包括以下几个方面：

5.4.1 综合劳动力配置计划

劳动力配置计划是规划临时设施工程和组织劳动力进场的依据。编制时，首先根据工程量汇总表中分别列出的各个建筑物的主要实物工程量，查预算定额或有关资料，便可得到各个建筑物主要工种的劳动量，再根据施工总进度计划表的各单位工程各工种的持续时间，即可得到某单位工程在某段时间里的平均劳动力数。按同样方法可计算出各个建筑物各主要工种在各个时期的平均工人数。将施工总进度计划表纵坐标方向上各单位工程同工种的人数叠加在一起并连成一条曲线，即为某工种的劳动力动态曲线图。其他工种也用同样方法绘成曲线图，从而根据劳动力曲线图列出主要工种劳动力配置计划表，见表 5-3。

劳动力配置计划　　表 5-3

序号	工程品种	劳动量	施工高峰人数	××年					××年					现有人数	多余或不足

5.4.2 材料、构件及半成品配置计划

根据工程量汇总表所列各建筑物的工程量，查定额或有关资料，便可得出各建筑物

所需的建筑材料、构件和半成品的需要量。然后根据施工总进度计划表，大致算出某些建筑材料在某一时间内的需要量，从而编制出建筑材料、构件和半成品的配置计划，见表 5-4，这是材料供应部门和有关加工厂准备所需的建筑材料、构件和半成品并及时供应的依据。

主要材料、构件和半成品配置计划　　表 5-4

序号	工程名称	材料、构件、半成品名称								
		水泥	砂	砖	…	混凝土	砂浆	…	木结构	…
		t	m^3	块		m^3	m^3		m^2	

5.4.3　施工机具配置计划

主要施工机械的配置是根据施工总进度计划、主要建筑物施工方案和工程量，并套用机械产量定额求得。辅助机械可根据建筑安装工程每 10 万元扩大概算指标求得；运输机具的需要量根据运输量计算。施工机具配置计划见表 5-5。

施工机具配置计划　　表 5-5

序号	机具名称	规格型号	数量	功率	需要量计划											
					××年				××年				××年			

5.4.4　总体施工准备工作计划

为了落实各项施工准备工作，加强检查和监督，必须根据各项施工准备工作的内容、时间和人员，编制出施工准备工作计划，见表 5-6。总体施工准备包括技术准备、现场准备和资金准备等，应满足项目分阶段（期）施工的需要。

施工准备工作计划　　表 5-6

序号	施工准备项目	内容	负责单位	负责人	起止时间		备注
					××年	××月	

5.5 施工总平面布置

施工总平面布置是按照施工方案和施工总进度计划的要求，将施工现场的交通道路、材料仓库、附属企业、临时房屋、临时水电管线等作出合理的规划布置，从而正确处理全工地施工期间所需各项临时设施和永久建筑以及拟建项目之间的空间关系。

5.5.1 施工总平面图的内容

施工总平面布置应符合下列原则：

(1) 平面布置科学合理，施工场地占用面积少；

(2) 合理组织运输，减少二次搬运；

(3) 施工区域的划分和场地的临时占用应符合总体施工部署和施工流程的要求，减少相互干扰；

(4) 充分利用既有建（构）筑物和既有设施为项目施工服务，降低临时设施的建造费用；

(5) 临时设施应方便生产和生活，办公区、生活区和生产区宜分离设置；

(6) 符合节能、环保、安全和消防等要求；

(7) 遵守当地主管部门和建设单位关于施工现场安全文明施工的相关规定。

5.5.2 施工总平面布置图的要求

施工总平面布置图应符合下列要求

(1) 根据项目总体施工部署，绘制现场不同施工阶段（期）的总平面布置图；

(2) 施工总平面布置图的绘制应符合国家相关标准要求并附必要说明。

5.5.3 施工总平面布置图内容

施工总平面布置图应包括下列内容：

(1) 项目施工用地范围内的地形状况；

(2) 全部拟建的建（构）筑物和其他基础设施的位置；

(3) 项目施工用地范围内的加工设施、运输设施、存贮设施、供电设施、供水供热设施、排水排污设施、临时施工道路和办公、生活用房等；

(4) 施工现场必备的安全、消防、保卫和环境保护等设施；

(5) 相邻的地上、地下既有建（构）筑物及相关环境。

5.5.4 施工总平面图的设计依据

(1) 各种设计资料，包括建筑总平面图、地形图、区域规划图及已有和拟建的各种设施位置；

（2）建设地区的自然条件和技术经济条件；

（3）建设项目的概况、施工部署、施工总进度计划；

（4）各种建筑材料、构件、半成品、施工机械需要量一览表；

（5）各构件加工厂、仓库及其他临时设施情况。

5.5.5 施工总平面图的设计方法

1. 场外交通的引入

设计全工地性施工总平面图时，首先应从大宗材料、成品、半成品、设备等进入工地的运输方式入手。当大批材料由铁路运来时，首先要解决铁路的引入问题；当大批材料是由水路运来时，应首先考虑原有码头的运输能力和是否增设专用码头的问题；当大批材料是由公路运入工地时，由于汽车运输线路可以灵活布置，因此，一般先布置场内仓库和加工厂，然后再布置场外交通的引入。

2. 仓库与材料堆场的布置

通常考虑将仓库与材料堆场设置在运输方便、位置适中、运距较短及安全防火的地方，并应根据不同材料、设备和运输方式来设置。

（1）当采用铁路运输时，仓库应沿铁路线布置，并且要有足够的装卸前线。如果没有足够的装卸前线，必须在附近设置转运仓库。布置铁路沿线仓库时，应将仓库设置在靠近工地一侧，避免跨越铁路运输，同时仓库不宜设置在弯道或坡道上。

（2）当采用水路运输时，一般应在码头附近设置转运仓库，以缩短船只在码头上的停留时间。

（3）当采用公路运输时，仓库布置的较灵活。一般中心仓库布置在工地中央或靠近使用的地方，也可以布置在靠近外部交通连接处。水泥、砂、石、木材等仓库或堆场宜布置在搅拌站、预制场和加工厂附近；砖、预制构件等应该直接布置在施工对象附近，避免二次搬运。工业建筑项目工地还应考虑主要设备的仓库或堆场，一般较重设备尽量放在车间附近，其他设备可布置在外围空地上。

3. 加工厂和搅拌站的布置

各种加工厂布置，应以方便使用、安全防火、运输费用少、不影响建筑安装工程施工的正常进行为原则。一般应将加工厂与相应的仓库或材料堆场布置在同一地区，且多处于工地边缘。

（1）预制加工厂。尽量利用建设地区永久性加工厂，只有在运输困难时，才考虑在建设场地空闲地带设置预制加工厂。

（2）钢筋加工厂。一般采用分散或集中布置。对于需要进行冷加工、对焊、点焊的钢筋或大片钢筋网，宜集中布置在中心加工厂；对于小型加工件，利用简单机具成型的钢筋加工，宜分散在钢筋加工棚中进行。

（3）木材加工厂。应视木材加工的工作量、加工性质和种类决定是集中设置还是分散设置。

(4) 混凝土搅拌站。根据工程具体情况优先采用商品混凝土，若施工条件不允许可采用集中、分散或集中与分散相结合的三种方式。当现浇混凝土量大时，宜在工地设置搅拌站；当运输条件好时，以采用集中搅拌为好；当运输条件较差时，宜采用分散搅拌。

(5) 砂浆搅拌站宜采用分散就近布置。

(6) 金属结构、锻工、电焊和机修等车间，由于它们在生产上联系密切，应尽可能布置在一起。

各类加工厂、作业棚等所需面积见表5-7～表5-9。

现场作业棚所需面积参考资料　　**表5-7**

序号	名称	单位	面积(m^2)	备注
1	木工作业棚	m^2/人	2	占地为建筑面积的2～3倍
2	电锯房	m^2	80	863～914mm圆锯1台
	电锯房	m^2	40	小圆锯1台
3	钢筋作业棚	m^2/人	3	占地为建筑面积的3～4倍
4	搅拌棚	m^2/台	10～18	
5	卷扬机棚	m^2/台	6～12	
6	烘炉房	m^2	30～40	
7	焊工房	m^2	20～40	
8	电工房	m^2	15	
9	白铁工房	m^2	20	
10	油漆工房	m^2	20	
11	机、钳工修理房	m^2	20	
12	立式锅炉房	m^2/台	5～10	
13	发电机房	m^2/kW	0.2～0.3	
14	水泵房	m^2/台	3～8	
15	空压机房(移动式)	m^2/台	18～30	
	空压机房(固定式)	m^2/台	9～15	

现场机运站、机修间、停放场所所需面积参考资料　　**表5-8**

序号	施工机械名称	所需场地(m^2/台)	存放方式	检修间所需建筑面积	
				内容	数量(m^2)
	一、起重、土方机械类	200～300	露天	10～20台设1个检修台位(每增加20台增设1个检修台位)	200(增150)
1	塔式起重机	100～125	露天		
2	履带式起重机	75～100	露天		
3	履带式正铲或反铲、拖式铲运机，轮胎式起重机				
4	推土机、拖拉机、压路机	25～35	露天		
5	汽车式起重机	20～30	露天或室内		
	二、运输机械类		一般情况下室内不小于10%	每20台设1个检修台位(每增加1个检修台位)	170(增160)
6	汽车(室内)	20～30			
	(室外)	40～60			
7	平板拖车	100～150			
8	三、其他机械类 搅拌机、卷扬机、电焊机、电动机、水泵、空压机、油泵等	4～6	一般情况下室内占30%，露天占70%	每50台设1个检修台位(每增加1个检修台位)	50(增50)

临时加工厂所需面积参考资料　　表 5-9

序号	加工厂名称	年产量		单位产量所需建筑面积	占地总面积 (m^2)	备注
		单位	数量			
1	混凝土搅拌站	m^3 m^3 m^3	3200 4800 6400	0.022(m^2/m^3) 0.021(m^2/m^3) 0.020(m^2/m^3)	按砂石堆场考虑	400L 搅拌机 2 台 400L 搅拌机 3 台 400L 搅拌机 4 台
2	临时性混凝土预制厂	m^3 m^3 m^3 m^3	1000 2000 3000 5000	0.25(m^2/m^3) 0.20(m^2/m^3) 0.15(m^2/m^3) 0.125(m^2/m^3)	2000 3000 4000 小于 6000	生产屋面板和中小型梁柱板等，配有蒸汽养护设施
3	半永久性混凝土预制厂	m^3 m^3 m^3	3000 5000 10000	0.6(m^2/m^3) 0.4(m^2/m^3) 0.3(m^2/m^3)	9000～12000 12000～15000 15000～20000	
4	木材加工厂	m^3 m^3 m^3	16000 24000 30000	0.0244(m^2/m^3) 0.0199(m^2/m^3) 0.0181(m^2/m^3)	18000～3600 2200～4800 3000～5500	进行原木、大方加工
	综合木工加工厂	m^3 m^3 m^3 m^3	200 600 1000 2000	0.30(m^2/m^3) 0.25(m^2/m^3) 0.20(m^2/m^3) 0.15(m^2/m^3)	100 200 300 420	加工门窗、模板、地板、屋架等
	粗木加工厂	m^3 m^3 m^3 m^3	5000 10000 15000 20000	0.12(m^2/m^3) 0.10(m^2/m^3) 0.09(m^2/m^3) 0.08(m^2/m^3)	1350 2500 3750 4800	加工屋架、模板
	细木加工厂	万 m^3 万 m^3 万 m^3	5 10 15	0.140(m^2/m^3) 0.0114(m^2/m^3) 0.0106(m^2/m^3)	7000 10000 14300	加工门窗、地板
5	钢筋加工厂	t t t t	200 500 1000 2000	0.35(m^2/t) 0.25(m^2/t) 0.20(m^2/t) 0.15(m^2/t)	280～560 380～750 400～800 450～900	加工、成型、焊接
	现场钢筋拉直或冷拉 拉直场 卷扬机棚 冷拉场 时效场	所需场地(长×宽) (70～80)×(3～4)(m^2) 15～20(m^2) (40～60)×(3～4)(m^2) (30～40)×(6～8)(m^2)				包括材料及成品堆放 3～5t 电动卷扬机一台 包括材料及成品堆放 包括材料及成品堆放
	钢筋对焊 对焊场地 对焊棚	所需场地(长×宽) (3～40)×(4～5)(m^2) 15～24(m^2)				包括材料及成品堆放 寒冷地区应适当增加
	钢筋冷加工 冷拔、冷轧机 剪断机 弯曲机 ϕ12 以下 弯曲机 ϕ40 以下	所需场地(m^2/台) 40～50 30～50 50～60 60～70				
6	金属结构加工(包括一般铁件)	所需场地(m^2/t) 年产 500t 为 10 年产 1000t 为 8 年产 2000t 为 6 年产 3000t 为 5				按一批加工数量计算
7	石石消化{贮灰地 淋灰地 淋灰槽}	5×3=15(m^2) 4×3=12(m^2) 3×2=6(m^2)				每两个贮灰池配一套淋灰池和淋灰槽，每 600kg 石灰可消化 1m^3 石灰膏
8	沥青锅场地	20～24(m^2)				台班产量 1～1.5t/台

4．场内道路的布置

根据各加工厂、仓库及各施工对象的相对位置，考虑货物运转，区分主要道路和次要道路，进行道路的规划。

（1）合理规划临时道路与地下管网的施工程序。应充分利用拟建的永久性道路，提前修建永久性道路或先修路基和简易路面，作为施工所需的临时道路，以达到节约投资的目的。

（2）保证运输畅通。应采用环形布置，主要道路宜采用双车道，宽度不小于 6m，次要道路宜采用单车道，宽度不小于 3.5m。

（3）选择合理的路面结构。根据运输情况和运输工具的不同类型而定。一般场外与省、市公路相连的干线，宜建成混凝土路面；场区内的干线，宜采用级配碎石路面；场内支线一般为土路或砂石路。

现场内临时道路的技术要求和临时路面的种类、厚度见表 5-10、表 5-11。

简易道路技术要求　　**表 5-10**

指标名称	单位	技术标准
设计车速	km/h	≤20
路基宽度	m	双车道 6～6.5；单车道 4.4～5；困难地段 3.5
路面宽度	m	双车道 5～5.5；单车道 3～3.5
平面曲线最小半径	m	平原、丘陵地区 20；山区 15；回头弯道 12
最大纵坡	%	平原地区 6；丘陵地区 8；山区 11
纵坡最短长度	m	平原地区 100；山区 50
桥面宽度	m	木桥 4～4.5
桥涵载重等级	t	木桥涵 7.8～10.4(汽-6～汽-8)

临时道路路面种类和厚度　　**表 5-11**

路面种类	特点及其使用条件	路基土	路面厚度(cm)	材料配合比
级配砾石路面	雨天照常通车，可通行较多车辆，但材料级配要求严格	砂质土	10～15	体积比： 黏土：砂：石子=1：0.7：3.5 重量比： 1. 面层：黏土 13%～15%，砂石料 85%～87% 2. 底层：黏土 10%，砂石混合料 90%
		黏质土或黄土	14～18	
碎（砾）石路面	雨天照常通车，碎（砾）石本身含土较多，不加砂	砂质土	10～18	碎（砾）石>65%，当地土含量≤35%
		砂质土或黄土	15～20	
碎砖路面	可维持雨天通车，通行车辆较少	砂质土	13～15	垫层：砂或炉渣 4～5cm 底层：7～10cm 碎砖 面层：2～5cm 碎砖
		黏质土或黄土	15～8	
炉渣或矿渣路面	可维持雨天通车，通行车辆较少，当附近有此项材料可利用时	一般土	10～15	炉渣或矿渣 75%，当地土 25%
		较松软时	15～30	
砂土路面	雨天停车，通行车辆较少，附近不产石料而只有砂时	砂质土	15～20	粗砂 50%，细砂、粉砂和黏质土 50%
		黏质土	15～30	
风化石屑路面	雨天不通车，通行车辆较少，附近有石屑可利用	一般土	10～15	石屑 90%，黏土 10%
石灰土路面	雨天停车，通行车辆少，附近产石灰时	一般土	10～13	石灰 10%，当地土 90%

5. 临时设施布置

临时设施包括：办公室、汽车库、休息室、开水房、食堂、俱乐部、浴室等。根据工地施工人数，可计算临时设施的建筑面积，应尽量利用原有建筑物，不足部分另行建造。

一般全工地性行政管理用房宜设在工地入口处，以便对外联系；也可设在工地中间，便于工地管理；工人用的福利设施应设置在工人较集中的地方，或工人必经之处；生活区应设在场外，距工地 500～1000m 为宜；食堂可布置在工地内部或工地与生活区之间；临时设施的设计，应以经济、适用、拆装方便为原则，并根据当地的气候条件、工期长短确定其结构形式。临时建筑面积见表 5-12。

行政、生活、福利、临时设施建筑面积参考资料（m^2/人）　　表 5-12

序号	临时房屋名称	指标使用方法	参考指标	序号	临时房屋名称	指标使用方法	参考指标
一	办公室	按使用人数	3～4	3	理发室	按高峰年平均人数	0.01～0.03
二	宿舍			4	俱乐部	按高峰年平均人数	0.1
1	单层通铺	按高峰年(季)平均人数	2.5～3.0	5	小卖部	按高峰年平均人数	0.03
2	双层床	扣除不在工地居住人数	2.0～2.5	6	招待所	按高峰年平均人数	0.06
3	单层床	扣除不在工地居住人数	3.5～4.0	7	托儿所	按高峰年平均人数	0.03～0.06
三	家属宿舍		16～25m^2/户	8	子弟学校	按高峰年平均人数	0.06～0.08
四	食堂	按高峰年平均人数	0.5～0.8	9	其他公用	按高峰年平均人数	0.05～0.10
	食堂兼礼堂	按高峰年平均人数	0.6～0.9	六	小型		
五	其他合计	按高峰年平均人数	0.5～0.6	1	开水房		10～40
1	医务所	按高峰年平均人数	0.05～0.07	2	厕所	按工地平均人数	0.02～0.07
2	浴室	按高峰年平均人数	0.07～0.1	3	工人休息室	按工地平均人数	0.15

6. 临时水电管网及其他动力设施的布置

当有可以利用的水源、电源时，可以将水、电直接接入工地。临时总变电站应设置在高压电引入处，不应放在工地中心；临时水池应放在地势较高处。

当无法利用现有水、电时，为获得电源，可在工地中心或附近设置临时发电设备；为获得水源，可利用地下水或地上水设置临时供水设备（水塔、水池）。施工现场供水管网有环状、枝状和混合式三种形式。过冬的临时水管须埋在冰冻线以下或采取保温措施。

消防栓应设置在易燃建筑物附近，并有通畅的出口和车道，其宽度不小于 6m，与拟建房屋的距离不得大于 25m，也不得小于 5m，消防栓间距不应大于 100m，到路边的距离不应大于 2m。

临时配电线路布置与供水管网相似。工地电力网，一般 3～10kV 的高压线采用环状，沿主干道布置；380/220V 低压线采用枝状布置。通常采用架空布置，距路面或建筑物不小于 6m。

上述布置应采用标准图例绘制在总平面图上，图幅可选用 1～2 号图纸，比例为 1∶1000或 1∶2000。在进行各项布置后，经分析比较，调整修改，形成施工总平面图，并作必要的文字说明，标上图例、比例、指北针等。完成的施工总平面图比例要正确，图例要规范，线条粗细分明，字迹端正，图面整洁美观。绘图图例见表 5-13。

施工平面图图例　　表 5-13

序号	名　称	图　例	序号	名　称	图　例
1	水准点	点号/高程	15	施工用临时道路	
2	原有房屋		16	临时露天堆场	
3	拟建正式房屋		17	施工期间利用的永久堆场	
4	施工期间利用的拟建正式房屋		18	土堆	
5	将来拟建正式房屋		19	砂堆	
6	临时房屋：密闭式　敞棚式		20	砾石、碎石堆	
7	拟建的各种材料围墙		21	块石堆	
8	临时围墙		22	砖堆	
9	建筑工地界线		23	钢筋堆场	
10	烟囱		24	型钢堆场	LIC
11	水塔		25	铁管堆场	
12	房角坐标	x=1530 y=2156	26	钢筋成品场	
13	室内地面水平标高	105.10	27	钢结构场	
14	现有永久公路		28	屋面板存放场	

续表

序号	名称	图例	序号	名称	图例
29	一般构件存放场		47	总降压变电站	
30	矿渣、灰渣堆		48	发电站	
31	废料堆场		49	变电站	
32	脚手、模板堆场		50	变压器	
33	原有的上水管线		51	投光灯	
34	临时给水管线	——s——s——	52	电杆	
35	给水阀门（水嘴）		53	现有高压6kV线路	-WW6——WW6-
36	支管接管位置	——s——	54	施工期间利用的永久高压6kV线路	—LWW6—LWW6—
37	消火栓（原有）		55	塔轨	
38	消火栓（临时）	L	56	塔吊	
39	原有化粪池		57	井架	
40	拟建化粪池		58	门架	
41	水源	水	59	卷扬机	
42	电源		60	履带式起重机	
43	汽车式起重机		61	灰浆搅拌机	
44	缆式起重机		62	洗石机	
45	铁路式起重机		63	打桩机	
46	多斗挖土机		64	脚手架	

续表

序号	名称	图例	序号	名称	图例
65	推土机		68	淋灰池	灰
66	铲运机		69	沥青锅	
67	混凝土搅拌机		70	避雷针	

上述各设计步骤不是完全独立的，而是相互联系、相互制约的，需要综合考虑、反复修正才能确定下来。若有几种方案时，应进行方案比较。

5.6 施工组织总设计实例

5.6.1 工程概况

（1）房屋建筑概况见表 5-14，施工现场总平面图如图 5-2 所示。

建筑项目一览表 **表 5-14**

编号	工程类别	结构类型	层数	建筑面积 (m^2)	栋数	建筑物编号	备注
1	住宅	内浇外砌	6	4047	2	1，3	
2	住宅	内浇外砌	6	4135	3	2，4，7	有地下室
3	住宅	砌体结构	6	2700	1	5	
4	住宅	内浇外砌	6	3195	1	6	
5	住宅	全现浇	24	13656	3	8，9，10	有地下室
6	住宅	内浇外挂	14	7000	3	11，12，13	有地下室
7	住宅	内浇外挂	18	8368	3	14，15，16	有地下室
8	青年公寓	内浇外挂	14	12600	1	17	有地下室
9	小学	砌体结构	3	2400	1	18	
10	托儿所幼儿园	砌体结构	2	1000	1	19	
11	浴室，理发室	砌体结构	2	600	1	20	
12	饮食	砌体结构	2	700	1	21	
13	副食	砌体结构	2	720	1	22	
14	粮店	砌体结构	2	1400	1	23	
15	锅炉房	砌体结构	1	1100	1	24	
16	配电	砌体结构	1	100	1	25	

（2）地下室及地质情况。表 5-14 中所列有地下室的建筑物，其基底标高为：内浇外砌结构－4.30m，内浇外挂结构－4.70m，全现浇结构－7.50m，无地下水。

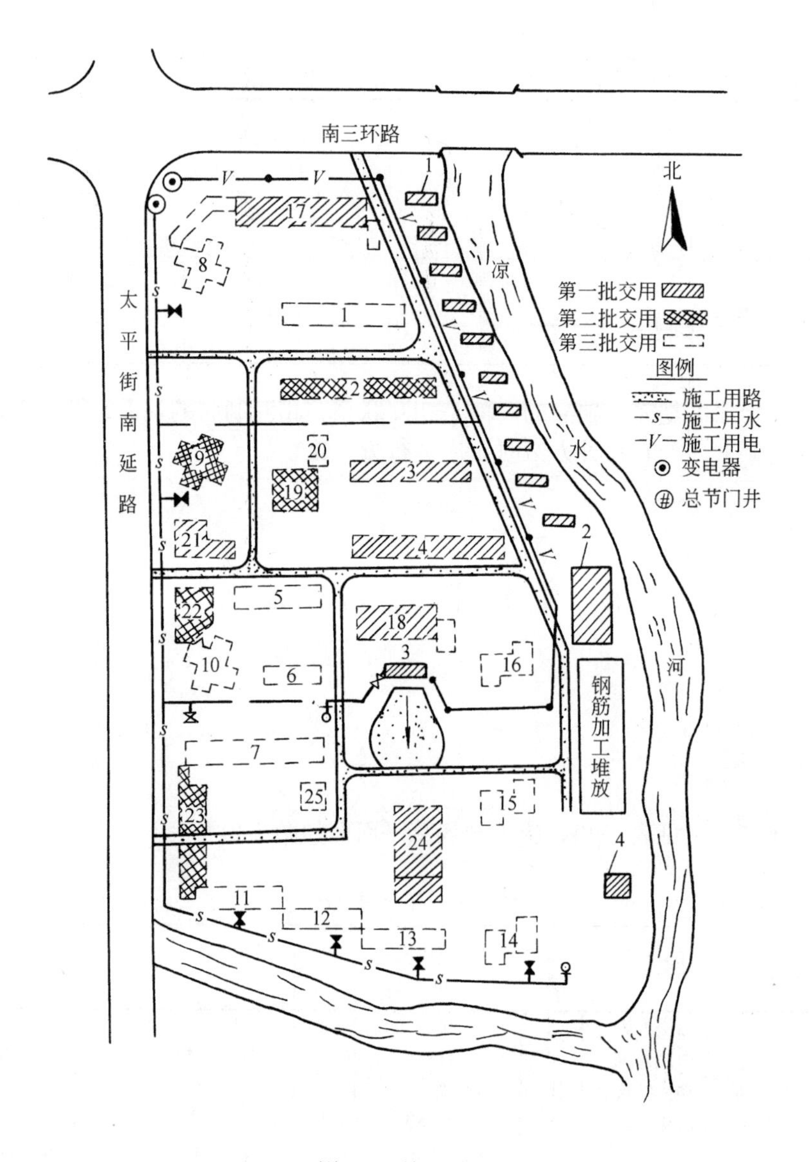

图 5-2　施工总平面图

（3）水、电等情况。场地下设污水管和排雨水管；上水管自北侧路接来，各楼设高位水箱；变电室位于建设区域南端，采用电杆架线供电，沿小区内道路通向各建筑物。

（4）承包合同的有关条款

1）总工期：1999 年 5 月开工，至 2002 年 5 月全部竣工。

2）分期交用要求：2000 年 7 月 1 日交用第一批工程（3 号、4 号、17 号、24 号、25 号、18 号、19 号、21 号楼）；2000 年 12 月底交第二批工程（2 号、9 号、22 号、23 号楼）；2001 年年底全部完工，个别工程到 2002 年 5 月完工。

3）奖罚：以实际交用条件为项目竣工，按单位建筑面积计算，按国家工期定额，每提前一天奖励工程造价的 1‰，每拖后一天按相应规定罚款。

4）拆迁要求：影响各栋号施工的障碍物须在工程施工之前全部拆迁完毕，如果拆迁工作不能按期完成，则工期相应顺延。

5.6.2 施工部署

1. 主要施工程序

（1）本施工区域内调入第一、第二两个施工队施工，其场地以4号楼与5号楼中间为界。

（2）每个施工队保持两条流水线：

1）一队的1—1流水线施工内浇外挂结构，顺序为4号、3号、2号、1号楼。

2）一队的1—2流水线先施工17号楼，然后转入全现浇高层结构的9号、8号楼。

3）二队的2—1流水线施工砌体结构，其顺序为24号、25号、18号、19号、21号、22号、23号楼，然后转入7号、6号、5号楼。

4）二队的2—2流水线先施工高层10号楼，然后转入内浇外挂结构11～16号楼。

2. 主要工程项目的施工方法和施工机械

（1）单层及二层砌体结构采用平台内脚手架砌筑，汽车吊安装屋面梁、板。屋面配卷扬机进行垂直运输，外装修采用双排钢管架。

（2）三～六层的砌体结构采用平台内脚手架，TQ60/80塔吊进行垂直运输，外装修采用桥式架。

（3）内浇外挂高层建筑垂直运输采用TQ60/80超高塔吊，每条流水线装配塔吊2台。大模板配备型号、数量按具体栋号而定。

（4）全现浇高层结构墙体采用钢大模（专门设计），外架子采用三角架悬挂操作台。楼板采用双钢筋叠合板，板下支撑配备4层的量。垂直运输采用一台200t·m的大型塔吊，每层分五段流水。

（5）地下室底板采用预拌混凝土泵送。立墙采用组合钢模加木方子。人工支、拆模板，不用吊车。墙体混凝土也用泵送，预制叠合板用汽车吊吊装。

（6）外装修采用吊篮架，垂直运输采用高车架（每栋一台），全现浇高层住宅另配外用电梯一台。

5.6.3 施工总进度计划

主要建筑物的三大工序—基础、结构、装修所需工期的统计结果见表5-15。根据各主要工序安排总进度计划见表5-16。

住宅体系三大工序所需工期表 表5-15

工 序	内浇外挂结构(月)	全现浇结构(月)	六层砌体结构(月)
基 础	3	4	1+2(地下室)
结 构	4	6	3
装 修	5	5	4

施工总进度计划表　　　　表 5-16

施工队	流水线编号	幢　号	1995	1996	1997	1998
第一施工队	1—1	4号				
		3号				
		2号				
		1号				
	1—2	17号				
		9号				
		8号				
第二施工队	2—1	24号				
		25号				
		18号				
		19号				
		21号				
		22号				
		23号				
		7号				
		6号、5号				
	2—2	10号				
		11号				
		12号				
		13号				
		14号				
		15号				
		16号				

5.6.4　各种资源需要量计划

（1）塔吊流转计划：每条流水线尽量使用固定塔吊，但由于施工条件不同，对不能满足塔吊起吊高度者，应适当进行调整，见表 5-17，共需 4 台 TQ60/80 塔吊，1 台 QTZ200 塔吊。

（2）小型机械配备见表 5-18。

（3）模板和脚手架配备见表 5-19。

（4）主要原材料消耗量按照每种结构体系单位面积的消耗量估算，然后计算平均日耗量，见表 5-20 所示。

（5）半成品需要量见表 5-21。

（6）按照流水线劳动力计划安排见表 5-22。

塔吊流转计划　　表 5-17

序号	流水线	塔吊编号	1995	1996	1997	1998
1	1—1	TQ60/80-1号	4号→3号→2号→1号			
2	1—2	TQ60/80-2号，3号	17号→9号→8号			
3	2—1	TQ60/80-4号	18号	7号→5号→6号		
4	2—2	QTZ200-5号	10号	→11号→12号→13号→14号→15号→6号		

小型机械需用量　　表 5-18

流　水　线	搅拌机(台)	砂浆机(台)	电焊机(台)
1—1	1	1	4
1—2	3	1	4
2—1	1	1	4
2—2	3	1	4
小　　计	8	4	16

模板及脚手架需用量　　表 5-19

名称	工具类别	流水线编号				合　计	备　注
		1—1	1—2	2—1	2—2		
脚手架	桥式架	1		1		2	
	平台架	1		1		2	
	插口架		1		1	1	两线共用
	吊篮架		1		1	2	
	钢管架			1		1	
	现浇挂架		1		1	1	两线共用
模板	内墙大模	1	1		2		
	现浇大模		1		1	1	两线共用
	地下室模板	1	1		1	3	
	楼板模及支撑		1		1	1	两线共用
高车架		2	2	2	2	8	
外用电梯			1		2	3	

主要材料消耗量　　表 5-20

名　　称	总　耗　量	平均日耗
钢材(t)	2655	3.8
木材(m^3)	4360	6.2
水泥(t)	19230	27.5
砖(m^3)	15635	22.3
砂(m^3)	22840	32.6
石(m^3)	25655	36.7
陶粒(m^3)	8000	11.4

门窗构件、预拌混凝土需要量　　表 5-21

名　　称	单位用量	建筑面积(m²)	总　用　量
壁板	0.2m³/m²	46086	9217m³
楼板	0.11m³/m²	100000	11000m³
门窗	0.12 樘/m²	134000	160800 樘
预拌混凝土			2500m³
叠合板	0.06m³/m²	40000	2400m³

劳动力变化曲线　　表 5-22

工序	流水线	人数(人)	1995	1996	1997	1998
基础	2—2	40				
	1—2	40				
结构	1—1	40				
	1—2	70				
	2—1	40				
	2—2	40				
装修	1—1	60				
	1—2	60				
	2—1	60				
	2—1	60				
管道		60				
电气		40				
小计		650				
劳动力变化曲线						

5.6.5　施工总平面图

施工总平面图与建筑总平面图画在一起，如图 5-2 所示。

(1) 施工用水、用电量均按需要经计算确定；

(2) 施工时注意保持场内竖向设计的坡度，在基础挖土阶段防止雨水泡槽；

(3) 临时设施需用量计算，根据最高峰劳动力 650 人，每人 4m² 计算，考虑到民工占 50%，需建临时设施 1300m²。

复习思考题

1. 施工组织总设计的作用和编制依据。
2. 施工组织总设计的内容和编制程序。
3. 施工总平面图的内容和设计方法。
4. 设计施工总平面图应遵循什么原则？
5. 施工组织总设计中的工程概况包括哪些内容？
6. 在施工部署中应解决哪些问题？
7. 施工总进度计划的编制原则和内容。
8. 施工总进度计划的编制方法如何？

职业活动训练

针对某大型工程项目或群体工程项目，参与编制施工组织总设计，参观文明施工现场。

1. 目的

通过参与编制施工组织总设计，了解施工组织总设计编制的程序和方法，通过参观文明施工现场，熟悉施工总平面布置的方法。提高学生参与实际工作的能力。

2. 环境要求

(1) 选择一个大型工程项目或群体工程项目；

(2) 图纸齐全；

(3) 施工现场条件满足要求。

3. 步骤提示

(1) 熟悉图纸、分析工程情况；

(2) 拟定总体施工部署方案；

(3) 编制施工总进度计划；

(4) 编制总体施工准备与主要资源配置计划；

(5) 进行施工总平面布置。

4. 注意事项

(1) 学生在编制施工组织总设计时，教师应尽可能书面提供施工项目与业主方的背景资料。

(2) 学生进行编制训练时，教师要加强指导和引导。

5. 讨论与训练题

讨论：施工总平面编制与文明施工的关系是什么？

学习单元6

单位工程施工组织设计的编制

【知识目标】

熟悉单位工程施工组织设计的基本概念、编制依据与原则、编制程序与内容；掌握单位工程施工程序及施工顺序、施工起点及流向确定方法；掌握施工方法及施工机械选择及各项技术组织措施的制定方法；掌握单位工程施工进度计划及资源需要量计划的编制方法；掌握单位工程施工平面图的设计方法。

【能力目标】

能够参与编制施工部署，能够编制单位工程施工进度计划和主要资源配置计划，能够进行主要施工方案的选择及单位工程施工平面的布置。

单位工程施工组织设计是以单位（子单位）为主要对象编制的施工组织设计，对单位（子单位）工程的施工过程起指导和制约作用，是建筑施工企业组织和指导单位工程施工全过程各项活动的技术经济文件。它是基层施工单位编制季度、月度、旬施工作业计划、分部分项工程作业设计及劳动力、材料、预制构件、施工机具等供应计划的主要依据，也是建筑施工企业加强生产管理的一项重要工作。本章主要叙述单位工程施工组织设计的编制内容和方法。

6.1 概 述

单位工程施工组织设计一般由施工单位的工程项目主管工程师负责编制，并根据工程项目的大小，报公司总工程师审批或备案。它必须在工程开工前编制完成，以作为工程施工技术资料准备的重要内容和关键成果，并应经该工程监理单位的总监理工程师批准方可实施。

6.1.1 单位工程施工组织设计的编制依据

1. 主管部门的批示文件及有关要求

主要有上级机关对工程的有关指示和要求，建设单位对施工的要求，施工合同中的有关规定等。

2. 经过会审的施工图

包括单位工程的全套施工图纸、图纸会审纪要及有关标准图。

3. 施工企业年度施工计划

主要有本工程开、竣工日期的规定，以及与其他项目穿插施工的要求等。

4. 施工组织总设计

本工程是整个建设项目中的一个项目，应把施工组织总设计作为编制依据。

5. 工程预算文件及有关定额

应有详细的分部分项工程量，必要时应有分层、分段、分部位的工程量，使用的预算定额和施工定额。

6. 建设单位对工程施工可能提供的条件

主要有供水、供电、供热的情况及可借用作为临时办公、仓库、宿舍的施工用房等。

7. 施工条件

8. 施工现场的勘察资料

主要有高程、地形、地质、水文、气象、交通运输、现场障碍物等情况以及工程地质勘察报告、地形图、测量控制网。

9. 有关的规范、规程和标准

主要有《建筑工程施工质量验收统一标准》等 14 项建筑工程施工质量验收规范及《建筑安装工程技术操作规程》等。

10. 有关的参考资料及施工组织设计实例

6.1.2 单位工程施工组织设计的编制程序

单位工程施工组织设计的编制程序，是指单位工程施工组织设计各个组成部分形成的先后次序以及相互之间的制约关系。如图6-1所示。

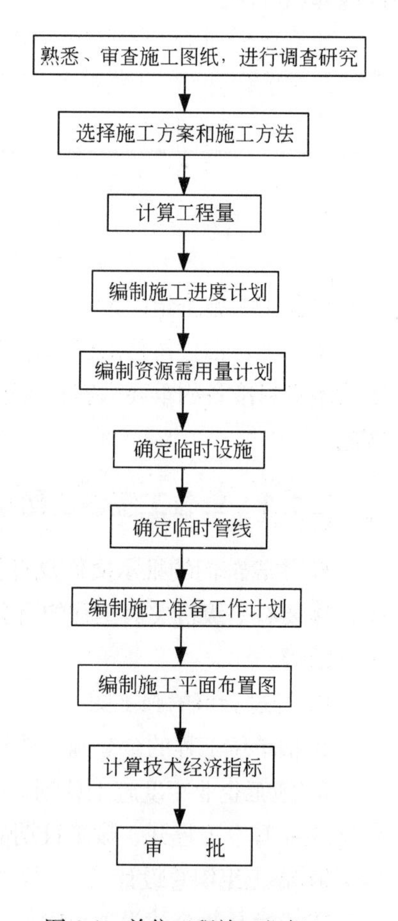

图 6-1 单位工程施工组织设计编制程序

6.1.3 单位工程施工组织设计的内容

根据工程的性质、规模、结构特点、技术复杂难易程度和施工条件等，单位工程施工组织设计编制内容的深度和广度也不尽相同。但一般来说应包括下述主要内容：

1. 工程概况及施工特点分析

主要包括工程建设概况、设计概况、施工特点分析和施工条件等内容，详见本章第二节。

2. 施工部署与主要施工方案

主要包括确定各分部分项工程的施工顺序、施工方法和选择适用的施工机械，制定主要技术组织措施，详见本章第三节。

3. 单位工程施工进度计划表

主要包括确定各分部分项工程名称、计算工程量、计算劳动量和机械台班量、计算工作延续时间、确定施工班组人数及安排施工进度，编制施工准备工作计划及劳动力、主要材料、预制构件、施工机具需要量计划等内容，详见本章第四、五节。

4. 单位工程施工平面图

主要包括确定起重垂直运输机械、搅拌站、临时设施、材料及预制构件堆场布置，运输道路布置，临时供水、供电管线的布置等内容，详见本章第六节。

5. 主要技术经济指标

主要包括工期指标、工程质量指标、安全指标、降低成本指标等内容。

对于建筑结构比较简单、工程规模比较小、技术要求比较低，且采用传统施工方法组织施工的一般工业与民用建筑，其施工组织设计可以编制得简单一些，其内容一般只包括施工方案、施工进度表、施工平面图，辅以扼要的文字说明，简称为“一案一表一图”。

6.2 工程概况和施工特点分析

工程概况和施工特点分析包括工程建设概况，工程建设地点特征，建筑、结构设计概况、施工条件和工程施工特点分析五方面内容。

1. 工程建设概况

主要介绍拟建工程的建设单位、工程名称、性质、用途和建设的目的，资金来源及工程造价，开工、竣工日期，设计单位、施工单位、监理单位，施工图纸情况，施工合同是否签订，上级有关文件或要求，以及组织施工的指导思想等。

2. 工程建设地点特征

主要介绍拟建工程的地理位置、地形、地貌、地质、水文、气温、冬雨期时间、主导风向、风力和抗震设防烈度等。

3. 建筑、结构设计概况

主要根据施工图纸，结合调查资料，简练地概括工程全貌，综合分析，突出重点问题。对新结构、新材料、新技术、新工艺及施工的难点做重点说明。

建筑设计概况主要介绍拟建工程的建筑面积、平面形状和平面组合情况、层数、层高、总高、总长、总宽等尺寸及室内外装修的情况。

结构设计概况主要介绍基础的形式、埋置深度、设备基础的形式、主体结构的类型，墙、柱、梁、板的材料及截面尺寸，预制构件的类型及安装位置，楼梯构造及形式等。

4. 施工条件

主要介绍“三通一平”的情况，当地的交通运输条件，资源生产及供应情况，施工现场大小及周围环境情况，预制构件生产及供应情况，施工单位机械、设备、劳动力的落实情况，内部承包方式、劳动组织形式及施工管理水平，现场临时设施、供水、供电问题的解决。

5. 工程施工特点分析

主要介绍拟建工程施工特点和施工中关键问题、难点所在，以便突出重点、抓住关键，使施工顺利进行，提高施工单位的经济效益和管理水平。

6.3 施工部署与主要施工方案

施工部署是对项目实施过程做出的统筹规划和全面安排，包括项目施工主要目标、施工顺序及空间组织安排等。施工方案是以分部（方项）工程或专项工程为主要对象编制的施工技术与组织方案，用以具体指导其施工过程。

施工部署及主要施工方案的选择是单位工程施工组织设计中的重要环节，是决定整个工程全局的关键。主要施工方案选择的恰当与否，将直接影响到单位工程的施工效率、进度安排、施工质量、施工安全、工期长短。因此，我们必须在若干个初步方案的基础上进行认真分析比较，力求选择出一个最经济、最合理的施工方案。

施工部署着重解决以下几个方面的主要问题：

（1）工程施工目标。根据施工合同、招标文件以及本单位对工程管理目标的要求确定，包括进度、质量、安全、环境和成本等目标。各项目标应满足施工组织总设计中确定的总体目标。

（2）施工进度安排和空间组织。应符合下列规定：

1）工程主要施工内容及其进度安排应明确说明，施工顺序应符合工序逻辑关系；

2）施工流水段应结合工程具体情况分阶段进行划分；单位工程施工阶段的划分一般包括地基基础、主体结构、装修装饰和机电设备安装三个阶段。

（3）对于工程施工的重点和难点进行分析，包括组织管理和施工技术两个方面。

（4）工程管理的组织机构形式应符合施工组织总设计的要求，并确定项目经理部的工作岗位设置及其职责划分。

（5）对于工程施工中开发和使用的新技术、新工艺作出部署，对新材料和新设备的使用提出技术及管理要求。

（6）对主要分包工程施工单位的选择要求及管理方式进行简要说明。

6.3.1 施工顺序的确定

1. 确定施工顺序应遵循的基本原则和基本要求

确定合理的施工顺序是选择施工方案首先应考虑的问题。施工顺序是指工程开工后各分部分项工程施工的先后次序。确定施工顺序既是为了按照客观的施工规律组织施工，也是为了解决工种之间的合理搭接，在保证工程质量和施工安全的前提下，充分利用空间，以达到缩短工期的目的。

在实际工程施工中，施工顺序可以有多种。不仅不同类型建筑物的建造过程有着不同的施工顺序；而且在同一类型的建筑工程施工中，甚至同一幢房屋的施工，也会有不同的施工顺序。因此，本节的基本任务就是如何在众多的施工顺序中，选择出既符合客观规律，又经济合理的施工顺序。

（1）确定施工顺序应遵循的基本原则

1）先地下，后地上。指的是在地上工程开始之前，把管道、线路等地下设施、土方工程和基础工程全部完成或基本完成。坚固耐用的建筑需要有一个坚实的基础，从工艺的角度考虑，也必须先地下后地上，地下工程施工时应做到先深后浅，这样可以避免对地上部分施工产生干扰，从而带来施工不便，造成浪费，影响工程质量。

2）先主体，后围护。指的是框架结构建筑和装配式单层工业厂房施工中，先进行主体结构施工，后完成围护工程。同时，框架主体结构与围护工程在总的施工顺序上要合理搭接，一般来说，多层建筑以少搭接为宜，而高层建筑则应尽量搭接施工，以缩短施工工期；而装配式单层工业厂房主体结构与围护工程一般不搭接。

3）先结构，后装修。是对一般情况而言，有时为了缩短施工工期，也可以有部分合理的搭接。

4）先土建，后设备。指的是不论是民用建筑还是工业建筑，一般来说，土建施工应先于水、暖、煤、卫、电等建筑设备的施工。但它们之间更多的是穿插配合关系，尤其在装修阶段，要从保证施工质量、降低成本的角度，处理好相互之间的关系。

以上原则并不是一成不变的，在特殊情况下，如在冬期施工之前，应尽可能完成土建和围护工程，以利于施工中的防寒和室内作业的开展，从而达到改善工人的劳动环境、缩短工期的目的；又如大板建筑施工，大板承重结构部分和某些装饰部分宜在加工厂同时完成。因此，随着我国施工技术的发展、企业经营管理水平的提高，以上原则也在进一步完善之中。

（2）确定施工顺序的基本要求

1）必须符合施工工艺的要求。建筑物在建造过程中，各分部分项工程之间存在着一定的工艺顺序关系，它随着建筑物结构和构造的不同而变化，应在分析建筑物各分部分项工程之间的工艺关系的基础上确定施工顺序。例如：基础工程未做完，其上部结构就不能进行，垫层需在土方开挖后才能施工；采用砌体结构时，下层的墙体砌筑完成后方能施工上层楼面；但在框架结构工程中，墙体作为围护或隔断，则可安排在框架施工全部或部分完成后进行。

2）必须与施工方法协调一致。例如：在装配式单层工业厂房施工中，如采用分件吊装法，则施工顺序是先吊装柱、再吊装梁、最后吊装各个节间的屋架及屋面板等；如采用综合吊装法，则施工顺序为一个节间全部构件吊装完成后，再依次吊装下一个节间，直至构件吊装完。

3）必须考虑施工组织的要求。例如：有地下室的高层建筑，其地下室地面工程可以安排在地下室顶板施工前进行，也可以安排在地下室顶板施工后进行。从施工组织方面考虑，前者施工较方便，上部空间宽敞，可以利用吊装机械直接将地面施工用的材料运送到地下室；而后者，地面材料运输和施工，就比较困难。

4）必须考虑施工质量的要求。在安排施工顺序时，要以保证和提高工程质量为前提，影响工程质量时，要重新安排施工顺序或采取必要的技术措施。例如：屋面防水层施工，必须等找平层干燥后才能进行，否则将影响防水工程的质量，特别是柔性防水层的施工。

5）必须考虑当地的气候条件。例如：在冬期和雨期施工到来之前，应尽量先做基础工程、室外工程、门窗玻璃工程，为地上和室内工程施工创造条件。这样有利于改善工人的劳动环境，有利于保证工程质量。

6）必须考虑安全施工的要求。在立体交叉、平行搭接施工时，一定要注意安全问题。例如：在主体结构施工时，水、暖、煤、卫、电的安装与构件、模板、钢筋等的吊装和安装不能在同一个工作面上，必要时采取一定的安全保护措施。

2. 多层砌体结构民用房屋的施工顺序

多层砌体结构民用房屋的施工，按照房屋结构各部位不同的施工特点，可分为基础工程、主体工程、屋面及装修工程三个施工阶段，如图6-2所示。

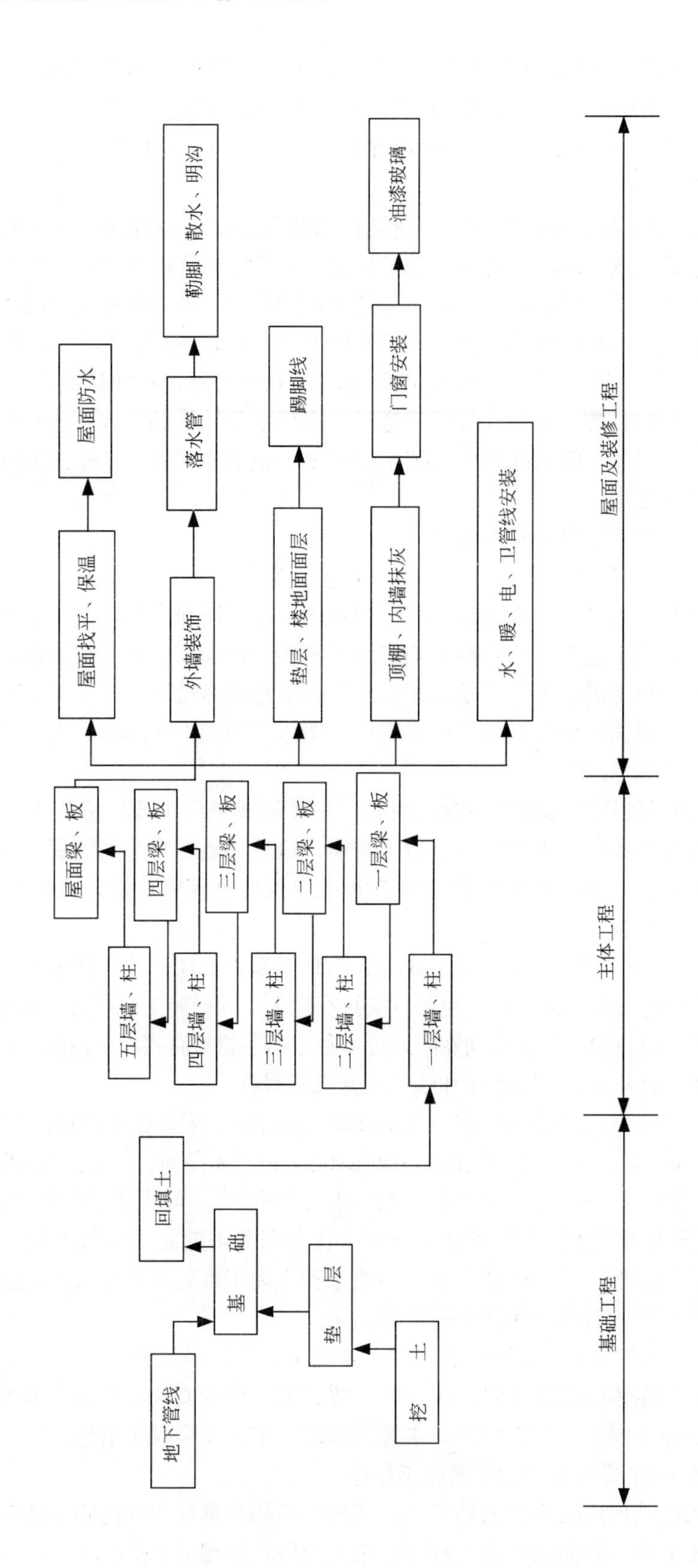

图 6-2 多层砌体结构民用房屋施工顺序示意图

（1）基础工程阶段施工顺序

基础工程是指室内地面以下的工程。其施工顺序比较容易确定，一般是：挖土方→垫层→基础→回填土。具体内容视工程设计而定。如有桩基础工程，应另列桩基础工程。如有地下室则施工过程和施工顺序一般是：挖土方→垫层→地下室底板→地下室墙、柱结构→地下室顶板→防水层及保护层→回填土。但由于地下室结构、构造不同，有些施工内容应有一定的配合和交叉。

在基础工程施工阶段，挖土方与做垫层这两道工序，在施工安排上要紧凑，时间间隔不宜太长，必要时可将挖土方与做垫层合并为一个施工过程。在施工中，可以采取集中兵力，分段流水进行施工，以避免基槽（坑）土方开挖后，因垫层施工未能及时进行，使基槽（坑）浸水或受冻害，从而使地基承载力下降，造成工程质量事故或引起工程量、劳动力、机械等资源的增加。同时还应注意混凝土垫层施工后必须有一定的技术间歇时间，使之具有一定的强度后再进行下道工序的施工。各种管沟的挖土、铺设等施工过程，应尽可能与基础工程施工配合，采取平行搭接施工。回填土一般在基础工程完工后一次性分层、对称夯填，以避免基础受到浸泡并为后一道工序施工创造条件。当回填土工程量较大且工期较紧时，也可将回填土分段施工并与主体结构搭接进行，室内回填土可安排在室内装修施工前进行。

（2）主体工程阶段施工顺序

主体工程是指基础工程以上，屋面板以下的所有工程。这一施工阶段的施工过程主要包括：安装起重垂直运输机械设备，搭设脚手架，砌筑墙体，现浇柱、梁、板、雨篷、阳台、楼梯等施工内容。

其中砌墙和现浇楼板是主体工程施工阶段的主导过程。两者在各楼层中交替进行，应注意使它们在施工中保持均衡、连续、有节奏地进行。并以它们为主组织流水施工，根据每个施工段的砌墙和现浇楼板工程量、工人人数、吊装机械的效率、施工组织的安排等计算确定流水节拍大小，而其他施工过程则应配合砌墙和现浇楼板组织流水施工，搭接进行。如脚手架搭设应配合砌墙和现浇楼板逐段逐层进行；其他现浇钢筋混凝土构件的支模、绑扎钢筋可安排在现浇楼板的同时或砌筑墙体的最后一步插入，要及时做好模板、钢筋的加工制作工作，以免影响后续工程的按期投入。

（3）屋面及装修工程施工顺序

屋面及装修工程是指屋面板完成以后的所有工作。这一施工阶段的施工特点是：施工内容多、繁、杂；有的工程量大而集中，有的工程量小而分散；劳动消耗大，手工作业多，工期较长。因此，妥善安排屋面及装修工程的施工顺序，组织立体交叉流水作业，对加快工程进度有着特别重要的现实意义。

屋面工程的施工，应根据屋面的设计要求逐层进行。例如：柔性屋面的施工顺序按照隔汽层→保温层→隔汽层→柔性防水层→隔热保护层的顺序依次进行。刚性屋面按照找平层→保温层→找平层→刚性防水层→隔热层的施工顺序依次进行，其中细石混凝土防水层、分仓缝施工应在主体结构完成后尽快完成，为顺利进行室内装修创造条件。为了保证屋面工程质量，防止屋面渗漏，屋面防水在南方做成“双保险”，即既做刚性防水层，又做柔性防水层，但也应精心施工，精心管理。屋面工程施工在一般情况下不划分流水段，它可以和装修工程搭接施工。

装修工程的施工可分为室外装修（檐沟、女儿墙、外墙、勒脚、散水、台阶、明沟、雨水管等）和室内装修（顶棚、墙面、楼面、地面、踢脚线、楼梯、门窗、五金、油漆及玻璃等）两个方面的内容。其中内、外墙及楼、地面的饰面是整个装修工程施工的主导过程，因此，要着重解决饰面工作的空间顺序。

根据装修工程的质量、工期、施工安全以及施工条件，其施工顺序一般有以下几种：

1）室外装修工程

室外装修工程一般采用自上而下的施工顺序，是在屋面工程全部完工后，室外抹灰从顶层至底层依次逐层向下进行。其施工流向一般为水平向下，如图 6-3 所示。采用这种顺序的优点是：可以使房屋在主体结构完成后，有足够的沉降和收缩期，从而可以保证装修工程质量，同时便于脚手架的及时拆除。

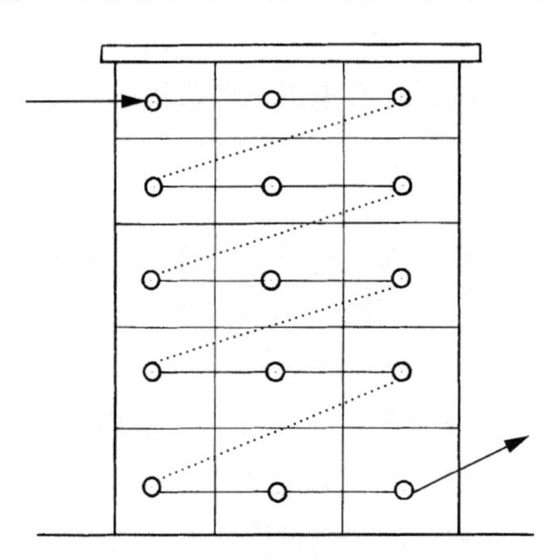

图 6-3　自上而下的施工流向（水平向下）

2）室内装修工程

室内装修自上而下的施工顺序是指主体工程及屋面防水层完工后，室内抹灰从顶层往底层依次逐层向下进行。其施工流向又可分为水平向下和垂直向下两种，通常采用水平向下的施工流向，如图 6-4 所示。采用自上而下施工顺序的优点是：可以使房屋主体结构完成后，有足够的沉降和收缩期，沉降变化趋向稳定，这样可保证屋面防水工程质量，不易产生屋面渗漏，也能保证室内装修质量，可以减少或避免各工种操作互相交叉，便于组织施工，有利于施工安全，而且也很方便楼层清理。其缺点是：不能与主体及屋面工程施工搭接，故总工期相应较长。

室内装修自下而上的施工顺序是指主体结构施工到三层及三层以上时（有两层楼板，以确保底层施工安全），室内抹灰从底层开始逐层向上进行，一般与主体结构平行搭接施工。其施工流向又可分为水平向上和垂直向上两种，通常采用水平向上的施工流向，如图 6-5 所示。为了防止雨水或施工用水从上层楼板渗漏，而影响装修质量，应先做好上层楼板的面层，再进行本层顶棚、墙面、楼、地面的饰面。采用自下而上的施工顺序的优点是：可以与主体结构平行搭接施工，从而缩短工期。其缺点是：同时施工的工序多、人员多、工序间交叉作业多，要采取必要的安全措施；材料供应集中，施工机具负担重，现场施工组织和管理比较复杂。因此，只有当工期紧迫时，室内装修才考虑采取自下而上的施工顺序。

室内装修的单元顺序即在同一楼层内顶棚、墙面、楼、地面之间的施工顺序一般有

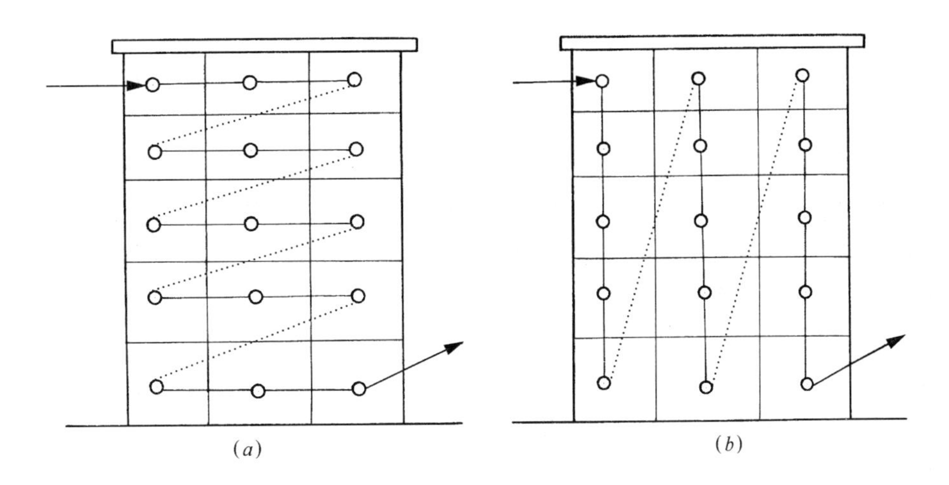

图 6-4　自上而下的施工流向
(a) 水平向下；(b) 垂直向下

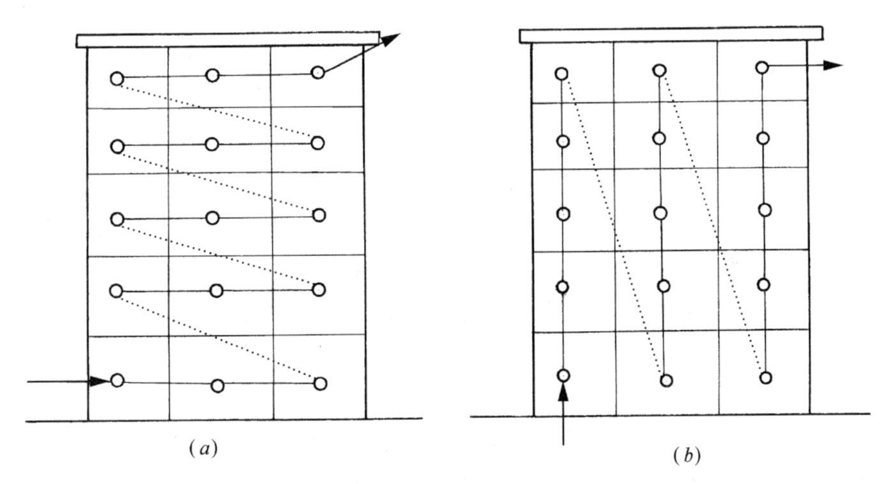

图 6-5　自下而上的施工流向
(a) 水平向上；(b) 垂直向上

两种：楼、地面→顶棚→墙面，顶棚→墙面→楼、地面。这两种施工顺序各有利弊。前者便于清理地面基层，楼、地面质量易保证，而且便于收集墙面和顶棚的落地灰，从而节约材料，但要注意楼、地面成品保护，否则后一道工序不能及时进行。后者则在楼、地面施工之前，必须将落地灰清扫干净，否则会影响面层与结构层间的粘结，引起楼、地面起壳，而且楼、地面施工用水的渗漏可能影响下层墙面、顶棚的施工质量。底层地面施工通常在最后进行。

楼梯间和楼梯踏步，由于在施工期间易受损坏，为了保证装修工程质量，楼梯间和踏步装修往往安排在其他室内装修完工之后，自上而下统一进行。门窗的安装可在抹灰之前或之后进行，主要视气候和施工条件而定，但通常是安排在抹灰之后进行。而油漆和安装玻璃的次序是应先油漆门窗扇，后安装玻璃，以免油漆时弄脏玻璃，塑钢及铝合金门窗不受此限制。

在装修工程施工阶段，还需考虑室内装修与室外装修的先后顺序，这与施工条件和天气变化有关。通常有先内后外，先外后内，内外同时进行这三种施工顺序。当室内有水磨石楼面时，应先做水磨石楼面，再做室外装修，以免施工时渗漏水影响室外装修质量；当采用单排脚手架砌墙时，由于留有脚手眼需要填补，应先做室外装修，在拆除脚手架后，同时填补脚手眼，再做室内装修；当装饰工人较少时，则不宜采用内外同时施工的施工顺序。一般说来，采用先外后内的施工顺序较为有利。

3. 钢筋混凝土框架结构房屋的施工顺序

钢筋混凝土框架结构房屋的施工顺序也可分为基础、主体、屋面及装修工程三个阶段。它在主体工程施工时与砌体结构房屋有所区别，即框架柱、框架梁、板交替进行，也可采用框架柱、梁、板同时进行，墙体工程则与框架柱、梁、板搭接施工。其他工程的施工顺序与砌体结构房屋相同。

4. 装配式单层工业厂房施工顺序

装配式单层工业厂房的施工，按照厂房结构各部位不同的施工特点，一般分为基础工程、预制工程、吊装工程、其他工程四个施工阶段。如图 6-6 所示。

在装配式单层工业厂房施工中，有的由于工程规模较大，生产工艺复杂，厂房按生产工艺要求来分区、分段。因此，在确定装配式单层工业厂房的施工顺序时，不仅要考虑土建施工及施工组织的要求，而且还要研究生产工艺流程，即先生产的区段先施工，以尽早交付生产使用，尽快发挥基本建设投资的效益。所以工程规模较大、生产工艺要求较复杂的装配式单层工业厂房的施工时，要分期分批进行，分期分批交付试生产，这是确定其施工顺序的总要求。下面根据中小型装配式单层工业厂房各施工阶段来叙述施工顺序。

（1）基础工程

装配式单层工业厂房的柱基础大多采用钢筋混凝土杯形基础。基础工程施工阶段的施工过程和施工顺序一般是挖土→垫层→钢筋混凝土杯形基础（也可分为绑扎钢筋、支模、浇混凝土、养护、拆模）→回填土。如有桩基础工程，则应另列桩基础工程。

在基础工程施工阶段，挖土与做垫层这两道工序，在施工安排上要紧凑，时间间隔不宜太长。在施工中，挖土、做垫层及钢筋混凝土杯形基础，可采取集中力量、分区、分段进行流水施工。但应注意混凝土垫层和钢筋混凝土杯形基础施工后必须有一定的技术间歇时间，待其有一定的强度后，再进行下一道工序的施工。回填土必须在基础工程完工后及时地、一次性分层对称夯实，以保证基础工程质量并及时提供现场预制构件制作场地。

装配式单层工业厂房往往都有设备基础，特别是重型工业厂房，其设备基础埋置深、体积大、所需工期长和施工条件差，比一般的柱基工程施工困难和复杂得多，有时还会因为设备基础施工顺序不同，影响到构件的吊装方法、设备安装及投入生产使用时间。因此，对设备基础的施工必须引起足够的重视。设备基础的施工，视其埋置深浅、体积大小、位置关系和施工条件，有两种施工顺序方案，即封闭式和敞开式施工。封闭

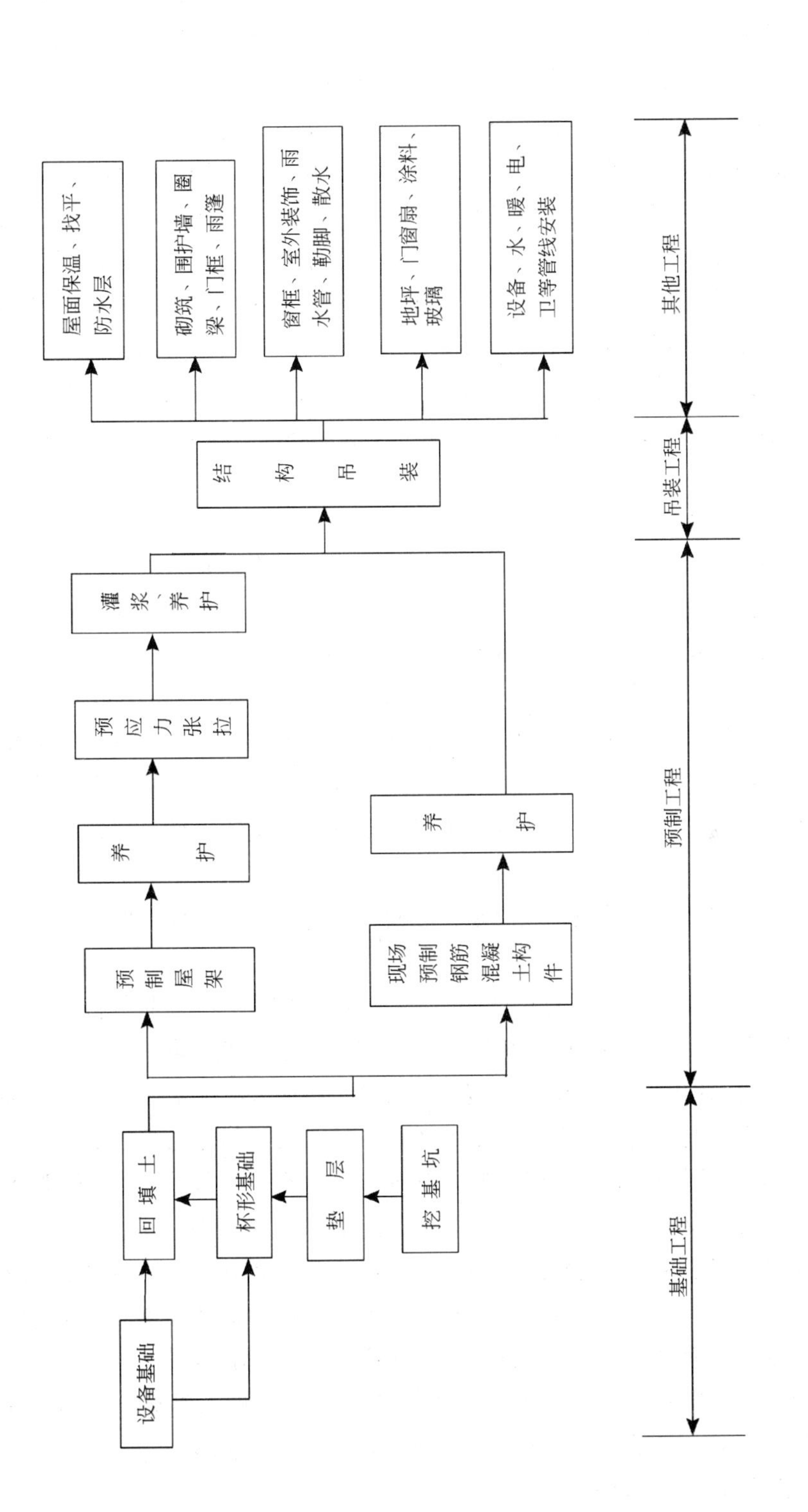

图 6-6 装配式单层工业厂房施工顺序示意图

式施工，是指厂房柱基础先施工，设备基础在结构吊装后施工。它适用于设备基础埋置浅（不超过厂房柱基础埋置深度）、体积小、土质较好、距柱基础较远和在厂房结构吊装后对厂房结构稳定性并无影响的情况。采用封闭式施工的优点是：土建施工工作面大，有利于构件现场预制、吊装和就位，便于选择合适的起重机械和开行路线；围护工程能及早完工，设备基础能在室内施工，不受气候影响，可以减少设备基础施工时的防雨、防寒及防暑等的费用；有时还可以利用厂房内的桥式吊车为设备基础施工服务。缺点是：出现某些重复性工作，如部分柱基回填土的重复挖填；设备基础施工条件差，场地拥挤，其基坑不宜采用机械开挖；当厂房所在地点土质不佳，设备基础基坑开挖过程中，容易造成土体不稳定，需增加加固措施费用。敞开式施工，是指厂房柱基础与设备基础同时施工或设备基础先施工。它的适用范围、优缺点与封闭式施工正好相反。这两种施工顺序方案，各有优缺点，究竟采用哪一种施工顺序方案，应根据工程的具体情况，仔细分析、对比后加以确定。

（2）预制工程阶段施工顺序

装配式单层工业厂房的钢筋混凝土结构构件较多。一般包括：柱子、基础梁、连系梁、吊车梁、支撑、屋架、天窗架、天窗端壁、屋面板、天沟及檐沟板等构件。

目前，装配式单层工业厂房构件的预制方式，一般采用加工厂预制和现场预制（在拟建车间内部、外部）相结合的预制方式。这里着重阐述现场预制的施工顺序。对于重量大、批量小或运输不便的构件采用现场预制的方式，如柱子、吊车梁、屋架等；对于中小型构件采用加工厂预制方式。但在具体确定构件预制方式时，应结合构件的技术特征、当地加工厂的生产能力、工期要求、现场施工条件、运输条件等因素进行技术经济分析后确定。

非预应力预制构件制作的施工顺序是：支模→绑扎钢筋→预埋铁件→浇筑混凝土→养护→拆模。

后张法预应力预制构件制作的施工顺序是：支模→绑扎钢筋→预埋铁件→孔道留设→浇筑混凝土→养护→拆模→预应力钢筋的张拉、锚固→孔道灌浆→养护。

预制构件开始制作的日期、位置、流向和顺序，在很大程度上取决于工作面和后续工程的要求。一般来说，只要基础回填土、场地平整完成一部分之后，结构吊装方案一经确定，构件制作即可开始，制作流向应与基础工程的施工流向一致，这样既能使构件制作早日开始，又能及早地交出工作面，为结构吊装尽早进行创造条件。

当采用分件吊装法时，预制构件的制作有两种方案：若场地狭窄而工期又允许时，构件制作可分批进行，首先制作柱子和吊车梁，待柱子和吊车梁吊装完后再进行屋架制作；若场地宽敞，可考虑柱子和吊车梁等构件在拟建车间内部预制，屋架在拟建车间外进行制作。当采用综合吊装法时，预制构件需一次制作，这时，视场地的具体情况确定构件是全部在拟建车间内部制作，还是一部分在拟建车间外制作。

（3）吊装工程阶段施工顺序

结构吊装工程是装配式单层工业厂房施工中的主导施工过程。其内容依次为：柱子、基础梁、吊车梁、连系梁、屋架、天窗架、屋面板等构件的吊装、校正和固定。

构件吊装开始日期取决于吊装前准备工作完成的情况。吊装流向和顺序主要由后续工程对它的要求来确定。

当柱基杯口弹线和杯底标高抄平、构件的弹线、吊装强度验算、加固设施、吊装机械进场等准备工作完成之后，就可以开始吊装。

吊装流向通常应与构件制作的流向一致。但如果车间为多跨且有高低跨时，吊装流向应从高低跨柱列开始，以适应吊装工艺的要求。

吊装的顺序取决于吊装方法。若采用分件吊装法时，其吊装顺序是：第一次开行吊装柱子，随后校正与固定；第二次开行吊装基础梁、吊车梁、连系梁；第三次开行吊装屋盖构件。有时也可将第二次开行、第三次开行合并为一次开行。若采用综合吊装法时，其吊装顺序是：先吊装四根或六根柱子，迅速校正固定，再吊装基础梁、吊车梁、连系梁及屋盖等构件，如此逐个节间吊装，直至整个厂房吊装完毕。

装配式单层工业厂房两端山墙往往设有抗风柱，抗风柱有两种吊装顺序：在吊装柱子的同时先吊装该跨一端的抗风柱，另一端抗风柱则待屋盖吊装完后进行；全部抗风柱均待屋盖吊装完之后进行。

(4) 其他工程阶段施工顺序

其他工程阶段主要包括围护工程、屋面工程、装修工程、设备安装工程等内容。这一阶段总的施工顺序是：围护工程→屋面工程→装修工程→设备安装工程，但有时也可互相交叉、平行搭接施工。

围护工程的施工过程和施工顺序是：搭设垂直运输设备（一般选用井架）→砌墙(脚手架搭设与之配合进行）→现浇门框、雨篷等。

屋面工程在屋盖构件吊装完毕，垂直运输设备搭好后，就可安排施工，其施工过程和施工顺序与前述多层砌体结构民用房屋基本相同。

装修工程包括室外装修和室内装修，两者可平行进行，并可与其他施工过程交叉进行，通常不占用总工期。室外装修一般采用自上而下的施工顺序；室内按屋面板底→内墙→地面的顺序进行施工；门窗安装在粉刷中穿插进行。

设备安装包括水、暖、煤、卫、电和生产设备安装。水、暖、煤、卫、电安装与前述多层砌体结构民用房屋基本相同。而生产设备的安装，则由于专业性强、技术要求高等，一般由专业公司分包安装。

上面所述多层砌体结构民用房屋、钢筋混凝土框架结构房屋和装配式单层工业厂房的施工顺序，仅适用于一般情况。建筑施工顺序的确定既是一个复杂的过程，又是一个发展的过程，它随着科学技术的发展，人们观念的更新而在不断地变化。因此，针对每一个单位工程，必须根据其施工特点和具体情况，合理确定施工顺序。

6.3.2 施工方法和施工机械的选择

正确选择施工方法和施工机械是制定施工方案的关键。单位工程各个分部分项工程均可采用各种不同的施工方法和施工机械进行施工，而每一种施工方法和施工机械又都有其优缺点。因此，我们必须从先进、经济、合理的角度出发，选择施工方法和施工机械，以达到提高工程质量、降低工程成本、提高劳动生产率和加快工程进度的预期效果。

1. 选择施工方法和施工机械的主要依据

在单位工程施工中，施工方法和施工机械的选择主要应根据工程建筑结构特点、质量要求、工期长短、资源供应条件、现场施工条件、施工单位的技术装备水平和管理水平等因素综合考虑。

2. 选择施工方法和施工机械的基本要求

(1) 应考虑主要分部分项工程的要求

应从单位工程施工全局出发，着重考虑影响整个工程施工的主要分部分项工程的施工方法和施工机械选择。而对于一般的、常见的、工人熟悉的、工程量小的以及对施工全局和工期无多大影响的分部分项工程，只要提出若干注意事项和要求就可以了。

主要分部分项工程是指工程量大、所需时间长、占工期比例大的工程；施工技术复杂或采用新技术、新工艺、新结构、新材料的分部分项工程；对工程质量起关键作用的分部分项工程。对施工单位来说，某些结构特殊或缺乏施工经验的工程也属于分部分项工程。

(2) 应符合施工组织总设计的要求

如本工程是整个建设项目中的一个项目，则其施工方法和施工机械的选择应符合施工组织总设计中的有关要求。

(3) 应满足施工技术的要求

施工方法和施工机械的选择，必须满足施工技术的要求。如预应力张拉方法和机械的选择应满足设计、质量、施工技术的要求。又如吊装机械的类型、型号、数量的选择应满足构件吊装技术和工程进度要求。

(4) 应考虑如何符合工厂化、机械化施工的要求

单位工程施工，原则上应尽可能实现和提高工厂化和机械化的施工程度。这是建筑施工发展的需要，也是提高工程质量、降低工程成本、提高劳动生产率、加快工程进度和实现文明施工的有效措施。这里所说的工厂化，是指建筑物的各种钢筋混凝土构件、钢结构构件、木构件、钢筋加工等应最大限度地实现工厂化制作，最大限度地减少现场作业。而机械化程度不仅是指单位工程施工要提高机械化程度，还要充分发挥机械设备的效率，减轻繁重的体力劳动。

(5) 应符合先进、合理、可行、经济的要求

选择施工方法和施工机械，除要求先进、合理之外，还要考虑对施工单位是可行的、经济的。必要时，要进行分析比较，从施工技术水平和实际情况出发，选择先进、合理、可行、经济的施工方法和施工机械。

(6) 应满足工期、质量、成本和安全的要求

所选择的施工方法和施工机械应尽量满足缩短工期、提高工程质量、降低工程成本、确保施工安全的要求。

6.3.3 主要分部分项工程的施工方法和施工机械选择

主要分部分项工程的施工方法和施工机械选择要点归纳如下：

1. 土方工程

(1) 确定土方开挖方法、工作面宽度、放坡坡度、土壁支撑形式，排水措施，计算土方开挖量、回填量、外运量。

(2) 选择土方工程施工所需机具型号和数量。

2. 基础工程

(1) 桩基础施工中应根据桩型及工期选择所需机具型号和数量。

(2) 浅基础施工中应根据垫层、承台、基础的施工要点，选择所需机械的型号和数量。

(3) 地下室施工中应根据防水要求，留置、处理施工缝，大体积混凝土的浇筑要点，模板及支撑要求。

3. 砌筑工程

(1) 砌筑工程中根据砌体的组砌方式、砌筑方法及质量要求，进行弹线、立皮数杆、标高控制和轴线引测；

(2) 选择砌筑工程中所需机具型号和数量。

4. 钢筋混凝土工程

(1) 确定模板类型及支模方法，进行模板支撑设计；

(2) 确定钢筋的加工、绑扎、焊接方法，选择所需机具型号和数量；

(3) 确定混凝土的搅拌、运输、浇筑、振捣、养护、施工缝的留置和处理，选择所需机具型号和数量；

(4) 确定预应力钢筋混凝土的施工方法，选择所需机具型号和数量。

5. 结构吊装工程

(1) 确定构件的预制、运输及堆放要求，选择所需机具型号和数量；

(2) 确定构件的吊装方法，选择所需机具型号和数量。

6. 屋面工程

(1) 屋面工程防水各层的做法、施工方法，选择所需机具型号和数量。

(2) 屋面工程施工中所用材料及运输方式。

7. 装修工程

(1) 各种装修的做法及施工要点；

(2) 确定材料运输方式、堆放位置、工艺流程和施工组织；

8. 现场垂直、水平运输及脚手架等搭设

(1) 确定垂直运输及水平运输方式、布置位置、开行路线，选择垂直运输及水平运输机具型号和数量；

(2) 根据不同建筑类型，确定脚手架所用材料、搭设方法及安全网的挂设方法，选择所需机具型号和数量。

6.3.4 流水施工的组织

单位工程施工的流水组织，是施工组织设计的重要内容，是影响施工方案优劣程度的基本因素，在确定施工的流水组织时，主要解决流水段的划分和流水施工的组织方式两个方面的问题。其中绝大部分内容在第三章中已详细阐述过，这里只简单说明一下确定方法及考虑因素。

1. 施工段的划分

正确合理地划分施工流水段，是组织流水施工的关键，它直接影响到流水施工的方式、工程进度、劳动力及物资的供应等。下面主要介绍一般砖混结构住宅流水段划分的方法：

根据单位工程的规模、平面形状及施工条件等因素，来分析考虑各分部工程流水段的划分。目前大多数住宅为单元组合式设计，平面形状一般以“一”字形和“点”式较为多见。因此，基础工程可以考虑2～3个单元为一段，这样工作面较为合适。主体结构工程，平面上至少应分两个施工段，空间上可以按结构层或一定高度来划分施工层。装修工程中的外装修以每层楼为一个流水段或两个流水段划分，也可以按单元或墙面为界划分流水段，还可以不分段；内装修以垂直单元为界划分流水段，也可以每层楼划分1～3个施工段，再按结构层划分施工层。屋面工程从整体性考虑一般不分段，若有高低层或伸缩缝，则应在高低层或伸缩缝处划分流水段。设备安装以垂直单元（或一个楼层）为一个流水段划分。对于规模较小且属于群体建筑中的一个单位工程，则可以组织幢号流水，一幢为一个流水段。

2. 流水施工的组织方式

建筑物（或构筑物）在组织流水施工时，应根据工程特点、性质和施工条件组织全等节拍、成倍节拍和分别流水等施工方式。

若流水组中各施工过程的流水节拍大致相等，或者各主要施工过程流水节拍相等，在施工工艺允许的情况下，尽量组织流水组的全等节拍专业流水施工，以达到缩短工期的目的。

若流水组中各施工过程的流水节拍存在整数倍关系（或者存在公约数），在施工条件和劳动力允许的情况下，可以组织流水组的成倍节拍专业流水施工。

若不符合上述两种情况，则可以组织流水组的分别流水施工，这是常见的一种组织流水施工的方法。

将拟建工程对象，划分为若干个分部工程（或流水组），各分部工程组织独立的流水施工，然后将各分部工程流水按施工组织和工艺关系搭接起来，组成单位工程的流水施工。

6.3.5 施工方案的技术经济评价

施工方案的技术经济评价是在众多的施工方案中选择出快、好、省、安全的施工方案。

施工方案的技术经济评价涉及的因素多而复杂，一般来说施工方案的技术经济评价有定性分析和定量分析两种。

1. 定性分析

施工方案的定性分析是人们根据自己的个人实践和一般的经验，对若干个施工方案进行优缺点比较，从中选择出比较合理的施工方案。如技术上是否可行、安全上是否可靠、经济上是否合理、资源上能否满足要求等。此方法比较简单，但主观随意性较大。

2. 定量分析

施工方案的定量分析是通过计算施工方案的若干相同的、主要的技术经济指标，进行综合分析比较，选择出各项指标较好的施工方案。这种方法比较客观，但指标的确定和计算比较复杂。施工方案的技术经济评价指标体系如图6-7所示：

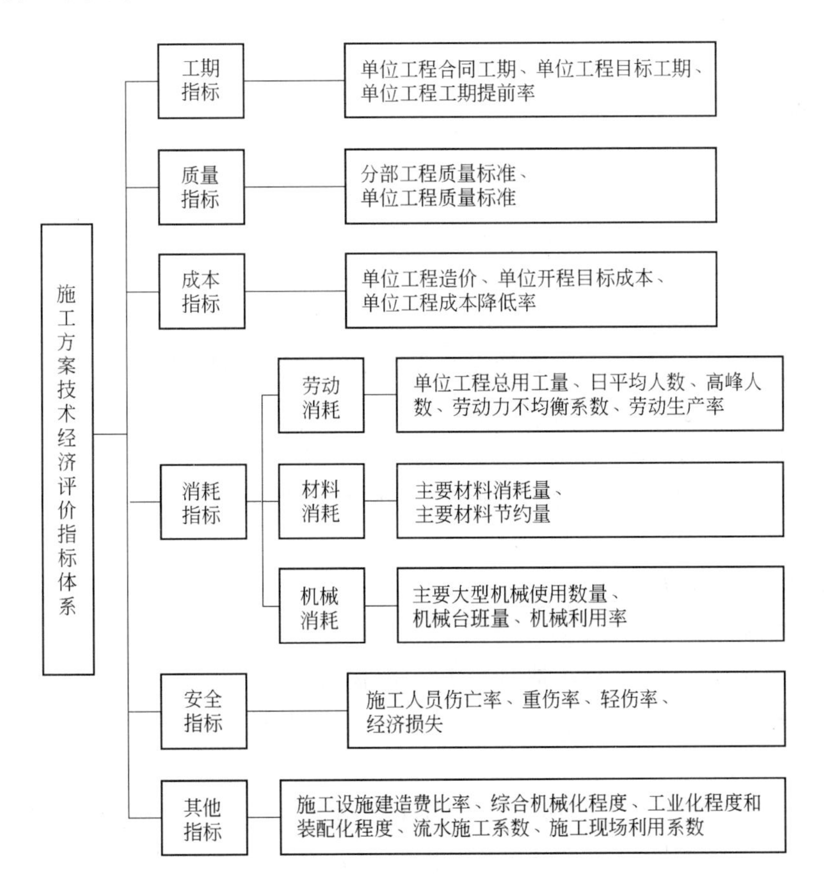

图6-7　施工方案的技术经济评价指标体系

主要的评价指标有以下几种：

（1）工期指标：当要求工程尽快完成以便尽早投入生产或使用时，选择施工方案就要在确保工程质量、安全和成本较低的条件下，优先考虑缩短工期，在钢筋混凝土工程主体施工时，往往采用增加模板的套数来缩短主体工程的施工工期。

（2）机械化程度指标：在考虑施工方案时应尽量提高施工机械化程度，降低工人的劳动强度。积极扩大机械化施工的范围，把机械化施工程度的高低，作为衡量施工方案优劣的重要指标。

$$施工机械化程度=\frac{机械完成的实物工程量}{全部实物工程量}\times 100\%$$

（3）主要材料消耗指标：反映若干施工方案的主要材料节约情况。

（4）降低成本指标：它综合反映工程项目或分部分项工程由于采用不同的施工方案而产生不同的经济效果。其指标可以用降低成本额和降低成本率来表示。

$$降低成本额=预算成本-计划成本$$

$$降低成本率=\frac{降低成本额}{预算成本}\times 100\%$$

6.3.6 施工方案案例

1. 工程背景

某高层住宅楼工程位于某市某桥西北角，平面呈一字形，长136m，宽16m，建筑物底面积1988m^2，总建筑面积31367.97m^2，建筑层数地上14层，地下1层。建筑层高地下室3.6m，地上住宅首层3.0m，其余2.8m，室内外高差1.2m，建筑物总高度42.7m。

屋面工程分上人屋面和不上人屋面，工程做法如下：

（1）不上人屋面做法为：60厚聚苯板保温层、1∶6水泥焦渣找坡层、20厚1∶3水泥砂浆找平层、4厚SBS防水卷材（铝箔保护层）。

（2）上人屋面做法为：60厚聚苯板保温层、1∶6水泥焦渣找坡层、20厚1∶3水泥砂浆找平层、4厚SBS防水卷材、25厚1∶3干硬性水泥砂浆铺10厚缸地砖。

试确定其屋面工程施工方案。

2. 某屋面工程施工方案

（1）施工顺序

不上人屋面施工顺序为：清理基层、出屋面管道洞口填塞→60厚聚苯板保温→1∶6水泥焦渣找坡层→20厚1∶3水泥砂浆找平层→4厚SBS防水卷材（自带铝箔保护层）。

上人屋面施工顺序为：清理基层、出屋面管道洞口填塞→60厚聚苯板保温→1∶6水泥焦渣找坡层→20厚1∶3水泥砂浆找平层→4厚SBS防水卷材→25厚1∶3干硬性水泥砂浆铺10厚缸地砖。

（2）施工要点

1）基层清理

清理屋面基层表面的杂物和灰尘。

结构基层表面的凹坑、裂缝应用水泥砂浆修补平整。

突出屋面的管道、支架等根部，应用细石混凝土固定严密。

2）聚苯板保温层

聚苯保温层铺设时，要紧贴基层表面并密排，应铺平和垫稳，缝隙用材料碎屑填嵌密实。

3）水泥焦渣找坡层

找坡层铺设前，应根据檐沟坡度和屋面排水坡度，认真计算各分水岭线控制点的标高，现场放出分水岭线，测出各控制点标高，做出标志，按标志线拉线铺设水泥焦渣找坡层，用平板振捣器振捣密实，木抹搓平，做到表面平整、坡度正确、排水畅通。

4）水泥砂浆找平层

找平层施工前应按要求弹出分格缝线，宽度 20mm。分格缝间距纵横向均不得大于 6m。

按分格块顺流水方向装灰，用刮杆沿两边冲筋刮平，找坡后木抹子搓平，铁抹子压光。砂浆稠度控制在 70mm 左右。待砂浆稍干后，即人踩上去有脚印、但不下陷为度，再用铁抹子第二次压光，达到表面平整密实即可成活。终凝后取出分格缝内的木条。

突出屋面的管道、女儿墙、变形缝等根部应做成圆弧，其圆弧半径为 50mm，且应上翻 300mm。

找平层常温 24h 后即可洒水养护，养护时间不少于 7d。

5）SBS 卷材防水层

A. 在女儿墙、立墙、变形缝等屋面的交接处及檐口、天沟、水落口、屋脊等屋面的转角处，均加铺卷材或涂膜附加层。

B. 在基层上弹出基准线的位置。卷材平行屋脊铺贴，铺贴时应顺流水方向搭接。

C. 铺贴卷材搭接时，上下层及相邻两幅卷材的搭接缝应错开。当采用满粘法时，卷材长边和短边的搭接宽度均为 80mm；当采用空铺、点粘、条粘法时，卷材长边和短边的搭接宽度均为 100mm。

D. 热熔法粘贴。将卷材放在弹出的基准线位置上，并用火焰加热烘烤卷材底面，加热器的喷嘴距卷材面的距离应适中，幅宽内加热应均匀，以卷材表面熔融至光亮黑色为度，不得过分加热卷材。滚动时应排除卷材与基层之间的空气，压实使之平展并粘贴牢固。卷材的搭接部位以均匀地溢出改性沥青为度。

E. 细部的处理：

(A) 天沟部位

天沟铺贴卷材应从沟底开始，纵向铺贴。

卷材应由沟底翻上至沟外檐顶部，卷材收头应用水泥钉固定，并用密封材料封严。

沟内卷材附加层在天沟与屋面交接处宜空铺，空铺的宽度不应小于 200mm。

(B) 女儿墙泛水部位

铺贴泛水的卷材应采取满粘法，泛水高度不应小于 250mm。

卷材在混凝土墙体收头时，卷材的收头可采用金属压条钉牢，并用密封材料封固。

(C) 变形缝部位

变形缝的泛水高度不应小于 250mm。

卷材应铺贴到变形缝两侧砌体上面。

缝内应填泡沫塑料，上部填放衬垫材料，并用卷材封盖。

变形缝顶部应加扣混凝土盖板或金属盖板，盖板的接缝处要用油膏嵌封严密。

(*D*) 水落口部位

水落口杯上口的标高应设置在沟底的最低处。

卷材贴入水落口杯内不应小于 50mm，并涂刷防水涂料 1～2 遍。

水落口周围 500mm 范围坡度不应小于 5%。

基层与水落口接触处应留 20mm×20mm 凹槽，用密封材料嵌填密实。

(*E*) 伸出屋面管道

根部周围做成圆锥台。

管道与找平层相接处留 20mm×20mm 凹槽，嵌密封材料。

卷材收头处用金属箍箍紧，并用密封材料封严。

F. 淋水、蓄水试验。检查屋面有无渗漏、积水和排水系统是否畅通，可在雨后或持续淋水 2h 后进行。不渗不漏、排水顺畅方可进行下一道工序施工。

6）缸砖铺设

上人屋面的缸砖地面层，按每 3m×6m 留缝宽 10mm 的分格缝。地缸砖应浸水晾干后拉线铺设，用干水泥擦缝。分格缝用 1∶3 砂浆填塞严实。

(3) 质量标准

1）保温层质量标准

A. 主控项目

(*A*) 保温材料的堆积密度或表观密度、导热系数和含水率、配合比必须符合设计要求和施工规范的规定。

(*B*) 保温层的含水率必须符合设计要求。

B. 一般项目

(*A*) 保温层的铺设应符合下列要求：

松散保温材料应分层压实适当，表面平整，坡度正确。

板状保温材料应紧贴基层，铺平垫稳，上下层错缝，找坡正确，填缝密实。

整体现浇保温层应拌合均匀，分层铺设，压实适当，表面平整，找坡正确。

整体现喷保温层应分遍喷涂，表面平整，坡度正确。

(*B*) 保温层厚度的允许偏差和检验方法应符合表 6-1 的规定。

保温层厚度的允许偏差 **表 6-1**

项　　目		允许偏差(mm)
保温层厚度	松散材料	δ的+10%、−5%
	整　　体	δ的+10%、−5%
	板状材料	δ的±5%，且不大于 4mm

注：δ为保温层的厚度。

2）找坡层质量标准

A. 主控项目

(A) 填充层材料必须符合设计要求和国家标准的规定。

(B) 填充层的配合比必须符合设计要求。

B. 一般项目

(A) 松散材料铺设应密实；板块状材料应压实、无翘曲。

(B) 填充层的允许偏差应符合要求。

3) 找平层质量标准

A. 主控项目

(A) 找平层所用原材料的质量及配合比必须符合设计要求和施工规范的规定。

(B) 屋面（含檐沟、天沟）找平层的坡度，必须符合设计要求。

B. 一般项目

(A) 找平层与屋面突出物的交接处和基层的转角处，应做成圆弧形，且要求整齐平顺。

(B) 水泥砂浆、细石混凝土找平层应平整、压光，不得有酥松、脱皮、起砂等现象。

(C) 沥青砂浆应拌合均匀，表面平整密实，与基层结合牢固，无蜂窝现象。

(D) 分格缝的留设位置和间距，应符合设计要求和施工规范的规定。

(E) 屋面找平层平整度的允许偏差为5mm，用2m的靠尺和楔形塞尺检查。

4) 防水层质量标准

A. 主控项目

(A) 改性沥青卷材及其配套材料，必须符合设计要求。

(B) 卷材防水层严禁有渗漏或积水现象。

(C) 卷材防水层在天沟、檐沟、檐口、水落口、泛水、变形缝和伸出屋面管道的防水构造，必须符合设计要求。

B. 一般项目

(A) 卷材防水层的搭接缝应粘结牢固，封闭严密，无滑移、鼓泡、翘边、皱折、扭曲等缺陷。

(B) 浅色涂料保护层应与防水层粘结牢固，色泽均匀，表面清洁，无污染现象；刚性保护层与防水层间应设置隔离层，表面应平整；分格缝和表面分格缝留置符合设计要求。

(C) 防水卷材的铺贴方向应正确，卷材搭接宽度的允许偏差为－10mm，用尺量检查。

(4) 成品保护

1) 聚苯保温板在运输和存放过程中，应注意防护，防止损坏。在已铺好的保温层上不得直接推车和堆放重物，应垫脚手板保护。

2) 找平层、找坡层终凝之前不得上人踩踏。在抹好的找平层、找坡层上，推小车运输时应铺设脚手板道，防止损坏。

3) 穿过屋面的管道和设施，应在防水层施工以前进行。防水层施工后，不得在屋面上进行其他工种的施工，如必须上人时，应采取有效措施，防止卷材受损。

4）防水层施工时应采取保护檐口和墙面的措施，防止污染。

5）屋面工程施工完后，应将杂物清理干净，保证水落口畅通，不得使天沟积水。

6）防水层应经常检查，发现鼓泡和渗漏应及时治理。

7）屋面水落口在施工过程中，应采取临时措施封口，防止杂物进入堵塞。

（5）应注意的质量问题

1）保温材料应铺平垫稳，嵌缝严密，否则容易产生板块断裂和找平层裂缝，影响保温和防水效果。

2）找平层应设分格缝，分格缝位置和间距应符合设计要求；找平层与突出屋面结构的交接处和基层转角处应做成圆弧，以免屋面变形而引起找平层开裂。

3）找平层施工中应注意配合比准确，掌握抹压时间，收水后要二次压光，使表面密实、平整，找平层施工后应及时养护，以免早期脱水而造成酥松、起砂现象。

4）热熔法施工时，应注意火焰加热器的喷嘴与卷材面的距离保持适中，幅宽内加热应均匀，防止过分加热卷材。

5）施工中卷材下的空气必须辊压排出，使卷材与基层粘贴牢固，防止空鼓、气泡。

（6）应注意的安全问题

1）施工现场应备有消防灭火器材，严禁烟火；易燃材料应有专人保存管理。

2）施工人员应佩戴安全帽，穿防滑鞋，工作中不得打闹。

3）屋面四周、洞口、脚手架边均应设有防护栏杆和支设安全网，高空作业防止坠物伤人和坠落事故。

（7）施工记录和质量记录

1）产品合格证、进场验收记录和性能检测报告。

2）隐蔽工程检查验收记录。

3）淋水或蓄水检验记录。

4）屋面保温层工程检验批质量验收记录表。

5）屋面找平层工程检验批质量验收记录表。

6）屋面卷材防水层工程检验批质量验收记录表。

7）屋面细部构造工程检验批质量验收记录表。

6.4 单位工程施工进度计划

单位工程施工进度计划是在施工方案的基础上，根据规定的工期和技术物资供应条件，遵循工程的施工顺序，用图表形式表示各分部分项工程搭接关系及工程开工、竣工时间的一种计划安排。

6.4.1 概述

1. 单位工程施工进度计划的作用及分类

单位工程施工进度计划是施工组织设计的重要内容，是控制各分部分项工程施工进程及总工期的主要依据，也是编制施工作业计划及各项资源需要量计划的依据。它的主要作用是：确定各分部分项工程的施工时间及其相互之间的衔接、穿插、平行搭接、协作配合等关系；确定所需的劳动力、机械、材料等资源用量；指导现场的施工安排，确保施工任务的如期完成。

单位工程施工进度计划根据工程规模的大小、结构的难易程度、工期长短、资源供应情况等因素考虑。根据其作用，一般可分为控制性和指导性进度计划两类。控制性进度计划按分部工程来划分施工过程，控制各分部工程的施工时间及其相互搭接配合关系。它主要适用于工程结构较复杂、规模较大、工期较长而需跨年度施工的工程（如宾馆、体育场、火车站候车大楼等大型公共建筑），还适用于虽然工程规模不大或结构不复杂但各种资源（劳动力、机械、材料等）不落实的情况，以及建筑结构等可能变化的情况。指导性进度计划按分项工程或施工工序来划分施工过程，具体确定各施工过程的施工时间及其相互搭接、配合关系。它适用于任务具体而明确、施工条件基本落实、各项资源供应正常及施工工期不太长的工程。

2. 单位工程施工进度计划的表达方式及组成

单位工程施工进度计划的表达方式一般有横道图和网络图两种，详见第三章、第四章所述。横道图的表格形式见表6-2。施工进度计划由两部分组成，一部分反映拟建工程所划分施工过程的工程量、劳动量或台班量、施工人数或机械数、工作班次及工作延续时间等计算内容；另一部分则用图表形式表示各施工过程的起止时间、延续时间及其搭接关系。

单位工程施工进度计划 表6-2

<table>
<tr><th rowspan="3">序号</th><th rowspan="3">施工过程名称</th><th colspan="2">工程量</th><th rowspan="3">劳动定额</th><th colspan="2">劳动量</th><th colspan="2">机械</th><th rowspan="3">每天工作班数</th><th rowspan="3">每班工人数</th><th rowspan="3">施工时间</th><th colspan="18">施工进度</th></tr>
<tr><th rowspan="2">单位</th><th rowspan="2">数量</th><th rowspan="2">定额工日</th><th rowspan="2">计划工日</th><th rowspan="2">机械名称</th><th rowspan="2">台班数</th><th colspan="15">月</th><th colspan="3">月</th></tr>
<tr><th>2</th><th>4</th><th>6</th><th>8</th><th>10</th><th>12</th><th>14</th><th>16</th><th>18</th><th>20</th><th>22</th><th>24</th><th>26</th><th>28</th><th>30</th><th></th><th></th><th></th></tr>
<tr><td></td><td></td><td></td><td></td><td></td><td></td><td></td><td></td><td></td><td></td><td></td><td></td><td colspan="18"></td></tr>
<tr><td></td><td></td><td></td><td></td><td></td><td></td><td></td><td></td><td></td><td></td><td></td><td></td><td colspan="18"></td></tr>
<tr><td></td><td></td><td></td><td></td><td></td><td></td><td></td><td></td><td></td><td></td><td></td><td></td><td colspan="18"></td></tr>
</table>

3. 单位工程施工进度计划的编制依据

单位工程施工进度计划的编制依据主要包括：施工图、工艺图及有关标准图等技术资料；施工组织总设计对本工程的要求；施工工期要求；施工方案、施工定额以及施工资源供应情况。

6.4.2　单位工程施工进度计划的编制

单位工程施工进度计划的编制步骤及方法如下：

1. 划分施工过程

编制单位工程施工进度计划时，首先必须研究施工过程的划分，再进行有关内容的计算和设计。施工过程划分应考虑下述要求：

（1）施工过程划分的粗细程度的要求

对于控制性施工进度计划，其施工过程的划分可以粗一些，一般可按分部工程划分施工过程。如：开工前准备、打桩工程、基础工程、主体结构工程等。对于指导性施工进度计划，其施工过程的划分可以细一些，要求每个分部工程所包括的主要分项工程均应一一列出，起到指导施工的作用。

（2）对施工过程进行适当合并，达到简明清晰的要求

施工过程划分太细，则过程越多，施工进度图表就会显得繁杂，重点不突出，反而失去指导施工的意义，并且增加编制施工进度计划的难度。因此，为了使计划简明清晰、突出重点，一些次要的施工过程应合并到主要施工过程中去，如基础防潮层可合并到基础施工过程内；有些虽然重要但工程量不大的施工过程也可与相邻的施工过程合并，如挖土可与垫层施工合并为一项，组织混合班组施工；同一时期由同一工种施工的施工项目也可合并在一起，如墙体砌筑，不分内墙、外墙、隔墙等，而合并为墙体砌筑一项。

（3）施工过程划分的工艺性要求

现浇钢筋混凝土施工，一般可分为支模、绑扎钢筋、浇筑混凝土等施工过程，是合并还是分别列项，应视工程施工组织、工程量、结构性质等因素研究确定。一般现浇钢筋混凝土框架结构的施工应分别列项，而且可分得细一些。如：绑扎柱钢筋、安装柱模板、浇捣柱混凝土，安装梁、板模板，绑扎梁、板钢筋、浇捣梁、板混凝土，养护，拆模等施工过程。但在现浇钢筋混凝土工程量不大的工程对象上，一般不再分细，可合并为一项。如砌体结构工程中的现浇雨篷、圈梁、厕所及盥洗室的现浇楼板等，即可列为一项，由施工班组的各工种互相配合施工。

抹灰工程一般分内、外墙抹灰，外墙抹灰工程可能有若干种装饰抹灰的做法要求，一般情况下合并列为一项，也可分别列项。室内的各种抹灰应按楼地面抹灰、顶棚及墙面抹灰、楼梯间及踏步抹灰等分别列项，以便组织施工和安排进度。

施工过程的划分，应考虑所选择的施工方案。如厂房基础采用敞开式施工方案时，柱基础和设备基础可合并为一个施工过程；而采用封闭式施工方案时，则必须列出柱基础、设备基础这两个施工过程。

住宅建筑的水、暖、煤、卫、电等房屋设备安装是建筑工程的重要组成部分，应单独列项；工业厂房的各种机电等设备安装也要单独列项，但不必细分，可由专业队或设备安装单位单独编制其施工进度计划。土建施工进度计划中列出设备安装的施工过程，

表明其与土建施工的配合关系。

(4) 明确施工过程对施工进度的影响程度

根据施工过程对工程进度的影响程度可分为三类。一类为资源驱动的施工过程，这类施工过程直接在拟建工程进行作业，占用时间、资源，对工程的完成与否起着决定性的作用，它在条件允许的情况下，可以缩短或延长工期。第二类为辅助性施工过程，它一般不占用拟建工程的工作面，虽需要一定的时间和消耗一定的资源，但不占用工期，故可不列入施工计划以内。如交通运输，场外构件加工或预制等。第三类施工过程虽直接在拟建工程进行作业，但它的工期不以人的意志为转移，随着客观条件的变化而变化，它应根据具体情况列入施工计划，如混凝土的养护等。

施工过程划分和确定之后，应按前述施工顺序列出施工过程的逻辑联系。

2. 计算工程量

当确定了施工过程之后，应计算每个施工过程的工程量。工程量应根据施工图纸、工程量计算规则及相应的施工方法进行计算。实际就是按工程的几何形状进行计算，计算时应注意以下几个问题。

(1) 注意工程量的计量单位

每个施工过程的工程量的计量单位应与采用的施工定额的计量单位相一致。如模板工程以平方米为计量单位；绑扎钢筋工程以吨为计量单位；混凝土以立方米为计量单位等。这样，在计算劳动量、材料消耗量及机械台班量时就可直接套用施工定额，不再进行换算。

(2) 注意采用的施工方法

计算工程量时，应与采用的施工方法相一致，以便计算的工程量与施工的实际情况相符合。例如：挖土时是否放坡，是否增加工作面，坡度和工作面尺寸是多少；开挖方式是单独开挖、条形开挖，还是整片开挖等，不同的开挖方式，土方工程量相差是很大的。

(3) 正确取用预算文件中的工程量

如果编制单位工程施工进度计划时，已编制出预算文件（施工图预算或施工预算），则工程量可从预算文件中抄出并汇总。例如：要确定施工进度计划中列出的“砌筑墙体”这一施工过程的工程量，可先分析它包括哪些施工内容，然后从预算文件中摘出这些施工内容的工程量，再将它们全部汇总即可求得。但是，施工进度计划中某些施工过程与预算文件的内容不同或有出入时（如计量单位、计算规则、采用的定额等），则应根据施工实际情况加以修改、调整或重新计算。

3. 套用施工定额

确定了施工过程及其工程量之后，即可套用施工定额（当地实际采用的劳动定额及机械台班定额），以确定劳动量和机械台班量。

在套用国家或当地颁布的定额时，必须注意结合本单位工人的技术等级、实际操作水平、施工机械情况和施工现场条件等因素，确定定额的实际水平，使计算出来的劳动量、机械台班量符合实际需要。

有些采用新技术、新材料、新工艺或特殊施工方法的施工过程，定额中尚未编入，这时可参考类似施工过程的定额、经验资料，按实际情况确定。

4. 计算劳动量及机械台班量

确定工程量采用的施工定额，即可进行劳动量及机械台班量的计算。

（1）劳动量的计算

劳动量也称劳动工日数。凡是采用手工操作为主的施工过程，其劳动量均可按下式计算：

$$P_i=\frac{Q_i}{S_i}\text{或}P_i=Q_i\times H_i \tag{6-1}$$

式中　P_i——某施工过程所需劳动量，工日；

Q_i——该施工过程的工程量，m^3、m^2、m、t 等；

S_i——该施工过程采用的产量定额，m^3/工日、m^2/工日、m/工日、t/工日等；

H_i——该施工过程采用的时间定额，工日/m^3、工日/m^2、工日/m、工日/t等。

【例 6-1】 某砌体结构工程基槽人工挖土量为 600m^3，查劳动定额得产量定额为 3.5m^3/工日，计算完成基槽挖土所需的劳动量。

【解】

$$P=\frac{Q}{S}=\frac{600}{3.5}=171\text{ 工日}$$

当某一施工过程是由两个或两个以上不同分项工程合并而成时，其总劳动量应按下式计算：

$$P_{总}=\sum_{i=1}^{n}P_i=P_1+P_2+\ldots P_n$$

【例 6-2】 某钢筋混凝土基础工程，其支设模板、绑扎钢筋、浇筑混凝土三个施工过程的工程量分别为 600m^2、5t、250m^3，查劳动定额得其时间定额分别为 0.253 工日/m^2、5.28 工日/t、0.833 工日/m^3，试计算完成钢筋混凝土基础所需劳动量。

【解】

$$P_{模}=600\times0.253=151.8\text{ 工日}$$

$$P_{筋}=5\times5.28=26.4\text{ 工日}$$

$$P_{混凝土}=250\times0.833=208.3\text{ 工日}$$

$$P_{杯基}=P_{模}+P_{筋}+P_{混凝土}=151.8+26.4+208.3=386.5\text{ 工日}$$

当某一施工过程是由同一工种、但不同做法、不同材料的若干个分项工程合并组成时，应先按公式（6-2）计算其综合产量定额，再求其劳动量。

$$\overline{S}=\frac{\sum_{i=1}^{n}Q_i}{\sum_{i=1}^{n}P_i}=\frac{Q_1+Q_2+\cdots+Q_n}{P_1+P_2+\cdots+P_n}=\frac{Q_1+Q_2+\cdots+Q_n}{\frac{Q_1}{S_1}+\frac{Q_2}{S_2}+\cdots\frac{Q_n}{S_n}} \tag{6-2a}$$

$$\overline{H}=\frac{1}{\overline{S}} \tag{6-2b}$$

式中 $\overline{S}$——某施工过程的综合产量定额，m³/工日、m²/工日、m/工日、t/工日等；

$\overline{H}$——某施工过程的综合时间定额，工日/m³、工日/ m²、工日/m、工日/t等；

$\sum_{i=1}^{n}Q_i$——总工程量，m³、m²、m、t 等；

$\sum_{i=1}^{n}P_i$——总劳动量，工日；

Q_1、$Q_2\cdots Q_n$——同一施工过程的各分项工程的工程量；

S_1、$S_2\cdots S_n$——与 Q_1、$Q_2\cdots Q_n$ 相对应的产量定额。

【例 6-3】 某工程，其外墙面装饰有外墙涂料、真石漆、面砖三种做法，其工程量分别是 850.5m²、500.3m²、320.3m²；采用的产量定额分别是 7.56m²/工日、4.35m²/工日、4.05m²/工日。计算它们的综合产量定额及外墙面装饰所需的劳动量。

【解】

$$\overline{S}=\frac{Q_1+Q_2+Q_3}{\frac{Q_1}{S_1}+\frac{Q_2}{S_2}+\frac{Q_3}{S_3}}=\frac{850.5+500.3+320.3}{\frac{850.5}{7.56}+\frac{500.3}{4.35}+\frac{320.3}{4.05}}=\frac{1671.1}{112.5+115+79.1}$$

$$=5.45\text{m}^2/\text{工日}$$

$$P_{外墙装饰}=\frac{\sum_{i=1}^{3}Q}{\overline{S}}=\frac{1671.1}{5.45}=306.6\text{ 工日}$$

取

$$P_{外墙装饰}=306.6\text{ 工日}$$

（2）机械台班量的计算

凡是采用机械为主的施工过程，可按公式（6-3）计算其所需的机械台班数。

$$P_{机械}=\frac{Q_{机械}}{S_{机械}} \tag{6-3}$$

或

$$P_{机械}=Q_{机械}\times H_{机械}$$

式中 $P_{机械}$——某施工过程需要的机械台班数，台班；

$Q_{机械}$——机械完成的工程量，m³、t、件等；

$S_{机械}$——机械的产量定额，m³/台班、t/台班等；

$H_{机械}$——机械的时间定额，台班/m³、台班/t 等。

在实际计算中 $S_{机械}$ 或 $H_{机械}$ 的采用应根据机械的实际情况、施工条件等因素考虑、确定，以便准确地计算需要的机械台班数。

【例 6-4】 某工程基础挖土采用 W-100 型反铲挖土机，挖方量为 2099m³，经计算采用的机械台班产量为 120m³/台班。计算挖土机所需台班量。

【解】 $P_{机械}=\frac{Q_{机械}}{S_{机械}}=\frac{2099}{120}=17.49$ 台班

取 17.5 个台班。

5. 计算确定施工过程的延续时间

施工过程持续时间的确定方法有三种：经验估算法、定额计算法和倒排计划法。

(1) 经验估算法

经验估算法也称三时估算法，即先估计出完成该施工过程的最乐观时间、最悲观时间和最可能时间三种施工时间，再根据公式（6-4）计算出该施工过程的延续时间。这种方法适用于新结构、新技术、新工艺、新材料等无定额可循的施工过程。

$$D=\frac{A+4B+C}{6} \tag{6-4}$$

式中 A——最乐观的时间估算（最短的时间）；

B——最可能的时间估算（最正常的时间）；

C——最悲观的时间估算（最长的时间）。

(2) 定额计算法

这种方法是根据施工过程需要的劳动量或机械台班量，以及配备的劳动人数或机械台数，确定施工过程持续时间。其计算公式如（式 6-5）、（式 6-6）：

$$D=\frac{P}{N\times R} \tag{6-5}$$

$$D_{机械}=\frac{P_{机械}}{N_{机械}\times R_{机械}} \tag{6-6}$$

式中 D——某手工操作为主的施工过程持续时间，天；

P——该施工过程所需的劳动量，工日；

R——该施工过程所配备的施工班组人数，人；

N——每天采用的工作班制，班；

$D_{机械}$——某机械施工为主的施工过程的持续时间，天；

$P_{机械}$——该施工过程所需的机械台班数，台班；

$R_{机械}$——该施工过程所配备的机械台数，台；

$N_{机械}$——每天采用的工作台班，台班。

从上述公式可知，要计算确定某施工过程持续时间，除已确定的 P 或 $P_{机械}$ 外，还必须先确定 R、$R_{机械}$ 及 N、$N_{机械}$ 的数值。

要确定施工班组人数 R 或施工机械台班数 $R_{机械}$，除了考虑必须能获得或能配备的施工班组人数（特别是技术工人人数）或施工机械台数之外，在实际工作中，还必须结合施工现场的具体条件、最小工作面与最小劳动组合人数的要求以及机械施工的工作面大小、机械效率、机械必要的停歇维修与保养时间等因素考虑，才能计算确定出符合实际可能和要求的施工班组人数及机械台数。

每天工作班制确定：当工期允许、劳动力和施工机械周转使用不紧迫、施工工艺上无连续施工要求时，通常采用一班制施工，在建筑业中往往采用 1.25 班制即 10h。当工期较紧或为了提高施工机械的使用率及加快机械的周转使用，或工艺上要求连续施工时，某些施工过程可考虑二班甚至三班制施工。但采用多班制施工，必然增加有关设施及费用，因此，须慎重研究确定。

【例 6-5】 某工程基础混凝土浇筑所需劳动量为 536 工日，每天采用三班制，每班安排 20 人施工，试求完成混凝土垫层的施工持续时间。

【解】

$$D=\frac{P}{N\times R}=\frac{536}{3\times 20}=8.93=9\text{ 天}$$

(3) 倒排计划法

这种方法是根据施工的工期要求，先确定施工过程的延续时间及工作班制，再确定施工班组人数（R）或机械台数（$R_{机械}$）。计算公式如下：

$$R=\frac{P}{N\times D} \tag{6-7}$$

$$R_{机械}=\frac{R_{机械}}{N\times D_{机械}} \tag{6-8}$$

式中符号同公式（6-5）、公式（6-6）。

如果按上述两式计算出来的结果，超过了本部门现有的人数或机械台数，则要求有关部门进行平衡、调度及支持。或从技术上、组织上采取措施。如组织平行立体交叉流水施工，提高混凝土早期强度及采用多班组、多班制的施工等。

【例 6-6】 某工程砌墙所需劳动量为 810 个工日，要求在 20 天内完成，采用一班制施工，试求每班工人数。

【解】

$$R=\frac{P}{N\times D}=\frac{810}{1\times 20}=40.5\text{ 人}$$

取 R 为 41 人。

上例所需施工班组人数为 41 人，若配备技工 20 人，普工 21 人，其比例为 1∶1.05，是否有这些劳动人数，是否有 20 个技工，是否有足够的工作面，这些都需经分析研究才能确定。现按 41 人计算，实际采用的劳动量为 41×20×1=820 工日，比计划劳动量 810 个工日多 10 个工日，相差不大。

6. 初排施工进度（以横道图为例）

上述各项计算内容确定之后，即可编制施工进度计划的初步方案。一般的编制方法有：

(1) 根据施工经验直接安排的方法

这种方法是根据经验资料及有关计算，直接在进度表上画出进度线。其一般步骤是：先安排主导施工过程的施工进度，然后再安排其余施工过程。它应尽可能配合主导施工过程并最大限度地搭接，形成施工进度计划的初步方案。总的原则是应使每个施工过程尽可能早地投入施工。

(2) 按工艺组合组织流水的施工方法

这种方法就是先按各施工过程（即工艺组合流水）初排流水进度线，然后将各工艺组合最大限度地搭接起来。

无论采用上述哪一种方法编排进度，都应注意以下问题：

1）每个施工过程的施工进度线都应用横道粗实线段表示。（初排时可用铅笔细线表示，待检查调整无误后再加粗）；

2）每个施工过程的进度线所表示的时间（天）应与计算确定的延续时间一致；

3）每个施工过程的施工起止时间应根据施工工艺顺序及组织顺序确定。

7. 检查与调整施工进度计划

施工进度计划初步方案编制后，应根据与建设单位和有关部门的要求、合同规定及施工条件等，先检查各施工过程之间的施工顺序是否合理、工期是否满足要求、劳动力等资源消耗是否均衡，然后再进行调整，直至满足要求，正式形成施工进度计划。总的要求是：在合理的工期下尽可能地使施工过程连续施工，这样便于资源的合理安排。

6.4.3 施工进度计划案例

1. 工程背景

本工程为某学院教学实验楼，位于某市某区南部。耐火等级为一级，屋面工程防水等级为Ⅱ级，设计使用年限 50 年。

本工程设 *A*、*B*、*C* 三段，*A* 段为教学楼和阶梯教室，*B* 段为教学楼，*C* 段为实验楼和阶梯教室，总建筑面积为 25625.34m^2，基底面积为 6489.22m^2，建筑总高度为 21.75m，一层层高 4.2m，二～五层层高 3.9m，楼梯间与水箱间层高 3.6m，室内外高差 0.45m。

本工程建筑物类别为丙类，结构形式为现浇混凝土框架结构，框架抗震等级为二级。基础形式为钢筋混凝土柱下独立基础，局部为肋梁式筏形基础或柱下条形基础。抗震设防烈度为 8 度，建筑物设计使用年限为 50 年。

施工区段划分情况如下：根据工程特点，划分三个施工区同时作业。*A*1、*A*2、*A*3 为第Ⅰ施工区，*B*、*C*2、*C*3 为第 II 施工区，*C*1、*C*4 为第 III 施工区。在每个分区内，各自按照工程自然段流水施工，如图 6-8 所示。

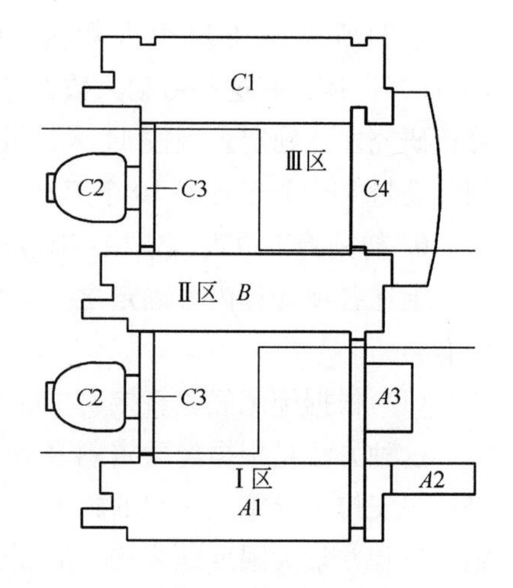

图 6-8 施工区段划分

以主体结构、装修工程为工期控制重点，并作为进度计划的关键控制线路。其他工程进行穿插、流水搭接和交叉施工。

工期目标：本工程于 2006 年 10 月 8 日开工，2007 年 7 月 5 日达到竣工验收标准，有效工期 270 天。

要求：试编制该工程的施工进度计划。

2. 施工进度计划

根据本工程实际情况，编制施工进度计划，具体步骤如下（具体内容略）：

（1）划分施工过程

(2) 计算工程量

(3) 套用施工定额

(4) 计算劳动量及机械台班量

(5) 确定施工过程的延续时间

(6) 初排施工进度计划

(7) 检查与调整施工进度计划

该工程施工进度计划如图 6-9 所示。

6.5 资源配置与施工准备工作计划

6.5.1 编制资源需要量计划

单位工程施工进度计划编制确定以后，便可编制劳动力需要量计划；编制主要材料、预制构件、门窗等的需用量和加工计划；编制施工机具及周转材料的需用量和进场计划。它们是做好劳动力与物资的供应、平衡、调度、落实的依据，也是施工单位编制施工作业计划的主要依据之一。以下简要叙述各计划表的编制内容及其基本要求。

1. 劳动力需要量计划

表 6-2 反映单位工程施工中所需要的各种技术工人、普工人数。一般要求按月分旬编制计划。主要根据确定的施工进度计划编制，其方法是按进度表上每天需要的施工人数，分工种进行统计，得出每天所需工种及人数，按时间进度要求汇总编出，见表 6-3。

劳动力需要量计划 **表 6-3**

序号	工种名称	人数	月			月			月			月		
			上旬	中旬	下旬	上旬	中旬	下旬	上旬	中旬	下旬	上旬	中旬	…

2. 主要材料需要量计划

这种计划是根据施工预算、材料消耗定额和施工进度计划编制的，主要反映施工过程中各种主要材料的需要量，作为备料、供料和确定仓库、堆场面积及运输量的依据。见表 6-4。

主要材料需要量计划　　表 6-4

序号	材料名称	规格	需要量		需要时间									备注
					月			月			月			
			单位	数量	上旬	中旬	下旬	上旬	中旬	下旬	上旬	中旬	下旬	

3. 施工机具需要量计划

这种计划是根据施工预算、施工方案、施工进度计划和机械台班定额编制的，主要反映施工所需机械和器具的名称、型号、数量及使用时间。见表 6-5。

机具名称需要量计划　　表 6-5

序　号	机具名称	型　号	单　位	需用数量	进退场时间	备　注

4. 预制构件需要量计划

这种计划是根据施工图、施工方案及施工进度计划要求编制的。主要反映施工中各种预制构件的需要量及供应日期，并作为落实加工单位以及按所需规格、数量和使用时间组织构件进场的依据。见表 6-6。

预制构件需要量计划　　表 6-6

序　号	构件名称	编　号	规　格	单　位	数　量	要求进场时间	备　注

6.5.2　施工准备工作计划

单位工程施工准备工作计划是施工组织设计的一个组成部分，一般在施工进度计划确定后即可着手进行编制。它主要反映开工前、施工中必须做的有关准备工作，是施工单位落实安排施工准备各项工作的主要依据。施工准备工作的内容主要有以下方面：建立单位工程施工准备工作的管理组织，进行时间安排；施工技术准备及编制质量计划；劳动组织准备；施工物资准备；施工现场准备；冬雨期准备；资金准备等。

为落实各项施工准备工作，加强对施工准备工作的检查监督，通常施工准备工作可列表表示，其表格形式见表6-7。

施工准备工作计划　　表6-7

序号	施工准备工作名称	准备工作内容（及量化指标）	主办单位（及主要负责人）	协办单位（及主要协办人）	完成时间	备注
1						
2						
3						
…						

6.6　单位工程施工平面图

单位工程施工平面图是根据施工需要的有关内容，对拟建工程的施工现场，按一定的规则而作出的平面和空间的规划。它是单位工程施工组织设计的重要组成部分。

6.6.1　单位工程施工平面图设计的意义和内容

组织拟建工程的施工，施工现场必须具备一定的施工条件，除了做好必要的“三通一平”工作之外，还应布置施工机械、临时堆场、仓库、办公室等生产性和非生产性临时设施，这些设施均应按照一定的原则，结合拟建工程的施工特点和施工现场的具体条件，作出一个合理、适用、经济的平面布置和空间规划方案，并将这些内容表现在图纸上，这就是单位工程施工平面图。

施工平面图设计是单位工程开工前准备工作的重要内容之一。它是安排和布置施工现场的基本依据，也是实现有组织、有计划和顺利地进行施工的重要条件，也是施工现场文明施工的重要保证。因此，合理地、科学地规划单位工程施工平面图，并严格贯彻执行，加强督促和管理，不仅可以顺利地完成施工任务，而且还能提高施工效率和效益。

应当指出：建筑工程施工由于工程性质、规模、现场条件和环境的不同，所选的施工方案、施工机械的品种、数量也不同。因此，施工现场要规划和布置的内容也有多有少。同时工程施工又是一个复杂多变的过程，它随着工程施工的不断展开，需要规划和布置的内容也逐渐增多；随着工程的逐渐收尾，材料、构件等逐渐消耗，施工机械、施工设施逐渐退场和拆除。因此，在整个工程的不同施工阶段，施工现场布置的内容也各有侧重且不断变化。所以，工程规模较大、结构复杂、工期较长的单位工程，应当按不同的施工阶段设计施工平面图，但要统筹兼顾。近期的应照顾远期的；土建施工应照顾设备安装的；局部的应服从整体的。为此，在整个工程施工中，各协作单位应以土建施工单位为主，共同协商，合理布置施工平面，做到各得其所。

规模不大的砌体结构和框架结构工程，由于工期不长，施工也不复杂。因此，这些工程往往只反映其主要施工阶段的现场平面规划布置，一般是考虑主体结构施工阶段的施工平面布置，当然也要兼顾其他施工阶段的需要。如砌体结构工程的施工，其主体结构施工阶段要反映在施工平面图上的内容最多，但随着主体结构施工的结束，现场砌块、构件等的堆场将空出来，某些大型施工机械将拆除退场，施工现场也就变得宽松了，但应注意是否增加砂浆搅拌机的数量和相应堆场的面积。

单位工程施工平面图一般包括以下内容：

(1) 单位工程施工区域范围内，将已建的和拟建的地上的、地下的建筑物及构筑物的平面尺寸、位置标注出来，并标注出河流、湖泊等位置和尺寸以及指北针、风向玫瑰图等；

(2) 拟建工程所需的起重机械、垂直运输设备、搅拌机械及其他机械的布置位置，起重机械开行的线路及方向等；

(3) 施工道路的布置、现场出入口位置等；

(4) 各种预制构件堆放及预制场地所需面积、布置位置；大宗材料堆场的面积、位置确定；仓库的面积和位置确定；装配式结构构件的就位位置确定；

(5) 生产性及非生产性临时设施的名称、面积、位置的确定；

(6) 临时供电、供水、供热等管线的布置；水源、电源、变压器位置确定；现场排水沟渠及排水方向的考虑；

(7) 土方工程的弃土及取土地点等有关说明；

(8) 劳动保护、安全、防火及防洪设施布置以及其他需要布置的内容。

6.6.2 单位工程施工平面图设计依据和原则

在设计施工平面图之前，必须熟悉施工现场与周围的地理环境；调查研究、收集有关技术经济资料；对拟建工程的工程概况、施工方案、施工进度及有关要求进行分析研究。只有这样，才能使施工平面图设计的内容与施工现场及工程施工的实际情况相符合。

1. 单位工程施工平面图设计的主要依据

(1) 自然条件调查资料。如气象、地形、水文及工程地质资料等。主要用于：布置地面水和地下水的排水沟；确定易燃、易爆、沥青灶、化灰池等有碍人体健康的设施位置；安排冬雨期施工期间所需设施的地点。

(2) 技术经济条件调查资料。如交通运输、水源、电源、物资资源、生产和生活基地状况等资料。主要用于：布置水、电、暖、煤、卫等管线的位置及走向；交通道路、施工现场出入口的走向及位置；确定临时设施搭设数量。

(3) 拟建工程施工图纸及有关资料。建筑总平面图上标明的一切地上、地下的已建工程及拟建工程的位置，这是正确确定临时设施位置，修建临时道路、解决排水等问题所必需的资料，以便考虑是否可以利用已有的房屋为施工服务或者是否拆除。

(4) 一切已有和拟建的地上、地下的管道位置。设计平面布置图时，应考虑是否可以利用这些管道，或者已有的管道对施工有妨碍而必须拆除或迁移，同时要避免把临时建筑物等设施布置在拟建的管道上面。

(5) 建筑区域的竖向设计资料和土方平衡图。这对于布置水、电管线、安排土方的挖填及确定取土、弃土地点很重要。

(6) 施工方案与进度计划。根据施工方案确定的起重机械、搅拌机械等各种机具的数量，考虑安排它们的位置；根据现场预制构件安排要求，作出预制场地规划；根据进度计划，了解分阶段布置施工现场的要求，并考虑如何整体布置施工平面。

(7) 根据各种主要原材料、半成品、预制构件加工生产计划、需要量计划及施工进度要求等资料，设计材料堆场、仓库等面积和位置。

(8) 建设单位能提供的已建房屋及其他生活设施的面积等有关情况，以便决定施工现场临时设施的搭设数量。

(9) 现场必须搭建的有关生产作业场所的规模要求，以便确定其面积和位置。

(10) 其他需要掌握的有关资料和特殊要求。

2. 单位工程施工平面图设计原则

(1) 在确保施工安全以及使现场施工能比较顺利进行的条件下，要布置紧凑，少占或不占农田，尽可能减少施工占地面积。

(2) 最大限度缩短场内运距，尽可能减少二次搬运。各种材料、构件等要根据施工进度并保证能连续施工的前提下，有计划地组织分期分批进场，充分利用场地；合理安排生产流程，材料、构件要尽可能布置在使用地点附近，要通过垂直运输者，尽可能布置在垂直运输机具附近，力求减少运距，达到节约用工和减少材料的损耗。

(3) 在保证工程施工顺利进行的条件下，尽量减少临时设施的搭设。为了降低临时设施的费用，应尽量利用已有的或拟建的各种设施为施工服务；对必需修建的临时设施，尽可能采用装拆方便的设施；布置时不要影响正式工程的施工，避免二次或多次拆建；各种临时设施的布置，应便于生产和生活。

(4) 各项布置内容，应符合劳动保护、技术安全、防火和防洪的要求。为此，机械设备的钢丝绳、缆风绳以及电缆、电线与管道等不要妨碍交通，保证道路畅通；各种易燃库、棚（如木工、油毡、油料等）及沥青灶、化灰池应布置在下风向，并远离生活区；炸药、雷管要严格控制并由专人保管；根据工程具体情况，考虑各种劳保、安全、消防设施；在山区雨期施工时，应考虑防洪、排涝等措施，做到有备无患。

根据上述原则及施工现场的实际情况，尽可能进行多方案施工平面图设计。并从满足施工要求的程度；施工占地面积及利用率；各种临时设施的数量、面积、所需费用；

场内各种主要材料、半成品（混凝土、砂浆等）、构件的运距和运量大小；各种水、电管线的敷设长度；施工道路的长度、宽度；安全及劳动保护是否符合要求等进行分析比较，选择出合理、安全、经济、可行的布置方案。

6.6.3 单位工程施工平面设计步骤

1. 确定起重机械的位置

起重机械的位置直接影响仓库、堆场、砂浆和混凝土搅拌站的位置，以及道路和水、电线路的布置等。因此，应予以首先考虑。

布置固定式垂直运输设备，例如井架、龙门架、施工电梯等，主要根据机械性能、建筑物的平面和大小、施工段的划分、材料进场方向和道路情况而定。其目的是充分发挥起重机械的能力并使地面和楼面上的水平运距最小。一般说来，当建筑物各部位的高度相同时，布置在施工段的分界线附近；当建筑物各部位的高度不同时，布置在高低分界线处。这样布置的优点是楼面上各施工段水平运输互不干扰。若有可能，井架、龙门架、施工电梯的位置，以布置在建筑的窗洞口处为宜，以避免砌墙留槎和减少井架拆除后的修补工作。固定式起重运输设备中卷扬机的位置不应距离起重机过近，以便司机的视线能够看到起重机的整个升降过程。

塔式起重机有行走式和固定式二种，行走式起重机由于其稳定性差已经逐渐淘汰。塔吊的布置除了应注意安全上的问题以外，还应该着重解决布置的位置问题。建筑物的平面应尽可能处于吊臂回转半径之内，以便直接将材料和构件运至任何施工地点，尽量避免出现“死角”，如图 6-10 所示。塔式起重机的安装位置，主要取决于建筑物的平面布置、形状、高度和吊装方法等。塔吊离建筑物的距离（B）应该考虑脚手架的宽度、建筑物悬挑部位的宽度、安全距离、回转半径（R）等内容。

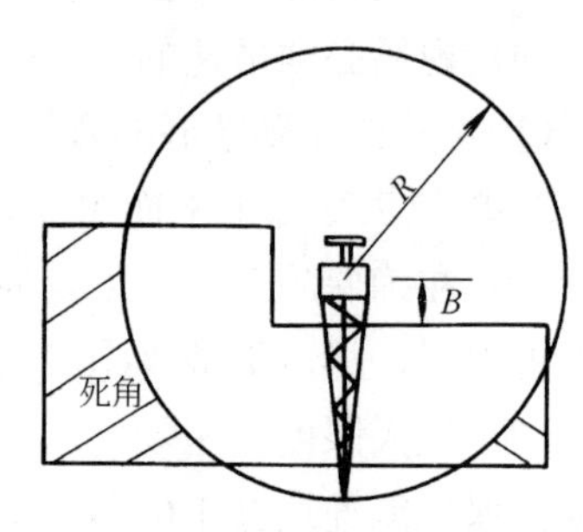

图 6-10 塔吊布置方案

2. 确定搅拌站、仓库和材料、构件堆场以及工厂的位置

（1）搅拌站、仓库和材料、构件堆场的位置应尽量靠近使用地点或在起重机起重能力范围内，并考虑到运输和装卸的方便。

1）建筑物基础和第一施工层所用的材料，应该布置在建筑物的四周。材料堆放位置应与基槽边缘保持一定的安全距离，以免造成基槽土壁的塌方事故。

2）第二施工层以上所用的材料，应布置在起重机附近。

3）砂、砾石等大宗材料应尽量布置在搅拌站附近。

4）当多种材料同时布置时，对大宗的、重大的和先期使用的材料，应尽量布置在起重机附近；少量的、轻的和后期使用的材料，则可布置的稍远一些。

5）根据不同的施工阶段使用不同材料的特点，在同一位置上可先后布置不同的材料。

（2）根据起重机械的类型，搅拌站、仓库和堆场位置又有以下几种布置方式：

1）当采用固定式垂直运输设备时，须经起重机运送的材料和构件堆场位置，以及仓库和搅拌站的位置应尽量靠近起重机布置，以缩短运距或减少二次搬运；

2）当采用塔式起重机进行垂直运输时，材料和构件堆场的位置，以及仓库和搅拌站出料口的位置，应布置在塔式起重机的有效起重半径内；

3）当采用无轨自行式起重机进行水平和垂直运输时，材料、构件堆场、仓库和搅拌站等应沿起重机运行路线布置。且其位置应在起重臂的最大外伸长度范围内。

木工棚和钢筋加工棚的位置可考虑布置在建筑物四周以外的地方，但应有一定的场地堆放木材、钢筋和成品。石灰仓库和淋灰池的位置要接近砂浆搅拌站并在下风向；沥青堆场及熬制锅的位置要离开易燃仓库或堆场，并布置在下风向。

3. 运输道路的布置

运输道路的布置主要解决运输和消防两个问题。现场主要道路应尽可能利用永久性道路的路面或路基，以节约费用。现场道路布置时要保证行驶畅通，使运输工具有回转的可能性。因此，运输线路最好绕建筑物布置成环形道路。道路宽度大于3.5m。

4. 临时设施的布置

（1）临时设施分类、内容

施工现场的临时设施可分为生产性与非生产性两大类。

生产性临时设施内容包括：在现场加工制作的作业棚，如木工棚、钢筋加工棚、薄钢板加工棚；各种材料库、棚，如水泥库、油料库、卷材库、沥青棚、石灰棚；各种机械操作棚，如搅拌机棚、卷扬机棚、电焊机棚；各种生产性用房，如锅炉房、烘炉房、机修房、水泵房、空气压缩机房等；其他设施，如变压器等。

非生产性临时设施内容包括：各种生产管理办公用房、会议室、文娱室、福利性用房、医务室、宿舍、食堂、浴室、开水房、警卫传达室、厕所等。

（2）单位工程临时设施布置

布置临时设施，应遵循使用方便、有利施工、尽量合并搭建、符合防火安全的原则；同时结合现场地形和条件、施工道路的规划等因素分析考虑它们的布置。各种临时设施均不能布置在拟建工程（或后续开工工程）、拟建地下管沟、取土、弃土等地点。

各种临时设施尽可能采用活动式、装拆式结构或就地取材。施工现场范围应设置临时围墙、围网或围笆。

5. 布置水、电管网

（1）施工用临时给水管，一般由建设单位的干管或施工用干管接到用水地点。有枝状、环状和混合状等布置方式，应根据工程实际情况，从经济和保证供水两个方面去考虑其布置方式。管径的大小、龙头数目根据工程规模由计算确定。管道可埋置于地下，也可铺设在地面上，视气温情况和使用期限而定。工地内要设消防栓，消防栓距离建筑物应不小于5m，也不应大于25m，距离路边不大于2m。条件允许时，可利用城市或建设单位的永久消防设施。有时，为了防止供水的意外中断，可在建筑物附近设置简易蓄水池，储存一定数量的生产和消防用水。如果水压不足时，尚应设置高压水泵。

（2）为了便于排除地面水和地下水，要及时修通永久性下水道，并结合现场地形，在建筑物四周设置排泄地面水和地下水的沟渠。

（3）施工中的临时供电，应在全工地性施工总平面图中一并考虑。只有独立的单位工程施工时，才根据计算出的现场用电量选用变压器或由建设单位原有变压器供电。变压器的位置应布置在现场边缘高压线接入处，但不宜布置在交通要道出入口处。现场导线宜采用绝缘线架空或电缆布置。

6.6.4 单位工程施工平面图案例

1. 工程背景

本工程为某学院教学实验楼，位于某市某区南部。耐火等级为一级，屋面工程防水等级为Ⅱ级，设计使用年限50年。

本工程设A、B、C三段，A段为教学楼和阶梯教室，B段为教学楼，C段为实验楼和阶梯教室，总建筑面积为25625.34m^2，基底面积为6489.22m^2，建筑总高度为21.75m，一层层高4.2m，二～五层层高3.9m，楼梯间与水箱间层高3.6m，室内外高差0.45m。

本工程建筑物类别为丙类，结构形式为现浇混凝土框架结构，框架抗震等级为二级。基础形式为钢筋混凝土柱下独立基础，局部为肋梁式筏片基础或柱下条形基础。抗震设防烈度为8度，建筑物设计使用年限为50年。

结构施工现场设3台QTZ6013型塔吊，主要负责钢筋、混凝土、模板、三钢工具的垂直运输，设置3座龙门架，主要负责砌砖、装饰工程及零星材料等的垂直运输。设两座混凝土集中搅拌站搅拌，配备4台JS500型混凝土搅拌机，2台自动配料机，2台混凝土输送泵。钢筋加工机械，准备配备钢筋对焊机1台，钢筋调直机、切断机、弯曲机各2台及电渣压力焊机6台。

装饰施工阶段，将设3台砂浆机以满足各种砂浆的搅拌需要。

为解决施工现场供水、供电应急需要，现场还准备1台高压水泵及1台发电机。

要求：试对该工程进行施工平面图设计。

2. 施工平面图

根据上述工程背景及现场具体条件，按照本节前述施工平面图设计的原则、内容、步骤，布置本工程施工平面图。按场地内原来的排水坡向，对场地进行平整，修筑宽5m现场临时道路。现场路基铺100mm厚砂夹石，压路机压实，路面浇100mm厚C15混凝土，纵向坡度2%。施工现场道路循环，满足材料运输、消防等要求。为了保证现场材料堆放有序，堆放场地将进行硬化处理。材料尽可能按计划分期、分批、分层供应，以减少二次搬运。

本工程施工平面图如图6-11所示。

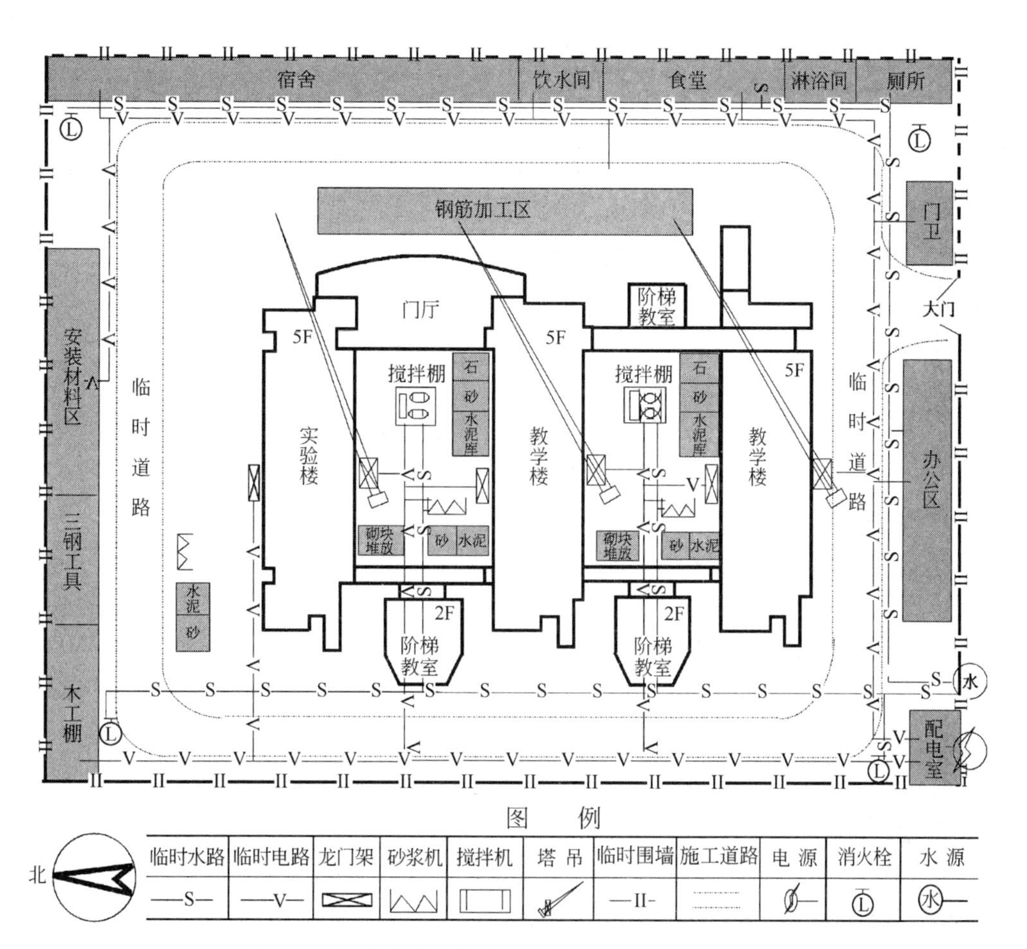

图 6-11　某学院教学实验楼、教学楼工程施工平面图

6.7　主要施工组织管理措施

6.7.1　确保工程质量的技术组织措施

保证工程质量的关键是明确质量目标，建立质量保证体系，对工程对象经常发生的质量通病制定防治措施。

1. 组织措施

(1) 建立各级技术责任制、完善内部质保体系，明确质量目标及各级技术人员的职责范围，做到职责明确、各负其责。

(2) 推行全面质量管理活动，开展质量红旗竞赛，制定奖优罚劣措施。

（3）定期进行质量检查活动，召开质量分析会议。

（4）加强人员培训工作，贯彻《建筑工程施工质量验收统一标准》GB 50300—2001 及相关专业工程施工质量验收系列规范。对使用“四新”或是质量通病，应进行分析讲解，以提高施工操作人员的质量意识和工作质量，从而确保工程质量。

（5）对影响质量的风险因素（如，工程质量不合格导致的损失，包括质量事故引起的直接经济损失，以及修复和补救等措施发生的费用，以及第三者责任损失等）有识别管理办法和防范对策。

2. 技术措施

（1）确保工程定位放线、标高测量等准确无误的措施。

（2）确保地基承载力及各种基础、地下结构、地下防水、土方回填施工质量的措施。

（3）确保主体承重结构各主要施工过程质量的措施。

（4）确保屋面、装修工程施工质量的措施。

（5）依据《建筑工程冬期施工规程》JGJ 104—1997、《冬期施工手册》等制定季节性施工的质量保证措施。

（6）解决质量通病的措施。

6.7.2 确保安全生产的技术组织措施

1. 组织措施

（1）明确安全目标，建立安全保证体系。

（2）执行国家、行业、地区安全法规、标准、规范，如：《职业健康安全管理体系规范》GB/T 28001—2001、《建筑施工安全检查标准》JGJ 59—1999 等。并以此制定本工程安全管理制度，各专业工作安全技术操作规程。

（3）建立各级安全生产责任制，明确各级施工人员的安全职责。

（4）提出安全施工宣传、教育的具体措施，进行安全思想，纪律、知识、技能、法制的教育，加强安全交底工作；施工班组要坚持每天开好班前会，针对施工中安全问题及时提示；在工人进场上岗前，必须进行安全教育和安全操作培训。

（5）定期进行安全检查活动和召开安全生产分析会议，对不安全因素及时进行整改。

（6）需要持证上岗的工种必须持证上岗。

（7）对影响安全的风险因素（如，在施工活动中，由于操作者失误、操作对象的缺陷以及环境因素等导致的人身伤亡、财产损失和第三者责任等损失）有识别管理办法和防范对策。

2. 技术措施

（1）施工准备阶段的安全技术措施。

1）技术准备中要了解工程设计对安全施工的要求，调查工程的自然环境对施工安全及施工对周围环境安全的影响等。

2）物资准备时要及时供应质量合格的安全防护用品，以满足施工需要等。

3）施工现场准备中，各种临时设施、库房、易燃易爆品存放都必须符合安全规定。

4）施工队伍准备中，总包、分包单位都应持有《建筑业企业安全资格证》。

（2）施工阶段的安全技术措施。

1）针对拟建工程地形、地貌、环境、自然气候、气象等情况，提出可能突然发生自然灾害时有关施工安全方面的措施，以减少损失，避免伤亡。

2）提出易燃、易爆品严格管理、安全使用的措施。

3）防火、消防措施，有毒、有尘、有害气体环境下的安全措施。

4）土方、深基施工、高空作业、结构吊装、上下垂直平行施工时的安全措施。

5）各种机械机具安全操作要求，外用电梯、井架及塔吊等垂直运输机具安拆要求、安全装置和防倒塌措施，交通车辆的安全管理。

6）各种电气设备防短路、防触电的安全措施。

7）狂风、暴雨、雷电等各种特殊天气发生前后的安全检查措施及安全维护制度。

8）季节性施工的安全措施。夏季作业有防暑降温措施，雨季作业有防雷电、防触电、防沉陷坍塌、防台风、防洪排水措施，冬季作业有防风、防火、防冻、防滑、防煤气中毒措施。

9）脚手架、吊篮、安全网的设置，各类洞口、临边防止作业人员坠落的措施。现场周围通行道路及居民保护隔离措施。

10）各施工部位要有明显的安全警示牌。

11）操作者严格遵照安全操作规程，实行标准化作业。

12）基坑支护、临时用电、模板搭拆、脚手架搭拆要编写专项施工方案。

13）针对新工艺、新技术、新材料、新结构，制定专门的施工安全技术措施。

6.7.3 确保工期的技术组织措施

1. 组织措施

（1）建立进度控制目标体系和进度控制组织系统，落实各层次进度控制人员和工作责任。

（2）建立进度控制工作制度，如检查时间、方法、协调会议时间、参加人员等。定期召开工程例会，分析研究解决各种问题。

（3）建立图纸审查、工程变更与设计变更管理制度。

（4）建立对影响进度的因素分析和预测的管理制度，对影响工期的风险因素有识别管理手法和防范对策。

（5）组织劳动竞赛，有节奏的掀起几次生产高潮，调动职工积极性，保证进度目标实现。

（6）组织流水作业。

（7）季节性施工项目的合理排序。

2. 技术措施

(1) 采取加快施工进度的施工技术方法。

(2) 规范操作程序，使施工操作能紧张而有序地进行，避免返工和浪费，以加快施工进度。

(3) 采取网络计划技术及其他科学适用的计划方法，并结合电子计算机的应用，对进度实施动态控制。在发生进度延误问题时，能适时调整工作间的逻辑关系，保证进度目标实现。

6.7.4 确保文明施工（环境管理）的技术组织措施

1. 文明施工措施

(1) 建立现场文明施工责任制等管理制度，做到随做随清、谁做谁清。

(2) 定期进行检查活动，针对薄弱环节，不断总结提高。

(3) 施工现场围栏与标牌设置规范，出入口交通安全，道路畅通，场地平整，安全与消防设施齐全。

(4) 临时设施规划整洁，办公室、宿舍、更衣室、食堂、厕所清洁卫生。

(5) 各种材料、半成品、构件进场有序，避免盲目进场或后用先进等情况，现场材料应堆放整齐，分类管理。

(6) 做好成品保护及施工机械修养工作。

2. 环境保护措施

(1) 项目经理部应根据《环境管理系列标准》GB/T 24000—ISO 14000 建立项目环境监控体系，不断反馈监控信息，采取整改措施。

(2) 施工现场泥浆和污水未经处理不得直接排入城市排水设施和河流、湖泊、池塘。

(3) 除有符合规定的装置外，不得在施工现场熔化沥青和焚烧油毡、油漆，亦不得焚烧其他可产生有毒有害烟尘和恶臭气味的废弃物，禁止将有毒有害废弃物作土方回填。

(4) 建筑垃圾、渣土应在指定地点堆放，每日进行清理。高空施工的垃圾及废弃物应采用密闭式串筒或其他措施清理搬运。装载建筑材料、垃圾或渣土的车辆，应采取防止尘土飞扬、洒落或流溢的有效措施。施工现场应根据需要设置机动车辆冲洗设施。

(5) 在居民和单位密集区域进行爆破、打桩等施工作业前，项目经理部应按规定申请批准，还应将作业计划、影响范围、程度及有关措施等情况，向受影响范围的居民和单位通报说明，取得协作和配合；对施工机械的噪声与振动扰民，应采取相应措施予以控制。

(6) 经过施工现场的地下管线，应由发包人在施工前通知承包人，标出位置，加以保护。施工时发现文物、古迹、爆炸物、电缆等，应当停止施工保护好现场，及时向有关部门报告，按照有关规定处理后方可继续施工。

(7) 施工中需要停水、停电、封路而影响环境时，必须经有关部门批准，事先告知。在行人、车辆通行的地方施工，沟、井、坎、穴应设置覆盖物和标志。

（8）施工现场在温暖季节应绿化。

6.7.5 降低施工成本的技术组织措施

制定降低成本的措施要依据三个原则，即：全面控制原则、动态控制原则、创收与节约相结合的原则。具体可采用如下措施：

（1）建立成本控制体系及成本目标责任制，实行全员全过程成本控制，搞好变更、索赔工作，加快工程款回收。

（2）临时设施尽量利用已有的各项设施，或利用已建工程作临时设施，或采用工具式活动工棚等，以减少临时设施费用。

（3）劳动组织合理，提高劳动效率，减少总用工数。

（4）增强物资管理的计划性，从采购、运输、现场管理、材料回收等方面，最大限度地降低材料成本。

（5）综合利用吊装机械，提高机械利用率，减少吊次，以节约台班费。缩短大型机械进出场时间，避免多次重复进场使用。

（6）增收节支，减少施工管理费的支出。

（7）保证工程质量，减少返工损失。

（8）保证安全生产，减少事故频率，避免意外工伤事故带来的损失。

（9）合理进行土石方平衡，以节约土方运输及人工费用。

（10）提高模板精度，采用工具模板、工具式脚手架，加速模板等材料的周转，以节约模板和脚手架费用。

（11）采用先进的钢筋连接技术，以节约钢筋。

（12）砂浆、混凝土中掺外加剂或掺合料（粉煤灰等），节约水泥用量。

（13）编制工程预算时，应"以支定收"，保证预算收入；在施工过程中，要"以收定支"，控制资源消耗和费用支出。

（14）加强经常性的分部分项工程成本核算分析及月度成本核算分析，及时反馈，以纠正成本的不利偏差。

（15）对费用超支风险因素（如，价格、汇率和利率的变化，或资金使用安排不当等风险事件引起的实际费用超出计划费用）有识别管理办法和防范对策。

6.8 单位工程施工组织设计综合实例

6.8.1 多层混合结构住宅施工组织设计

1. 工程概况

本工程为某学院砖混结构教工住宅楼，地下一层，地上六层，建筑面积 6180m²，总长度为 75m，总宽度为 15m，建筑高度 19.3m，耐火等级二级，抗震设防烈度为 7 度。设有灰土挤密桩基、筏片基础。地下室层高为 2.5m，标准层层高 3m，屋顶局部为坡屋面造型。冬期施工期限为：11 月 2 日～3 月 4 日，雨期施工期限为：6 月～9 月。

2. 施工目标

质量目标：合格

工　　期：2009 年 10 月 20 日开工，2010 年 10 月 20 日竣工。

安全文明：无重大安全事故，达到安全文明优良标准。

3. 工程项目组织机构

建立工程项目组织机构，由项目经理、项目工程师、施工员、技术员、质量员、安全员、材料员、核算员、预算员、试验员、测量员等组成。全面负责施工目标的实现。

施工组织机构如图 6-12 所示。

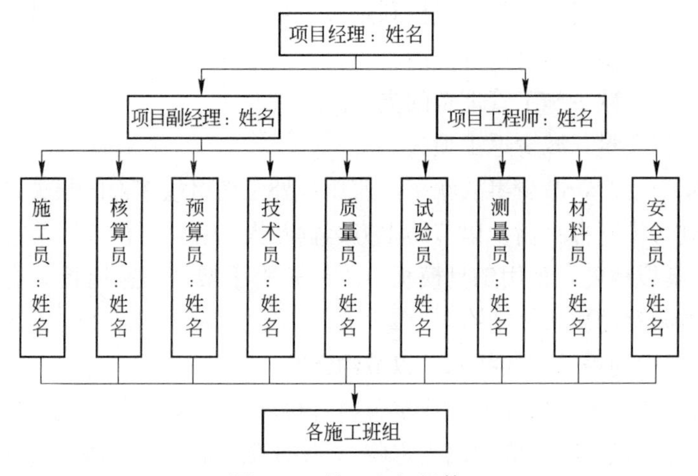

图 6-12　施工组织机构

4. 施工准备工作

（1）技术准备

1）组织施工管理人员认真熟悉图纸，领会设计意图，并完成图纸会审工作。

2）完善施工组织设计，编制好关键工序的施工作业指导书，做好技术交底工作。

（2）施工现场准备

1）清理现场障碍物、平整场地，铺设施工道路，做好给水、排水、施工用电、通信设施。

2）搭设现场临时设施，配备消防器材。

3）施工用水从建设单位提供的水源用 *DN*75 焊接钢管引入现场作为主管，可同时满足消防用水需要，支管用 *DN*50 和 *DN*32 焊接钢管，阀门用闸阀。

4）施工用电采用三相五线制，按三级配电两级保护设置器具，用橡胶绝缘电缆埋地敷设。

（3）材料机具准备

1）落实工程用料的货源及运输工具，对供货方进行评审，做好进货准备。

2）施工周转材料、施工机具提前进场。

（4）劳动力准备

1）根据该工程结构特点，需要工种，认真评审、择优选择具有高效率的施工队伍。

2）做好职工进场教育工作，按照开工日期和劳动力需用量计划，分别组织各工种人员分批进场，安排好职工生活。

3）做好职工安全、防火、文明施工和遵纪守法教育，对特殊工种进行上岗培训，不合格者不得上岗。

5. 施工方案

（1）施工顺序

基础与主体施工时，由木工、钢筋工、混凝土工、架子工等组成混合作业队，从下向上每层分两段流水施工；内装饰施工时，抹灰工、木工、油漆工分别组成专业作业队按墙面顶棚抹灰、楼地面、门窗安装、油漆粉刷从上向下分层流水施工；屋面工程、外装饰、室外工程另组织一条作业线，由混凝土工、抹灰工、油漆工、防水工分别组成专业作业队施工；安装工程分别由管工、电工组成专业作业队施工。

（2）施工机械

1）基础土方采用反铲挖掘机大开挖，灰土垫层用 15t 压路机碾压。

2）楼板模板采用竹胶合板，其他模板采用组合钢模板。模板支撑采用扣件钢管架。

3）垂直运输采用一台塔式起重机和两台自升式门架。

4）脚手架：主体及内装修采用钢管扣件内架，外装修采用钢管扣件吊脚手架。

5）混凝土采用预拌混凝土，泵送。

（3）主要分部分项工程施工方法及技术措施

1）测量放线

A. 平面定位。根据建设单位提供的定位资料，用矩形控制法建立本工程的平面测量控制网，再根据平面测量控制网测设本工程各栋楼的主要轴线控制桩，并用混凝土浇筑固定牢固，以主轴线控制桩为依据测设基础及各楼层的构件位置。

B. 高程测量。根据建设单位提供的高程标志及标高，埋设两个永久性水准基点，作为标高测量和沉降观测的依据。楼层标高观测时，在每个建筑物±0.000 标高处设 3 个工作基点，用水准仪和钢尺向楼层传递。

C. 沉降观测。根据设计会同建设单位及监理单位确定沉降观测点的数量和位置，在建筑物±0.000 标高处埋设沉降观测点。埋设后立即进行第一次观测，然后主体每加高一层观测一次，装饰期间每月观测一次，竣工后第一年每三个月观测一次，以后每六个月观测一次。沉降观测采用闭合法。

D. 所有测量作业必须经过复核。测量误差应符合要求。

2）地基与基础工程

A. 施工顺序：定位放线→灰土挤密桩→土方开挖→灰土垫层→C10 基础垫层→钢筋混凝土筏片基础→绑构造柱筋→砌砖→支构造柱模型→浇筑构造柱混凝土→±0.000

圈梁、梁、板、楼梯支模→绑钢筋→浇筑混凝土→外墙防潮层→回填土。

B. 本工程地基基础工程采用灰土挤密桩，桩直径 400mm，有效长度 6m，桩顶标高以上设置 500mm 厚 3∶7 灰土垫层，其压实系数应大于 0.95。

C. 基坑开挖采用反铲挖掘机，放坡系数根据现场土质情况确定。基底预留 200～300mm 土，根据基底标高用人工配合挖出并修坡，保证基坑平面尺寸和基底标高。

D. 灰土垫层为 3∶7 灰土，石灰选用磨细生石灰粉，石灰粒径不得大于 5mm，土料有机物含量不得大于 5%，并应过筛，最大粒径不应大于 15mm。灰土应按配比过斗，集中搅拌。拌合物含水率应接近最佳含水率，现场测试可用手将拌合物紧握成团，两指轻捏即碎为宜。如土料水分过多或过少，应提前晾晒或洒水润湿。

施工前，将所用土料和生石灰粉送试验室作击实试验，试出最大干密度和最佳含水率。最大干密度乘以压实系数作为环刀取样试验的控制干密度。

灰土应分层铺摊，分层碾压，铺土厚度控制在 200～300mm，用 12～15t 压路机碾压，每层碾压 6～8 遍，压痕应重叠，压路机行驶速度不应超过 2km/h。每层压实后，用环刀取样，取样点位于每层 2/3 深度处，检验点根据检验批要求布置，其干密度应大于控制干密度。当下层灰土干密度达到要求后再进行上一层施工。

最上一层完成后要拉线检查标高，用靠尺检查平整度。高的地方用铁锹铲平，低的地方补打灰土。

E. 筏形基础

(A) 筏形四周和基础梁模板采用组合钢模。

(B) 钢筋从下层到上层逐层绑扎。下层钢筋用高强度砂浆块支垫，上层钢筋用 $\phi14$ 钢筋马凳支垫。注意钢筋的接头位置应避开受力最大处，并控制同一断面的接头比率。钢筋接头采用闪光对焊或电弧搭接焊。

(C) 根据筏板混凝土厚度，采用斜面分层一次浇筑到位。基础梁混凝土应滞后筏板 1～2m 浇筑振捣，避免基础梁在与筏板交接处出现烂根。注意在筏板混凝土初凝前必须浇筑基础梁混凝土。基础混凝土用两台搅拌机搅拌，插入式振捣器和平板振捣器振捣，表面进行二次抹压，然后用塑料薄膜覆盖养护。

F. 墙身防潮。抹 1∶2.5 防水水泥砂浆，刷热沥青两道。应待水泥砂浆基本干燥后再刷热沥青。

G. 地下室砌砖、钢筋、模板和混凝土等分项工程的施工方法及技术措施见主体工程。

H. 建筑物四周回填土，压实系数要满足设计要求。回填压实方法采用打夯机，压实检验方法同基础灰土垫层。

3) 主体工程

A. 施工顺序

抄平放线→立皮数杆→绑扎构造柱钢筋→砌砖→支构造柱模→浇筑构造柱混凝土→圈梁、梁、板、楼梯、阳台支模→绑扎钢筋→浇筑混凝土→养护→下一层施工。

B. 砌砖工程

砌体在±0.000以下为实心砖，采取一顺一丁法砌砖，±0.000以上为多孔黏土砖。

(A) 砌筑前，按砖尺寸模数摆底排砖，适当调整门窗洞口的位置。370墙和240墙均采用双面挂线，按皮数杆确定的砖层标高砌筑。

(B) 砌砖用一顺一丁的形式，采用“三一”砌砖法。要求砂浆饱满，横平竖直。转角处和交接处应同时砌筑，临时间断处应留成斜槎，斜槎长度不应小于高度的2/3。

(C) 构造柱按五进五出马牙槎砌法，按设计要求埋设墙体拉结筋，构造柱与墙体的连接按98G363标准图要求施工。注意一～三层墙体及顶层楼梯间墙体沿墙高每500mm配2ϕ6通长钢筋。

(D) 砖砌体的施工质量按B级控制。

C. 模板工程

(A) 现浇梁板采用竹胶模板，梁底用木模，其余均用定型钢模，随时加强模板的清理、检查，模型尺寸要准确，接缝要严密，支撑要牢固稳定。加强模板工程的检查验收，合格后方可进行下道工序施工。

(B) 构造柱支模前，务必将钢筋上、砖槎上粘结的砂浆和柱底撒落的砂浆清理干净，模板下口留清扫口。

(C) 模板拆除后，要清理、修整，刷隔离剂待用。

D. 钢筋工程

(A) 钢筋在现场集中调直、下料加工。

(B) 钢筋接头采用闪光对焊、电弧搭接焊或绑扎接头，其位置要避开受力最大处。圈梁等构件均按受拉钢筋考虑错开接头，控制接头比例。

(C) 柱筋侧面、梁筋底面、侧面、板筋和楼梯板下层筋底面支垫绑扎砂浆垫块，楼板和楼梯板上层钢筋下支钢筋马凳，确保钢筋位置。

(D) 梯梁处楼梯板预伸出的受力钢筋必须绑扎到位，用分布筋绑成整体，用临时支架支撑固定。

(E) 浇筑混凝土时，不得踩踏钢筋。委派专人看护钢筋，随时修整变位变形钢筋，确保其位置正确。

E. 混凝土工程

(A) 根据现场材料确定配比单。采用机械搅拌和机械振捣，确保混凝土的强度和密实度。

(B) 构造柱混凝土浇筑前，柱四周砖砌体必须充分浇水湿润，混凝土的坍落度应加大到80mm，柱底先铺50～100mm厚与混凝土同强度水泥砂浆，然后分层浇筑用插入式振捣器振捣。

(C) 楼板混凝土用平板振捣器振捣，拉线刮平，木抹抹平，初凝前二次用木抹抹平，终凝后覆盖塑料薄膜浇水养护。

(D) 混凝土捣制采取连续作业，不留施工缝，特别是梁柱节点钢筋密集，注意振捣密实，杜绝蜂窝、麻面、孔洞。

4) 装饰工程

A. 内装饰施工顺序

抄平放线→立木门窗框→木门窗框塞缝，门窗洞口作口→墙面贴饼冲筋→内墙顶棚抹灰，卫生间墙面贴瓷砖→木门窗扇和塑钢门窗安装→油漆粉刷。

B. 外装饰施工顺序

搭外架→基层清理→抄平放线→外墙面抹灰→粉刷→拆外架。

C. 门窗框安装前先抄平放线，安装时控制好标高、平面位置和垂直度，调整合适后方可固定。

D. 室内抹灰要抓好砖砌体的洒水湿润，底灰的垂直度、平整度和阴阳角的方正顺直。墙面宜冲软筋，即在抹底灰后立即将冲筋铲除用砂浆补平。罩面灰要薄，阴阳角要使用专用工具理顺理直。开关插座盒要预先调整好标高位置，使与墙面齐平端正，用水泥砂浆嵌固，抹灰时一次成活。

E. 根据设计要求，卫生间瓷砖采用混合砂浆结合层，瓷砖上刷混凝土界面剂或专用胶粘剂。瓷砖必须预先浸水湿润晾至表面无水迹。排砖时，阳角、门窗口边宜为整砖，阳角处切割45°角拼接。接缝内素水泥浆及时划去，再用白水泥擦缝。

F. 外墙抹灰前，必须先将墙面清理干净，充分浇水湿润，混凝土面甩掺界面剂的素水泥浆。抹灰分两次完成，并作好养护工作。

G. 铝合金门窗框与墙体间用保温材料填实，与抹灰层交接处用油膏嵌缝。

5）地面工程

A. 水泥砂浆地面

(*A*) 施工顺序：抄平补齐50cm标高线→清理基层→刷素水泥浆→抹水泥砂浆→封闭养护。

(*B*) 水泥用强度为42.5级的普硅水泥，砂子用洁净中砂，砂浆稠度不大于35mm，砂浆必须用机械搅拌，砂浆强度不应低于M15。

(*C*) 基层必须清理干净，洒水湿润，刷素水泥浆时清除积水。

(*D*) 砂浆抹好后适时压实压光。砂浆终凝后24h洒水封闭养护。

B. 卫生间地砖楼地面

(*A*) 施工顺序：抄平补齐50cm标高线→堵塞管道留洞→铺筑掺JJ91密实剂细石混凝土→干硬性砂浆结合层→铺贴地砖→封闭养护。

(*B*) 细石混凝土铺设前，所有立管、套管和地漏均应安装完，立管、套管和地漏周围用掺密实剂的细石混凝土认真填筑密实。

(*C*) 细石混凝土要认真计量，JJ91密实剂要先和水拌匀，再用搅拌机搅拌。

(*D*) 根据50cm标高线认真抄平，按排水坡度做出标志点，按标志点铺设混凝土。细石混凝土铺好达到一定强度后，蓄水24h，不渗不漏后再铺贴地砖。

(*E*) 地砖浸水后晾至无水迹后铺贴。铺贴时由里向外，从门口退出。结合层铺平拍实后，在地砖背面刮素水泥浆，四角同时下落，用橡皮锤轻轻击实，同时用水平尺检查标高和平整度。

(*F*) 地砖铺好后，封闭门口，禁止上人不少于三天。

6）屋面工程

A. 施工顺序

清理基层→出屋面管道洞口填塞→抄平放线做标志→铺水泥焦渣找坡层→铺保温层→铺细石混凝土找平层→防水层→保护层。

B. 根据屋脊、分水岭位置和排水坡度，认真抄平放线，做出标志点。根据标志点铺设水泥焦渣找坡层，认真找出坡度。

C. 防水层应在找平层基本干燥后铺设。铺设前先均匀涂刷一道冷底子油。铺贴时，先铺檐沟、管道根和雨水口等处的附加卷材，再平行屋脊分水岭线从低处向高处铺设，卷材搭接宽度为长边不小于70mm，短边不小于100mm。

D. 沥青玛琋脂熬制温度不应高于240℃，铺设温度不应低于190℃。熬制时必须均匀搅拌使其脱水。

E. 浇油沿油毡滚动的横向呈蛇形操作，铺贴操作人员用两手紧压油毡向前滚压铺设，要用力均匀，以将浇油挤出粘实，不存在空气为度。油毡边挤出的油要刮去。

F. 当卷材表面不带保护层时应做水泥砂浆或豆石保护层，豆石粒径宜为3～5mm，应过筛洗净晾干。铺设时预热至100℃左右，随刮油随铺撒豆砂。豆砂应撒铺均匀，粘结牢固。

7）门窗工程

A. 塑钢门窗

（A）安装顺序

预留洞口→抄平放线→进场检验→安装门窗框→门窗扇安装。

（B）塑钢门窗进场时，要对其外观质量、规格尺寸、材质证明书、合格证、型式检验报告进行检查，并要求对气密性、水密性、抗风压性到具有相应资质的检验部门检验，合格后方准验收使用。

（C）门窗外框按给定标高、位置用膨胀螺栓联结地脚垫、塑料垫弹性固定牢靠，门窗框与洞壁间填塞保温材料。抹灰面与窗框间留5～8mm深槽口，以备填嵌密封材料。

（D）门窗框组装时，下料尺寸应准确，接缝应严密，组装应方正平整。门窗扇安装，要求推拉启闭灵活，塞缝严密，胶条连续整齐，表面洁净无损伤。

B. 木门及防火门

（A）安装顺序

预留洞口→抄平放线→进场检验→安装门窗框→墙面抹灰→门扇安装。

（B）木门进场要对合格证、外观质量、规格尺寸、含水率等进行检验，合格后方可接收。木材含水率应不大于12%。门框扇应水平支垫堆放，有防潮、防雨措施。

（C）门框在墙体抹灰前安装，先对水平标高、平面位置、垂直度进行校正，然后与预埋木砖固定，门框用铁角保护。

（D）门扇在湿作业完成后安装，要求缝隙合适，启闭灵活，不走扇，门窗开启方向及五金安装位置正确。

8）管道工程

施工顺序：安装准备→预制加工→干管安装→立管安装→支管安装→器具安装→管道试压通水→管道冲洗→防腐保温。

土建施工时，紧密配合做好孔洞及管槽预留。

9）电气安装工程

施工顺序：弹线定位→盒箱固定→管路连接→敷管→扫管、穿线→地线连接→绝缘接地测试→灯具安装→试亮。

（4）季节性施工措施

1）雨期施工

雨期施工项目主要为主体后期和装饰装修工程。

A. 组织措施

（A）由项目经理全面负责，由项目副经理负责组织项目各部门实施，由工长进行雨期施工技术安全与环保交底。质量员和安全员检查雨期施工技术安全环保和防汛抢险预案的落实情况、工程质量和施工安全环保情况。

（B）为减少雨期施工对工程质量、施工安全、职工健康财产安全和环境保护等方面的影响，成立了项目经理领导的防汛抢险小组。

（C）应急程序：首先发现汛情及紧急情况人员应立即向公司防汛抢险办公室报告，然后通告本项目部所有人员到位，按小组分工各负其责进行应急抢险。

B. 准备工作

（A）雨季前完成现场平整和排水。

（B）电工在雨季前完成施工现场电线及开关电器的检查，发现问题立即维修。对所有接地进行复测，总配电箱处接地电阻不大于4Ω，重复接地电阻不大于10Ω。

（C）项目材料员在雨季前完成材料的分类、整垛及材料堆放地的平整工作。

（D）将塔基四周清理干净，并向四周做排水坡，防止雨水流入塔基内，塔基上空用脚手架或木板满铺，并覆盖厚塑料布，防雨水进入，并在塔基内设集水坑一个。

（E）钢筋加工场及堆放场按现场情况做排水坡度。

（F）钢筋、模板加工机械由工长安排使用人在使用前检查维修。

（G）技术安全交底时要有针对性的防雨措施。

（H）有防水、防潮要求的装饰、防水、保温、焊条、焊剂等小型材料要堆放在库房内，堆放时要垫高防潮。加气混凝土块、水泥等大宗材料在现场堆放，堆放时下部垫离地面，上部覆盖篷布或塑料布防雨，四周作好挡水、排水措施。

（I）对办公室、库房、加工棚等临时设施做一次全面检查，要保证屋面不漏雨、室内不潮湿、通风良好、周围不积水。

C. 技术措施

（A）钢筋工程

冷拉后的钢筋禁止水泡，应垫高或尽块加工使用。

钢筋禁止雨天露天焊接，4级以上风力时应用竹胶板挡风。钢筋表面有水或潮湿时，应排除积水或晾干后再施焊。

(*B*) 模板工程

模板堆放应坚实平整，不积水，堆放时应平放，且堆放整齐，无可靠支挡措施时禁止立放，防止大风时吹倒模板伤人及损坏。

风力超过 5 级时禁止吊墙模板，风力超过 6 级时禁止吊装作业。

(*C*) 砌筑工程

雨天或雨后拌制砂浆前，要测定砂石或石粉的含水率，调整砂浆内砂子或石粉的含量，雨天施工时的砂浆稠度应适当减少。砂浆要随拌随用，当施工期间最高气温超过30℃时，水泥砂浆和水泥混合砂浆必须分别在拌成后的 2 小时和 3 小时内使用完毕。超过规定时间的砂浆，不得使用，也不得重新拌合后再使用。

加气混凝土砌块禁止淋雨，要覆盖防雨棚布，地面不得积水。

砌筑外墙时，每日收工时墙顶摆一层干砖，避免雨水冲刷砂浆。

(*D*) 装饰、装修工程

室内抹灰受雨季影响较小，主要是在顶棚抹灰时，一定要将顶板的预留洞口、预留管道口等进行封闭，防止顶板漏水污染抹灰部分。

外墙暴露在室外，受雨淋、日晒影响大，室外抹灰、镶贴面砖施工时要听天气预报，了解一至两天的天气情况，避开雨天露天室外作业。外墙在烈日下抹灰时，抹完后要挂麻袋片或编织袋洒水遮挡养护。

2）冬期施工

冬期施工项目：基础施工初期和装饰装修后期。

A. 安排专人收视天气预报，有大风降温时调整作业计划。

B. 混凝土工程采用综合蓄热法施工。搅拌用水加热，必要时砂子加热，调整上料顺序，后加水泥，使混凝土入模温度控制在 10℃以上。门窗口封闭。混凝土中掺用外加剂，初冬、初春掺减水引气早强剂，严冬时掺减水抗冻剂。严冬时混凝土采用短时加热法养护。混凝土板顶用塑料薄膜和保温材料覆盖保温。

C. 塔吊料斗和泵管用岩棉毡包裹保温。

D. 由技术人员进行热工计算，验算混凝土的出机温度、入模温度、保温层厚度和降温时间。安排专人按时测温。

E. 采用成熟度法计算混凝土达到抗冻临界强度的时间，留置同条件养护试块，按试压结果决定混凝土的拆模时间。

F. 砌筑砂浆用普通水泥拌制。砂子不得含有冻块，温度较低时用热水拌制砂浆。砂浆稠度适当加大。

G. 黏土砖表面粉尘、霜雪应清除干净，负温时砖不应浇水。每天砌筑高度不应超过 1.2m，下班时顶面覆盖保温材料保温。

(5) 采用的新工艺新技术

1）楼板模板采用竹胶合板模板。

2）给水管采用 QTPP-R 聚丙烯管道。

3）照明暗配管采用 UPVC 管，排水管采用硬聚氯乙烯管。

4）钢筋闪光对焊，优点接头强度高，质量稳定可靠，能适应结构的各种部位，速度快，工效高，节约钢材，减少因而产生的钢筋密集。

5）掺早强剂，新型号早强剂可以提早拆模，加速模板周转。

6）屋面防水采用高聚物改性沥青卷材防水。

6. 质量保证措施

1）建立健全质量保证体系，明确质量责任制。项目经理是工程质量第一责任人。项目经理要明确项目部各职能人员的质量责任，签订责任书，明确奖罚制度。项目部必须配置一名专职质检员。主要管理人员应持证上岗。

2）认真执行公司的《质量保证手册》和《程序文件》，按公司质量管理体系运行。从工程中标后，就要遵循《程序文件》的规定，一步一步认真实施。

3）项目经理组织编制质量计划。明确达优的分部分项工程名称和采取的相应措施。明确质量体系各要素在本工程中的应用实施。

4）把好物资进场检验关。从合格分供方采购物资。包括建设单位供应的钢材水泥在内，进场后先进行验证验收，再送具有合格资质的材料检验单位复试，合格后方可使用。钢材、水泥、砖、防水材料、焊接试件、混凝土试块、砂浆试块等应执行见证取样。

5）严格及时认真执行技术交底制、三检制、分项分部工程评定制度、地基基础及主体结构验收制度和隐蔽工程检查验收制度。

6）认真执行相关的施工验收规范和技术规范。强制性条文必须严格执行。

7）所用经纬仪、水准仪、磅秤、塔尺、钢尺和游标卡尺等计量器具，必须经过有资质的检测单位检定，持有检定证，并在有效期内。

8）所用施工机械设备要进行进场验收，试运行，并作好现场维修保养工作。

9）装饰工程实行样板制。铝合金门窗应有型式检验报告，并须做气密性、水密性、抗风压性检测，符合要求后方可使用。

10）测量工、试验工、电焊工和防水工等应经过培训，持证上岗操作。

11）工程技术资料、文件和记录安排专人保管收集整理。受控文件要有受控标识。质量记录要及时准确，与工程同步，真实反映工程实际。

（7）成品保护措施

1）成品保护管理办法

（A）进行成品保护的宣传教育，提高全员成品保护意识。

（B）编制切实可行的成品保护措施，并认真贯彻执行。

（C）工程施工过程中设专人专管成品保护，由项目负责人统一调配，对工程成品进行人为管理保护。

（D）成品保护员在主体阶段分工种，装修阶段分楼层进行管理，每一个工种、每一个楼层均落实到人，进行现场施工的人员必须服从成品保护员的管理。

（E）合理安排工序，土建安装密切配合，预留孔洞，预埋铁件等要认真核对，避免错留漏埋，减少不必要的破坏。

(F) 在安排各分项工程的技术交底中，必须强调施工过程中的成品保护。

2) 主要分项工程的成品保护措施

A. 主体施工钢筋绑扎

(A) 墙、梁钢筋绑扎完毕后，任何人不得踩踏在钢筋上修整，更不允许将成品钢筋当作梯子上下。

(B) 板筋绑扎时，操作人员从一端依次向另一端退进，待保护层或钢筋支撑支垫完毕后，将必须走人的部位用专用钢马凳支垫，上铺脚手架板，严禁直接从钢筋上行走踩踏。

B. 混凝土梁、墙角、棱的保护

(A) 加强振捣，使混凝土的密实度达到规范要求。

(B) 支模前模板要涂好隔离剂。

(C) 按规定强度拆模。

C. 楼地面及楼梯踏步

(A) 楼地面操作过程中要注意对其他专业设备的保护，地漏内不得堵塞砂浆等。

(B) 在已完工的楼地面上进行油漆、电气、暖卫专业工序时，注意不要碰坏面层，油漆不要污染面层。

(C) 各专业工种用的梯凳脚包橡胶。

(D) 严禁在已完地面上拌制混凝土或砂浆。

(E) 楼梯踏步角，用 108 胶粘盖木条。

D. 塑钢窗

(A) 塑钢窗应入库存放，周边应垫起、垫平，码放整齐。

(B) 保护膜在应检查完整无损后，再进行安装。安装后应及时将两侧用木板捆绑好，并严禁从窗口运送任何材料，防止碰撞损坏。

(C) 保护膜在交工前撕去，要轻撕且不可用开刀铲，防止将表面划伤，影响美观。

(D) 架子搭拆，室内外抹灰，管道安装及材料运输等过程，严禁擦、砸、碰和损坏窗材料。

E. 厨房、卫生间涂膜防水

(A) 涂膜防水层操作过程中，不得污染已做好饰物的墙壁、卫生洁具、门窗等。

(B) 涂膜防水层做完之后，要严格加以保护，在保护层未做之前，任何人不得进入，也不得在卫生间内堆放杂物，以免损坏防水层。

(C) 面层进行操作施工时，对突出地面的管根、地漏排水口、卫生洁具等与地面交接处的涂膜不得碰坏。

F. 安装工程

(A) 对于已安装好的器具，做好重点保护，在未交工之前，均用工程塑料布包好，并绑扎，防止污损，且标示“勿压”、“勿碰”等字样，以示警告，工程验收前一天，用软布将其擦拭干净，保证外观光洁明亮。

(*B*) 对进场的材料、设备分类堆放，镀锌钢管、焊接钢管等管材，按规格堆放在管架上，防雷、防雪、防潮；板材类堆放在板材架上，防潮、防变形；设备类堆放不积压，置于室内，电气设备、材料单独设置室内库房，密封管理。

(*C*) 配合施工中的电气管线、预留洞口、预埋铁件均要做好保护，防止其他工种误操作，使配管移位、断裂或脱落，防止洞口变形，预埋件移位。电气管口、灯头盒、接线盒均用旧报纸做临时封堵。

(*D*) 管井、设备间已安装的管道在交工前亦应做好保护工作，管道、设备安装完毕后，均用工程彩条布围护，并用铁丝绑牢，防止污染或受外力伤害，对于设备应用木板制成外保护。

(8) 安全保证措施

1) 建立健全安全生产责任制。项目经理要明确项目部各有关管理人员的安全责任。认真贯彻有关安全生产的规定。按照《建筑施工安全检查标准》的规定，结合本工程的实际，逐条逐项落实。设专职安全员一名负责日常现场安全检查。

2) 认真执行安全检查制度、安全交底制度和班前安全活动制度。在进行技术交底的同时进行安全交底。交底必须有书面材料，交底人、接受交底人签字齐全。

3) 凡进入施工现场的人员必须戴安全帽，电气、电焊作业人员必须穿绝缘鞋，高处作业人员必须系安全带。

4) 基坑放坡系数根据土质情况确定。基坑周边设 1.2m 高防护栏杆。

5) 升降机的基础、安装、附墙和拆除等必须遵照说明书的要求和有关规定进行。限位器和保险安全装置要齐全有效，动作灵敏。装设避雷针，防雷接地电阻不应大于 10Ω。

6) 混凝土拆模时应试压同条件养护试块，达到规定的拆模强度后方可拆模。

7) 楼梯口及阳台边设钢管防护栏杆。升降机进料口和建筑主要出入口设防护栏杆，顶部设刚性防护棚。楼层进料口设栏杆和安全网防护。升降机临空三面设安全网防护。

8) 钢管吊篮架要经过设计计算。安设后经验收合格方准投入使用。要求保险装置、安全设施齐全有效，施工荷载不得超过设计荷载。

9) 施工用电按三相五线制（TN-S）配置。采用三级保护两级配电。

10) 机械安装后经验收合格办理手续后方准使用。

11) 塑料管粘结接口时，操作人员应站在上风头，并佩戴防护手套、防护眼镜和口罩等。

12) 在不同的施工阶段针对性地设置安全标志警示牌。

13) 安全管理文件安排专人收集、整理、保管。

(9) 防止质量通病的措施

1) 通病一：采用炉渣填充层的地面空鼓

防治措施

A. 基层认真清理干净，洒水湿润，但不得有积水，均匀涂刷素水泥浆。

B. 炉渣必须认真过筛，筛除细粉和大于 25mm 的颗粒，并浇水湿闷不少于 5 天。

C. 认真按水泥：炉渣为 1∶4 的体积配比过斗，用砂浆机搅拌均匀，铺平后用平板振捣器振动密实并出浆。因在炉渣填充层上直接做水磨石，其表面平整度必须按找平层要求控制。

D. 填充层铺设 24h 后洒水养护，3 天内禁止进入。不得在垫层上存放各种材料。

2）通病二：卫生间楼面积水渗漏

防治措施

A. 按设计要求控制好卫生间楼面的结构标高。

B. 防水细石混凝土施工前，竖向管道或套管及地漏周围必须用防水细石混凝土认真填补密实。

C. 按设计要求的坡度认真抄平，设置标志点，使坡向地漏。

D. 所用 JJ91 硅质密实剂必须有鉴定报告，有合格证。还必须经过见证取样送具有合格资质的材料检测单位试验，合格后方可使用。

E. 防水细石混凝土必须认真过磅配比，JJ91 硅质密实剂要先与水拌匀，再加入混凝土拌合料中用搅拌机充分搅拌。在混凝土初凝前按标高标志点铺平，振捣密实。

F. 细石混凝土浇筑后 24h 开始养护。并不得堆放材料。

G. 细石混凝土浇筑 7 天以后蓄水 24h，不渗不漏方可铺贴地砖。

3）通病三：外墙水泥砂浆抹面空鼓裂缝

防治措施

A. 外墙砖面和混凝土面必须彻底清理干净，提前浇水充分湿润。

B. 水泥强度宜为 32.5 级。

C. 混凝土面甩掺混凝土界面剂的素水泥浆。

D. 水泥砂浆配比要准确，搅拌要均匀，稠度要适中。

E. 水泥砂浆面抹好后要防止暴晒，注意养护。

（10）施工现场达到文明工地标准的措施

A. 建立健全施工现场文明施工的责任制。项目经理全面负责，并明确项目部有关人员文明施工的责任，明确场容卫生环保管理制度、现场消防保卫管理制度、奖罚制度和检查制度。

B. 场容管理必须以施工总平面布置图为依据，在施工的不同阶段做出不同的施工平面布置，进行动态管理。

C. 按专业工种实行场容管理责任制，把场容管理的目标进行分解，落实到有关专业和工种。

D. 施工现场实行封闭管理。大门和门柱的高度不应低于 2m，并设有公司标志。围墙高度不应低于 1.8m。大门口设门卫室进行人员出入登记管理。

E. 大门内设施工平面布置图、安全生产管理制度板、消防保卫管理制度板和场容卫生环保制度板。

F. 临时设施、材料机具必须按总平面图布置。材料必须堆放整齐。

G. 材料堆放场地应予硬化。施工道路应坚实畅通，满足消防要求。场地有一定坡度，排放雨水流畅。洗搅拌机污水和水磨石污水要经过沉淀，厨房污水要经过隔油池，再排入学院污水排水系统。

H. 工人操作地点和周围必须清洁整齐，做到活完脚下清，工完场地清，落地灰要回收过筛使用。整个施工场地每天至少应清理一次。

I. 建筑物内清除出的垃圾渣土，要用手推车通过升降机下卸，严禁从门窗口向外抛掷。

J. 整个施工现场的垃圾应指定地点集中堆放，定期外运。清运渣土、土方、松散材料的汽车马槽应严密，并采取遮盖防漏措施，运送途中不得遗撒。

K. 工地办公室、库房应保持整齐清洁卫生，经常打扫。未经许可禁止使用电炉。

L. 施工现场要配备足够的消防器材，并经常维护保养，保证灵敏有效。

M. 电焊、气焊切割、熬制沥青和冬施生火等施工作业用火必须经保卫部门审查批准，领取用火证，方可作业。动火前要清除周围及下方的易燃物。

N. 易燃材料和有毒物品必须专库储存。氧气瓶、乙炔瓶的工作间距不应小于 5m，两瓶同时明火作业距离不应小于 10m。

O. 施工现场严禁吸烟，必要时设专用吸烟室。

6. 施工进度计划及进度保证措施

（1）主要施工进度控制

基础工程：2005 年 10 月 20 日～2006 年 01 月 10 日；

主体工程：2006 年 01 月 10 日～2006 年 03 月 31 日；

装饰工程：2006 年 04 月 01 日～2006 年 06 月 10 日；

安装工程：2005 年 12 月 20 日～2006 年 06 月 10 日；

配套设施工程：2006 年 06 月 20 日～2006 年 09 月 30 日；

（2）施工进度网络计划如图 6-13 所示。

（3）保证进度的组织措施

A. 组织精干的、有实力的项目经理部，合理配置施工技术管理人员，实行统一领导指挥。

B. 选派技术素质高，能打硬仗的施工班组进行该工程施工。

C. 建立由项目经理主持的碰头会制度，协调解决质量、安全、进度中存在的问题、土建安装配合问题及各工种工序的穿插配合问题，综合调度劳力、材料、机械，确保工程顺利进行。

（4）保证进度的计划措施

1）在总的施工进度网络计划的控制下，周密安排月、旬、日进度计划，同时提出相应的劳力需要计划、机具、材料供应计划和进退场计划，由项目经理亲自负责计划的实施和检查落实工作。

2）按照施工部署和施工方案的安排，组织小流水段施工，充分合理利用时间、空间，科学组织施工。

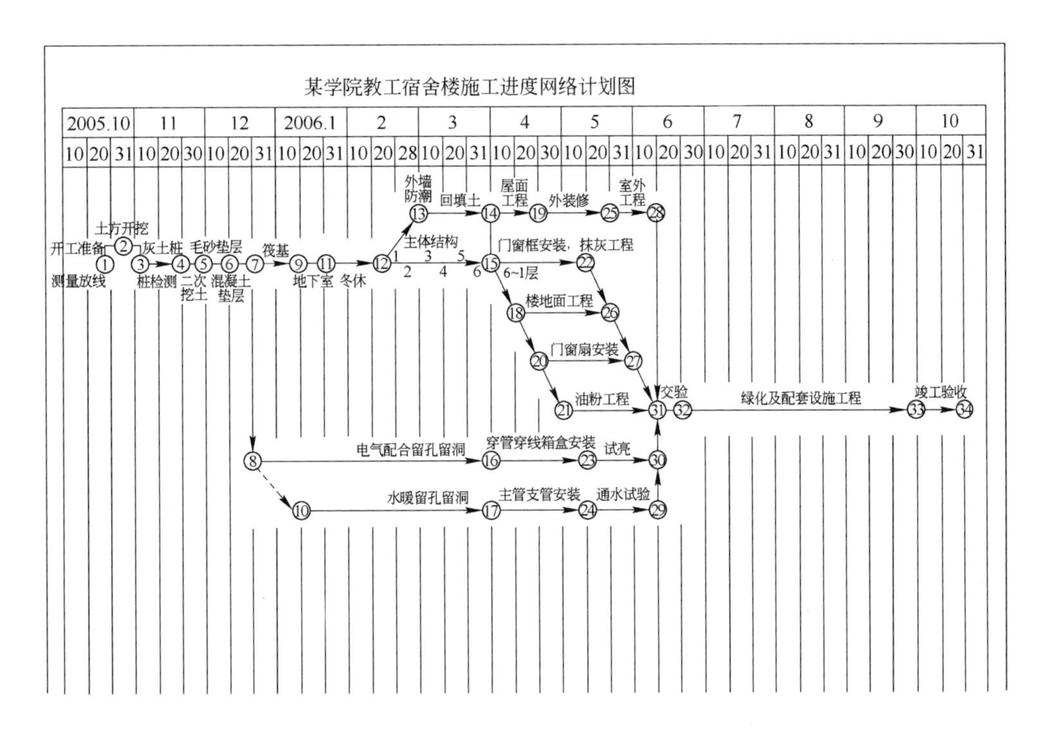

图 6-13 多层混合结构住宅楼施工进度计划

3）当施工进度，尤其当关键线路项目有拖后现象时，必须查寻原因，采取有效措施赶上。

（5）保证进度的技术措施

1）做好技术准备工作。认真审阅设计文件，会审图纸，领会设计意图，将图纸中存在的问题尽可能解决在施工之前。认真编制施工组织设计，科学合理地指导施工。

2）采用时标网络计划合理安排施工进度。在网络计划控制下，细化月、旬、日网络计划。在施工过程中定期检查网络计划的实施情况，当进度有拖后现象时，及时采取措施调整，确保总进度的实现。

3）积极推广应用新技术。现浇楼板采用竹胶模板。装修外架采用吊篮脚手架。电气埋管和排水管采用 UPVC 管。新技术和关键工序在施工前都要编制专项施工技术措施，充分发挥其优势。

4）积极采用机械化施工。土方开挖、垫层碾压、垂直运输、混凝土搅拌振捣均采用机械施工。配备机械维修员，做好机械维修保养，保证机械的完好。

5）合理配置技术工人，确保胜任施工要求。在操作前进行必要的培训教育。特种作业人员必须持证上岗。

6）重视测量定位放线工作。测量放线是单位工程和各分项工程施工前必须进行的首项非常重要的技术作业，不能出任何差错。放线前要制定放线方案，实施后必须有专人复测，其误差应符合有关规定。测量放线记录待有关各方签字后方可开始施工。

7. 主要机械设备需用量

主要机械设备需用量见表 6-8。

主要机械设备需用量　　表 6-8

序　号	机械或设备名称	型号规格	数　量	国别产地	制造年份	额定功率（kW）
01	挖掘机	PC220-6	1	日本	2003	118
02	自卸汽车	HS361	2	河北	2002	
03	蛙式打夯机	HW60	2	郑州	2005	3
04	自升式固定塔吊	QT5013	1	太原	2002	37.2
05	龙门架	SMZ15	2	上海	2003	5
06	插入式振捣机	ZX-30、50	6	河南	2005	1.5
07	平板式振捣机	B15	2	河南	2003	1.5
08	砂浆搅拌机	JQ250	2	太原	2002	3
09	对焊机	UN100	1	河北	2003	100kVA
10	电焊机	BX3-630	2	上海	2004	35.3kVA
11	钢筋切断机	QJ40	2	太原	2001	3
12	钢筋弯曲机	WJ40	2	太原	2001	3
13	钢筋调直机	GT4-14	1	太原	2002	5.5
14	木工圆锯	MJ225	1	河北	2004	4
15	木工压刨机	MB106A	1	磴口	2004	7.5
16	水准仪	DS2	1	北京	2003	
17	经纬仪	JJ2	1	北京	2003	
18	砂轮切割机	J3G-400	1	太原	2005	2.2
19	液压弯管机	QYQ	1	太原	2005	11
20	电动套丝机	Z3T-R4	1	太原	2003	1.5
21	混凝土钻孔机	ZIZ-200BK	1	成都	2003	1.5
22	台式钻	Φ8-32	1		2004	1.5
23	电动打压泵	ZD-SY	1		2003	
24	气焊工具		1		2005	
25	PP-R 管热熔焊接机	JNZ-63	1	余杭	2002	0.8
26	兆欧表	ZC-7	1		2001	
27	接地电阻仪	ZC298-2	1		2005	
28	万用表	MF500	1		2002	
29	游标卡尺	0～200mm	1		2004	

8. 施工现场平面

施工现场平面布置如图 6-14 所示。

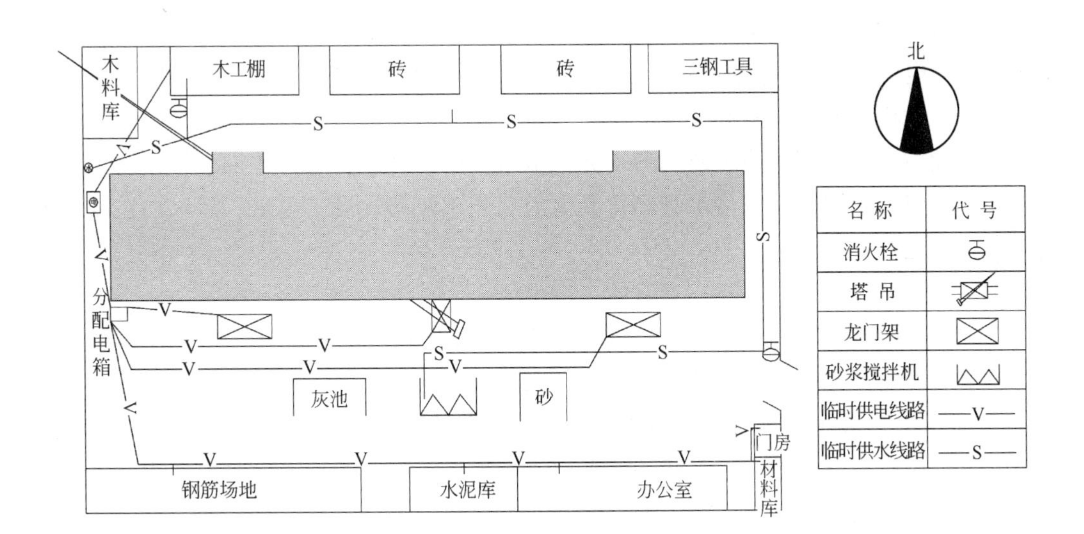

图 6-14　施工现场平面布置图

说明：因本工程在某学院生活区内，故安排在施工现场附近租用原有建筑作为职工临时宿舍，安排协调施工人员在学院宿舍就餐，施工平面图布置时，现场不设宿舍、食堂等。

9. 主要技术经济指标（略）

6.8.2　某办公楼工程施工组织设计

1. 工程概况

本工程是集现代管理和先进技术装备于一体的智能型建筑，位于省府所在地。东临将军路，西遥市府大院，南对科协办公楼，北接中医院。

（1）工程设计概况

本工程由主楼和辅房两部分组成，建筑面积 13779m^2，投资约 5000 多万元。主楼为 9 层、11 层、局部 12 层。坐北朝南，南侧有突出的门厅；东侧辅房是 3 层的沿街餐厅、轿车库和门卫用房，与主楼垂直衔接；主楼地下室是人防、500t 水池和机房；广场地下是地下车库；北面是消防通道；南面是 7m 宽的规划道路及主要出入口。室内±0.000 相当于黄海高程 4.70m。现场地面平均高程约 3.70m。

主楼是 7 度抗震设防的框架-剪力墙结构，柱网分为 7.2m×5.4m、7.2m×5.7m 两种；ϕ800、ϕ1100、ϕ1200 大孔径钻孔灌注桩基础，混凝土强度等级 C25；地下室底板厚 600mm，外围墙厚 400mm，层高有 3.45m 和 4.05m；一层层高有 2.10m、2.60m、3.50m。标准层层高 3.30m，十一层层高 5.00m；外墙围护结构采用混凝土小型砌块填充，内墙用轻质泰柏板分隔；楼面、屋面板除现浇混凝土外，其余均采用预应力薄板上现浇厚度不同的钢筋混凝土的叠合板。辅房采用 ϕ500 水泥搅拌桩复合地基，于主楼衔接处，设宽 150mm 沉降缝。

设备情况：给排水、消防、电气均按一类高层建筑设计，水源采用了市政和省府行政二路供水，两个消防给水系统，大楼采用顶喷、侧喷和地下室满堂喷方式的自动喷淋系统；双向电源供电，配变电所设在主楼底层；冷暖两用中央空调；接地、防雷利用基础主筋并与大楼接地系统融为一体。

室外管线：水源从东北和西南角，分别从市政给水管和省府行政供水管接入，同雨水管一样绕建筑四周埋设。污水管经化粪池沿北侧东西向敷设。雨水、污水均在东北角引入市政管道网。

（2）工程特点

1）本工程选用了大量轻质高强、性能好的新型材料，装饰上粗犷、大方和细腻相结合的手法恰到好处，表现了不同的质感和风韵。

2）地基处于含水量大、力学性能差的淤泥质黏土层，且下卧持力层较深；基坑的支护处于淤泥质黏土层中，这将使基坑支护的难度和费用增加，加上地下室的占地面积大、范围广，导致施工场地狭窄，难以展开施工。

3）主要实物量：钻孔灌注桩 2521m^3，水泥搅拌桩 192m^3，围护设施 250m，防水混凝土 1928m^3，现浇混凝土 3662m^3，屋面 1706m^2，叠合板 12164m^2，门窗 1571m^2，填充墙 10259m^2，吊顶 3018m^2，楼、地面 16220m^2。

（3）施工条件分析

1）施工工期目标

合同工期 580 天，比国家定额工期（900 天）提前 35.6%交付使用。

2）施工质量目标

确保市级优质工程，争创优质工程。

3）施工力量及施工机械配置

本工程属于省重点工程，它的外形及内部结构复杂，技术要求高，工期紧。因此，如何使人、材、机在时间和空间上得到合理安排，以达到保质、保量、安全、如期地完成施工任务，是这个工程施工的难点，为此，采取以下措施：

A. 公司成立重点工程领导小组，由分公司经理任组长，每星期召开一次生产调度会，及时解决进度、资金、质量、技术、安全等问题；

B. 实行项目法施工，从工区抽调强有力的技术骨干组成项目管理班子和施工班组。

（A）项目管理班子主要成员名单见表 6-9。

项目管理班子主要成员表 **表 6-9**

岗　位	姓　名	职　称
项目经理	王李阳	工　程　师
技术负责人	吴了高	高级工程师
土建施工员	徐上林	工　程　师
水电施工员	姚由及	高级工程师
质　安　员	许容位	工　程　师
材　料　员	王其当	助理工程师
暖通施工员	储本任	工　程　师

(*B*) 劳动力配置详见劳动力计划表见表 6-8。

分公司保证基本人员 100 人，各个技术岗位关键班组均派本公司人员负责，其余劳动力从江西和四川调集，劳务合同已经签订。

(*C*) 做好施工准备以便早日开工。

2. 施工方案

(1) 总体安排

本工程是一项综合性强、功能多，建筑装饰和设备安装要求较高，按一类建筑设计的项目。因此承担此项任务时，我们调配了一批年富力强、经验丰富的施工管理人员组成现场管理班子，周密计划、科学安排、严格管理、精心组织施工，安排好各专业、各工种的配合和交叉流水作业；同时组织一批操作技能熟练、素质高的专业技术工人，发扬求实、创新、团结、拼搏的企业精神，公司优先调配施工机械器具，积极引进新技术、新装备和新工艺，以满足施工需要。

(2) 施工顺序

本工程施工场地狭窄，地基上还残留着老基础及其他障碍物，因此应及时清除，并插入基坑支护及塔吊基础处理的加固措施，积极拓宽工作面，以减少窝工和返工损失，从而加快工程进度，缩短工期。

1) 施工阶段的划分

工程分为基础、主体、装修、设备安装和调试工程四个阶段。

2) 施工段的划分

基础、主楼主体工程分两段施工，辅房单列不分段。

(3) 主要项目施工顺序、方法及措施

1) 钻孔灌注桩

本工程地下水位高，在地表以下 0.15～1.19m 之间，大都在地表下 0.60m 左右。地表以下除 2m 左右的填土和 1～2m 的粉质黏土外，以下均为淤泥质土，天然含水量大，持力层设在风化的凝灰岩上。选用 GZQ-800 和 GZQ-1250 两种潜水电钻成孔机，泥浆护壁，按从左至右的顺序进行。

A. 工艺流程：定桩位→挖桩坑埋设护套→钻机就位→钻头对准桩心地面→空转→钻入土中泥浆护壁成孔→清孔→钢筋笼→下导管→二次清孔→灌筑水下混凝土→水中养护成桩清理桩头。

现场机械搅拌混凝土，骨料最大粒径 4cm，强度等级 C25，掺用减水剂，坍落度控制在 18cm 左右，钢筋笼用液压式吊机从组装台分段吊运至桩位，先将下段挂在孔内，吊高第二段进行焊接，逐段焊接逐段放下，混凝土用机动翻斗车或吊机吊运至灌注桩位，以加快施工速度。浇筑高度控制在－3.4m 左右，保证凿除浮浆后，满足桩顶标高和质量要求，同时减少凿桩量和混凝土的消耗。

B. 主要技术措施

(*A*) 笼式钻头进入凝灰岩持力层深度不小于 500mm，对于淤泥质土层最大钻进速度不超过 1m/min；

(*B*) 严格控制桩孔、钢筋笼的垂直度和混凝土浇筑高度；

(*C*) 混凝土连续浇筑，严禁导管底端提出混凝土面，浇筑完毕后封闭桩孔；

(*D*) 成孔过程中勤测泥浆相对密度，泥浆相对密度保持在 1.15 左右；

(*E*) 当发现缩颈、坍孔或钻孔倾斜时，采取相应的有效纠偏措施；

(*F*) 按规定或建设单位、设计单位意见进行静载和动载测试试验。

2）土方开挖

A. 基坑支护

基坑支护采用水泥搅拌桩，深 7.5m，两桩搭接 10cm，沿基坑外围封闭布置。

B. 施工段划分及挖土方法

地下室土方开挖，采用 W1-100 型反铲挖土机与人工整修相结合的方法进行。根据弃土场地的距离组织相应数量的自卸式汽车外运。

C. 排水措施

基底集水坑，挖至开挖标高以下 1.2m，四周用水泥砂浆和砖砌筑，采用潜水泵抽水，经橡胶水管引入市政雨水井内，疏通四周地面水沟，排水引入雨水井内，避免地表水流入基坑。

D. 其他事项

机械挖土容易损坏桩体和外露钢筋，开挖时事先做好桩位标志，采用小斗开挖，并留 40cm 的浮土，用人工整修至开挖深度。汽车在松土上行驶时，应事先铺 30cm 以上石碴。

3）地下室防水混凝土

A. 地基土

地下室筏板基础下卧在淤泥质黏土层上，天然含水量为 29.6%，承载力 140kPa，地下水位高。

B. 设计概况

筏板基础分为两大块，一块是车库部分，面积 1115m^2，另一块 1308m^2，为水池、泵房、进风、排烟机房，板厚 600mm。两块底板之间设沉降缝彼此隔开。地下室外墙厚 350～400mm，内墙厚 300～350mm，兼有承重，围护抵御土主动压力和抗渗的功能。

C. 防水混凝土的施工

(*A*) 施工顺序及施工缝位置的确定。按平面布置特点分为两个施工段，每一施工段的筏板基础连续施工，不留施工缝，在板与外墙交界线以上 200mm 高度，设置水平施工缝，采用钢板止水带，P_6 抗渗混凝土并掺 UEA 膨胀剂浇捣。

(*B*) 采用商品混凝土，提高混凝土密实度。

A）增加混凝土的密实度，是提高混凝土抗渗的关键所在，除采取必需的技术措施以外，施工前还应对振捣工进行技术交底，增强质量意识；

B）保证防水混凝土组成材料的质量：水泥—使用质量稳定的生产厂商提供的水泥；石子—采用粒径小于 40mm，强度高且具有连续级配，含泥量少于 1%的石子；

砂—采用中粗砂。

(C) 掺用水泥用量 5%～7%的粉煤灰，0.15%～0.3%的减水剂，5%的 UEA。

(D) 根据施工需要，采用特殊防水措施：预埋套管支撑、止水环对拉螺栓、钢板止水带、预埋件防水装置、适宜的沉降缝。

4）结构混凝土

A. 模板

本工程主楼现浇混凝土主要有地下室、水池防水混凝土，现浇混凝土框架、电梯井剪力墙及部分楼、地面，依据工程量大、工期紧、模板周转快的特点，拟定选用以早拆型钢木竹结构体系模板为主，组合钢模和木模板为辅的模板体系。

B. 细部结构模板

为了提高细部工程（梁、板之间，梁、柱之间，梁、墙之间）的质量，达到顺直、方正、平滑连接的要求。在以上部位，采用特殊加工的薄钢板，同时改进预埋件的预埋工艺。

C. 抗震拉筋

本工程抗震设防烈度为 7 度，抗震等级为一级，根据抗震设计规范，选用拉筋预埋件专用模板，见《改进预埋拉筋的几种方法》一文。

D. 垂直运输

垂直运输选用 QTZ40C 自升式塔吊，塔身截面 1.4m×1.4m，底座 3.8m×3.8m，节距 2.5m，附着式支架设于电梯井北侧，最大起升高度 120m，最大起重量 4t，最大幅度 42m，最大幅度时起重量 0.965t，本塔吊在 8m、17m、24m、31m 标高处附着在主楼结构部位。

同时搭设 SCD120 施工升降机一台，两台八立柱扣件式钢管井架置于主楼南侧，作为小型机具、材料的垂直运输工具，其位置如图 6-10 所示。

E. 钢筋

(A) 材料—选用正规厂家生产的钢材。钢材进场时有出厂合格证或试验报告单，检验其外观质量和标牌，进场后根据检验标准进行复试，合格后加工成型。

(B) 加工方法—采用机械调直切断，机械和人工弯曲成型相结合。

(C) 钢筋接头—采用 UN100、100kVA 闪光对焊机、电渣压力焊，局部采用交流电弧焊。

F. 施工缝及沉降缝

(A) 地下室筏板—施工缝设在距底板上表面 200mm 高度处的墙体上。每个施工段内的底板及板上 200mm 高度以内的围护墙和内隔墙（约 700m^3），均一次性纵向推进，连续分层浇筑。

(B) 地下围护墙——一次浇筑高度为 3.0～3.30m 左右，外墙实物量约 1321m^3，内墙实物量约 24～30m^3，分四个作业面分层连续浇筑。水池壁一次成型。

(C) 框架柱—在楼面和梁底设水平施工缝。为保证柱的正确位置，减少偏移，在各柱的楼板面标高处，用预埋钢筋的方法，固定柱子模板。

(*D*) 现浇楼板—叠合板的现浇混凝土部分，单向平行推进。

(*E*) 剪力墙—水平施工缝按结构层留置，一般不设垂直施工缝，如遇特殊情况，在门窗洞口的 1/3 处，或纵横墙交接处设垂直施工缝。

(*F*) 施工缝的处理—在施工缝处继续浇筑混凝土时，已浇筑的混凝土抗压强度不应小于 1.2N/mm^2，同时需经以下方法处理：

A）清除垃圾、表面松动砂石和软弱混凝土，并加以凿毛，用压力水冲洗干净并充分湿润，清除表面积水；

B）在浇筑前，水平施工缝先铺上 15～20mm 厚的水泥砂浆，其配合比与混凝土内的砂浆相同；

C）受动力作用的设备基础和防水混凝土结构的施工缝应采取相应的附加措施。

G. 混凝土浇筑、拆模、养护

(*A*) 浇筑——浇筑前应清除杂物、游离水。防水混凝土倾落高度不超过 1.5m，普通混凝土倾落高度不超过 2m。分层浇筑厚度控制在 300～400mm 之间，后一层混凝土应在前一层混凝土浇筑后 2h 以内进行。根据结构截面尺寸、钢筋密集程度分别采用不同直径的插入式振动棒及平板式、附着式振动机械，地下室、楼面混凝土采用混凝土抹光机（HM-69）HZJ-40 真空吸水技术，降低水灰比，增加密实度，提高早期强度。

(*B*) 拆模——防水混凝土模板的拆除应在防水混凝土强度超过设计强度等级的 70%以后进行。混凝土表面与环境温差不超过 15℃，以防止混凝土表面产生裂缝。

(*C*) 养护——根据季节环境，混凝土特性，采用薄膜覆盖、草包覆盖、浇水养护等多种方法。养护时间：防水混凝土在混凝土浇筑后 4～6h 进行正常养护，持续时间不小于 14d，普通混凝土养护时间不小于 7d。

5）小型砌块填充墙

本工程砌体分为细石混凝土小型砌块外墙与泰柏板内墙（由厂家安装）两种。

细石混凝土小型砌块按《砌块工程施工规程》进行砌体施工，其工艺流程如图6-15 所示。

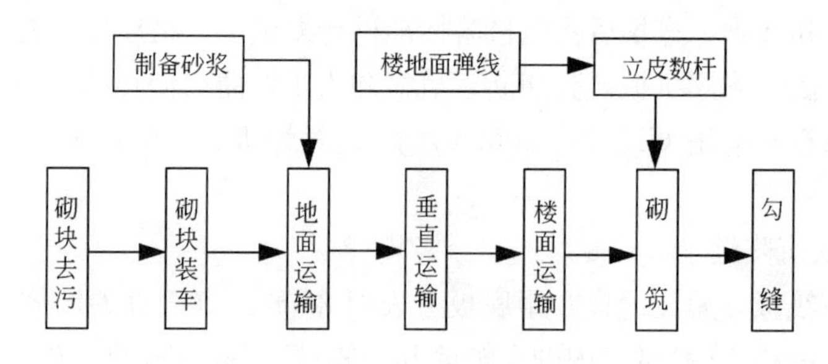

图 6-15　砌体施工的工艺流程

A. 施工要点

(*A*) 砌块排列——必须根据砌块尺寸和垂直灰缝宽度、水平灰缝厚度计算砌块砌筑皮数和排数，框架梁下和错缝不足一个砌块时，应用砖块或实心辅助砌块楔紧。

(*B*) 上下皮砌块应孔对孔、肋对肋、错缝搭砌。

(C) 对设计规定或施工所需要的孔洞、管道、沟槽和预埋件或脚手眼等，应在砌筑时预留、预埋或将砌块孔洞朝内侧砌。不得在砌筑好的砌体上打洞、凿槽。

(D) 砌块一般不需浇水湿润，砌体顶部要覆盖防雨，每天砌筑高度不超过 1.8m。

(E) 框架柱的 2ϕ6 拉筋，应埋入砌体内不小于 600mm。

(F) 砌筑时应底面朝上砌筑，灰缝宽（厚）度 8～12mm，水平灰缝的砂浆饱满度不小于 90%，垂直灰缝的砂浆饱满度不小于 80%。

(G) 砂浆稠度控制在 5～7cm 之间，加入减水剂，在 4h 以内使用完毕。

B. 其他措施

砌块到场后应按有关规定做质量、外观检验，并附有 28d 强度试验报告，并按规定抽样。

6）主体施工阶段施工测量

使用 S3 水准仪进行高程传递，实行闭合测设路线进行水准测量，埋设施工用水准基点，供工程沉降观测，楼房高程传递，使用进口的 GTS-301 全站电子速测仪进行主轴线检测。

A. 水准基点、主轴线控制的埋设。水准基点，在建筑物的四角埋设四点；沉降观测点埋设于有特性的框架柱±0.000～0.200m 处；平面控制点拟定在①轴、⑮轴和Ⓐ轴、Ⓙ轴的南侧、西侧延长线上布设，形成测量控制网。沉降点构造按规范设置。

B. 楼层高程传递，楼层施工用高程控制点分别设于三道楼梯平台上，上下楼层的六个水准控制点在测设时采用闭合双路线。

7）珍珠岩隔热保温层、SBS 防水屋面

A. 珍珠岩保温层，待屋面承重层具备施工强度后，按水泥∶膨胀珍珠岩为1∶2左右的比例加适当的水配制而成，稠度以外观松散，手捏成团不散，只能挤出少量水泥浆为宜，本工程以人工抹灰法进行。

B. 施工要点

(A) 基层表面事先应洒水湿润。

(B) 保温层平面铺设，分仓进行、铺设厚度为设计厚度的 1.3 倍，刮平后轻度拍实、抹平，其平整度用 2m 靠尺检查，预埋通气孔。

(C) 在保温层上先抹一层 7～10mm 厚的 1∶2.5 水泥砂浆，养护一周后铺设 SBS 卷材。

(D) SBS 卷材施工选用 FL-5 型胶粘剂，再用明火烘烤铺贴。

(E) 开卷后清除卷材表面隔离物，先在天沟、烟道口、水落口等薄弱环节处涂刷胶粘剂，铺贴一层附加层。再按卷材尺寸从低处向高处分块弹线，弹线时应保证有 10cm 的重叠尺寸。

(F) 涂刷胶粘剂厚薄要一致，待内含溶剂挥发后开始铺贴 SBS 卷材。

(G) 铺贴采用明火烘烤推滚法，用圆辊筒滚平压紧，排除其间空气，消除皱折。

8）装修

当楼面采用叠合式现浇板时，内装修可视天气情况与主体结构交替插入，以促进提前竣工，当提前插入装修时，施工层以上必须达到防水要求和足够的强度。

A. 施工顺序，总体上应遵循先屋面，后楼层，自上而下的原则。

(A) 按使用功能——自然间→走道→楼梯间；

(B) 按自然间——顶棚→墙面→楼地面；

(C) 按装修分类——一级抹灰→装饰抹灰→油漆、涂料、裱糊、玻璃→专业装修；

(D) 按操作工艺——在基层符合要求后，阴阳角找方→设置标筋→分层赶平→面层→修整→表面压光。要求表面光滑、洁净、色泽均匀、线角平直、清晰，美观、无抹纹。

B. 施工准备及基层处理要求

(A) 除了对机具、材料作出进出场计划外，还要根据设计和现场特点，编制具体的分项工程施工方案，制定具体的操作工艺和施工方法，进行技术交底，做好样板间。

(B) 对结构工程以及配合工种进行检查，对门窗洞口尺寸，标高、位置，顶棚、墙面、预埋件、现浇构件的平整度着重检查、核对，及时做好相应的弥补或整修。

(C) 检查水管、电线、配电设施是否安装齐全，对水暖管道做好压力试验。

(D) 对已安装的门窗框，采取成品保护措施。

(E) 砌体和混凝土表面凹凸大的部位应凿平或用 1∶3 水泥砂浆补齐；光滑的部位要凿毛或用界面剂涂刷；表面有砂浆、油渍污垢等应清除干净（油、污严重时，用10%碱水洗刷)，并浇水湿润。

(F) 门窗框与立墙接触处用水泥砂浆或混合砂浆（加少量麻刀）嵌填密实，外墙部位打发泡剂。

(G) 水、暖、通风管道通过的墙孔和楼板洞，必须用混凝土或 1∶3 水泥砂浆堵严。

(H) 不同基层材料（如砌块与混凝土）交接处应铺钢丝网，搭接宽度不得小于 10cm。

(I) 预制板顶棚抹灰前用 1∶0.3∶3 水泥石灰砂浆将板缝勾实。

3. 施工进度

(1) 施工进度计划

根据各阶段进度绘制施工进度控制网络，如图 6-16 所示。

(2) 施工准备

1）调查研究有关的工程、水文地质资料和地下障碍物，清除地下障碍物。

2）定位放样，设置必要的测量标志，建立测量控制网。

3）钻孔灌注桩施工的同时，插入基坑支护、塔吊基础加固，做好施工现场道路及明沟排水工作。

4）根据建设单位已经接通的水、电源，按桩基、地下室和主体结构阶段的施工要求延伸水、电管线。

5）临时设施，见表 6-10。主体施工阶段，即施工高峰期，除了利用可暂缓拆除的旧房做临设外，还可利用建好的地下室作职工临时宿舍。

6）按地质资料、施工图，做好施工准备；根据施工进程及时调整相应的施工方案。

7）劳动力调度，各主要阶段的劳动力计划用量见表 6-11。

施工进度计划表

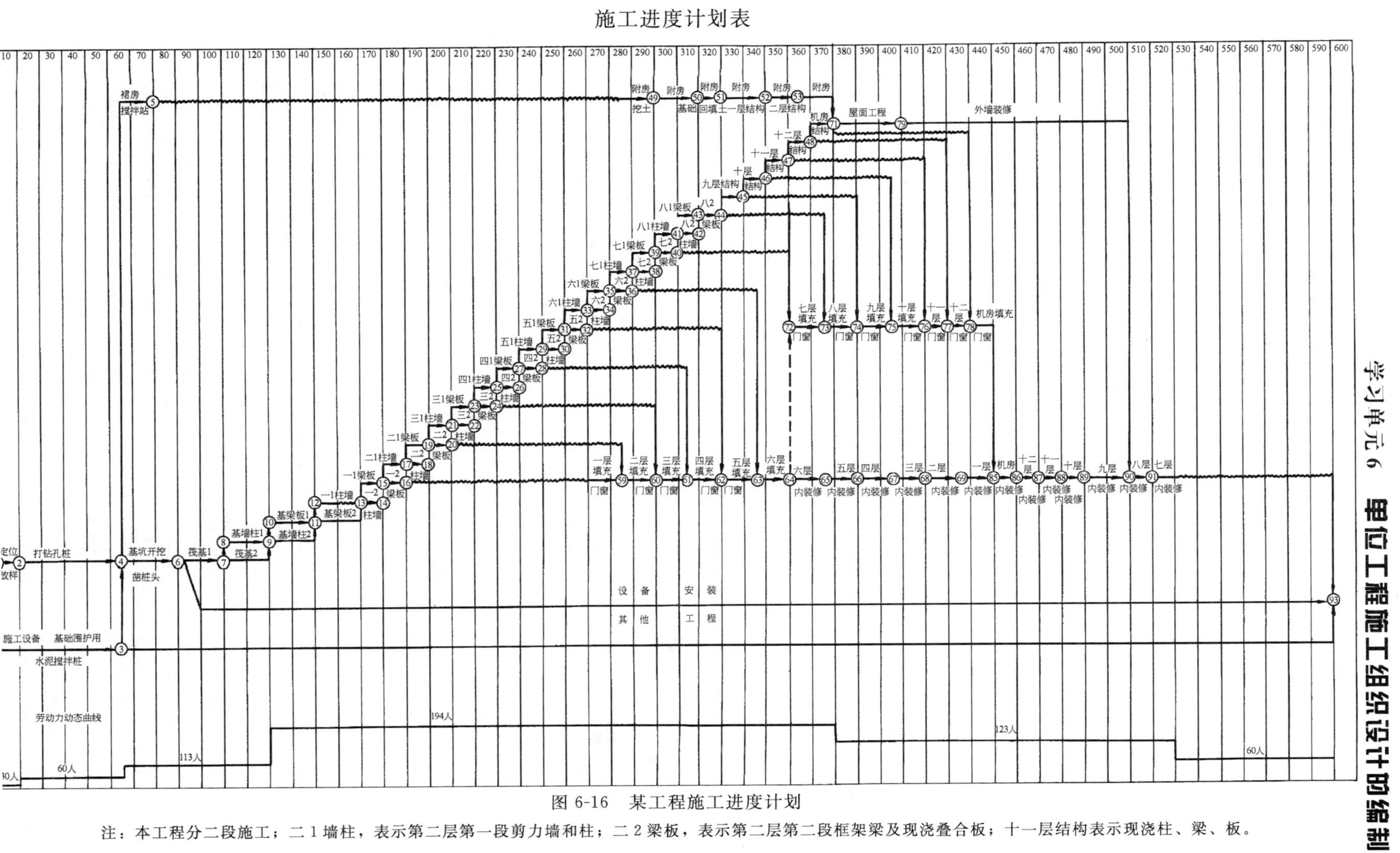

图 6-16　某工程施工进度计划

注：本工程分二段施工；二 1 墙柱，表示第二层第一段剪力墙和柱；二 2 梁板，表示第二层第二段框架梁及现浇叠合板；十一层结构表示现浇柱、梁、板。

临时设施一览表　　表 6-10

名　称	计 算 量	结 构 形 式	建筑面积(m^2)	备　注
钢筋加工棚	40 人	敞开式竹(钢)结构	24×5=120	3m^2/人旧房加宽
木工加工棚	60 人	敞开式竹(钢)结构	24×5=120	2m^2/人
职工宿舍	200 人	二层装配式活动房	6×3×10×2=360	双层床通铺
职工食堂	200 人	利用旧房屋加设砌体结构工棚	12×5=60	
办 公 室	23 人	二层装配式活动房	6×3×6×2=216	
拌合机棚	2 台	敞开钢棚	12×7=84	
厕　所		利用现有旧厕所	4×5×2=40	高峰期另行设置
水泥散装库	20t×2	成品购入	用　地 2.5×2.5×2=12.5	

劳动力计划表　　表 6-11

专 业 工 种	基　础		主　体		装　修	
	人数	班组	人数	班组	人数	班组
木　工	43	2	77	4	20	1
钢 筋 工	24	1	40	2		
泥工(混凝土)	37	2	55	2		
(瓦　工)					24	1
(抹　灰)					56	3
架 子 工	4	1	12	1		
土建电工	2	1	4	1	2	
油 漆 工					18	1
其　他	3	1	6		3	
小　计	113		194		123	

注：表中砌体工程列入装修。

8）主要施工机具见表 6-12。

主要施工机具一览表　　表 6-12

序　号	机具名称	规格型号	单位	数　量	备　注
1	潜水钻孔打桩机	电动式 30×2kW	台	1	备 ϕ800、100、1100 钻头
2	泥浆泵(灰浆泵)	直接作用式 HB6-3	台	1	
3	污 水 泵		台	1	备　用
4	砂 石 泵	与钻机配套	台	1	泵举反循环排渣时
5	单斗挖掘机	W1-60、W2-100	台	1	地下室掘土
6	自卸汽车	QD351 或 352	辆	另行组合	根据弃土运距实际组合
7	水泥搅拌机	JZC350	台	2	

续表

序　号	机具名称	规格型号	单位	数　量	备　　注
8	履带吊或汽车吊	W1-50型或QL3-16	台	2	吊钢筋笼
9	附着式塔吊	QTZ40C	台	1	
10	钢筋对焊机	UN100(100kVA)	台	1	
11	钢筋调直机	GT4-1A	台	1	
12	钢筋切割机	GQ40	台	1	
13	单头水泥搅拌桩机		台	2	用于围护桩
14	钢筋弯曲机	GW32	台	1	
15	剪　板　机	Q1-2020×2000	台	1	
16	交流电焊机	BS1-330 21kVA	台	1	
17	交流电焊机	轻型	台	2	
18	插入式振动器	V30、V-38、V48、V60	台	7	其中V-48四台
19	平板式振动器		台	2	
20	真空吸水机	ZF15、22	台	1	
21	混凝土抹光机	HZJ-40	台	1	
22	潜　水　泵	扬程20m、15m^3/h	台	3	备用1台
23	蛙式打夯机	HW60	台	2	
24	压　　刨	MB403　B300mm	台	1	
25	木工平刨	M506　B600mm	台	2	
26	圆　盘　锯	MJ225ϕ500、ϕ300	台	2	
27	多用木工车床		台	1	
28	弯　管　机	W27-60	台	1	
29	手提式冲击钻	BCSZ、SB4502	台	5	
30	钢　　管	ϕ48	t	110	挑脚手50t安全网10t，支撑100t
31	井架(含卷扬机)	3.5×27.5kW	台	2	
32	人　力　车	100kg	辆	20	
33	安　全　网	10cm×10cm目，宽3m	m^2	2000	
34	钢木竹楼板模板体系	早拆型	m^2	2400	
35	安全围护	宽幅编织布	m	2000	
36	竹脚手片	800mm×1200mm	片	2500	
37	电渣压力焊	14kW	台	1	
38	灰浆搅拌机	UJZ-2003m^2/h	台	2	
39	混凝土搅拌机	350L	台	1	

9）材料供应计划见表 6-13。

材料供应计划表　　表 6-13

材料名称	数　量(t)	其中:桩基工程	基础、地下室、主体及装修
32.5 级硅酸盐水泥	6100	710	5390
钢　筋	1006	78	928
其中:ϕ6	105	20	85
ϕ8	33	15	18
ϕ10	123		123
ϕ12	84		84
ϕ14	22	15.8	6.2
ϕ16	225		225
ϕ18	129	13.1	115.9
ϕ20	132	29	103
ϕ22	98		98
ϕ24	55		55

注：1. 表列两种材料不包括支护及其他施工技术措施耗用量；

2. 桩基工程两种材料，水泥在开工前一个月提供样品 20t，开工前 5 天后，陆续进场，钢筋在开工前 10 天进场；

3. 基础地下室工程两种材料，水泥开工后第 40 天陆续进场，钢筋在开工后陆续进场；

4. 主体、装修工程两种材料，开工后按提前编制的供应计划组织进场。

4. 施工平面布置图

（1）施工用电

施工机械及照明用电的测算，建设单位应向施工单位提供 315kVA 的配电变压器，用电量规格为 380/220V，（导线布置详见施工平面布置图）。

（2）施工用水

根据用水量的计算，施工用水和生活用水之和小于消防用水（10L/s），由于占地面积小于 $5hm^2$，供水管流速为 1.5m/s。

故总管管径选取 ϕ100 的铸铁管，分管采用 1″管，详见施工布置图，如图6-17所示。

（3）临时设施

有关班组提前进入现场严格按平面布置要求搭设临时设施。

（4）施工平面布置

因所需材料量大、品种多，所需劳动力数量大、技术力量要求高，为此需有相应的临时堆场及临时设施，由于施工场地比较小，这就要求整个施工平面布置紧凑、合理，做到互不干扰，力求节约用地、方便施工，且分施工阶段布置平面。办公室、工人临时生活用房采用双层活动房，待地下室及一层建好后逐步移入室内（改变平面布置以腾出裙房施工用地），从而也增加回转场地（临时设施详见临设一览表及施工平面布置图）。

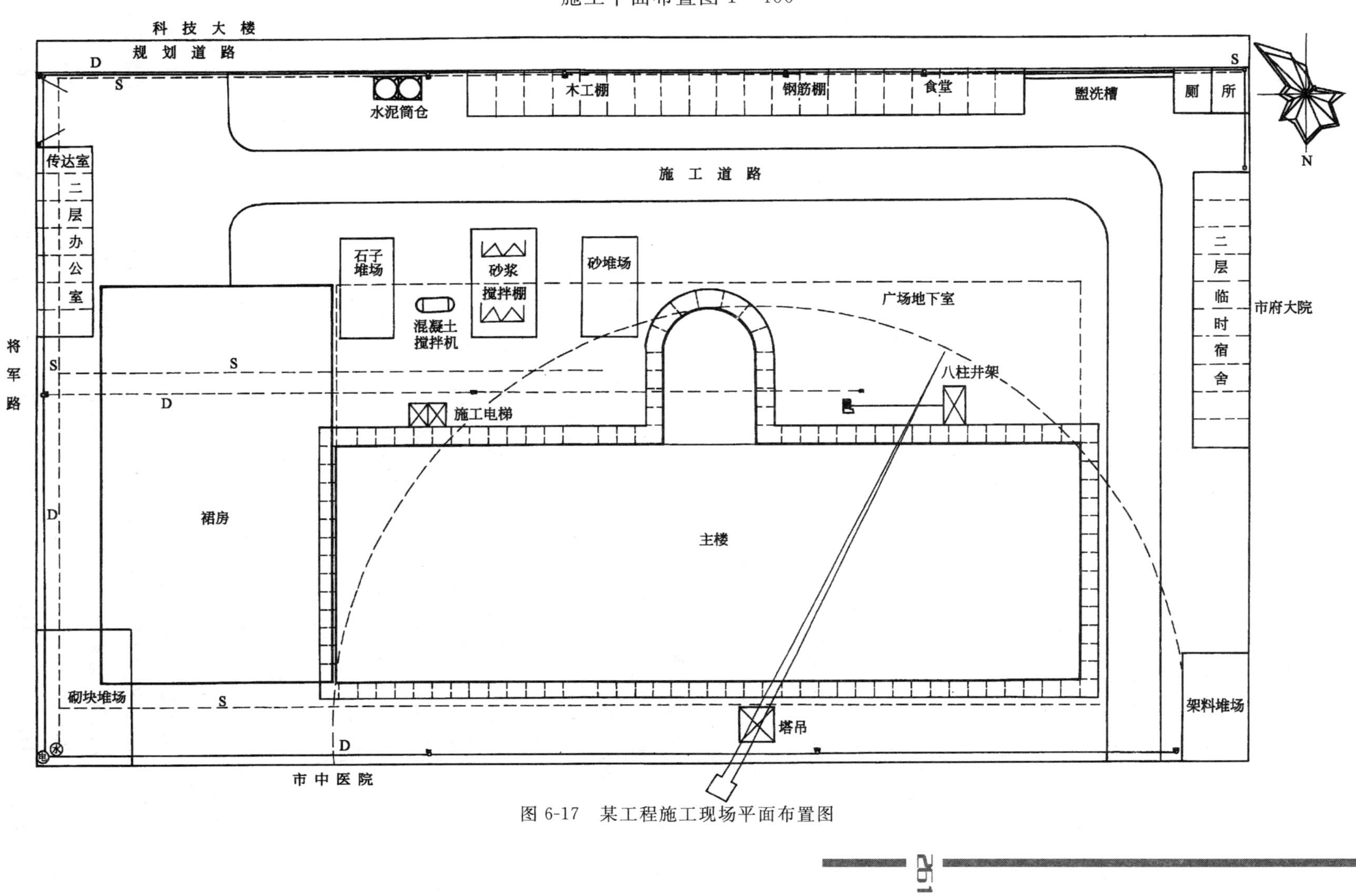

图 6-17　某工程施工现场平面布置图

（5）交通运输情况

本工程位于将军路，属市内主要交通要道，经常发生交通堵塞，故白天尽可能运输一些小型构件，一些长、大、重的构件宜放在晚上运输，并与交警联系，派一警员维持进场入口处的交通秩序。特别是在打桩阶段，废泥浆的外运必须在晚上进行，泥浆车密封性一定要好，以防止泥浆外漏污染路面，如有污染，应做好道路的冲洗工作，确保全国卫生城市和环保模范城市的形象。场内运输采用永久性道路。

5. 施工组织措施

（1）冬雨期施工措施

工程所在地年降水总量达 1223.9mm，日最大降雨量达 189.3mm，时最大降雨量达 59.2mm，冬期平均温度≤+5℃，延续时间达 55d。为此设气象预报情报人员一名，与气象台（站）建立正常联系，做好季节性施工的参谋。

1）雨期施工措施

A. 施工现场按规划做好排水管沟工程，及时排除地面雨水；

B. 地下室土方开挖时按规划做好地下集水设施，配备排水机械和管道，将雨水引入市政排水井，保证地下室土方开挖和地下室防水混凝土正常施工；

C. 备置一定数量的覆盖物品，保证尚未终凝的混凝土免受雨水冲淋；

D. 做好塔吊、井架、电机等设备的接地接零及防雷装置；

E. 做好脚手架、通道的防滑工作。

2）冬期施工措施

根据本工程进度计划，部分主体结构工程、屋面工程和外墙装修工程施工期间将进入冬期施工阶段。

A. 主体、屋面工程一掌握气象变化趋势，抓住有利的时机进行施工；

B. 钢筋焊接应在室内进行，焊后的接头严禁立刻碰到水、冰、雪；

C. 闪光对焊、电渣压力焊应及时调整焊接参数，接头的焊渣应延缓数分钟后清除；

D. 搅拌混凝土时，禁止用有雪或冰块的水拌合；

E. 掺入既防冻又有早强作用的外加剂，如硝酸钙等；

F. 预备一定量的早强型水泥和保温覆盖材料；

G. 外墙抹灰采用冷作业法施工，在砂浆中掺入亚硝酸钠或漂白粉等化学附加剂。

（2）工程质量保证措施

1）加强技术管理，认真贯彻各项技术管理制度；落实好各级人员岗位责任制，做好技术交底，认真检查执行情况；积极开展全面质量管理活动，认真进行工程质量检验和评定，做好技术档案管理工作。

2）认真进行原材料检验。进场钢材、水泥、砌块、混凝土、预制板、焊条等建筑材料，必须提供质量保证书或出厂合格证，并按规定做好抽样检验；各种强度等级的混凝土，要认真做好配合比试验；施工中按规定制作混凝土试块。

3）加强材料管理。建立工、料消耗台账，实行“当日领料、当日记载、月底结账”制度；对高级装饰材料，实行“专人检验、专人保管、限额领料、按时结算”制度；未经检验，不得用于工程。

4）对外加工材料、外分包工程，认真贯彻质量检验制度，进行质量监督，发现问题及时整改，实行质量奖罚措施。

5）严格控制主楼的标高和垂直度，控制各分部分项工程的操作工艺，完工后必须经班组长和质量检验人员验收，达到预定质量目标签字后，方准进行下道工序施工，并计算工作量，实行分部分项工程质量等级与经济分配挂钩制度。

6）加强工种间的配合与衔接。在土建工程施工时，水、卫、电、暖等工程应与其密切配合，设专人检查预留孔、预埋件等位置、尺寸，逐层检验，不得遗漏。

7）装饰：高级装修面料或进口材料应按施工进度提前两个月进场，以便分类挑选和材质检验。

8）采用混凝土真空吸水设备、混凝土楼面抹光机、新型模板支撑体系及预埋管道预留孔堵灌新技术、新工艺。

（3）保证安全施工措施

严格执行各项安全管理制度和安全操作规程，并采取以下措施。

1）沿将军路的附房，距规划红线外7m处（不占人行道）设置2.5m高的通长封闭式围护隔离带，通道口设置红色信号灯、警告电铃及专人看守。

2）在三层悬挑脚手架上，满铺脚手片，用钢丝与小横杆扎牢，外扎80cm×100cm竹脚手片，设钢管扶手，钢管踢脚杆，并用塑料编织布封闭。附房部分，设双排钢管脚手架，与主楼悬挑架同样围护，主楼在三层楼面标高处，支撑挑出3m的安全网。井字架四周用安全网全封闭围护。

3）固定的塔吊、金属井字架等设置避雷装置，其接地电阻不大于4Ω，所有机电设备，均应实行专人负责。

4）严禁由高处向下抛扔垃圾、料具、物品；各层电梯口、楼梯口、通道口、预留洞口设置安全护栏。

5）加强防火、防盗工作，指定专人巡检。每层要设防火装置，每逢“三层”、“六层”、“九层”设一临时消防栓。在施工期间严禁非施工人员进入工地，外单位来人要专人陪同。

6）外装饰用的施工吊篮，每次使用前检查安全装置的可靠性。

7）塔式起重机基座、升降机基础、井字架地基必须坚实，雨期要做好排水导流工作，防止塔、架倾斜事故，作业前必须仔细检查悬挑的脚手架牢固程度，限制施工荷载。

8）由专人负责与气象台（站）联系，及时了解天气变化情况，以便采取相应技术措施，防止发生事故。

9）以班组为单位，作业前举行安全例会，工地逢“十”召开由班组长参加的安全例会，分项工程施工时，由安全员向班组长进行安全技术书面交底，提高职工的安全意识和自我防护能力。

（4）现场文明施工措施

1）以后勤组为主，组成施工现场平面布置管理小组。加强材料、半成品、机械堆放、管线布置、排水沟、场内运输通道和环境卫生等工作的协调与控制，发现问题及时处理。

2）以政工组为主，制定切实可行、行之有效的门卫制度和职工道德准则，对违纪和败坏企业形象的行为进行教育，并作出相应的处罚。

3）在基础工程施工时，结合工程排污设施，插入地面化粪池工程施工，主楼进入三层时，隔2层设置临时厕所，用ϕ150铸铁管引入地面化粪池，接市政排污井。

4）合理安排作业时间，限制夜间施工时间，避免因施工机械产生的噪声影响四周市民的休息，必要时采取一定的消声措施。白天工作时环境噪声控制在55dB以下。

5）沿街围护隔离带（砖墙）用白灰粉刷，改变建筑工地面貌。

（5）降低工程成本措施

1）对分部分项工程进行技术交底，规定操作工序，执行质量管理制度，减少返工以降低工程成本；

2）加强施工期间定额管理，实行限额领料制度，减少材料损耗。在定额损耗限额内，实行少耗有奖、多耗要罚的措施；

3）采用框架柱预埋拉筋、预留管道堵孔新技术，采用早拆型钢木竹结构模板体系，采用悬挑钢管扣件脚手技术，提高周转材料的周转次数，减少施工投入；

4）在混凝土中应加入外加剂，以节约水泥，降低成本；

5）钢筋水平接头采用闪光对焊，竖向接头采用电渣压力焊；

6）利用原有旧房做部分临时设施，采用双层床架以减少临设费用，施工高峰期时，利用新建楼层统一安排施工临时用房。

复习思考题

1. 什么叫单位工程施工组织设计？
2. 试述单位工程施工组织设计的编制依据和程序。
3. 单位工程施工组织设计包括哪些内容？
4. 工程概况及施工特点分析包括哪些内容？
5. 施工方案包括哪些内容？
6. 确定施工顺序应遵循的基本原则和基本要求是什么？
7. 试述多层砌体结构民用房屋及框架结构的施工顺序。
8. 试述装配式单层工业厂房的施工顺序。
9. 选择施工方法和施工机械应满足哪些基本要求？
10. 试述技术组织措施的主要内容。
11. 单位工程施工进度计划可分几类？分别适用于什么情况？
12. 单位工程施工进度计划的编制步骤是怎样的？
13. 施工过程划分应考虑哪些要求？
14. 工程量计算应注意什么问题？
15. 如何确定施工过程的劳动量或机械台班量？

16. 如何确定施工过程的持续时间？

17. 资源需要量计划有哪些？

职业活动训练

针对某中小型工程项目，编制单位工程施工组织设计。

1. 目的

通过编制中小型单位工程项目施工组织设计，了解施工组织设计编制的程序和方法，熟悉施工进度计划及施工平面布置的方法。

2. 环境要求

（1）选择一个中小型工程项目；

（2）图纸齐全；

（3）施工现场条件满足要求。

3. 步骤提示

（1）熟悉图纸、分析工程情况；

（2）拟定施工部署方案；

（3）编制施工进度计划；

（4）编制施工准备与主要资源配置计划；

（5）进行施工平面布置。

4. 注意事项

（1）学生在编制施工组织设计时，教师应尽可能书面提供施工项目与业主方的背景资料。

（2）学生进行编制训练时，教师要加强指导和引导。

5. 讨论与训练题

讨论：单位工程施工组织设计与施工组织总设计的关系是什么？

学习单元7

施工方案的编制

【知识目标】

了解施工方案编制依据和方法；掌握分部（专项）工程施工安排的主要内容，以及施工方法及工艺要求；掌握分部（专项）工程施工进度计划、施工准备与资源配置计划的主要内容。

【能力目标】

能编制主要分部（分项）工程或专项工程施工方案。

施工方案是以分部（分项）工程或专项工程为主要对象编制的施工技术与组织方案，用以具体指导其施工过程。

施工方案包括下列三种情况：

1. 专业承包公司独立承包（分包）项目中的分部（分项）工程或专项工程所编制的施工方案；

2. 作为单位工程施工组织设计的补充，由总承包单位编制的分部（分项）工程或专项工程施工方案。

3. 按规范要求单独编制的强制性专项方案。

在《建设工程安全生产管理条例》（国务院第 393 号令）中规定：对下列达到一定规模的危险性较大的分部（分项）工程编制专项施工方案，并附具安全验算结果，经施工单位技术负责人、总监理工程师签字后实施：

1）基坑支护与降水工程；

2）土方开挖工程；

3）模板工程；

4）起重吊装工程；

5）脚手架工程；

6）拆除爆破工程；

7）国务院建设行政主管部门或者其他有关部门规定的其他危险性较大的工程。

对涉及高层脚手架、起重吊装工程的专项施工方案，施工单位应当组织专家进行论证、审查。除上述《建设工程安全生产管理条例》中规定的分部（分项）工程外，施工单位还应根据项目特点和地方政府部门有关规定，对具有一定规模的重点、难点分部（分项）工程进行相关论证。

在施工阶段，有些分部（分项）工程或专项工程如超高层的外装饰工程，其幕墙分部规模很大且在整个工程中占有重要的地位，需另行分包，遇有这种情况的分部（分项）工程或专项工程，其施工方案应按施工组织设计进行编制和审批。

7.1 工程概况与施工安排

7.1.1 工程概况

施工方案的工程概况一般比较简单，有些内容已经在单位工程施工组织设计中包含，应对工程主要情况、设计简介和工程施工条件等重点内容加以说明。

1. 工程主要情况

工程主要情况应包括分部（分项）工程或专项工程名称，工程参建单位的相关情况，工程的施工范围，施工合同、招标文件或总承包单位对工程施工的重点要求等。

2. 设计简介

设计简介应主要介绍施工范围内的工程设计内容和相关要求。

3. 工程施工条件

工程施工条件应重点说明与分部（分项）工程或专项工程相关的内容。

4. 工程示例

某工程位于×××地段、精装修内容包括：轻钢龙骨石膏板吊顶、铝质顶棚吊顶，墙面石材、瓷砖镶贴、麦哥利木板材墙面、19mm 厚强化玻璃墙、各种石材、板材门及玻璃门（包括门套，实木线条）。地面为西班牙米黄花岗石、西施红花岗石、啡网纹花岗石等铺贴材料。另有电气照明设施的敷设及家具的制作与布置。

施工条件：该工程土建及外窗已施工完毕，现场水电供应齐备，加工场地充足。

7.1.2 施工安排

专项工程的施工安排包括专项工程的施工目标、施工顺序与施工流水段、施工重难点分析及主要管理与技术措施、工程管理组织机构与岗位职责等内容。施工安排是施工方案的核心，关系专项工程实施的成败。

1. 工程施工目标

工程施工目标包括进度、质量、安全、环境和成本等目标，各项目标应满足施工合同、招标文件和总承包单位对工程施工的要求。

(1) 质量目标

1) 按照项目具体要求确定质量目标并进行目标分解，质量指标应具有可测量性；

2) 建立项目质量管理的组织机构并明确职责；

3) 制定符合项目特点的技术保障和资源保障措施，通过可靠的预防控制措施，保证质量目标的实现。

(2) 安全目标

1) 确定项目重要危险源，制定项目职业健康安全管理目标。

2) 建立有管理层次的项目安全管理组织机构并明确职责。

3) 根据项目特点，进行职业健康安全方面的资源配置。

4) 工程示例。例如某装饰工程的安全、消防目标为：

A. 无重大人员伤亡事故和重大机械设备事故，轻伤频率控制在 1.5 ‰以内。

B. 消除现场消防隐患，无火灾事故，无违法犯罪案件。

C. 防止食物中毒、积极预防传染病。

(3) 环境目标

1) 确定项目重要环境因素，制定项目环境管理目标；

2) 建立项目环境管理的组织机构并明确职责；

3) 根据项目特点进行环境保护方面的资源配置。

(4) 成本目标

1）根据项目施工预算，制定项目施工成本目标；

2）根据施工进度计划，对项目施工成本目标进行阶段分解；

3）建立施工成本管理的组织机构并明确职责，制定相应管理制度。

2. 施工顺序及施工流水段

（1）施工顺序及施工流水段的确定

分部分项工程施工顺序及施工流水段的确定原则和方法与单位工程基本相同，这里不再赘述。专项工程施工顺序主要是确定施工工艺流程。其确定原则和方法与单位工程基本相同。

为保证装饰装修工程的施工质量，一般采取样板先行。在工程大面积施工前，先做出样板，等把装修材料、装修风格、颜色搭配、施工作法无误、质量达到优良后，对各种作法进行总结，形成标准后，才开始大面积施工。

（2）工程示例

下面以玻璃幕墙安装工艺为例加以说明：

明框玻璃幕墙安装的工艺流程为：检验、分类堆放幕墙部件→测量放线→主次龙骨装配→楼层紧固件安装→安装主龙骨（竖杆）并找平、调整→安装次龙骨（横杆）→安装保温镀锌钢板→在镀锌钢板上焊铆螺钉→安装层间保温矿棉→安装楼层封闭镀锌板→安装单层玻璃窗密封条、卡→安装单层玻璃→安装双层中空玻璃密封条、卡→安装双层中空玻璃→安装侧压力板→镶嵌密封条→安装玻璃幕墙铝盖条→清扫一验收、交工。

单元式玻璃幕墙现场安装的工艺流程为：测量放线→检查预埋 T 形槽位置→穿入螺钉→固定牛腿→牛腿找正→牛腿精确找正→焊接牛腿→将 V 形和 W 形胶带大致挂好→起吊幕墙并垫减震胶垫→紧固螺钉→调整幕墙平直→塞入和热压接防风带→安设室内窗台板、内扣板→填塞与梁、柱间的防火、保温材料。

3. 重点难点分析与主要管理技术措施

（1）工程重点和难点分析

针对工程的重点和难点进行分析，设置工程施工重点，作出有效的施工安排是专项施工方案的重要一环。工程的重点和难点设置的原则，是根据工程的重要程度，即质量特征值对整个工程质量的影响程度来确定。设置工程的重点和难点时，首先要对施工的工程对象进行全面分析、比较、以明确工程的重点和难点，而后进一步分析所设置的重点和难点在施工中可能出现的问题或造成质量安全隐患的原因，针对隐患的原因相应的提出对策实施用以预防。

专项施工方案的技术重点和难点应该有设计、有计算、有详图、有文字说明。

（2）主要管理和技术措施

任何一个工程的施工，都必须严格执行现行的建筑安装工程施工及验收规范、建筑安装工程质量检验及评定标准、建筑安装工程技术操作规程、建筑工程建设标准强制性条文等有关法律法规，并根据工程特点、施工中的难点和施工现场的实际情况，制订相应技术组织措施。

1）技术措施

对采用新材料、新结构、新工艺、新技术的工程以及高耸、大跨度、重型构件等特殊工程，在施工中应制定相应的技术措施。其内容一般包括：要表明的平面、剖面示意图以及工程量一览表；施工方法的特殊要求、工艺流程、技术要求；冬雨季施工措施；材料、构件和机具的特点，使用方法及需用量。

2）保证和提高工程质量措施

保证和提高工程质量措施，可以按照各主要分部分项工程施工质量要求提出，也可以按照工程施工质量要求提出。保证和提高装饰工程质量措施，可以从以下几个方面考虑：保证定位放线、轴线尺寸、标高测量等准确无误的措施；保证分部工程施工质量的措施；保证采用新材料、新结构、新工艺、新技术的工程施工质量的措施；保证和提高工程质量的组织措施，如现场管理机构的设置、人员培训、建立质量检验制度等。

3）确保施工安全措施

加强劳动保护保障安全生产，是国家保障劳动人民生命安全的一项重要政策。也是进行工程施工的一项基本原则。为此，应提出有针对性的施工安全保障措施，从而杜绝施工中安全事故的发生。例如装饰工程施工安全措施，可以从以下几个方面考虑：脚手架、吊篮、安全网的设置及各类洞口防止人员坠落措施；外用电梯、井架及塔吊等垂直运输机具的拉结要求和防倒塌措施；安全用电和机电设备防短路、防触电措施；易燃、易爆、有毒作业场所的防火、防爆、防毒措施；季节性安全措施。如雨季的防洪、防雨，夏季的防暑降温，冬季的防滑、防火、防冻措施等；现场周围通行道路及居民安全保护隔离措施；确保施工安全的宣传、教育及检查等组织措施。

4）降低工程成本措施

根据工程具体情况，按分部分项工程提出相应的节约措施，计算有关技术经济指标，分别列出节约工料数量与金额数字，以便衡量降低工程成本的效果。其内容一般包括：综合利用吊装机械，减少吊次，以节约台班费；砂浆中掺加外加剂或掺混合料，以节约水泥；采用先进的钢材焊接技术以节约钢材；构件及半成品采用预制拼装、整体安装的方法，以节约人工费、机械费等。

5）现场文明施工措施

现场文明施工措施包括：施工现场设置围栏与标牌，出入口交通安全，道路畅通，场地平整，安全与消防设施齐全；临时设施的规划与搭设应符合生产、生活和环境卫生要求；各种建筑材料、半成品、构件的堆放与管理有序；散碎材料、施工垃圾的运输及防止各种环境污染；及时进行成品保护及施工机具保养。

（3）工程示例

例如，某装饰工程施工应在以下环节进行重点控制：

1）施工前各种放线图、测量记录；

2）原材料的材质证明、合格证、复试报告；

3）各工序质量标准。

该工程由于属于精装修一步到位，装修做法复杂，种类较多，且大部分做法根据甲方功能定位变化较大，因此施工中一定要注意图纸及洽商等技术文件的要求。室内做法较多如：楼地面、墙面、隔断、顶棚、设备基础、水电专业配件等等，都要求墙砖排版、地砖排版、石材排版、吊顶排版、外装幕墙铝板排版、隔断安装排版、管道井管道排版、设备基础排版、电气设备及配件排版、屋面坡度排水及平面布置排版等。排版后要求整砖、整板、对称、取中、成线等，达到外观效果美观，观感质量合格，故给施工带来了一定的困难。

走廊和卫生间排砖要从二次结构砌筑、抹灰开始考虑预留做法尺寸、门窗洞口对称、墙地砖对缝。

4. 组织机构及岗位职责

工程管理的组织机构及岗位职责应在施工安排中确定并应符合总承包单位的要求。根据分部（分项）工程或专项工程的规模、特点、复杂程度、目标控制和总承包单位的要求设置项目管理机构，该机构各种专业人员配备齐全，完善项目管理网络，建立健全岗位责任制。

(1) 项目经理岗位职责

项目经理是工程质量第一责任人，负责项目施工管理的全面工作。制定工程的质量目标，并组织实施；认真贯彻执行国家和上级部门颁发的有关质量的政策、法规和制度。

1）实施项目经理负责制，统一领导项目施工并对工程质量负全面责任。

2）组建、保持工程项目质量保证体系并对其有效运行负责。

3）按施工组织设计组织施工，对施工全过程进行有效控制，确保工程质量、进度、安全符合规定要求。

4）合理调配人、财、物等资源，决策施工生产中出现的问题，满足施工生产需要。

5）组织进行工程试运转及交付工作，确保工程质量符合设计规定和合同内容，满足顾客要求。

(2) 项目副经理岗位职责

1）负责施工管理，合理组织施工，对施工全过程进行有效控制。

2）协助项目经理调配人、财、物等资源，解决施工生产中存在的问题，满足施工生产需要。

3）组织进行工程试运转及交付工作，确保工程质量符合设计规定和合同要求。

(3) 项目总工（技术负责人）

1）负责项目技术工作，对施工质量安全生产技术负责。

2）组织编制项目施工组织设计，并对其实施效果负责。

3）组织编制并审核交工技术资料，对其真实性、完整性负责。

4）组织技术攻关，处理重大技术问题，具有质量否决权。

(4) 施工员、技术员岗位职责

1）严格按规定组织开展施工技术工作，并对其过程控制和施工质量负责，认真学习图纸和设计说明、熟悉设计要求，参加图纸会审并在施工中严格遵照执行，并组织各工种工人严格按图纸及有关施工规范进行施工。

2）编制有关施工技术文件，进行技术交底，办理设计变更文件。

3）负责确定施工过程控制点的控制时机和方法，负责对产品标识与追溯、工程防护的实施计划；要随时检查施工方案和施工质量是否符合图纸及施工验收规范的要求，坚持质量“三检”制度，做到文明施工管理。

4）发现不合格品或由违章操作或出现不合格品时，有权停止施工并采取措施进行纠正，有权进行不合格品的标识、记录、隔离和处置，并对纠正（预防）措施的实施效果负责。

5）合理安排各施工班组之间工序搭接，工种之间的交叉配合，组织进行隐蔽工程验收及分项、分部工程质量验评等各种检验、试验工作。

6）记好施工日志和各项技术资料，做到内容完整、真实、数据准确并按时上交，及时办理现场经济签证，并参加工程竣工验收工作。

（5）质检员岗位职责

1）对工程项目实施全过程监督并进行抽查，实行质量否决权。

2）发现不合格品或有违章操作的，有权暂停施工并责令进行纠正。

3）跟踪监督、检查不合格品处置及纠正和预防措施的实施结果。

4）参加隐蔽工程验收及其他检验、试验工作，把好质量关。

5）参加工程验评：即竣工验收工作，检验工程质量结果。

6）做好专检记录、及时反馈质量信息。

（6）安全员岗位职责

1）认真落实国家、地方、企业有关安全生产工作规程、安全施工管理规定和有关安全生产的批示要求，在上级领导和安监部门领导下，做好本职工作。

2）负责监督、检查所管辖施工现场的安全施工、文明施工，对查出的事故隐患，应立即督促班组整改。

3）制止违章违纪行为，有权对违章违纪人员进行经济处罚。遇有严重隐患、冒险施工时，有权先行停工，并报告领导研究处理。

4）参加现场各项目开工前的安全交底，检查现场开工前安全施工条件，监督安全措施落实。认真执行检查周、安全日活动，督促班组进行每天班前安全讲话。

5）参加现场生产调度会和安全会议，协助领导布置安全工作，参加现场安全检查，对发现的问题按“三定”原则督促整改。

6）按“四不放过”的原则，协助现场领导，组织事故的调查、处理、记录工作。

（7）材料员岗位职责

1）根据施工进度计划，编制顾客提供产品和自行采购材料分批分期进厂计划。

2）负责对送检物资的报送工作。

3）根据批准的采购范围所确定的零星物资采购计划，开展采购工作。

4）负责顾客提供产品的调拨和外观验证。

5）负责仓储物资管理和标识。

6）负责施工生产用料的发放和回收管理。

7）负责物资质量证明文件的登录和保管工作。

8）参加不合格物资的评审处置。

（8）资料员岗位职责

1）负责现场的图纸、设计变更、规范、标准的管理。

2）负责收集、整理、汇总、装订工程竣工资料。

3）负责与公司、监理、建设单位、设计单位联系，及时传递文件。

7.2　施工进度计划与资源配置计划

7.2.1　施工进度计划的编制

分部（分项）工程或专项工程施工进度计划应按照施工安排，并结合总承包单位的施工进度计划进行编制。

进度计划的实施与落实，不仅是施工单位一家所能控制和实现的，而是由总承包与分包、施工单位与业主、施工单位与设计单位紧密配合协调，共同努力才能得以实施的。为此施工方案中将以施工总进度计划为推算依据，并请业主和相关单位按时做好施工进场前必要的施工手续，为工程施工创造必备的条件。

施工进度计划的编制应内容全面、安排合理、科学实用，在进度计划中应反映出各施工区段或各工序之间的搭接关系，施工期限和开始、结束时间。同时，施工进度计划应能体现和落实总体进度计划的目标控制要求；通过编制分部（分项）工程或专项工程进度计划进而体现总进度计划的合理性。

施工进度计划可采用网络图或横道图表示，并附必要说明。

7.2.2　施工准备与资源配置计划

1. 施工准备的主要内容

（1）技术准备

技术准备包括施工所需技术资料的准备、图纸深化和技术交底的要求、试验检验和测试工作计划、样板制作计划以及与相关单位的技术交接计划等。

专项工程技术负责人认真查阅设计交底、图纸会审记录、变更洽商、备忘录、设计工作联系单、甲方工作联系单、监理通知等是否与已施工的项目有出入的地方，发现问题立即处理。

组织管理人员进行有关工程方面的规范、规程、标准的学习，及时掌握有关标准、规范要求。

施工方案针对的是分部（分项）工程或专项工程，在施工准备阶段，除了要完成本项工程的施工准备外，还需注重与后工序的相互衔接。

（2）现场准备

现场准备包括生产、生活等临时设施的准备以及与相关单位进行现场交接的计划等。

（3）资金准备

编制资金使用计划等。

2. 资源配置计划的主要内容

（1）劳动力配置计划

根据工程施工计划要求确定工程用工量并编制专业工种劳动力计划表，见表7-1。

某幕墙工程劳动力计划表　　表7-1

序号	工　种	A段	B段	C段
1	架子工	7	7	10
2	机械工	6	6	6
3	信号工	2	2	2
4	电焊工	4	4	6
5	电　工	4	4	6
6	油漆工	4	4	4
7	幕　墙	15	15	40
8	弱　电	10	10	15
9	消　防	10	10	15
10	其　他	30	30	50

（2）物资配置计划

物资配置计划包括工程材料和设备配置计划、周转材料和施工机具配置计划以及计量、测量和检验仪器配置计划等。见表7-2。

某装饰工程机具配置计划　　表7-2

序号	机械名称	规格型号	数量
1	电焊机	AX-320	3台
2	木工圆锯	MJ114	3台
3	木工平刨床	MB504A	3台
4	双面木工刨	MB106A	2台
5	无齿锯	J3G-400	2台
6	室外电梯	SCD200	1部
7	提升架	JK-150	2台

7.3　施工方法及工艺要求

7.3.1　施工方法

施工方法是工程施工期间所采用的技术方案、工艺流程、组织措施、检验手段等。

它直接影响施工进度、质量、安全以及工程成本。

专项工程施工方案应明确施工方法并进行必要的技术核算，对主要分项工程（工序）明确施工工艺要求。

专项工程施工方案的施工方法应比施工组织总设计和单位工程施工组织设计的相关内容更细化。

7.3.2 施工重点

专项工程施工方案对易发生质量通病、易出现安全问题、施工难度大、技术含量高的分项工程（工序）等应做出重点说明。

主要分部分项工程的施工方法和施工机械在建筑施工技术中已有详细叙述，这里仅将需重点拟定的内容和要求归纳如下：

1. 土石方与地基处理工程

（1）挖土方法。根据土方量大小，确定采用人工挖土还是机械挖土，当采用人工挖土时，应按进度要求确定劳动力人数，分区分段施工。当采用机械挖土时，应选择机械挖土的方式，再确定挖土机的型号、数量，机械开挖方向与路线，人工如何配合修整基底、边坡。

（2）地面水、地下水的排除方法。确定排水沟渠、集水井、井点的布置及所需设备的型号、数量。

（3）挖深基坑方法。应根据土壤类别及场地周围情况确定边坡的放坡坡度或土壁的支撑形式和打挖方法，确保安全。

（4）石方施工。确定石方的爆破方法，所需机具材料。

（5）地形较复杂的场地平整，进行土方平衡计算，绘制平衡调配表。

（6）确定运输方式、运输机械型号及数量。

（7）土方回填的方法，填土压实的要求及机具选择。

（8）地基处理的方法（换填地基、夯实地基、挤密桩地基、注浆地基等）及相应的材料机具设备。

2. 基础工程

（1）浅基础。其中垫层、钢筋混凝土基础施工的技术要求。

（2）地下防水工程。应根据其防水方法（混凝土结构自防水、水泥砂浆抹面防水、卷材防水、涂料防水），确定用料要求和相关技术措施等。

（3）桩基。明确施工机械型号，入土方法和入土深度控制、检测、质量要求等。

（4）基础的深浅不同时，应确定基础施工的先后顺序、标高控制、质量安全措施等。

（5）各种变形缝。确定留设方法及注意事项。

（6）混凝土基础施工缝。确定留置位置、技术要求。

3. 混凝土和钢筋混凝土工程

（1）模板的类型和支模方法的确定。根据不同的结构类型，现场施工条件和企业实际施工装备，确定模板种类、支承方法和施工方法，并分别列出采用的项目、部位、数量，明确加工制作的分工，选用隔离剂，对于复杂的还需进行模板设计及绘制模板放样图。模板工程应向工具化方向努力，推广“快速脱模”，提高周转利用率。采取分段流水工艺，减少模板一次投入量。同时，确定模板供应渠道（租用或内部调拨）。

（2）钢筋的加工、运输和安装方法的确定。明确构件厂或现场加工的范围（如，成型程度是加工成单根、网片或骨架）；明确除锈、调直、切断、弯曲成型方法；明确钢筋冷拉、加预应力方法；明确焊接方法（如电弧焊、对焊、点焊、气压焊等）或机械连接方法（如锥螺纹、直螺纹等）；钢筋运输和安装方法。明确相应机具设备型号、数量。

（3）混凝土搅拌和运输方法的确定。若当地有商品混凝土供应时，首先应采用商品混凝土，否则，应根据混凝土工程量大小，合理选用搅拌方式，是集中搅拌还是分散搅拌；选用搅拌机型号、数量；进行配合比设计；确定掺合料、外加剂的品种数量；确定砂石筛选，计量和后台上料方法；确定混凝土运输方法。

（4）混凝土的浇筑。确定浇筑顺序、施工缝位置、分层高度、工作班制、浇捣方法、养护制度及相应机械工具的型号、数量。

（5）冬季或高温条件下浇筑混凝土。应制定相应的防冻或降温措施，落实测温工作，明确外加剂品种、数量和控制方法。

（6）浇筑厚大体积混凝土。应制定防止温度裂缝的措施，落实测量孔的设置和测温记录等工作。

（7）有防水要求的特殊混凝土工程。应事先做好防渗等试验工作，明确用料和施工操作等要求，加强检测控制措施，保证质量。

（8）装配式单层工业厂房的牛腿柱和屋架等大型的在现场预制的钢筋混凝土构件。应事先确定柱与屋架现场预制平面布置图。

4. 砌体工程

（1）砌体的组砌方法和质量要求，皮数杆的控制要求，施工段和劳动力组合形式等。

（2）砌体与钢筋混凝土构造柱、梁、圈梁、楼板、阳台、楼梯等构件的连接要求。

（3）配筋砌体工程的施工要求。

（4）砌筑砂浆的配合比计算及原材料要求，拌制和使用时的要求。

5. 结构安装工程

（1）选择吊装机械的类型和数量。需根据建筑物外形尺寸，所吊装构件外形尺寸、位置、重量、起重高度，工程量和工期，现场条件，吊装工地拥挤的程度与吊装机械通向建筑工地的可能性，工地上可能获得吊装机械的类型等条件来确定。

（2）确定吊装方法，安排吊装顺序、机械位置和行驶路线以及构件拼装办法及场地。

（3）有些跨度较大的建筑物的构件吊装，应认真制定吊装工艺，设定构件吊点位置，确定吊索的长短及夹角大小，起吊和扶正时的临时稳固措施，垂直度测量方法等。

（4）构件运输、装卸、堆放办法，以及所需的机具设备（如平板拖车、载重汽车、卷扬机及架子车等）型号、数量和对运输道路的要求。

（5）吊装工程准备工作内容，起重机行走路线压实加固；各种吊具，临时加固，电焊机等要求以及吊装有关技术措施。

6. 屋面工程

（1）屋面各个分项工程（如，卷材防水屋面一般有找坡找平层、隔汽层、保温层、防水层、保护层或使用面层等分项工程，刚性防水屋面一般有隔离层、刚性防水层等分项工程。）的各层材料特别是防水材料的质量要求、施工操作要求。

（2）屋盖系统的各种节点部位及各种接缝的密封防水施工。

（3）屋面材料的运输方式。

7. 装饰装修工程

（1）明确装修工程进入现场施工的时间、施工顺序和成品保护等具体要求，结构、装修、安装穿插施工，缩短工期。

（2）较高级的室内装修应先做样板间，通过设计、业主、监理等单位联合认定后，再全面开展工作。

（3）对于民用建筑需提出室内装饰环境污染控制办法。

（4）室外装修工程应明确脚手架设置，饰面材料应有防止渗水、防止坠落，金属材料防锈蚀的措施。

（5）确定分项工程的施工方法和要求，提出所需的机具设备的型号、数量。

（6）提出各种装饰装修材料的品种、规格、外观、尺寸、质量等要求。

（7）确定装修材料逐层配套堆放的数量和平面位置，提出材料储存要求。

（8）保证装饰工程施工防火安全的方法。如：材料的防火处理、施工现场防火、电气防火、消防设施的保护。

8. 脚手架工程

（1）明确内外脚手架的用料、搭设、使用、拆除方法及安全措施，外墙脚手架大多从地面开始搭设，根据土质情况，应有防止脚手架不均匀下沉的措施。

高层建筑的外脚手架，应每隔几层与主体结构作固定拉结，以便脚手架整体稳固；且一般不从地面开始一直向上，应分段搭设，一般每段5～8层，大多采用工字钢或槽钢作外挑或组成钢三角架外挑的做法。

（2）应明确特殊部位脚手架的搭设方案。如，施工现场的主要出入口处，脚手架应留有较大的空间，便于行人或车辆进出，空间两边和上边均应用双杆处理，并局部设置剪刀撑，加强与主体结构的拉结固定。

（3）室内施工脚手架宜采用轻型的工具式脚手架，装拆方便省工、成本低。高度较高、跨度较大的厂房屋顶顶棚喷刷工程宜采用移动式脚手架，省工又不影响其他工程。

（4）脚手架工程还需确定安全网挂设方法、做好“四口、五临边”防护方案。

9. 现场水平垂直运输设施

（1）确定垂直运输量，有标准层的需确定标准层运输量。

（2）选择垂直运输方式及其机械型号、数量、布置、安全装置、服务范围、穿插班次，明确垂直运输设施使用中的注意事项。

（3）选择水平运输方式及其设备型号、数量。

（4）确定地面和楼面上水平运输的行驶路线。

10. 特殊项目

（1）采用四新（新结构、新工艺、新材料、新技术）的项目及高耸、大跨、重型构件，水下、深基、软弱地基，冬期施工等项目，均应单独编制如下内容：选择施工方法，阐述工艺流程，需要的平立剖示意图，技术要求，质量安全注意事项，施工进度，劳动组织，材料构件及机械设备需要量。

（2）对于大型土石方、打桩、构件吊装等项目，一般均需单独提出施工方法和技术组织措施。

例如，某吊顶工程施工要点为：

（1）应与安装工程进行良好的配合，使吊顶内设备定位、美观合理；

（2）不同的吊顶材料要进行翻样，吊顶要整齐、美观；

（3）根据设计标高在四周墙上弹线，弹线应清晰，位置准确，便于查找，其水平允许偏差±5mm。

（4）主龙骨吊点间距应按设计系列选择，中间部分稍起拱，起拱高度不小于房间纵向跨度的1/300～1/200（或≤±10mm）。大面积吊顶应适当起拱，从而确保整体平面水平，也保证了顶面的整体美观。

（5）吊杆距主龙骨端部距离不得超过300mm，否则应增加吊杆，当吊杆与设备相遇时，应适当调整吊点构造或增设吊杆，必要时加设角钢结构形式。当主龙骨与主龙骨连接，且在吊杆线附近时，这时也应当增加吊杆（在上人龙骨吊顶），以保证吊顶的平整度。

（6）连接件要错位安装，明龙骨系列应校正纵向龙骨的直线度，直线度应目测或两端拉线到无明显弯曲，保证在允许偏差值以内即可。

（7）所有连接件和吊杆系列要经过防锈处理。

（8）对装配式吊顶，其每个方格尺寸符合图纸及规范要求。主龙骨与次龙骨安装都必须两端拉线进行操作。方格尺寸大小要均匀，易于安装面板，且固定牢靠。对不上人吊顶，施工过程必须在隐蔽项目完成后进行，不得随意踩踏主次龙骨，以防龙骨变形，造成返工及延误工期。

（9）石膏板前，先将石膏板倒缝，弹自攻螺钉线，以便螺钉准而快的固定在龙骨上；封面板板缝要均匀，面板板缝宽度要控制在3mm（5mm以内），以便嵌腻子、贴玻璃纤维接缝带，再用腻子刮平整。

7.3.3 新技术应用

对开发和使用的新技术、新工艺以及采用的新材料、新设备应通过必要的试验或论证并制定计划。

对于工程中推广应用的新技术、新工艺、新材料和新设备，可以采用目前国家和地方推广的，也可以根据工程具体情况由企业创新；对于企业创新的技术和工艺，要制定理论和试验研究实施方案，并组织鉴定评价。

7.3.4 季节性施工措施

对季节性施工应提出具体要求。根据施工地点的实际气候特点，提出具有针对性的施工措施。

在施工过程中，还应根据气象部门的预报资料，对具体措施进行细化。

例如，某装饰工程冬期施工安全措施：

(1) 入冬前组织项目部职工和施工队伍进行冬施安全教育。

(2) 冬季脚手架必须采取防滑措施，搭设上下斜道，定防滑条，设防护栏杆，雪天脚手架走道及时打扫干净。

(3) 切实做好防火工作，架设的火炉必须设专人看护，禁止随便点火取暖，现场的乙炔瓶、氧气瓶等易燃物品要分类堆放，集中管理，在仓库、木工车间、易燃物品等处设置灭火器、水源等灭火物品。

(4) 对于各种线路、电器重新检查、维修，按安全用电的标准进行线路布置；严禁乱拉乱接．大风、雪天后，必须检查线路，防止电线短路，发生火灾。

(5) 机械设备所用的润滑油、柴油、机油、液压油、水按冬季规定使用掺加防冻剂或使用冬季特种油品。机器没有掺加防冻液的冷却水在机械使用完后立即放空冷却水。

7.4 施工方案实例

某幕墙工程施工方案

7.4.1 工程概况

1. 工程基本情况

工 程 名 称：××大学第三医院教学科研楼幕墙及外墙铝合金窗工程

工 程 地 点：××市××街

工 程 性 质：公建

建 设 单 位：××大学

设 计 单 位：××国际工程设计研究院

结 构 型 式：框架结构

抗 震 设 防烈度：8 度

计 划 工 期：90 个日历天

工程质量目标：合格

工程内容：玻璃幕墙

2. 本幕墙工程主要项目：

(1) 玻璃幕墙 2560m^2：为隐框形式；

(2) 玻璃：采用 6mm 钢化 LOW-E 镀膜玻璃＋9A＋6mm 钢化透明浮法玻璃；

(3) 铝型材：采用断桥铝材，表面氟碳喷涂处理。

3. 工程主要特点

本工程位于××市××街，抗震设防烈度为 8 度。新建结构类型为框架剪力墙结构。设计使用年限为 50 年。市区基本风压 $W_0=0.45kN/m^2$（50 年一遇），本次设计建筑地区粗糙度为 C 类。

4. 工程采用新技术、新材料、新工艺

(1) 框架玻璃幕墙，采用定距压块安装，连接可靠，板块受力合理，安装简便，安全可靠，同时具有可更换性，即板块破损后更换非常容易。

(2) 玻璃幕墙，采用三元乙丙胶条密封，提高了幕墙水密性和气密性。

(3) 所有型材接合部位均设有弹性胶垫。横竖框连接采用浮动式伸缩结构，可以从根本上消除冷热变形伸缩噪声，同时可吸收一定的横竖框安装误差，抗震能力强。

7.4.2 施工安排

1. 质量目标

按照合格验收标准严格要求，确保本工程按标准一次验收合格。

2. 工期目标

总体根据总包的计划开工日期，外装施工周期控制在 90 个日历天内。

3. 资金成本目标

人、机、料、法、环境方面，全过程实行工程预算目标宏观控制与施工过程微观调节相结合，确保工程总成本达到预期目标。

严格按总进度计划合理调配资金，确保工程按期优质完成。

4. 环境保护目标

符合国家及××市有关环保要求的法律法规规定的要求，并严格按 ISO 14001 环保标准及公司 ISO 14001 环保管理程序进行施工作业，施工噪声遵守《建筑施工场界环境噪声排放标准》GB 12523—2011，满足有关洁净工程特殊环保要求。

5. 文明施工目标

贯彻公司 CI 战略要求，强化现场文明、场容管理，确保施工现场达到××市级文明施工工地标准。创建××市文明施工标杆样板工地，并配合总承包方目标实施。

6. 安全目标

符合国家及××市有关安全要求的有关法律法规规定，并严格按 OHSMS18001 职业健康安全标准及公司的《职业健康安全管理程序》进行施工作业，确保无重大工伤事故，杜绝死亡事故，轻伤频率控制在 2‰以内。

7.4.3　施工进度计划

1. 一级进度控制计划

是表述分项工程的阶段目标，是提示业主、设计、监理及总包高层管理人员进行工程总体部署的表达方式。主要实现对分项工程计划，进行实时监控、动态关联。本次提交外装饰工程施工计划是“装饰工程总体形象进度控制计划”（图略）。全部外装饰工程于计划总工期 90 天，进场时间为进场施工之日起。

2. 二级进度控制计划

以分项工程的阶段目标为指导，分解形成具体实施步骤，以达到满足一级总控计划的要求，便于业主、监理与总包管理人员对该单项工程进度的总体控制及施工现场进度控制计划。主要有：埋件安装计划；龙骨安装计划；装饰面材安装计划。

3. 三级进度控制计划，即周、日作业计划

周日作业计划是当周（当日）操作计划，我公司随工程例会发布并总结，采取日保周、周保月、月保阶段的控制手段，使计划阶段目标分解至每一周、每一日。

7.4.4　施工准备与资源配置计划

1. 人力资源使用计划（见表 7-3）

根据该工程的工期要求和工作量，提前落实人力资源的来源，做好人力资源的统筹安排，选用素质高、技术水平高并与我公司多年合作的施工队伍。做到既保证人力资源充足又不窝工。需用高峰期人力资源 65 人。

人力资源专业工种配备表　　　　**表 7-3**

<table>
<tr><th>序号</th><th>工种</th><th>配置人数</th><th>备注</th></tr>
<tr><td>1</td><td>施工队长</td><td>3</td><td rowspan="10">1. 特殊工种具有专业工种上岗证书
2. 现场施工劳动力组织按进度计划进行动态管理</td></tr>
<tr><td>2</td><td>电工</td><td>1</td></tr>
<tr><td>3</td><td>电焊工</td><td>8</td></tr>
<tr><td>4</td><td>玻璃板块安装工</td><td>12</td></tr>
<tr><td>5</td><td>铝合金安装工</td><td>16</td></tr>
<tr><td>6</td><td>其他安装工</td><td>8</td></tr>
<tr><td>7</td><td>龙骨安装工</td><td>10</td></tr>
<tr><td>8</td><td>测量</td><td>2</td></tr>
<tr><td>9</td><td>打胶</td><td>5</td></tr>
<tr><td></td><td>合计</td><td>65</td></tr>
</table>

2. 机械、机具设备计划

（1）垂直运输设备

总承包商负责提供垂直升降梯。

（2）施工用小型设备

按照予选文件提出的施工内容，配备足够数量的装饰施工用的小型机械。考虑到工

期、工程质量及施工现场场地紧张状况及本工程施工现场周围环境，施工时间控制及施工噪声管理将成为施工的重点，届时我们将能够在加工厂完成的加工任务，全部安排在加工厂内，施工现场只安排极少量的修补及组装工作，组装工作在安装工作面完成。

现场主要配备一些临时修补钢构件加工和一些打孔、连接等小型机械，并做到：

1）进场后各种机具必须经检验合格，履行验收手续后方可使用；

2）小型机械由专业人员使用操作，按操作规程使用，并负责维护保养；

3）建立机具、设备安全操作制度，并将安全操作制度牌挂在机具明显位置处，做到有标识、有制度、有专人负责；

4）机具、设备的安全防护装置必须按规定要求配备，且齐全、完好、安全有效并达到环保要求；

5）户外设置的机具、设备应有防雨、防砸等防护措施；

6）机械设备应定期进行检查，并在每日上班前进行普检，保证施工时不会出现故障或安全问题。

（3）拟投入的施工现场机械、机具设备

本工程的加工及施工安装设备是由德国叶鲁公司引进的多条铝合金型材加工流水线和加工中心及意大利石材加工流水线组成。是玻璃幕墙和石材幕墙现代化生产基地，具有加工玻璃幕墙、铝板幕墙、铝合金门窗 80 万 m^2 的生产能力。

3. 工程主要材料计划

（1）铝合金型材

铝合金型材：选用 6063-T5 型材，符合《铝合金建筑型材》GB 5237—2008 标准，为优质高级铝型材。

本工程铝型材推荐选用广东兴发公司生产的优质高精级铝型材。

本工程铝合金型材氟碳喷涂处理，涂层厚度 45μm～60μm。型材符合国标 GB/T 5237.1—T 5237.5—2008《铝合金建筑型材》、《工业用铝合金热挤压型材》GB/T 6892—2000 的规定。

（2）玻璃

本工程玻璃推荐选用南玻公司/上海耀皮生产的玻璃。产品符合《夹层玻璃》GB 9962—1999 规范要求。

1）玻璃种类

玻璃幕墙：6 钢化 LOW-E 玻璃＋9A＋6 净白钢化中空玻璃；

外窗：5LOW-E 玻璃＋9A＋5 净白中空玻璃。

2）本工程对玻璃加工要求

① 玻璃尺寸偏差不大于 2mm。

② 钢化玻璃应经过二次热处理。

③ LOW-E 膜玻璃不应有变色、脱落、褪色、孔洞、色差等缺陷。

④ 中空玻璃不应出现内部雾化、水汽、结露、结冰等现象。

⑤ 钢化玻璃不应有彩虹现象。

(3) 硅酮胶

1) 本工程要求：

一般要求

选用道康宁或美国 GE 产品，密封胶应符合《建筑密封材料试验方法》GB/T 14683—93 中规定，结构胶应符合《建筑用硅酮结构密封胶》GB 16776—97 中规定，中高弹性模量，具有良好的粘着力和延伸，抗气候变化，抗紫外线破坏，抗撕裂和耐老化，黑色。

防火密封胶：幕墙防火层与楼板接缝处使用阻燃密封胶。

2) 密封胶条三元乙丙材料（EPDM）为人工合成橡胶，有以下之优点：

① 耐侯性能好

乙丙橡胶耐候性能好，能长期在阳光、潮湿、寒冷的环境中使用。含碳黑的乙丙橡胶硫化胶在阳光下暴晒 3 年后未发生龟裂，物理机械性能变化很小。乙丙橡胶制品在自然状态下，可使用 30～50 年。

② 耐老化性能

乙丙橡胶具有极高的化学稳定性，在通用橡胶中，其耐老化性能最好。

(4) 附件

1) 本工程五金附件采用国产优质不锈钢制品，钢材采用首钢产品。

2) 所有螺栓、螺母、螺钉、垫圈等，选用不锈钢件。且采用的不锈钢件应符合规范要求。

7.4.5 施工方法与工艺要求

1. 施工要点

玻璃幕墙安装。安装的程序由以下几方面组成：

(1) 放线

放线是指将骨架的位置弹到主体结构上。放线工作及根据图纸所提供中心线及标高进行，实际放线时应对中心线及标高控制点予以复核。主体结构与玻璃幕墙之间，一般还应留出一定的间隔，以保证安装工作顺利进行。

对于由横竖杆组成的幕墙骨架，一般先弹出竖向杆位置，再确定竖向杆件的锚固点。横向杆件一般固定在竖向杆件上，等竖向杆件通长布置完毕，横向杆件的放线则可再弹到竖向杆件上。

(2) 骨架安装

骨架的安装按放线的具体位置进行。骨架是通过连接件与主体结构相连的，而连接件与主体结构的固定，一般多采用连接件与主体结构上预埋铁件相焊接或在主体结构上钻孔并通过膨胀螺栓将连接件与主体结构相固定的办法。后一种方法较为机动灵活，但钻孔工作量甚大，如有可能，应尽量采用预埋铁件法。全部连接件应确保焊接或锚问题的质量，切实地固定在结实的位置上。

连接件安装完毕，即可安装骨架，一般竖向杆件先行安装，竖向杆件就位后，再安装横向杆件。竖向杆件与主体结构之间的连接，可用角钢固定，角钢的一肢与主体结构相连，另一肢与竖向杆件相连，连接的螺栓宜用不锈钢螺栓。安装的骨架如系钢骨架，应涂刷防锈漆；如系铝合金骨架，还须注意在其与混凝土直接接触部位对氧化膜进行防腐处理。

骨架中的空腹薄壁铝合金竖向杆件接长，应采用稍小于竖向杆件截面的空腹方钢连接件，分别穿上、下杆件端部，然后用不锈钢螺栓穿孔拧紧。型钢杆件接长较易处理，不予赘述。

横向杆件安装，可与竖杆焊接也可用螺栓连接，监于焊接易导致骨架受热不均而变形，就特别注意焊接的顺序及操作，或者尽量减少现场焊接工作。

骨架安装完后，应对横竖杆件中心线进行校验，对高度较高的竖向杆件，还应用经纬仪进行中心线校正。

（3）玻璃安装

对于钢结构骨架，因型钢没有镶嵌玻璃的凹槽，故多用铝合金窗框过渡，一个骨架网格内可以是单独窗框，也可并连几樘窗框。玻璃可先安装在窗框上，然后再将窗框与骨架连接。

铝合金型材骨架的玻璃安装，可分为安装玻璃、嵌橡胶压条、注封缝料等三个步骤。在横向杆件上安装玻璃时应注意在玻璃下方如设定位垫块。凹槽两侧的缝隙材料，一般用通长的橡胶压条，然后在压条上面注一道防水密封胶，其注入深度约 5mm 左右。

幕墙玻璃一般都较大，较大面积玻璃的吊装须借助吊装机并配以专门的起吊环。加较小面积的玻璃也可用人力搬动。实际工程中，多用提升机作垂直搬运，用轻便小车作楼层的水平方向搬运。玻璃的移动、就位要借助吸盘，手工搬运用的手工吸盘有单脚、双腿、三腿等多种。

玻璃安装过程中，应充分注意利用外墙脚手架，玻璃就位后应及时用填缝材料固定和密封，切不可明摆浮搁。玻璃安装完毕后要注意保护，在易于碰撞的部位应有木栏或护板等保护措施。在玻璃附近电焊时，应将玻璃加以覆盖，防止火花溅落引起烧痕。

沉降缝处的玻璃幕墙，一般做成两个独立的幕墙骨架体系。防水处理为内外两道防水做法，铝板相交处用密封胶封闭处理。

玻璃幕墙的安装是一项极细致且技术性高的工作，因而施工之前应首先制定稳妥的方案，在操作中也应有专人负责。

2. 玻璃幕墙工艺要求

（1）材料出厂质量证书，结构硅酮密封胶相容性试验报告及幕墙物理性能检验报告。

（2）明框幕墙框料应竖直横平；单元式幕墙的单元拼缝或隐框幕墙分格玻璃拼缝应竖直横平，缝宽应均匀，并符合设计要求。

（3）玻璃的品种、规格与色彩应与设计相符，整幅幕墙玻璃的色泽应均匀；不应有析碱、发霉和镀蜡脱落等现象。

（4）玻璃的安装方向应正确。

（5）幕墙材料的色彩应与设计相符，并应均匀，铝合金料不应有脱膜现象。

（6）装饰压板表面应平整，不应有肉眼可察觉的变形、波纹或局部压砸等缺陷。

（7）幕墙的上下边及侧边封口、沉降缝、伸缩缝、防震缝的处理及防雷体系应符合设计要求。

（8）幕墙隐蔽节点的遮封装修应整齐美观。

（9）幕墙不得渗漏。

（10）玻璃幕墙工程抽样检验应符合下列要求：

1）铝合金料及玻璃表现不应有铝屑、毛刺、油斑和其他污垢；

2）玻璃应安装或粘结牢固，橡胶条和密封胶应镶嵌密实、填充平整；

3）钢化玻璃表面不得有伤痕，擦伤不大于500mm^2。

（11）关于铝合金型材表面质量，铝合金窗国标以一樘门或窗作为检查单元，本规范是以一个分格框架构件作为检查单元。门窗有大有小，幕墙的分格也有大有小，故本规范考虑一个分格构件与一樘门窗的料大体在相等，以一樘门窗铝合金型材合格品的表面质量要求作为对一个分格幕墙构件的表面质量要求。铝合金门窗国标的质量要求是指产品出厂时的要求，而本规范对铝合金框料的表面质量要求是指工程验收时的质量要求，其中包括运输、安装过程中，以及工程其他施工对其的损伤。因此采用铝合金门窗出厂时的表面质量要求属稍严，但考虑到幕墙为高级装修，铝合金型材要求采用高精级料，从严要求。

（12）对于隐框幕墙安装位置的质量要求，基本上与明框幕墙的相同。仅区别在隐框幕墙框架不外露，因此以缝代替料。由于隐框幕墙外表面为玻璃，因此在检查墙面垂直度时测量距抽样检查缝宽20mm的玻璃表面。

复习思考题

1. 简述编制施工方案的依据。
2. 施工方案的工程概况包括哪些内容？
3. 简述施工方案的施工安排。
4. 确定施工方案的施工准备工作有哪些？
5. 选择施工机械应着重考虑哪些问题？
6. 如何选择专项工程施工方案的施工方法？

职业活动训练

针对某分部分项工程或专项工程项目，编制施工方案。

1. 目的

通过编制施工方案，掌握施工方案编制的程序和方法，提高学生参与实际工作的能力。

2. 环境要求

（1）选择分部分项工程或专项工程项目；

（2）图纸齐全；

（3）施工现场条件满足要求。

3. 步骤提示

（1）熟悉图纸、分析工程情况；

（2）进行施工安排；

（3）编制施工进度计划与资源配置计划；

（4）确定施工方法及工艺要求。

4. 注意事项

（1）学生在编制施工组织方案时，教师应尽可能书面提供施工项目与业主方的背景资料。

（2）学生分组进行编制训练时，教师要加强指导。

5. 讨论与训练题

讨论：施工方案与单位工程施工组织设计的关系是什么？

学习单元8

主要施工管理计划的编制

【知识目标】

了解进度管理计划的编制要求；熟悉质量管理计划、安全管理计划、环境管理计划、成本管理计划的编制依据；掌握进度管理计划、质量管理计划、安全管理计划、环境管理计划、成本管理计划的编制内容。

【能力目标】

能结合实际工程项目的工程背景，编制主要施工管理计划；

施工管理计划在目前多作为管理和技术措施编制在施工组织设计中，这是施工组织设计必不可少的内容。施工管理计划应包括进度管理计划、质量管理计划、安全管理计划、环境管理计划、成本管理计划以及其他管理计划等内容。各项管理计划的制定，可根据工程的具体情况加以取舍。在编制施工组织设计时，各项管理计划可单独成章，也可穿插在施工组织设计的相应章节中。

8.1 进度管理计划

进度管理计划是保证实现项目施工进度目标的管理计划，包括对进度及其偏差进行检查、分析、采取的必要措施和计划变更等。施工进度计划的实现离不开管理上和技术上的具体措施。另外，在工程施工进度计划执行过程中，由于各方面条件的变化经常使实际进度脱离原计划，这就需要施工管理者随时掌握工程施工进度，检查和分析进度计划的实施情况，及时进行必要的调整，保证施工进度目标的完成。

8.1.1 进度管理计划的编制要求

项目施工进度管理应按照项目施工的技术规律和合理的施工顺序，保证各工序在时间上和空间上的顺利衔接。

不同的工程项目其施工技术规律和施工顺序不同。即使是同一类工程项目，其施工顺序也难以做到完全相同。因此必须根据工程特点，按照施工的技术规律和合理的组织关系，解决各工序在时间和空间上的先后顺序和搭接问题，以达到保证质量、安全施工、充分利用空间、争取时间、实现经济合理安排进度的目的。

8.1.2 进度管理计划的内容

进度管理计划应包括下列内容：

（1）对项目施工进度计划进行逐级分解，通过阶段性目标的实现保证最终工期目标的完成。

在施工活动中通常是通过对最基础的分部（分项）工程的施工进度控制来保证各个单项（单位）工程或阶段工程进度控制目标的完成，进而实现项目施工进度控制总体目标；因而需要将总体进度计划进行一系列从总体到细部、从高层次到基础层次的层层分解，一直分解到在施工现场可以直接调度控制的分部（分项）工程或施工作业过程为止。

（2）建立施工进度管理的组织机构并明确职责，制定相应管理制度。

施工进度管理的组织机构是实现进度计划的组织保证，它既是施工进度计划的实施组织；又是施工进度计划的控制组织；既要承担进度计划实施赋予的生产管理和施工任务，又要承担进度目标控制，对进度目标控制负责，因此需要严格落实有关管理制度和职责。

（3）针对不同施工阶段的特点，制定进度管理的相应措施，包括施工组织措施、技术措施和合同措施等。

（4）建立施工进度动态管理机制，及时纠正施工过程中的进度偏差，并制定特殊情况下的赶工措施。

面对不断变化的客观条件，施工进度往往会产生偏差；当发生实际进度比计划进度超前或落后时，控制系统就要做出应有的反应：分析偏差产生的原因，采取相应的措施，调整原来的计划，使施工活动在新的起点上按调整后的计划继续运行，如此循环往复，直至预期计划目标的实现。

（5）根据项目周边环境特点，制定相应的协调措施，减少外部因素对施工进度的影响。项目周边环境是影响施工进度的重要因素之一，其不可控性大，必须重视诸如环境扰民、交通组织和偶发意外等因素，采取相应的协调措施。

8.2　质量管理计划

质量管理计划是保证实现项目施工质量目标的管理计划，包括制定、实施所需的组织机构、职责、程序以及采取的措施和资源配置等。工程质量目标的实现需要具体的管理和技术措施，根据工程质量形成的时间阶段，工程质量管理可分为事前管理、事中管理和事后管理，质量管理的重点应放在事前管理。

8.2.1　质量管理计划的编制依据

质量管理计划可参照《质量管理体系要求》GB/T 19001，在施工单位质量管理体系的框架内编制。施工单位应按照《质量管理体系要求》GB/T 19001 建立本单位的质量标准管理体系文件，可以独立编制质量计划，也可以在施工组织设计中合并编制质量计划的内容。质量管理应按照 PDCA 循环模式，加强过程控制，通过持续改进提高工程质量。

8.2.2　质量管理计划的内容

质量管理计划应包括下列内容：

（1）按照项目具体要求确定质量目标并进行目标分解，质量指标应具有可测量性。应制定具体的项目质量目标，质量目标应不低于工程合同明示的要求；质量目标应尽可能地量化和层层分解到最基层，建立阶段性目标。

（2）建立项目质量管理的组织机构并明确职责。应明确质量管理组织机构中各重要岗位的职责，与质量有关的各岗位人员应具备与职责要求匹配的相应知识、能力和经验。

(3) 确定质量控制点，分析质量管理重点和难点，确定关键过程和特殊过程。

(4) 制定符合项目特点的技术保障和资源保障措施，通过可靠的预防控制措施，保证质量目标的实现。

应采取各种有效措施，确保项目质量目标的实现；这些措施包含但不局限于：原材料、构配件、机具的质量要求和检验；主要的施工工艺、主要的质量标准和检验方法；夏期、冬期和雨期施工的技术措施；关键过程、特殊过程、重点工序的质量保证措施；成品、半成品的保护措施；工作场所环境以及劳动力和资金保障措施等。

(5) 制定现场质量管理制度。现场质量管理制度包括：培训上岗制度；质量否决制度；成品保护制度；质量文件记录制度；工程质量事故报告及调查制度；工程质量检查及验收制度；样板引路制度；自检、互检和专业检查的"三检"制度；对分包工程质量检查 、基础、主体工程验收制度；单位（子单位）工程竣工检查验收；原材料及构件试验、检验制度；分包工程（劳务）管理制度等。

(6) 建立质量过程检查制度，并对质量事故的处理做出相应规定。

按质量管理八项原则中的过程方法要求，将各项活动和相关资源作为过程进行管理，建立质量过程检查、验收以及质量责任制等相关制度，对质量检查和验收标准做出规定，采取有效的纠正和预防措施，保障各工序和过程的质量。

8.3 安全管理计划

安全管理计划是保证实现项目施工职业健康安全目标的管理计划，包括制定、实施所需的组织机构、职责、程序以及采取的措施和资源配置等。

建筑工程施工安全管理应贯彻"安全第一、预防为主"的方针。施工现场的大部分伤亡事故是由于没有安全技术措施、缺乏安全技术知识、不做安全技术交底、安全生产责任制不落实，违章指挥、违章作业造成的。因此，必须建立完善的施工现场安全生产保证体系，才能确保施工的安全和健康。

8.3.1 安全管理计划的编制依据

安全管理计划可参照《职业健康安全管理体系规范》GB/T 28001，在施工单位安全管理体系的框架内编制。

目前大多数施工单位基于《职业健康安全管理体系规范》GB /T 28001 通过了职业健康安全管理体系的认证，建立了企业内部的安全管理体系。安全管理计划应在企业安全管理体系的框架内，针对项目的实际情况编制。

8.3.2 安全管理计划的内容

安全管理计划应包括下列内容：

(1) 确定项目重要危险源，制定项目职业健康安全管理目标。

危险源辨识的方法：危险源辨识的方法很多，基本方法有：询问交谈、现场观察、查阅有关记录、获取外部信息、工作任务分析、安全检查表、危险与可操作性研究、事件树分析、故障树分析。这几种方法都有各自的适用范围或局限性，辨识危险源过程中使用一种方法往往还不能全面地识别其所存在的危险源，可以综合地运用两种或两种以上方法。

危险源辨识应考虑“三、三、七”的要求：所谓“三、三、七”，是指三种状态，三种时态，七个方面。三种状态：正常、异常、紧急；三种时态：过去、现在、将来；七种类型（安全）：机械能、电能、热能、化学能、放射性、生物因素、人机工程因素（生理、心理）。

(2) 建立有管理层次的项目安全管理组织机构并明确职责。

(3) 根据项目特点，进行职业健康安全方面的资源配置。

安全资源包括安全帽、安全带、安全网等防护用品和绝缘电阻仪、接地电阻仪等安全检测器具。

(4) 建立具有针对性的安全生产管理制度和职工安全教育培训制度。

施工现场安全生产施工管理制度包含：安全检查制度、安全教育培训制度、设备设施验收制度、班前安全活动制度、安全值班制度、特种作业人员管理制度、安全生产责任制、安全生产责任制考核制度、安全生产责任目标考核制度、事故报告制度、安全防护费用与准用证管理制度、安全技术交底制度等。

(5) 针对项目重要危险源，制定相应的安全技术措施；对达到一定规模的危险性较大的分部（分项）工程和特殊工种的作业应制定专项安全技术措施的编制计划。

安全保证措施包括：防火、防毒、防爆、防洪、防尘、防雷击、防触电、防坍塌、防物体打击、防机械伤害、防高空坠落和防交通事故，以及防寒、防暑、防疫等措施。

(6) 根据季节、气候的变化制定相应的季节性安全施工措施。

(7) 建立现场安全检查制度，并对安全事故的处理做出相应规定。

建筑施工安全事故（危害）通常分为七大类：高处坠落、机械伤害、物体打击、坍塌倒塌、火灾爆炸、触电、窒息中毒。安全管理计划应针对项目具体情况，建立安全管理组织，制定相应的管理目标、管理制度、管理控制措施和应急预案等。现场安全管理应符合国家和地方政府部门的要求。

项目安全计划经有关部门批准后，由专职安全管理人员进行现场监督实施。对结构复杂、施工难度大、专业性强的项目，必须制定项目总体、单位工程或分部、分项工程的安全措施；对高空作业等非常规性的作业，应制定单项职业健康安全技术措施和预防措施，并对管理人员、操作人员的安全作业资格和身体状况进行合格审查。对危险性较大的工程作业，应编制专项施工方案，并进行安全验证；临街脚手架、临近高压电缆以及起重机臂杆的回转半径达到项目现场范围以外的，均应按要求设置安全隔离设施。

8.4 环境管理计划

建设工程项目环境管理的目的是保护生态环境，使社会的经济发展与人类的生存环境相协调。控制作业现场的各种粉尘、废水、废气、固体废弃物以及噪声、振动对环境的污染和危害，考虑能源节约和避免资源的浪费。

环境管理计划是保证实现项目施工环境目标的管理计划，包括制定、实施所需的组织机构、职责、程序以及采取的措施和资源配置等。建筑工程施工过程中不可避免地会产生施工垃圾、粉尘、污水以及噪声等环境污染，制定环境管理计划就是要通过可行的管理和技术措施，使环境污染降到最低。

8.4.1 环境管理计划的编制依据

环境管理计划可参照《环境管理体系要求及使用指南》GB/T 24001，在施工单位环境管理体系的框架内编制。

施工现场环境管理越来越受到建设单位和社会各界的重视，同时各地方政府也不断出台新的环境监管措施，环境管理计划已成为施工组织设计的重要组成部分。对于通过了环境管理体系认证的施工单位，环境管理计划应在企业环境管理体系的框架内，针对项目的实际情况编制。

8.4.2 环境管理计划的内容

环境管理计划应包括下列内容：

(1) 确定项目重要环境因素，制定项目环境管理目标。

环境因素识别主要有以下几个方面：

1) 废水排放（造成水污染问题）：如生活污水排放、生产废水排放等；

2) 废气排放（造成大气污染问题）：工艺废气、汽车尾气排放、扬尘、餐饮油烟气等；

3) 废物排放（造成固体废物污染问题）：危险固废、工业废渣、办公垃圾等；

4) 土地污染（源于废水排放、固废堆放、化学品渗漏、自然沉降等过程）：如油的渗漏，导致地面被油浸渍、土被污染；

5) 原材料及资源、能源消耗（包括节能降耗等方面问题）：如水、电的节约，办公用纸浪费的杜绝等；

6) 噪声污染、各种辐射等。

应根据建筑工程各阶段的特点，依据分部（分项）工程进行环境因素的识别和评价，并制定相应的管理目标、控制措施和应急预案等。

(2) 建立项目环境管理的组织机构并明确职责。

(3) 根据项目特点进行环境保护方面的资源配置。

环境保护资源包括洒水车、覆盖膜等防护用品和粉尘测定仪 、噪声测定仪以及有毒气体测定仪等环境检测器具。

(4) 制定现场环境保护的控制措施。

施工环境保证措施，包括：现场泥浆、污水和排水；现场爆破危害防止；现场打桩振害防止；现场防尘和防噪声；现场地下旧有管线或文物保护；现场熔化沥青及其防护；现场及周边交通环境保护；以及现场卫生防疫和绿化工作。

(5) 建立现场环境管理制度，并对环境事故的处理做出相应的规定。

环境管理规章制度，包括：施工现场卫生管理制度、现场化学危险品管理制度、现场有毒有害废弃物管理制度、现场消防管理制度、现场用水、用电管理制度等。现场环境管理应符合国家和地方政府部门的要求。

8.5 成本管理计划

成本管理计划是保证实现项目施工成本目标的管理计划，包括成本预测、实施、分析、采取的必要措施和计划变更等。

由于建筑产品生产周期长，造成了施工成本控制的难度。成本管理的基本原理就是把计划成本作为施工成本的目标值，在施工过程中定期地进行实际值与目标值的比较，通过比较找出实际支出额与计划成本之间的差距，分析产生偏差的原因，并采取有效的措施加以控制，以保证目标值的实现或减小差距。

8.5.1 成本管理计划的编制依据

成本管理计划应以项目施工预算和施工进度计划为依据编制。

8.5.2 成本管理计划的内容

成本管理和其他施工目标管理类似，开始于确定目标，继而进行目标分解，组织人员配备，落实相关管理制度和措施，并在实施过程中进行纠偏，以实现预定的目标。成本管理计划应包括下列内容：

(1) 根据项目施工预算，制定项目施工成本目标；

(2) 根据施工进度计划，对项目施工成本目标进行阶段分解；

(3) 建立施工成本管理的组织机构并明确职责，制定相应管理制度；

(4) 采取合理的技术、组织和合同等措施，控制施工成本；

（5）确定科学的成本分析方法，制定必要的纠偏措施和风险控制措施。

风险控制措施，包括：识别风险因素；估计风险出现概率和损失值；分析风险管理重点，制定风险防范控制对策；明确风险管理责任。风险类型一般分为：管理风险、人力资源风险、经济与管理风险、材料、机械及劳动力风险、工期风险、技术质量安全风险、工程环境风险等。

8.5.3　成本与环境、进度、质量、安全等之间的关系

成本管理是与进度管理，质量管理，安全管理和环境管理等同时进行的，是针对整体施工目标系统所实施的管理活动的一个组成部分。在成本管理中，要协调好与进度、质量、安全和环境等的关系，不能片面强调成本节约。

8.6　主要施工管理计划编制实例

8.6.1　工程概况

某工程建设地点湖北省武汉市新北区太湖东路；属于框剪结构；地上 18 层；地下 1 层；建筑高度 54m；主楼地下室层高 3.3m，标准层层高 3m ；总工期：549 天。

8.6.2　质量管理计划

1. 总则

（1）项目目标

1）质量目标及分解

本工程为某公司重点项目，为提高工程施工质量，项目部精心准备施工前的准备工作，按照工程质量检验评定统一标准的优质结构标准；若达不到该要求则罚工程款的 3%。

2）创优目标

争创武汉市优质工程。

（2）编制依据

1）施工招标文件及答疑纪要；

2）由招标单位提供的本工程相关图纸；

3）现行的国家和行业颁布的有关设计和施工规范、标准；

4）国家及当地的有关法律、行政法规；

5）结合企业内部标准，质量手册及程序文件的有关规定；

6）业主、总包对质量安全工期的要求；

7）本工程现场施工条件。

2. 项目组织机构与质量职责

（1）项目组织机构图（略）

（2）部门/岗位质量职责（略）

3. 文件和资料控制措施

（1）项目质量保证体系：建立以项目经理为首，质检员为主的全员质量监督体系。

（2）落实各级人员岗位职责：结合本工程质量目标，将目标进行分解并落实到从项目经理到施工工人各级岗位人员，并对执行情况进行考核，以各级岗位分目标来保证工程质量总目标。

（3）开展 QC 攻关活动，抓全面质量管理

（4）严格执行材料把关、见证取样制度：依据我公司贯标的要求，所有工程使用的建筑材料的供应商必须从公司的《合格供应商名册》中选取。材料员、质检员要对材料随车的质保书、合格证、试验报告等资料进行验收，并依据《材料验收规范》对材料的外观、尺寸、颜色、规格等进行验收。

（5）严格技术交底、质量样板引路制度：

（6）引入经济处罚机制：对于一次性通过验收并达到优良质量标准的施工组，给予 3000 元奖励，对于不能完成质量目标的个人及单位给予 3000 元处罚。

4. 物资管理

（1）物资采购的实施

1）申请计划/采购计划

① 供应部根据计划进行分配，及时开具调拨单，通知需求单位领料。

② 包装物有押金的要随货入库，办理调拨手续时，在入库单上注明押金期限和金额。

③ 凡计划外调拨，必须经公司主管领导批准后方可办理，特殊急需情况下，可先开调拨单发料，审批手续后补。

④ 贵重物资、有毒、易爆品应由供应部部长使用单位主管、公司主管领导审签后，方可开调拨单发料。

⑤ 五金工具实行交废领新和丢失赔偿制度。

2）供应商选择

供应商的资质水平直接关系到供货的质量、售后服务水平和重大产品问题的处理等储多问题，更有重大品质、售后事件等的处理态度、反应的及时性都与供应商本身的资质、能力有关。因此有必要严格地筛选、考核供应商，对不合格供应商制订相关终止办法。

3）样品/样本报批

科学、客观、认真地进行收货质量检查；处理好与供应商的关系，帮助供应商解决一定的问题；认真分析采购工作，改进流程、规范和采购标准，提出有助改进公司和供应商服务水平的建议；做好采购相关文件的存档、备份工作；在满足公司需求的基础上

最大限度降低采购成本；所有采购，必须事前获得批准。凡具有共同特性的物品，尽最大可能以集中计划办理采购，可以核定物品项目，通知各请购部门依计划提出请购，然后集中办理采购。

(2) 物资验证

抽货检验标准：此标准是对采购物品进行检验的参照标准，由技术部门或其他相关权责部门编写交采购中心汇总成册。

货物检验报告：是货物验收部门和人员对货物进行验收后对所采购货物给出验收报告和处理意见。

5. 工程分包

(1) 分包商的选择

分包队伍的选择，必须符合施工资质和满足分包工程的要求、主要技术和管理人员应有相关的工作经历或经验、以往业绩和社会信誉较好、以往与总包单位的合作情况良好等条件。

(2) 对分包商的控制措施

1) 总包为分包单位提供安全可靠的施工（生活）用水用电、外脚手架、安全通道(走道)、垂直运输机械等设施设备。

2) 及时向分包单位传达政府部门、建设单位、设计、监理单位的通知、变更等文件。

3) 向分包单位介绍本工程的概况、特点、难点及各项目标、要求、注意事项。

4) 向分包单位提供现场水准点、基准点、楼层水平控制点、标高。

5) 向分包单位提供总包单位对本工程的质量、进度、安全、文明施工的要求、措施。

6) 向分包单位提供总包单位各项管理规章制度。

7) 总包单位加强自身质量、安全、进度、文明施工等各方面管理，为分包单位做出好的表率，扫清分包单位施工障碍，为分包单位创造良好施工环境、条件。

8) 协调各分包单位（独立承包单位）之间在施工中的矛盾。

9) 向分包单位提供力所能及的其他服务。

6. 施工过程的质量控制

(1) 本项目的关键过程的特殊过程

针对工程概况和特点分析，从质量保证措施、安全生产保证措施、文明施工保证措施（含防尘、防噪声，防火，环境保护）、季节施工保证措施、土建与安装配合措施、总包与分包配合措施、工程回访保修措施等各个方面进行控制，以确保工程各项指标的实现。

(2) 关键过程的控制

1) 技术交底的控制

针对工程的特点，选派施工管理能力强、技术专业性高、施工经验丰富、工作责任心强的人员组成现场技术管理体系，主要解决施工过程中遇到的技术性问题，严格控制工程施工质量。施工技术人员在分项工程施工前，按照施工方案向施工班组进行详细的技术交底并精心组织施工，以此来保证工程的顺利进行。

2）作业环境的控制

影响施工阶段工程质量的因素归纳起来有五个方面，即人的因素、材料因素、机械因素、方法因素和环境因素。其中人的因素主要是施工操作人员的质量意识、技术能力和工艺水平，施工管理人员的经验和管理能力；材料因素包括原材料、半成品、构件、配件的品质和质量，工程设备的性能和效率；方法因素包括施工方案、施工工艺技术和施工组织设计的合理性、可行性和先进性；环境因素主要是指工程技术环境、工程管理环境（如管理制度的健全与否，质量体系的完善与否、质量保证活动开展的情况等）和劳动环境。上述五方面因素都在不同程度上影响到工程的质量，所以施工阶段的质量控制，实质上就是对这五个方面的因素实施监督和控制的过程。

3）施工机具的控制

施工机具应按其技术性能的要求正确使用，缺少安全装置或已失效的机械设备不得使用。严禁拆除机械设备上的自动控制机构，力矩限位器等安全装置及监测、指示、仪表、警报器等自动报警、信号装置。其调试和故障的排除应由专业人员负责进行。处在运行和运转中的机械严禁对其进行维修保养或调整等作业。施工机械设备应按时进行保养，当发现有漏保、失修或超载及带病运转等情况时，应停止使用。施工机械操作人员必须身体健康，并经专业培训考试合格，取得特殊工种操作证后，方可独立操作。在有碍机械安全和人身健康场所时，机械设备应采取相应的安全措施，操作人员必须配备适用的安全防护用品。当使用机械设备与安全发生矛盾时，必须服从安全的要求。

4）特殊岗位人员能力资格的管理

严格执行本单位特种设备安全技术档案管理制度，确保本单位使用设备安全技术档案齐全完好。特种设备技术档案应至少包括以下内容：特种设备出厂时所附带的有安全技术规范要求的设计文件、产品质量合格证明、安装及使用维修说明、监督检验证明等；特种设备运行管理文件包括：注册登记文件、安装监督检验报告、年度检验报告、日常运行记录、故障排除及维修保养记录等。

（3）工程创优

1）创优措施

为加强本项目工程管理力度，正确处理工程质量、进度和投资三者关系，提高工程管理水平，合理利用创优基金，真正起到奖优罚劣，鼓励先进的效果，根据招标文件要求及合同有关条款规定结合本项目的实际情况制定本办法。

2）样板计划

施工操作要注重工序的优化、工艺的改进和工序的标准化操作，通过不断探索，积累必要的管理和操作经验，提高工序的操作水平，确保操作质量。每个分项工程或工种（特别是量大面广的分项工程）都要在开始大面积操作前做出示范样板。包括样板墙、样板间、样板件等，统一操作要求，明确质量目标。

3）阶段性检查

在施工过程中，项目公司每月考核施工单位的合同履约情况，主要包括：工程进度完成情况、工程质量、安全生产、文明施工等内容（详见施工单位月度考核表）。

根据各承包人完成情况及集团规定（施工过程中的阶段性履约评价奖励金额应不大于创优基金总金额的50%）。月度考核综合得分在90（含90）分以上者，奖励承包人当月完成产值的1.5%；综合打分在80～90（含80）分者，奖励承包人当月完成产值的1%；综合得分在80分以下的将酌情予以一定金额的处罚。

7. 成品保护措施

8. 质量监督检查

（1）质量检查计划（确定质量控制点或停检点）

（2）对不合格品的处置

（3）纠正措施

（4）应完成的记录

9. 质量技术资料的管理

（1）质量技术资料管理的分工

（2）对分包商质量技术资料的控制措施

（3）资料归档

复习思考题

1. 施工管理计划包含哪几个方面？
2. 进度管理计划的编制内容？
3. 质量管理计划的编制内容？
4. 安全管理计划的编制内容？
5. 环境管理计划的编制内容？
6. 成本管理计划的编制内容？
7. 环境与成本、进度、质量、安全之间的关系？

学习单元9

施工项目管理应用软件简介

【知识目标】

了解计算机信息技术与施工组织设计的结合及发展趋势。

【能力目标】

通过选用某施工项目管理软件，进行实践操作教学，使同学们具备熟练运用施工项目管理软件，编制某工程施工方案、进度计划、施工平面图的能力。

随着科学技术的进步，大量的计算机软件涌现出来，成为施工组织设计方法和手段的重要组成部分。它们可以用于各种施工组织活动，提供便于操作的图形界面，帮助用户制订任务、管理资源、跟踪项目进度等。

9.1 PKPM软件在网络技术中的应用

9.1.1 编制双代号网络图

双代号网络图是以箭线表示工作、以节点表示工作的开始或结束状态及工作之间的连接点、以工作两端节点的编号代表一项工作的网络图。

系统能自动根据工作的持续时间、工作之间的关系以及子网是否展开等情况，快速完成双代号时标网络图的布图；可按“单起点单终点”或“多起点多终点”方式布图，并可方便地实现两种布图方式的自由转换；在网络时标设置中系统提供“年”、“半年”、“季度”、“月”、“旬”、“周”和“天”七种时标主样式，在每种主样式中又提供多种子样式，用户可根据需要灵活方便的设置双代号网络图中的时标；可通过鼠标操作更改工作参数(如持续时间、工作资源、搭接关系等)；可对工作进行检索、定位；提供弹出式菜单，用户操作更方便，快捷；用户可在双代号时标网络图上加入标注说明和图片，提供对图片大小进行调整的功能；可对网络图进入放大、缩小、区域显示操作；用户可设置网络图中关键工作、非关键工作和子网的显示颜色，设置打印标注的字体和颜色；设置打印时标网络图的纸张大小，页数以及页边距，提供所见即所得的打印功能。

1. 进入双代号网络图

单击菜单【图表】→【双代号网络图】(或单击工具条［双代号网络图］按钮)。

注意：工程第一次进入双代号网络图、增加工作、删除工作、子网收起或展开、升级降级、流水、施工层划分，这些操作完成后，系统将自动布图。

2. 双代号网络图的图形设置

(1) 节点设置

在图形空白处单击鼠标右键，在弹出菜单中选择【节点设置】项，弹出下级子菜单选择【节点显示数字】或【节点不显示数字】即可设置节点是否显示数字（图 9-1)。

(2) 起点设置

在图形空白处单击鼠标右键，在弹出菜单中选择【起点设置】项，在弹出的下级子菜单中选择【单起单终】和【多起多终】两种状态。

注意：在【单起单终】和【多起多终】之间进行切换时，系统将重新布图。

3. 带资源的双代号图

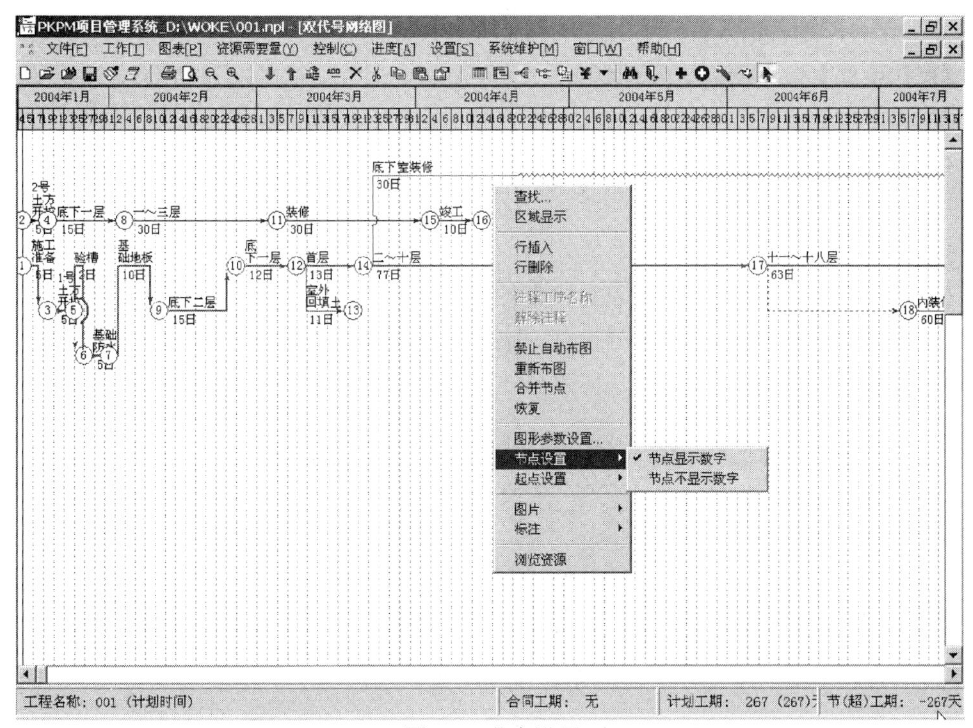

图 9-1　节点设置

横道图上带资源时，在双代号上单击鼠标右键弹出菜单，选择“浏览资源”将显示相同资源(图 9-2)。

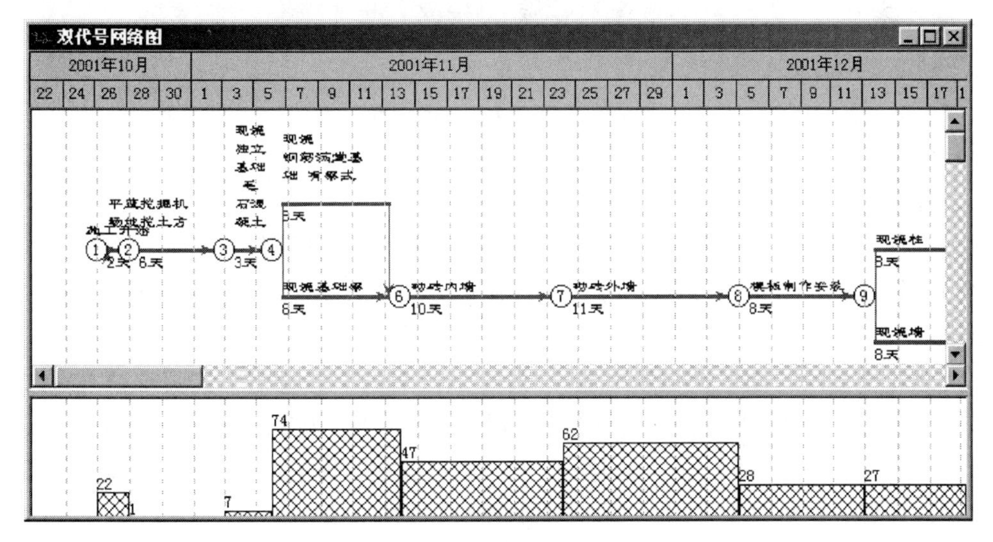

图 9-2　带资源的双代号图

9.1.2　进度控制

1. 施工作业计划

施工作业计划包括月度作业计划和旬度作业计划两种。

【操作条件】应编制完进度计划。

【操作方法】

(1) 从总菜单“进度”进入；

(2) 选择“作业计划”。

2. 进度分析

施工项目进度分析的首要任务是检查各施工工序是否按进度计划执行。在本系统中提供了进度检查、分析功能，可分析每一施工工序自身的执行情况和对总工期是否有影响及影响的程度，检查、分析的具体内容如图 9-3 所示。

编号	工作名称	工期	开始日期	结束日期	工程量	单位	完成百分率	尚需作业天数	尚有天数
1	施工准备	0	2001-07-01	2001-07-01	0		0	0	-87
2	B段桥区挖填	10	2001-07-01	2001-07-10	0		80	2	-86

图 9-3 施工项目进度分析

进度检查、分析方法：

检查各分项工程在“检查日期”内所完成的工程量，即所用工时对“可宽限时间”、“总可宽限时间”的影响，分析各分项工程在本分项工程中是“提前或延误”，在项目(总任务)中“影响总工期天数”。

此处“可宽限时间”是自由时差，“总可宽限时间”是总时差。其中“可宽限时间”、“总可宽限时间”等，提前为负数，延误为正数。当“机动天数”为负数时，其绝对值是提前完成计划而产生的机动时间，当“机动天数”为正数时，没有机动时间，其值是延误计划的时间。

【操作条件】应编制完进度计划。操作时应注意，“检查日期”与工程量的“完成日期”的对应关系，只有当工程量的“完成日期”小于“检查日期”时，实际已完成的工程量才能纳入统计，即归入完成的“完成百分率”中。

【操作方法】

(1) 从总菜单“进度”进入；

(2) 选择“进度分析”，得到“进度分析”，如图 9-3 所示。

3. 进度资源计划

进度资源计划主要是依据本工程的施工计划计算，并显示出某天或某一段时间内的工作内容、定额及工程量、劳动力需求数量、材料及半成品数量、机械设备数量及各种费用等信息。

单击【进度】→【进度资源计划】菜单，打开进度资源计划窗口如图 9-4 所示。

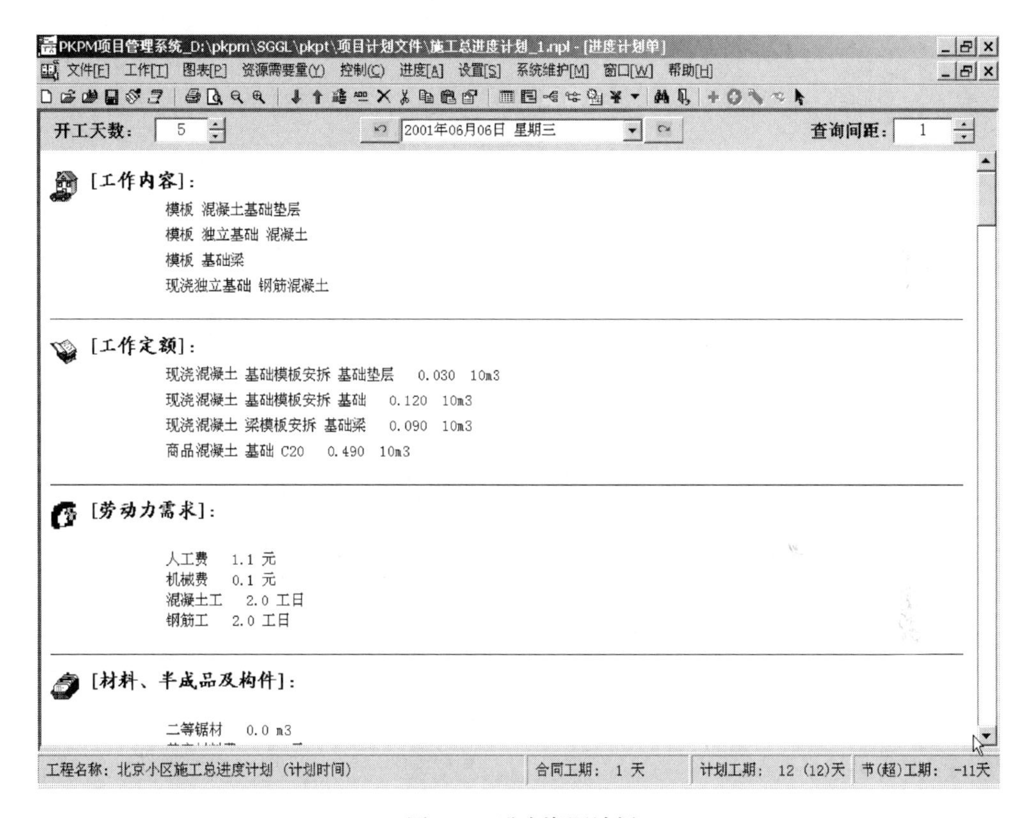

图 9-4 进度资源计划

4. 进度报表

进度报表主要用于逐日填报各施工工序中各定额项目工程量完成情况。

单击【进度】→【进度报表】菜单，打开进度报表窗口如图 9-5 所示。

从图 9-5 可见，进度报表窗口由“任务清单”窗口及“进度一览”、“填报进度”两个页面组成。

填报录入工程量完成情况：

1) 在图 9-6 左侧“任务清单”中展开工作列表，找到要录入完成工程量的工作，单击使之成为当前工作。

2) 在“填报日期”中输入填报日期(默认为系统日期)。

3) 输入当日完成工程量，有两种方式，既可以在“新增完成工程量”中输入具体工程量数字，也可以在“新增完成百分比”中输入当日完成工程量占该工作整个工程量

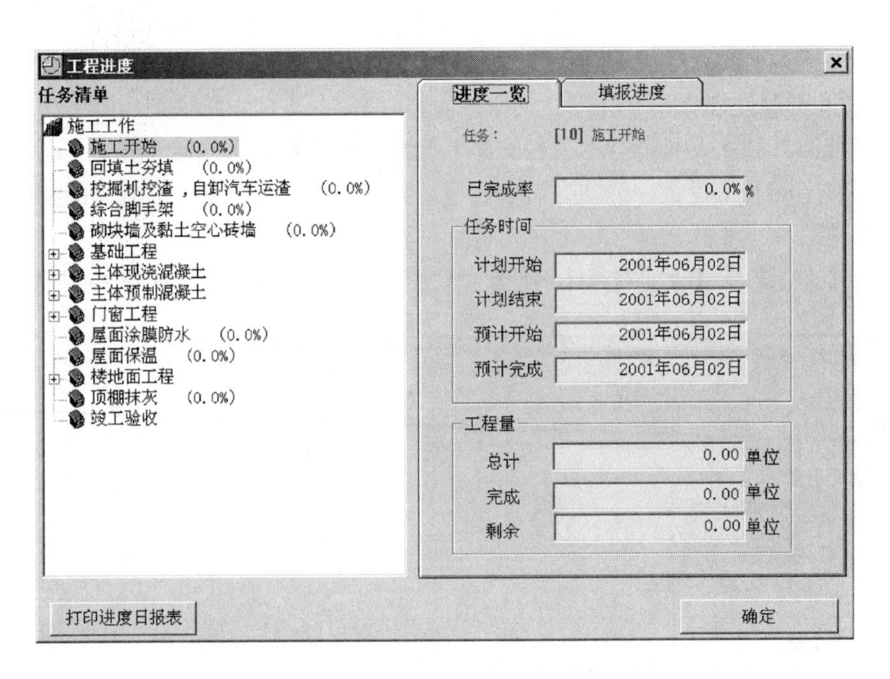

图 9-5　打开进度报表窗口

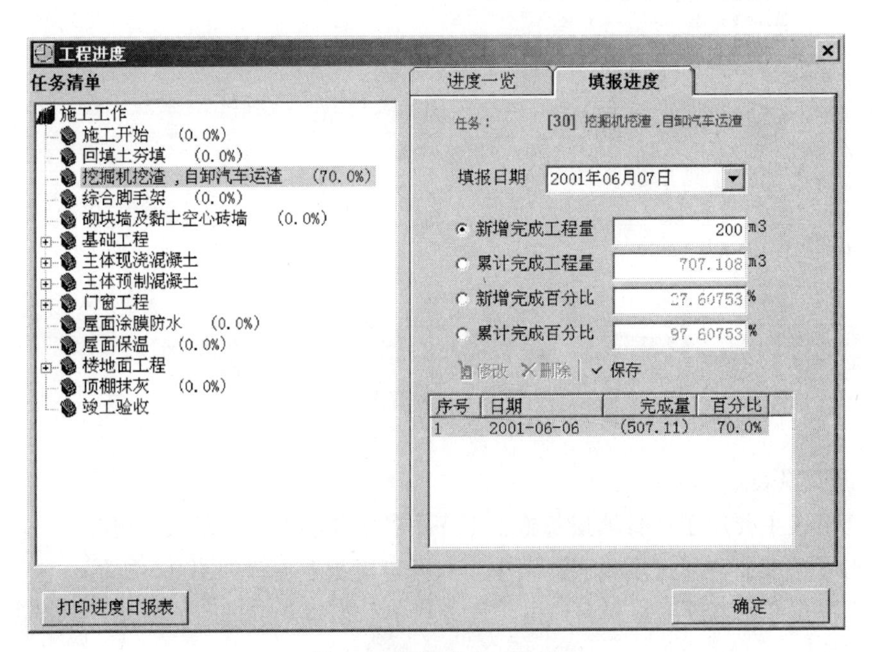

图 9-6　填报录入工程量

的百分比数目。

4）点击“保存”，保存所作修改。

5. 显示前锋线

前锋线是以图形方法在各工序上当前进展情况连接起来的一根线。在前锋线图中可以清晰地看到各工序的施工进度情况以及超前和滞后状态。如图 9-7 所示：

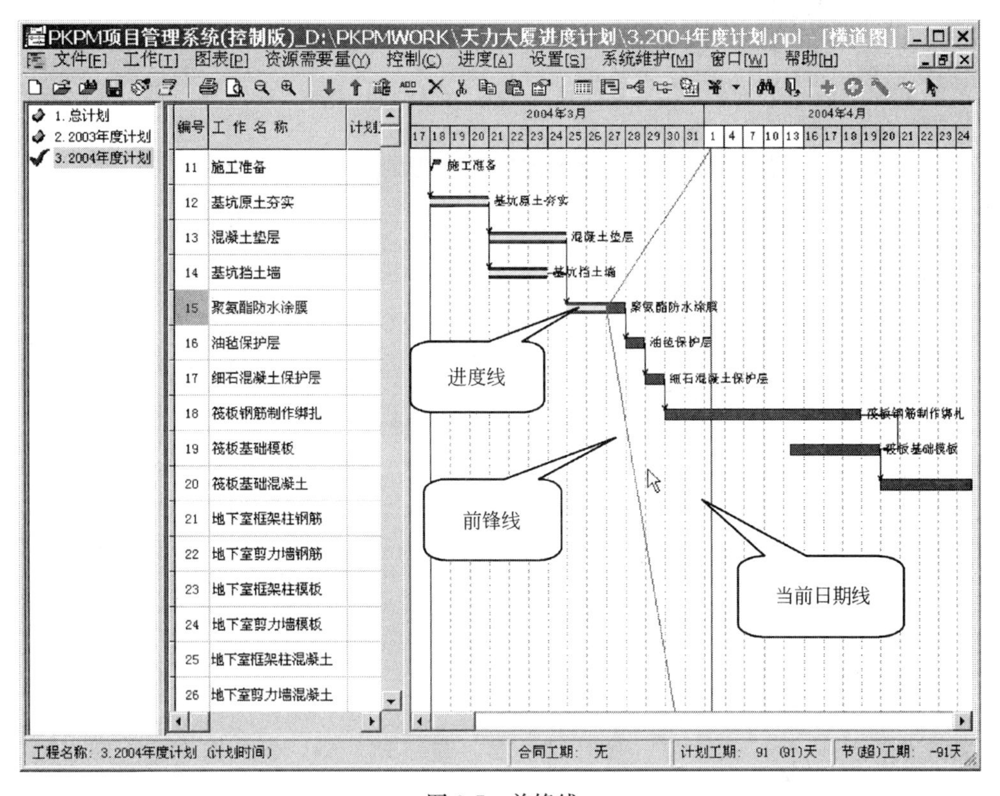

图 9-7　前锋线

在默认状态下横道图是不显示前锋线的，如要显示前锋线，请单击【设置】→【图形参数】菜单，打开横道图设置窗口单击“横道图”页面，将其中的“进度前锋线”检查框选中(图 9-8)，单击“确定”按钮退出后便可。

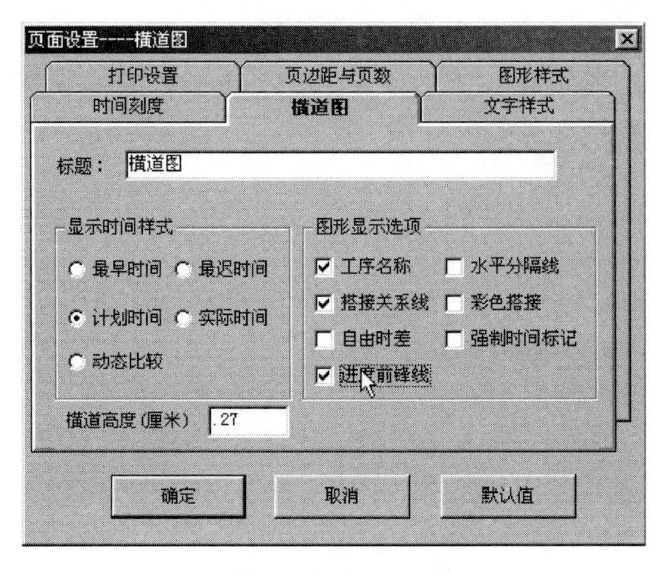

图 9-8　横道图显示前锋线

双代号网络图的前锋线设置同横道图的前锋线的设置，单击【设置】→【图形参数】菜单，单击“双代号”页面，将其中的“前锋线”检查框选中(图 9-9)，单击“确定”按钮退出后便可显示出如图 9-10 的前锋线控制图。

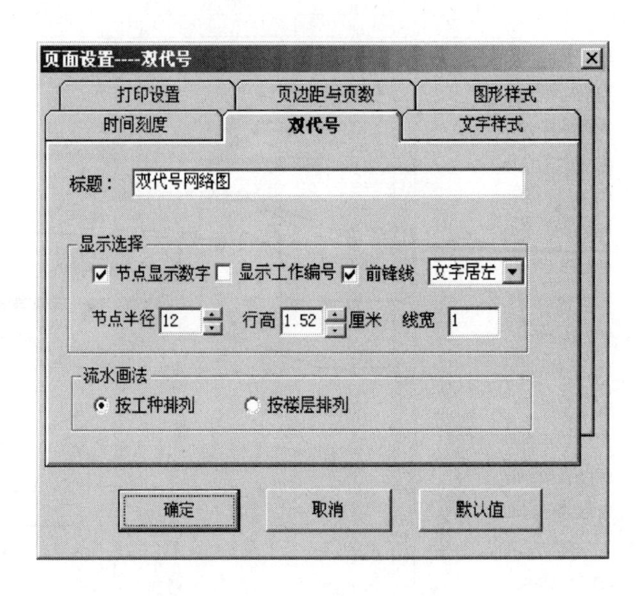

图 9-9　双代号网络图显示前锋线

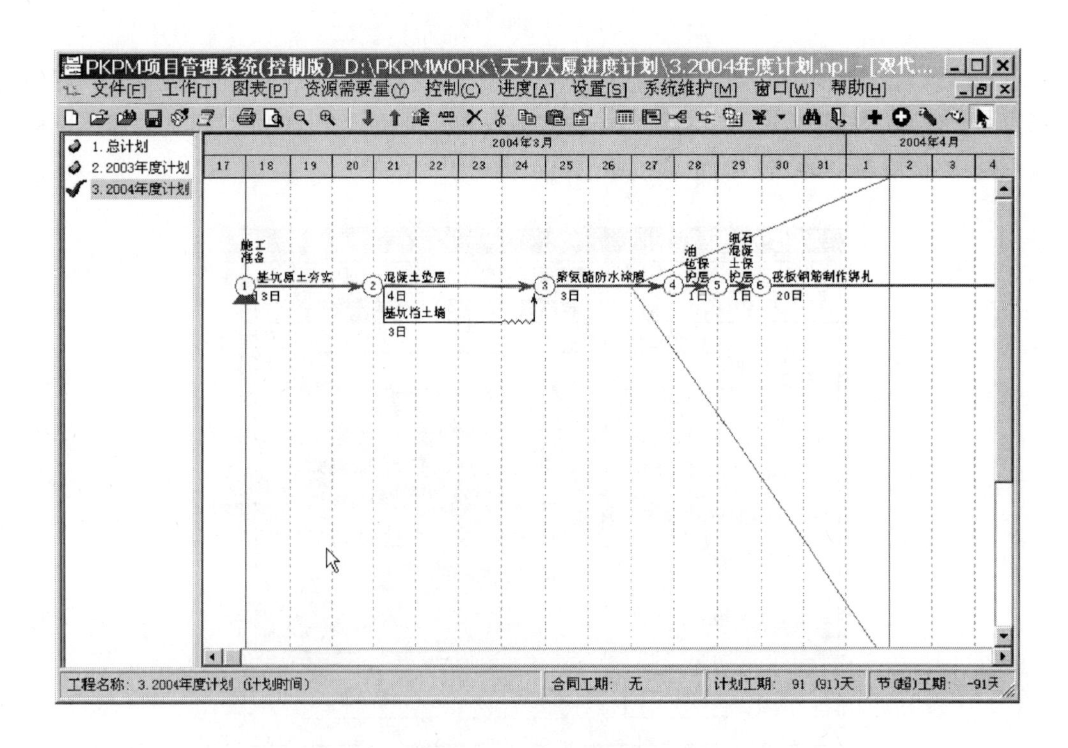

图 9-10　前锋线控制图

9.2 翰文施工项目管理软件应用

翰文施工项目管理软件由以下子系统构成：翰文施工方案编制系统、翰文工程进度计划编制系统、翰文施工平面图编制系统。

9.2.1 翰文施工方案编制系统

翰文施工方案编制系统具有以下特点：

(1) 提供大量的施工方案模板、素材，在编制施工方案时不用输入大量的文字也能快速制作施工方案。

(2) 提供了施工方案管理功能，可以对施工方案进行建立、调整、归类、备份等。

(3) 提供了施工方案编辑功能，对新建和已建施工方案进行添加、修改还可以导入WORD文档。

(4) 施工方案自动生成功能。

(5) 提供了施工方案转入模板的功能，随着施工方案的积累，施工方案编制工作会越来越方便。

1. 施工方案管理

在编制施工方案的过程中会发现虽是不同的施工方案，却有着许多相同或相近的内容，而同类施工方案的共同点就更多了，这些有着相同或相近内容的施工方案就可以组织在一起，便于查找或为新的施工方案制作提供素材。

运行计算机软件后，在左边出现两个窗口，左上方的窗口是进行施工方案管理(标书管理)和施工方案编辑(标书编辑)的区域，在此窗口内可完成施工方案的全部制作(图9-11)。

在左下方的窗口中，有施工方案常用模板、施工方案常用素材和用户施工方案选项，在此处存放了一些施工方案的范本和素材，在施工方案制作过程中，可根据内容相同或相近的原则，利用其中一些有用的内容，也可以把其中某个施工方案完整地复制到左上方窗口“施工方案管理”的栏目下，进行重新地编辑和修改。

在施工方案管理及模板、素材页面内使用一棵结构树，它是按照施工方案不同类型，以树形结构进行分类的。文件夹分类、施工方案、一级标题、二级标题等采用不同的图标。通过鼠标拖曳和鼠标右键快捷菜单来管理和编辑施工方案，选中的节点不同，弹出的菜单功能有所区别。

(1) 增加子文件夹

在新建施工方案之前，可在“施工方案管理”栏目下增加一个子文件夹，表示一种新的分类，也可在原有的文件夹下增加。

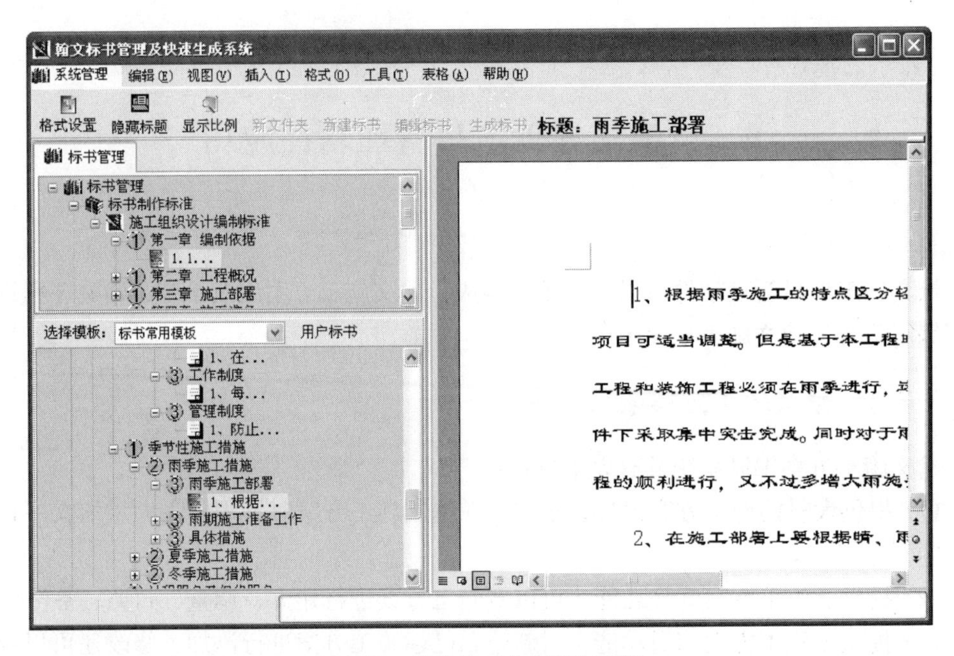

图 9-11 翰文施工方案编制系统

(2) 新建施工方案

新建施工方案有以下两种方法：

1) 先选中一个文件夹，单击鼠标右键，弹出下拉式菜单。选中“新建施工方案”菜单，增加一个名为“新工程项目”的节点。选中后，点击“编辑施工方案”钮，进入编辑窗口。在此窗口中，点击鼠标右键可添加施工方案的各级标题和标题下的文档。

2) 通过复制已建的施工方案或模板库内的施工方案样本来建立新施工方案。

(3) 施工方案归类

建立一个分类文件夹，通过移动施工方案位置把相同类别的文档放在同一个分类中，从而方便文档的查找。

(4) 浏览文档

如果要了解施工方案的具体内容，可用鼠标点击施工方案节点前的“＋”号，此时会出现施工方案的全部一级标题，再点击标题前的“＋”号，直到出现文档节点，单击文档节点，在右窗口显示文档内容。

(5) 查找功能

软件中已有大量的施工方案模板和素材，为了方便用户快速找到自己需要的内容，软件提供了“查找”功能。用鼠标选中文件夹或施工方案节点，单击右键，选择查找，在弹出的对话框中输入要查找的内容，如“脚手架”，再点击“查找下一个”，在各级标题中含有“脚手架”的，都会被查找出来，这样逐次点击“查找下一个”，就会很方便地找到所需要的内容。

(6) 备份与导入施工方案

此功能可对施工方案进行备份存盘，也可把备份的施工方案导入。

2. 施工方案编辑

在施工方案管理页面选择一个施工方案节点，再点击工具条中的“编辑施工方案”按键，即可进入施工方案编辑页面，在这里可增加施工方案的各级子标题以及标题下的文档和对文档的编辑，介绍如下：

(1) 添加子标题

用鼠标的右键菜单可在施工方案下增加子标题，还可在子标题下增加下一级的子标题。

(2) 添加新文档

选中一个节点，选取“新文档”菜单来添加新文档，这时可在右边的文档栏中输入具体的内容。

(3) 编辑新文档

在编辑文档时，上工具条中的功能项，如：视图、插入、格式、工具、表格等，与word中的操作完全一样(此类软件一般都建立在office办公软件平台下)。

(4) 调整施工方案、标题、文档顺序

(5) 由模板与素材来创建标题及文档

在屏幕左下方的窗口中提供了一些模板与素材，通过复制模板与素材库内相近的内容来创建标题及文档。在模板页面中选中一个节点，单击鼠标右键选中“复制”菜单，然后在施工方案页面中选中一个施工方案节点或标题节点，单击鼠标右键选中“粘贴”菜单，即完成新文档及标题的建立，然后可根据具体情况进行修改和编辑。

(6) 导入已建的WORD文件创建标题及文档

如果有已建的WORD文档，其内容对我们的施工方案有用，就可以直接导入到施工方案中，有下列三种导入方法：

1) 导入WORD文档，生成新文档素材。

2) 导入某文件夹及包含的所有子文件夹和WORD文档，按标题格式生成。

3) 导入WORD文档，并按标题格式生成。对已存在的WORD文档，设置好标题，并可按标题格式导入到本系统中。

3. 生成施工方案

在组织好施工方案后，即可以进行生成施工方案的操作。单击施工方案编辑窗口上方的工具条中的“生成施工方案”按钮或单击鼠标右键，在弹出菜单中点击“生成施工方案”菜单。

此时会出现施工方案格式设置窗口，可以根据实际情况设置施工方案文档标题、正文、页眉、页脚、目录等格式操作。

确定施工方案的格式后，系统开始生成施工方案，根据施工方案组织结构生成施工方案文本。在生成完毕后，可以按下“保存”按钮来保存生成的施工方案或按下“退出”按钮回到施工方案编辑窗口，也可进行打印。

对生成的施工方案可进行再次修改，修改后的施工方案的页码和正文中的标题可能与目录的内容不符，此时目录及页码可自动更新。

4. 对施工方案模板与素材进行管理

随着时代的进步、科学技术的发展，施工中新技术、新材料、新工艺等不断涌现，施工管理水平日益提高，需要对软件提供的施工方案模板或素材进行改动、增减，以丰富它的内容，可通过下面两种方法来完成：

(1) 通过系统管理菜单选择管理类别

在显示施工方案管理页面时，单击主菜单中的“系统管理”菜单，在弹出的子菜单中选择“常用模板管理”或“常用素材管理”，施工方案管理页面中就会显示“模板”或“素材”中的内容，对“模板”或“素材”进行修改。

(2) 把已建施工方案存为模板与素材

1) 从下窗口选择“用户施工方案”的施工方案节点，使用右键弹出下拉式菜单，选择“复制”菜单选项。

2) 把此施工方案复制到上窗口的模板或素材相关的文件夹下面。

9.2.2 翰文工程进度计划编制系统

本软件采用图形编辑方式，不需画草图，不需记住工作的代号，只需用鼠标就可以直接在网络图中对工程项目进行添加工作和调整逻辑关系，并实时计算关键线路、自动添加时标、自动生成横道图。利用本软件可简单、快捷、准确地完成以下工作：

(1) 编制工程的网络计划图、横道图、资源图。

(2) 进行施工进度计划优化。

(3) 在实施中进行施工进度控制、资源管理工作。

(4) 可输出图形：双代号时标网络图、横道图及资源图。

1. 软件界面

双击工程进度计划系统的图标，计算机启动软件，在屏幕的上方、右侧出现两个工具条，通过工具条的操作可实现网络图编辑的绝大部分操作(图 9-12)。

(1) 上方工具条主要实现对网络图的基本操作、属性设置等内容。

(2) 右侧编辑状态条用于设定网络图的编辑状态。

2. 编制网络计划

(1) 添加和修改工作

采用图形编辑方式，通过选择右侧编辑条进行编辑工作的切换，最主要的操作为添加、编辑、删除、替换、时差、分段、拆分与合并、添加资源、插入空行。

如：添加工作的步骤为：用鼠标在右边的编辑状态条上的“添加”按钮点击一下，按住鼠标左键不放，在屏幕上拖拉，然后松开鼠标(或双击鼠标左键)，屏幕上会出现一个“工作信息框”，输入工作名称、持续时间及工程量、工作类型，则第一项工作已绘制完成。

(2) 工作分类及设置

1) 工作分类

网络图中最基本的元素就是工作，在软件中，表示工程项目的工作有：实工作、虚

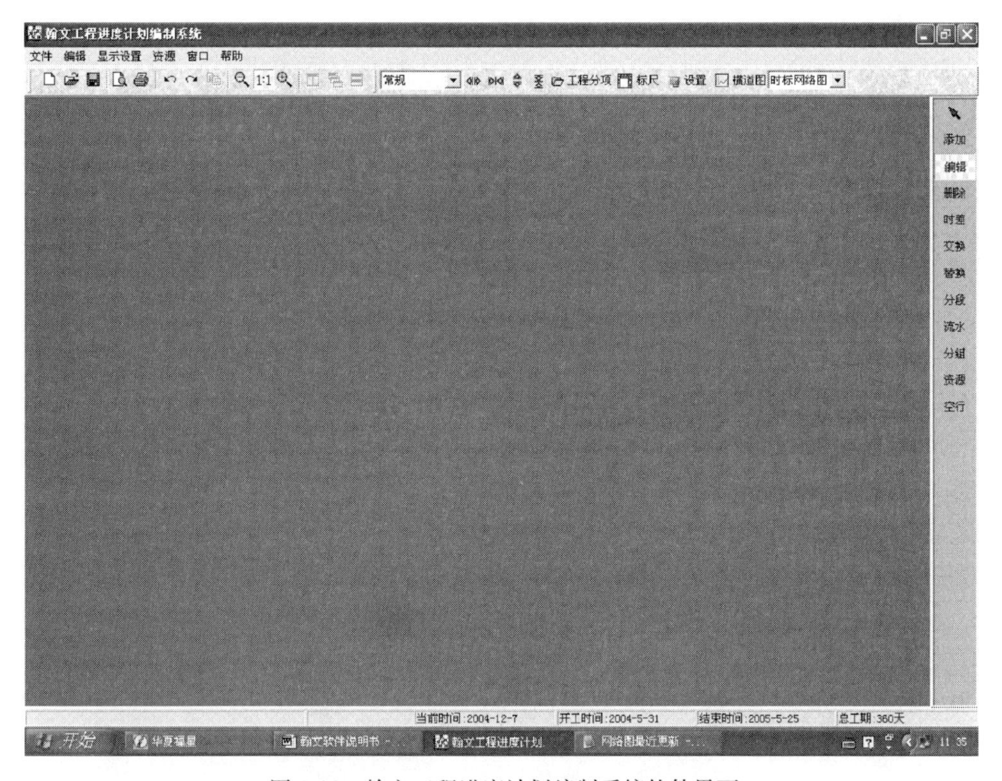

图 9-12　翰文工程进度计划编制系统软件界面

工作、里程碑、自定义工作等。正确地理解并运用它们将有助于编制出符合实际且又合理的工程网络计划。

① 实工作、虚工作的定义与本章前几节所述相同。

② 里程碑：在网络计划中，里程碑是确立某一阶段或某些工作开始或结束的时间目标。里程碑的本质是控制点，它分为输入控制点和输出控制点。建立里程碑与添加工作一样，只是在工作信息卡中将工作类型选为“里程碑”即可。里程碑的特殊用途在于，用它可以在任意位置给网络图添加简单的说明。

③ 自定义工作：在网络计划中，还可通过对工作进行自定义设置，使它有别于其他工作。如改变工作线的线形、颜色、粗细及工作字体等来表示一些特殊的工作。例如，当施工中出现混凝土养护，或遇到暴雨等恶劣天气需要等待一段时间时，可以改变工作线为特殊线形、颜色来表示。

④ 挂起工作：在实际当中会有这样的情况，由于特殊的原因(如：天气、意外等)而使某项工作不能实施，一直处于等待状态。它只消耗时间而不消耗资源，这就是挂起工作。一般来说，如果某项工作由于特殊情况需要停止一段时间，等到条件允许时再继续，就可以用挂起工作来表示。

⑤ 辅助工作：有一些工作，是贯穿了整个施工过程始终的实工作，却不是关键工作(如：脚手架、水电配合等)，就把它称为辅助工作。它的时间长短是由其他实工作的工期来决定的。

2）工作信息卡

创建各种类型的工作离不开“工作信息卡”。工作信息卡中包含了大量关于工作的信息，由以下几部分组成：

① 主要信息卡。最初创建工作时，只需在此卡中将工作名称和持续时间、工程量、工作类型给定即可，其他信息都可以不输。最早开始时间、最迟开始时间自动计算。工作名称输入框中还可以选择其他已存在的工作名称，稍作修改即可成为当前工作名称(图 9-13)。

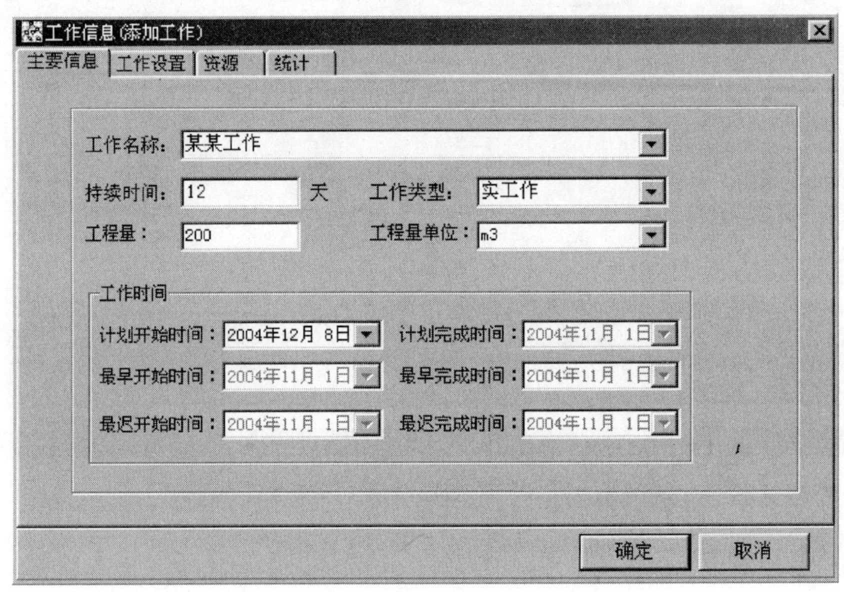

图 9-13　主要信息卡

② 工作设置卡。该卡片用于设置工作的显示方式和风格，主要用于作图排版上的方便。

③ 资源信息卡。该卡片用于输入一项工作所需要的资源。资源的输入可以在添加工作时输入，也可以通过对工作修改加入(图 9-14)。

④ 统计卡。该卡片中将显示对该工作所含资源费用等情况的统计：包括人工费、机具费、材料费、其他费、总工日、总费用等几项。该卡不需要人工输入，自动统计而成。

⑤ 工作字典。在“工作字典”中，提供了一些常用的工作名称。在绘制网络图时，工作名称可直接从工作字典中读取而不用人工输入。软件提供对工作字典数据库进行维护的功能，使用者可在字典中对已有的工作名称进行添加和删除，以符合自己的具体需要。

(3) 横道图自动生成及编辑

1）横道图自动生成

横道图可由网络图自动生成，再定义工作字体、颜色、横道条粗细、上下间隔等。

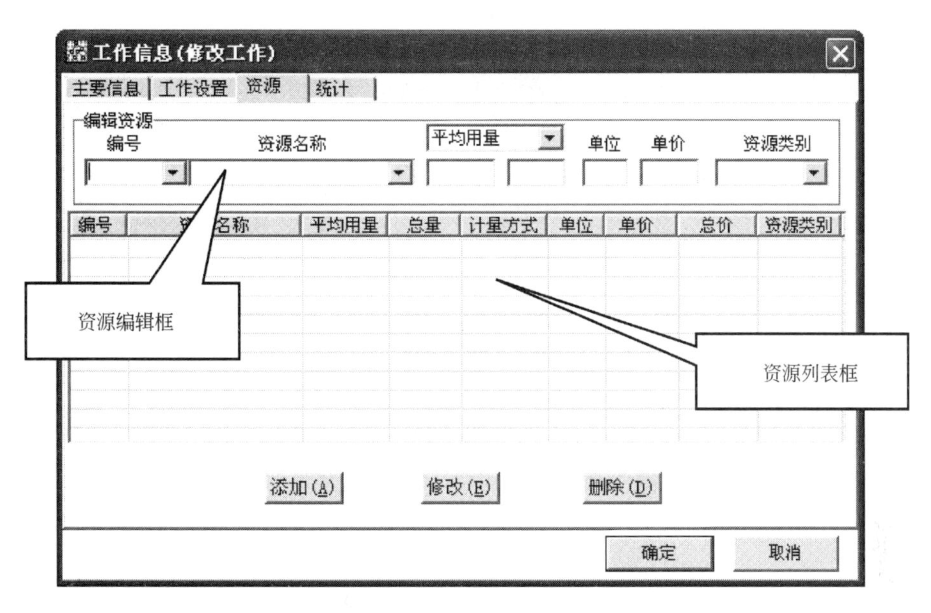

图9-14　资源信息卡

单击上方工具条的“横道图按键”，自动转换为横道图。再次单击此按键又转换为网络图。

2）编辑横道图

① 横道图的编辑。横道图由网络图自动生成后，还可以对自动生成的横道图进行编辑，包括添加、删除工作以及对工作信息的修改。

② 直接绘制横道图。软件提供了对横道图的直接编辑功能，习惯用横道图的技术人员可直接通过横道图左侧工具栏中的“添加”、“编辑”、“删除”等功能键直接绘制横道图，也可对绘制好的横道图进行编辑，修改工作信息，通过鼠标的拖动与双击即可完成。

③ 横道图的排序和拖放功能。如果要对横道图进行排序，可点击左边的“排序”键，在弹出的对话框中选择“按实际开始时间排序”或“按分组排序”。如果要改动横道图中工作的上下位置，可把鼠标放在工作上，按住左键，上下拖放即可。

④ 显示关系连线。如果要在横道图中表达出各工作之间的逻辑关系，可用“显示关系连线”的功能。

（4）设置网络图

单击上方工具条上的相应按键，可对该工程项目的各种参数及网络图的显示进行设置。

1）网络图的属性设置

如图9-15所示，网络图的属性设置要注意，在软件中有两个设置，一个是“显示设置”，另一个是“打印设置”。显示设置是指在屏幕上的显示效果，打印设置才是指打印的效果，所以打印前一定要在“打印设置”里进行设置，才能得到想要的打印效果。

在网络图的属性设置中，可对网络图中的工程名称、工作名称、节点的显示、打印颜色、字体，以及图与边框的距离和各种工作线的粗细等进行设置(图9-16)。

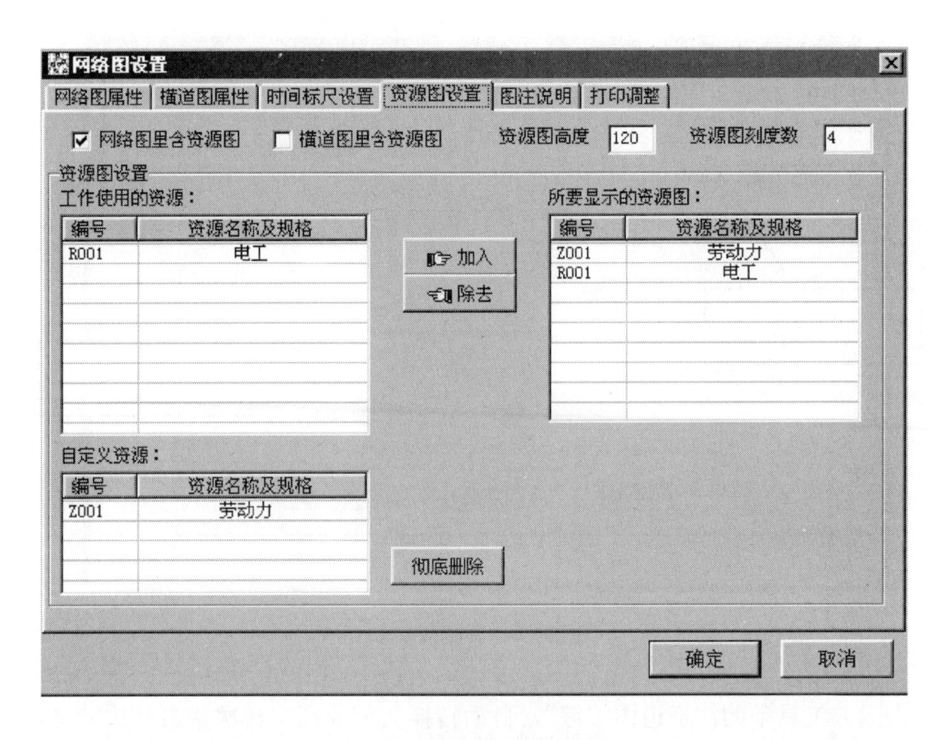

图 9-15　网络图的属性设置

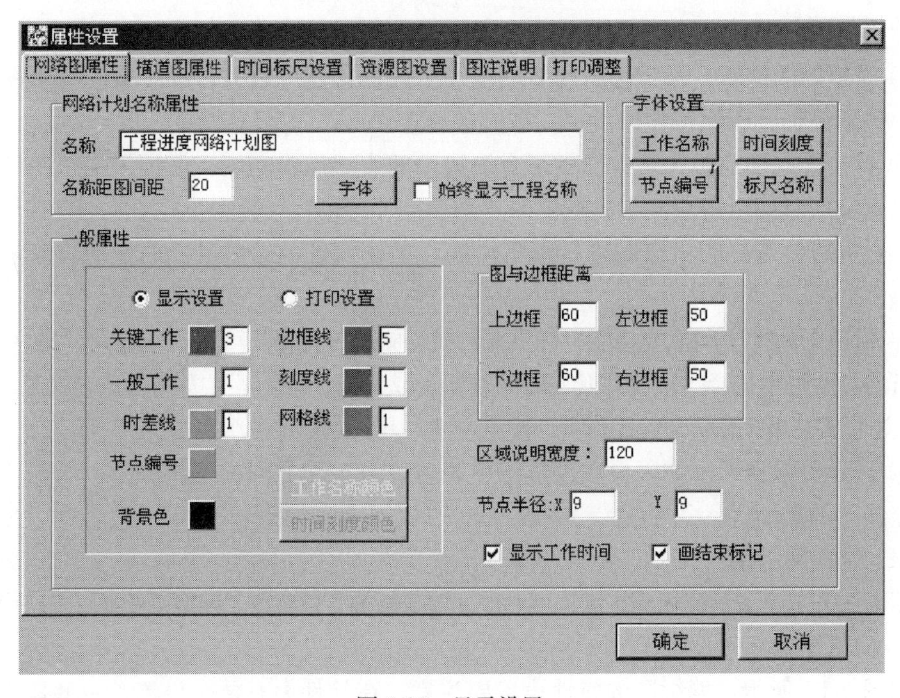

图 9-16　显示设置

2）打印调整

调整网络图和横道图的打印比例及页边距等。打开“属性设置”框，选择“打印调整”即可。

① 放大和缩小网络图。对较大型的工程，网络图可缩小显示，进行添加、编辑等各种操作。在放大状态下也是如此。使用上方工具条的缩小、标准、放大显示命令来实现此功能。

② 横向伸长、压缩网络图。当图形左右或上下距离太大或已超过图纸大小，可使用上方工具条的横向伸长、压缩或纵向伸长、压缩来调整大小。横向调整时，时标刻度自动修改。在打印预览的窗口下，也能进行横向伸长、压缩或纵向伸长、压缩来调整大小，使其与纸张大小相符。

(5) 网络计划软件与预算软件的接口功能

在绘制网络计划图的过程中，需要操作人员自己输入工作名称、工程量以及资源消耗量等，为了使操作更加方便，软件实现了与其他预算软件接口的功能，可在画网络图过程中直接从预算软件中导入每个工作的信息，如：工作名称、工程量、资源消耗量等，从而使网络图完全真实地反映出整个工程的实际情况，有利于资源优化。

(6) 定额库、资源库及资源分析

为了对整个施工过程进行更好管理监控，使整个施工组织设计更加科学合理，软件提供了资源库和定额库功能。

1) 资源分析

如果在网络图中已经包含了所有的资源，就可以进行资源的分析，以便更好掌握资源的使用情况。

2) 资源库管理

可根据实际情况自定义各种资源，包括人力资源、材料资源、机具资源、其他资源等。在绘制网络图的过程中，就可直接从资源库读入每项工作所需的全部资源用量，此时网络图就包含了整个施工过程的所有资源。这样通过网络图，可以把不同的时间段各种资源的需要量准确地反映出来，为各种资源的管理、统计和均衡使用提供依据。

3) 定额库管理

可根据实际情况自定义企业施工定额库。如果在网络图中输入了工程量，就可以直接套取企业定额库，从而得到人工费、材料费、机械费等各分项费用以及总费用，从而为施工过程中的成本控制和提高效率提供依据。

3. 打印网络计划图

软件采用所见即所得的打印方式，打印的网络图或横道图就是当前预览的显示内容。使用者可灵活进行页面设置、打印设置，可打印(预览)各种图表，如：双代号网络图、单代号网络图、时标横网络图、横道图、资源图等。使用者还可在属性设置中设置打印色，为图形输出设定合理的颜色搭配效果，从而打印出理想的施工进度计划图(图9-17)。

9.2.3 翰文施工平面图编制系统

用手工绘施工平面图速度慢、修改困难，出图效果欠佳，采用施工平面图软件可快速绘制出高质量的施工平面图。本软件简化和集成了一些常见的绘图操作，在界面上十

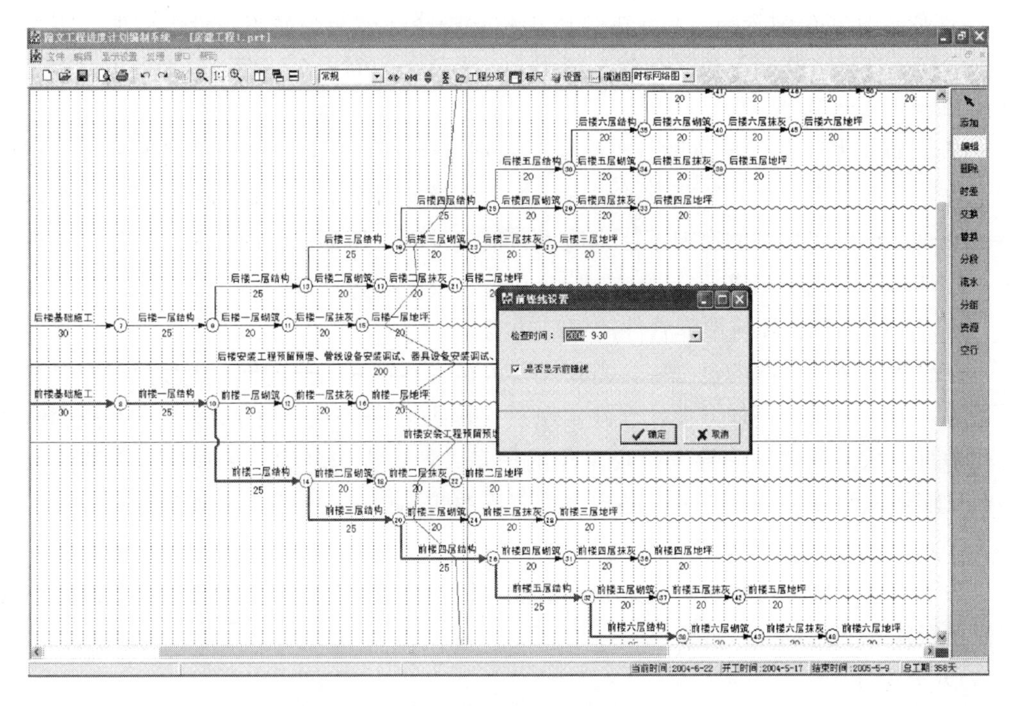

图 9-17　网络计划图

分友好，操作过程中，不必去记忆枯燥的命令、也不必去考虑特殊线形和实体的绘图过程，只需移动和点击鼠标就能够完成平面图绘制工作。

应用翰文施工平面图编制系统绘制施工平面图的一般步骤如下：

(1) 启动软件，配合扫描仪将建筑总平面图扫入作为底图。

(2) 图纸大小调整，定义图纸尺寸。

(3) 进行图面布置，绘制平面图。选择实用工具和库工具快速绘出拟建建筑、塔吊、各种生产生活临时设施、临时围墙、道路、水电管线等。

(4) 可利用图层管理功能，将图中所画的对象置入不同的层中，需要时按施工阶段或不同专业分别输出。如只输出施工水电布置图。

(5) 标注尺寸，标注图例、指北针、风向标，填标题栏，对图中文字进行修饰处理。

(6) 打印整理，输出施工平面图。

1. 软件界面

本软件采用了标准的 Windows 界面，运行软件并新建工程后，将出现软件主界面，软件主界面一共由六个部分组成，它们分别是菜单栏、上工具栏、左工具栏、下工具栏、坐标显示栏、绘图区。如图 9-18 所示：

1) 菜单栏中提供了软件的一系列功能菜单，分别是“文件”、“编辑”、“绘图”、“修改”、“显示”、“窗口”、“帮助”等，这些菜单可以帮助您完成各种操作。

2) 在上工具栏上的按钮分别有“打开”、“保存”、“预览”、“复制”等等。

3) 左工具栏中按钮提供了绘图操作的图形工具，点击其中任何一个按钮便可画出

图 9-18　翰文施工平面图软件界面

相应的图形。

4）下工具栏提供了一些在绘图过程中，对图形进行编辑的工具。

5）绘图区是进行绘图的地方，所有的绘图工作在此完成。

6）坐标显示栏的作用，是当进行绘图操作时，显示鼠标的坐标。

2. 基本的软件操作

在绘图过程中，基本操作包括文件、右键菜单、按钮以及主菜单的操作，下面简单了解这些基本操作方法：

（1）文件操作

点击菜单栏中的“文件”，在弹出菜单中罗列了针对文件的各种操作，如图9-19所示。

对于基本的文件操作，如“新建”、“打开”、“关闭”、“保存”及“另存为”等操作，其使用方法与其他应用软件完全相同。“存为其他格式”用于把平面图存为图片格式(如 BMP、EMF、WMF、JPG 等格式)。“打印”及“打印预览”用于对图纸的打印输出。

（2）右键菜单

当图纸处于编辑状态时，单击鼠标右键，弹出的右键菜单如图 9-20 所示。

菜单中可进行对当前活动图形的剪切、复制以及删除操作。

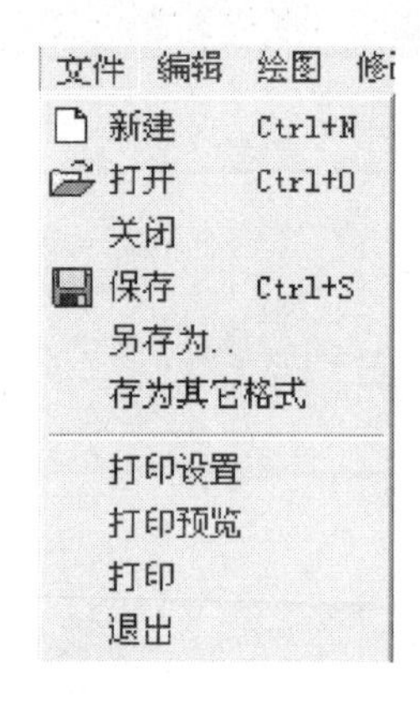

图 9-19 “文件”菜单

图 9-20 “右键”菜单

（3）上工具栏操作

上工具栏中的按钮分别代表了一些常见的操作，如打开文件、保存文件、视窗缩放按钮等。

（4）运用菜单

在软件的菜单栏中，除了提供绘图功能以外，还有很多是提供有关绘图界面设置以及视窗管理的功能。

3. 一般绘图操作

（1）画线(略)

（2）现场水、电线路的绘制

为了简化操作，软件专门提供了直接绘制水、电线路等的方法。

在绘制施工平面图时，通常用带“S”字的折线代表施工用水线路、用带“V”的折线代表施工用电线路，要绘制这两种线形，可以使用软件左工具栏上面的按钮或者主菜单画图中的字线命令。如图 9-21 所示。

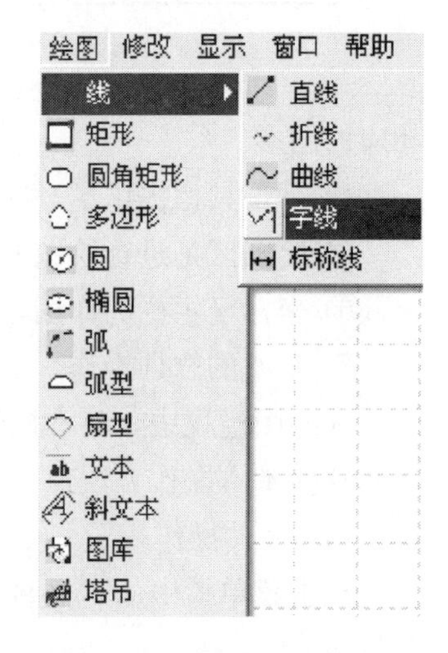

图 9-21 “绘图”菜单

（3）围墙、边缘线

利用这个工具，可以很方便地画出围墙、边缘线。

（4）画实体

1）画矩形

点击按钮“”，在图纸上点击矩形的两个对角点即可完成绘制任务。然后打开属性编辑器，除了对边线进行设置外还可以设置“填充颜色”和“填充样式”。

2）绘制多边形

单击按钮“”，在图纸上点击一点，然后在图纸上点击各端点，点击鼠标右键结束多边形绘制。同样，我们可以打开多边形的属性编辑器，设置方法与矩形一样。

3）其他实体图形(圆、椭圆、圆角矩形、弦形、扇形)

绘制其他实体图形，如：圆、椭圆、圆角矩形、弦形、扇形等，在软件中均提供了现成的工具。

(5) 画塔吊

点击塔吊绘制按钮“”，然后在图纸所预定的塔吊位置上点击一下，一个塔吊就绘制完成。拖动其中的小黑点，可改变塔吊样式，如图 9-22 所示。

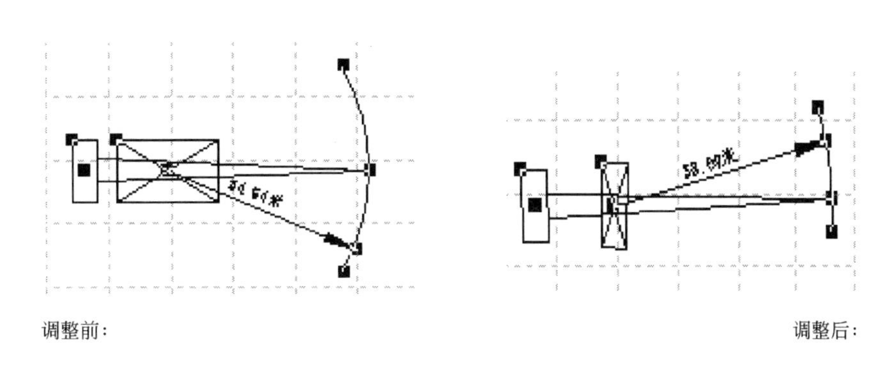

图 9-22　画塔吊

(6) 插入图库(绘制材料堆场、指北针、建筑机械等)

本软件同样提供了强大的图库插入功能，运用绘制施工平面图的专用图库，不仅方便，而且相当适用。

如图 9-23 所示，用鼠标在下图右方的图库中选择一图块，然后在图纸所预定的图

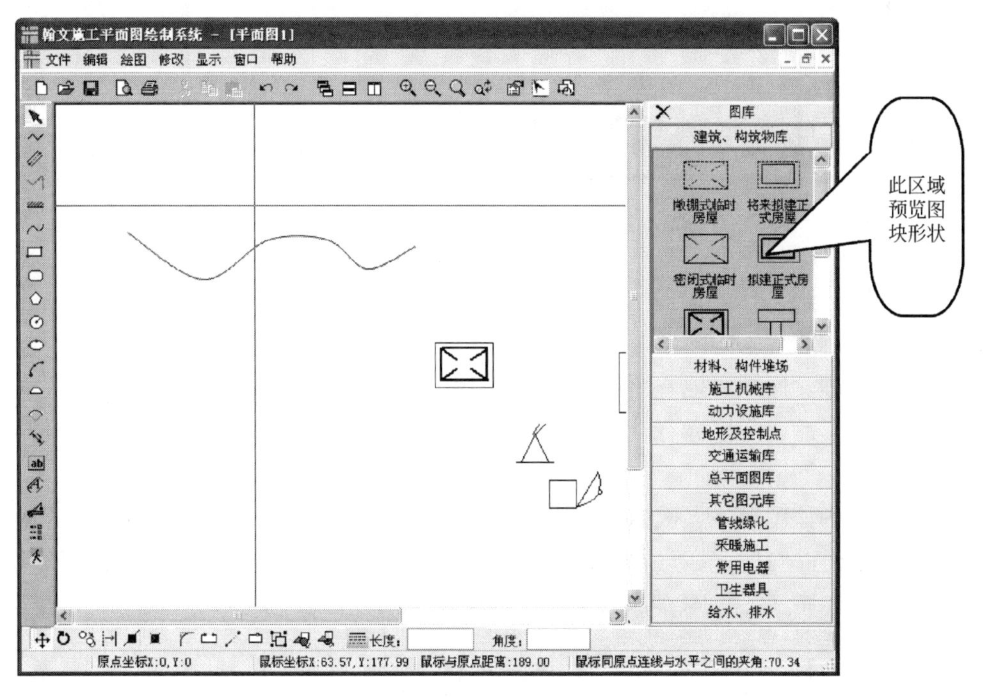

图 9-23　插入图库

形位置上"拖"出图块大小(同绘制矩形一样)，确定了图形所占面积，此时会提示是否显示图块名称，点击"是"或"否"，此时图纸上将绘制所需要的图块。

使用插入图库命令可以方便地将平面图上常用的机械设备、现场设施等图形调入当前图纸。这样可以减少很多重复操作，节约大量宝贵的时间。

(7) 插入图块

此插入图块的操作与上一个相同，只是用此方法可插入更多格式的图块，如：JPG、BMP 等。

(8) 文本

每一张图纸都需要进行一定程度的文本操作，施工平面图软件提供文本框和斜文本两种输入文字工具。

如果需要在图纸上绘制单行和多行文本，可点击文本框按钮，然后在图纸预定的位置上"拖"出一个文本框，打开其属性编辑器，设置它的文本属性(一般属性不用设置)，如图 9-24 所示。

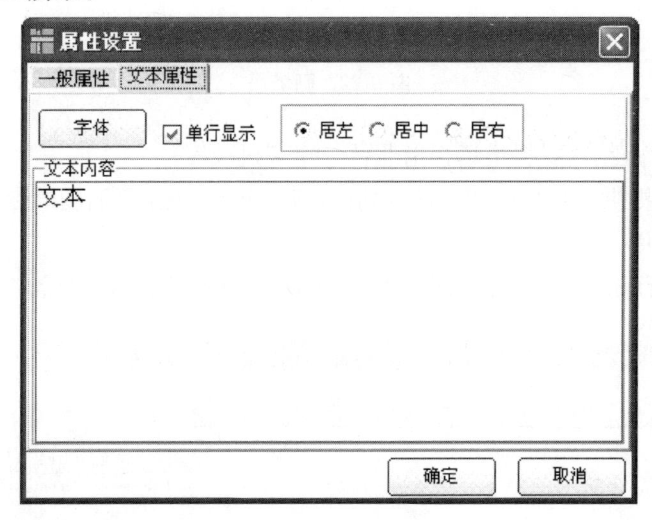

图 9-24　文本属性

(9) 图层管理

对于所绘制或导入的图形，可以把它设置成"可编辑"、"只显示"、"隐藏"，此功能称为图层管理。例如要把一图形设成"1"层，并设为"只显示"，操作如下：

选中该图形后，用鼠标右键查看属性，在"图层"项里输入"1"，确定。如图9-25所示。

然后再选中该图形，点鼠标右键，在弹出的菜单中选"图元列表"，再选"图层设置"，把鼠标放在"1"上，点右键，在弹出的菜单中选"只显示"，确定，此图形就只能显示，不能编辑了。如图 9-26 所示。

(10) 图例

在使用本软件的过程中，可能会调用图块里的标准图形(如：卷扬机、指北针等)，

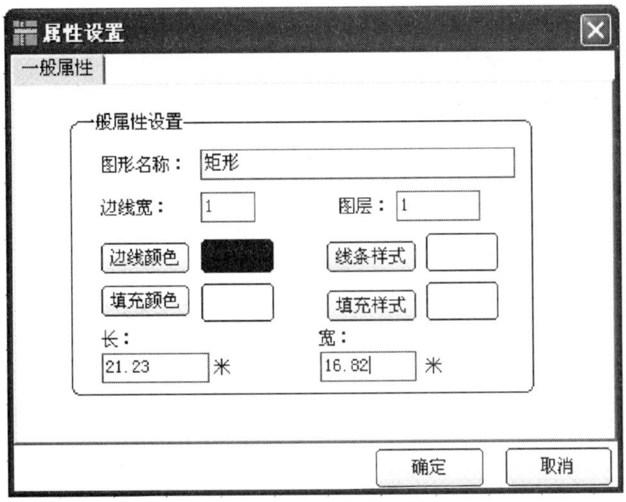

图 9-25 图层管理

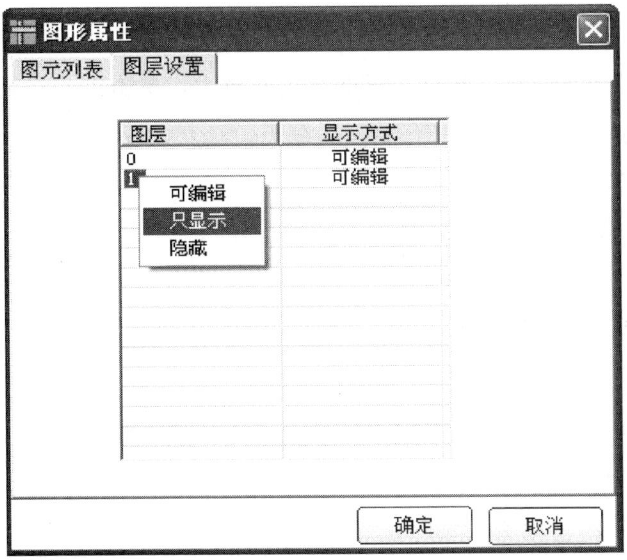

图 9-26 图形的“只显示”

为了对调用的图形进行说明，可使用图例功能。

点击左工具栏中的“图例”按钮后，用鼠标在作图区内画一方框（通常在作图区的右下角，大小自己掌握），这样调用的图形全部都会显示在此方框内。在此后若调用了新的图形，也会自动添加在方框内显示出来。

选中图例方框，点鼠标右键选择“属性”，可对图例中的内容进行修改，如：图宽、图高、说明文字大小等，如图 9-27 所示。

图形显示

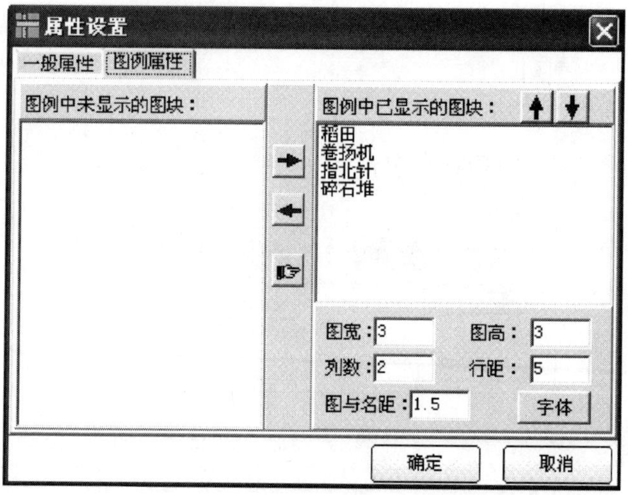

图 9-27　图例

(11) 图形缩放显示

如果当前图纸不能完全显示或图形太小无法看清时，可单击放大按钮或从“显示”菜单中选择“放大”项，此时，图纸将实时放大，单击缩小按钮或从“显示”菜单中选择“缩小”项，此时，图纸将实时缩小。

(12) 打印输出

1) 打印预览

2) 打印设置

使用文件菜单中的“打印设置”命令，对打印机进行设置。

参　考　文　献

[1] 危道军主编. 建筑施工组织（第二版）. 北京：中国建筑工业出版社，2008

[2] 全国一级建造师执业资格考试用书编写委员会编写. 建设工程项目管理. 北京：中国建筑工业出版社，2010

[3] 危道军，刘志强主编. 工程项目管理. 武汉：武汉理工大学出版社，2009

[4] 全国一级建造师执业资格考试用书编写委员会编写. 建筑工程管理与实务. 北京：中国建筑工业出版社，2010

[5] 《建设工程项目管理规范》编写委员会编写.《建设工程项目管理规范实用手册》. 北京：中国建筑工业出版社，2006

[6] 中华人民共和国建设部. 工程网络计划技术规程（JGJ/T 121—99）. 北京：中国建筑工业出版社，2006

[7] 危道军主编. 建筑施工组织与造价管理实训. 北京：中国建筑工业出版社，2007

[8] 中华人民共和国建设部.《建筑施工组织设计规范》GB/T 50502—2009 . 北京：中国建筑工业出版社出版，2009

[9] 危道军主编. 建筑装饰施工组织与管理. 北京：化学工业出版社，2012